개정판

지구시스템과학

박수인 · 권석민 · 김인수 · 신홍렬 · 안건상

교육과학사

머리말

금세기 들어 과학, 기술, 정보화 시대가 전개되면서 지구과학과 우주과학의 개념과 교육 내용이 이전 세기와 크게 달라졌다. 과거에는 지구가 개발과 개척의 대상이었으나 오늘날 지구는 우리에게 삶의 터전을 제공하는 유기체로서 보호 대상이 되고 있다. 또한 학술적으로도 지구과학과 우주과학은 큰 변화를 맞이하였다. 판구조운동론이 확립되어 지구상에서 일어나는 지진, 화산, 조산운동 등의 지각 변동의 원인과 메커니즘 및 이들의 분포가 아주 명확하게 설명될 수 있게 되었다. 이와 함께 다양한 기능을 가진 인공위성의 관측을 통해 지구상에서 일어나는 지구과학적 현상을 직접 관찰할 수 있을 뿐만 아니라 이들의 발생과정을 더욱 명확히 밝힐 수 있게 되었다. 특히 우주 탐사선들이 달을 포함한 태양계 천체에 착륙하여 직접 탐사할 수 있을 뿐만 아니라 인공위성에 탑재된 고성능의 장비를 통해 별과 은하 및 우주를 보다 자세하게 관찰하여 태양계와 우주의 비밀을 밝힐 수 있게 되었다. 올 4월에는 우리나라에서 최초의 우주인이 탄생하였을 뿐만 아니라 올해 말에는 우리 기술로 개발한 우주선을 우리나라에서 발사할 예정이어서 우리 과학 기술의 눈부신 발전을 실감할 수 있을 것으로 기대된다.

10여 년 전까지만 해도 지구에 대한 연구는 매우 세분화되어 독립적으로 수행되었으나 최근 들어 지구가 암석권, 수권, 대기권 및 생물권으로 이루어져 있으며, 이들 소시스템 사이에 물질과 에너지 교환이 일어나면서 설명하기 어려운 복잡한 지구과학적 현상이 일어나고 있음이 인식됨에 따라 지구를 하나의 시스템으로 간주하고 이를 통합적으로 연구하기 시작하였다. 예를 들면, 지구 온난화와 엘니뇨 현상에 수반된 전 지구 규모의 기상 변화와 자연재해를 이해하기 위해서는 지구에 대한 통합적인 연구가 더욱 중요하게 되었다.

우리나라 여러 대학에서 교양과목으로 지구과학과 우주과학이 개설되어 있으며, 훌륭한 교재가 개발되어 강의에 활용되고 있다. 저자들은 대학에서 오랫동안 지구과학과 우주과학을 강의하여 왔으며 학생들에게 지구와 우주를 보다 체계적으로 이해시키기 위해 통합적인 교재 '지구시스템과학'을 개발하게 되었다. 특히 지구시스템과학은 생활과 환경과학으로서 고등학교 7차 교육과정에서 지구과학을 이수하지 않은 학생들에게 지구와 우주를 보다 재미있게 공부할 수 있는 기회를 제공할 것으로 생각된다.

이 책은 지구와 우주에 관심이 많은 일반인과 대학에서 인문과학과 사회과학을 전공하고자 하는 학생들을 위한 교양서로 개발되었다. 또한 이 책은 지구과학과 우주과학을 전공하지 않는 자연계와 이공계 학생들이 지구와 우주 현상을 전공분야와 접목시켜 이해하는 데 적합하도록 쓰여졌다. 이 책은 또한 우주와 지구에 관심이 많은 고등학교 고학년과 일반인들이 생활과학으로써 지구와 우주를 보다 체계적으로 이해하는 데 큰 도움을 줄 것으로 기대된다. 이 책은 대학에서 강의 교재로 활용될 경우 1학기용으로 적합하게 집필되었다. 이 책의 첫 판이 발행된 후 천문학 분야에서 명왕성이 '왜소 행성'으로 지위가 낮아지고, 첫 판의 미비한 점을 보완할 필요가 있어 이를 보완하여 재판을 발행하게 되었다.

저자들은 가능한 최신 자료와 국내 자료를 이용하여 지구와 우주에 대한 현상을 보다 평이한 용어로 쉽게 설명하려고 노력하였다. 그러나 지구와 우주에 대한 내용이 워낙 방대하고 저자들의 부족한 학식과 능력 때문에 기술에 있어 정확하지 못하거나 어색하고 자연스럽지 못한 표현이 많을 것으로 여겨져 책의 출판에 앞서 두려움이 앞선다. 오직 이 책이 독자들에게 지구와 우주를 이해하는 데 큰 도움을 주고 지구시스템과학 분야의 발전에 조금이나마 기여했으면 하는 바람이 저자들의 소망이다. 이 책의 내용 중 잘못된 내용과 부분에 대해 독자 여러분의 많은 조언과 아낌없는 비판을 바란다.

이 책의 출판에 많은 협조를 해주신 교육과학사 김동규 사장님과 편집부 여러분에게 진심으로 감사드린다.

2008. 6.

저자일동

차 례

3. 암석과 순환•61

4. 지진과 지구의 내부구조•105

5. 판구조운동론•127

6. 화석과 지질시대 생물 • 159

7. 대기의 특징 • 199

8. 해수의 특성과 순환 • 239

9. 태양계 • 285

10. 별과 은하•331

지구시스템과학

문명의 발달이 시작되면서 우리 인류는 우리 주변 세계와 우주에 대해 의문을 갖고 이를 이해하고자 꾸준히 노력하여 왔다. 지구와 우주에 대한 연구는 일정한 절차와 과정, 즉 과학 방법에 따라 수행된다. 과학 방법에 의해 얻어진 원리와 법칙은 새로운 자료와 관찰에 의해 계속 보완, 수정된다. 과학 기술의 발달에 따라 지구의 구성 물질과 지구 구조, 조산운동 등 지구의 특성과 중요성이 한층 더 깊이 연구되어 지구에 대한 인식이 크게 바뀌었다. 과거에는 지구의 암석권, 수권, 대기권 및 생물권에 대한 연구는 개별적으로 이루어졌으나 지구를 더 잘 이해하기 위해서는 이들의 상호작용을 총체적으로 연구할 필요성이 대두되었으며, 지구를 연구하는 각 학문들은 지구시스템과학(Earth System Science)으로 발전하게 되었다. 이 장에서는 과학 방법과 지구시스템과학에 대해 알아본다.

1. 지구시스템과학

과학과 첨단기기의 발전에 힘입어 지구과학과 우주과학은 20세기 후반에 들어 눈부신 발전을 이루었다. 판구조 운동론의 정립은 지각 변동의 원인과 과정

【그림 1-1】 인공위성에서 본 지구의 모습

을 한층 더 명쾌하게 설명할 수 있는 계기를 제공하였다. 또한 1960년대에 인공위성에서 지구의 전체 모습을 최초로 촬영하여 그 영상을 전송해온 이후 우리는 지구의 생생한 전체 모습을 직접 볼 수 있게 되었다(그림 1-1). 우주에서 본 지구는 넓은 우주 공간에서 너무 외롭고, 너무 작고 연약해 보인다. 이렇게 작고 연약한 지구가 60억이 넘는 인류와 수많은 생물들을 먹여 살리고 살 곳을 제공하고 있으니 지구는 우리에게 매우 소중한 존재이다. 그러나 전체 지구 모습을 직접 보지 못했던 과거에는 지구가 한없이 넓고 크며, 우리가 필요로 하는 물과 공기, 자원 등 모든 것을 무한히 공급해주는 대단한 행성으로 여기고 계속 개발하여 왔다. 이러한 인류의 개발 활동은 생각했던 것보다 훨씬 짧은 시간 내에 지구 환경을 크게 훼손시키고 지구 자원을 고갈시켜 우리 인류의 삶을 위협하고 있다. 최근에는 지구에 대한 인식이 바뀌면서 지구를 보호하자는 의식이 크게 고조되고 있다.

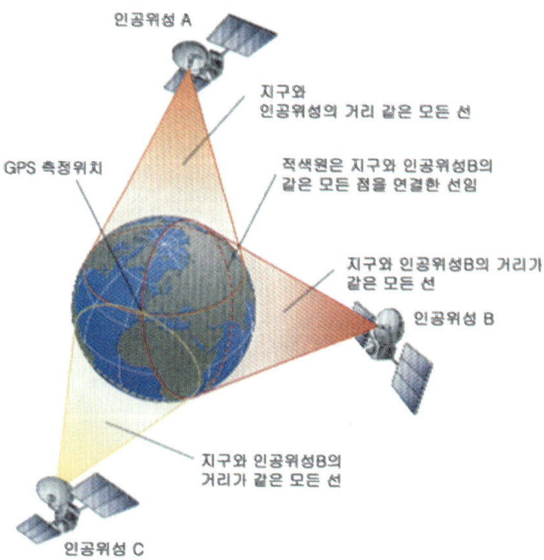

【그림 1-2】 인공위성에 탑재된 GPS는 지구상에서 일어나는 변화지점을 정확하게 관측할 수 있게 한다.

우리는 지구상의 거의 모든 것을 직접 관찰하고 측정하는 것이 가능한 시대에 살고 있다(그림 1-2). 오늘날 인공위성으로부터 얻은 지구의 각종 영상 자료는 지구를 총체적으로 연구하는 지구시스템과학을 탄생시켰다. 지구시스템과학은 인공위성과 같은 새로운 도구를 사용하여 다양한 연구를 가능하게 하였다. 예를 들면, 인공위성을 이용하여 대기의 이동, 토양 침식, 해수의 수온 변화, 사막화 현상 등을 직접 관측할 수 있다. 즉 우리는 지구 표면 모든 곳에서 일어나는 현상을 직접 볼 수 있게 되었다. 또한 우주과학 분야에서는 많은 우주 탐사선이 발사되어 우리 태양계는 물론 별과 은하 및 우주에 대한 연구가 활발히 이루어지고 있다. 우리는 지구시스템과학을 통해 지구의 변천 과정과 인류의 활동이 지구에 미치는 영향을 더욱 명확히 밝힐 수 있게 되었다.

2. 과학 방법

과학은 자연에 대한 물음과 이 물음에 대한 답을 찾는 과정이다. 과학은 단순한 사실의 집합이나 해답의 목록이 아니라 우리 주위의 자연과 지속적으로 대화를 하는 과정이다. 따라서 과학에는 몇 가지 단계가 있으며, 이를 과학 방법(Scientific method)라 한다. 지구과학을 포함한 모든 과학은 합리적인 생각과 실험에 근거하여 연구된다. 과학의 주요 목적은 자연 현상의 기본적인 패턴을 찾아내는 것이다. 그래서 과학자들은 자연 현상의 기초가 되는 이치를 찾는 데 과학 방법을 이용한다. 과학 방법은 다음과 같은 과정으로 구성된다. 즉 1) 물음 또는 문제의 인식, 2) 문제 해결을 위한 가설의 설정, 3) 가설의 검증, 4) 이론 또는 법칙의 정립 순으로 이루어진다. 실질적으로 과학 활동에서 과학 방법은 그림 1-3과 같이 작용하는 것으로 생각할 수 있다. 과학 방법은 관찰을 통해 가설을 세우고, 이 가설은 더 많은 관찰을 요구하는 끝이 없는 순환이다. 그림 1-3과 같이 순서에 따라 수행하는 과학 방법이 과학적인 생각을 하는 데 도움을 주는 유용한 뼈대임을 인식하는 것이 중요하다.

자연의 세계에서 어떤 일이 일어나고 있는지를 결정하기 위해 과학자들은 우

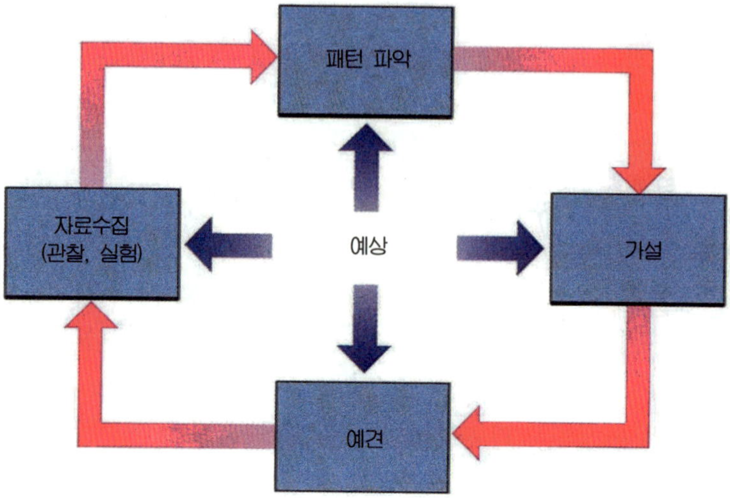

【그림 1-3】 과학 방법

선 관측, 실험, 측정을 통해 기본적인 사실을 수집한다. 과학적 사실은 자격을 갖춘 관찰자가 관찰할 수 있고 진실이라고 동의할 수 있는 것이다. 예를 들면, 대륙이 움직인다는 것은 사실이다. 그런 다음 수집된 모든 자료에 적합하고 미래 관측을 설명할 수 있는 시험적 설명인 가설을 세운다. 가설은 유용한 자료에 대한 가장 단순한 설명에 앞서 세워져야 한다. 동일한 현상을 설명하는 데 여러 가지 가설을 세울 수 있다. 백악기 말에 일어났던 생물의 대량 멸종 현상에 대한 가설에는 소행성 충돌설, 화산 분출설, 기후 변동설 등이 있다. 가설이 과학적이기 위해서는 계속하여 검증되어야 하며, 검증은 가설의 타당성을 결정한다. 만약 가설이 새로운 발견을 설명하지 못하면 이 가설은 수정되거나 폐기되어야 한다. 넓은 범위에 걸친 관측과 실험에 의해 여러 차례 확증된 가설은 이론(theory)이 된다. 이론은 수집된 모든 자료를 모순이 없이 설명할 수 있어야 하며, 과학계에서 널리 인정을 받아야 한다. 또한 이론은 이론을 정립하는 데 사용되지 않았던 다른 자료들을 설명할 수 있어야 한다. 물론 이론은 확정된 것이 아니고 수정될 수 있기 때문에 계속 검증을 받아야 한다. 이론이 보다 많은 검증을 받고 새로운 증거에 의해 계속 수정, 보완되어 새로운 정보를 더 많이 포함할 때 이론의 신뢰성은 높아진다. 판구조론(Plate Tectonics Theory)과 대폭발설

(Big Bang Theory)은 지구과학과 우주과학에서 잘 알려진 대표적인 이론이다.

오랫동안에 걸쳐 엄격한 검증과 관찰, 측정과 실험을 만족시킨 후에 이론은 법칙(scientific law)이나 원리(principle)로 발전하게 된다. 법칙은 자연 현상을 설명해주는 보편적인 진술로 모순점이 없어야 한다. 모든 가설, 이론 및 법칙은 새로운 자료가 획득됨에 따라 계속 재검증을 받게 된다. 이들의 재검증 결과는 학술회의나 학술지 또는 저술을 통해 학계나 사회일반에 소개된다.

지구과학자들은 다른 과학자들과 마찬가지로 관찰 자료와 실험 자료를 연구에 이용한다. 그러나 지질 과정은 느낄 수 없을 정도로 느리고 상상할 수 없을 정도로 규모가 크기 때문에 직접적인 관찰이나 실험을 통해 가설을 쉽게 만족시킬 수 없다. 따라서 야외 연구와 실내 연구를 보충하기 위해 지질학자들은 때때로 대규모의 지질 현상을 연구하는 데 축소된 규모의 모형을 이용하거나 수학적인 모형을 개발하기 위해 컴퓨터의 힘에 의존한다.

과학에 있어 중요한 것은 과학을 하는 태도이다. 과학자들은 탐구력이 강하여야 하며 정직하고 겸손하여야 한다. 과학자들은 원치 않는 실험 결과가 나왔더라도 그 실험 결과를 받아들이고 그 원인을 철저하게 분석하여야 한다. 새로운 시도와 오류를 통해 예기치 않은 성공을 거둔 연구가 많기 때문에 모든 실험 결과는 소중하게 나누어야 한다. 또한 과학은 연구 결과의 철저한 검증을 통해 발전함으로 과학은 정직하여야 한다. 과학에서 속임이나 실수는 허용되지 않는다.

과학은 검증이 가능한 가설을 다룬다. 따라서 과학의 영역은 관찰이 가능한 자연에 한정된다. 비록 과학 방법이 과학적으로 설명할 수 없는 다양한 주장을 설명하는 데 이용될 수는 있지만 과학 방법은 초자연을 포함하는 종교 및 철학적 물음에 답을 할 수 있는 방법을 갖지 못한다. 여기서 초자연은 문자 그대로 자연의 범주를 벗어남을 뜻한다. 과학은 자연 내에서 작동하며, 자연을 초월해서는 작동하지 못한다. 즉 과학은 "우리는 무엇 때문에 사는가?"와 같은 철학적 물음에 답을 내릴 수 없다. 따라서 과학은 자연을 연구 대상으로 하기 때문에 과학에는 한계가 있음을 유의해야 한다.

3. 지구시스템

과거에 지구에 대한 연구는 지질학, 대기과학, 해양학으로 나뉘어 독립적으로 이루어졌다. 그러나 오늘날에는 지구는 하나의 총체적인 시스템 또는 계(system)로 여겨지고 있다. 시스템의 개념은 크고 복잡한 문제를 연구하기 쉽게 보다 작은 연구 영역들로 나누는 데 유용한 방법이다. 시스템은 변화를 관찰할 목적으로 우주로부터 어떤 한 부분을 분리한 것이다. 따라서 시스템은 주위 환경으로부터 구분되는 경계를 갖는다. 시스템은 개념에 불과하기 때문에 시스템의 한계는 연구의 편의에 따라 정해진다. 시스템은 클 수도 있고 작을 수도 있으며 단순하거나 복잡할 수도 있다. 연구 목적에 따라 호수, 바다, 화산, 대륙, 지구 및 태양계는 모두 시스템이 될 수 있다. 최근 과학자들은 시스템의 개념을 도입하여 지구와 지구를 이루는 영역(또는 권이라고도 함)의 상호작용을 연구하는 분야를 지구시스템과학이라 부르고 있다.

지구시스템은 서로 밀접하게 상호작용을 하는 4개의 영역 또는 소시스템

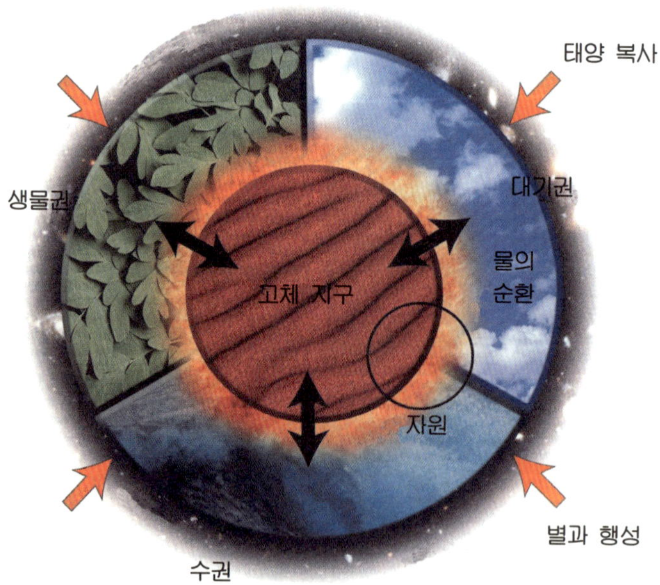

【그림 1-4】 지구의 소시스템과 상호작용

(subsystem)으로 이루어져 있다. 즉 암석권, 대기권, 수권 및 생물권으로 구성되어 있다(그림 1-4). 이들 시스템은 물질과 에너지가 보관된 커다란 저장소이다. 또한 이들 시스템은 다루기 쉬운 보다 작은 단위들로 나누어질 수 있다. 예를 들면, 암석권은 광물, 화성암, 퇴적암, 변성암, 해양 지각, 대륙 지각 등으로 나누어진다.

지구의 각각의 소시스템은 평형상태에 있다. 그러나 소시스템의 한 부분에 변화가 일어나면 이 변화는 소시스템 내의 나머지 부분에 영향을 미치며, 평행상태가 다시 이루어질 때까지 나머지 부분에도 변화가 일어나게 된다. 또한 한 소시스템의 변화는 다른 소시스템에 영향을 미친다. 때때로 소계의 상호작용은 연속적으로 일어나기도 한다. 인도네시아에서 분출한 피나투보 화산은 많은 양의 화산재를 대기 중으로 분출하였으며, 이들 화산재는 햇빛을 차단하여 유럽과 북아메리카의 기후를 변화시켜 여름 기온이 많이 낮아져 '여름 없는 해'가 되었고, 농작물에 많은 피해를 입혔다. 지구의 소시스템 사이에서 일어나는 상호작용은 표 1-1에 요약되었다. 또한 지구는 태양계와 우주 내에 존재하므로 지구와 지구의 각 소시스템은 외계의 천체와 끊임없이 상호작용을 하며, 그들의 영향을 받고 있다. 예를 들면, 해수의 조석 현상은 달과 지구의 해수 사이에 작용하는 만유인력에 의해 일어난다. 또한 지구상의 식물들은 태양의 햇빛을 이용하여 광합성을 하여 영양을 공급하며, 초식동물들은 이 식물을 먹고산다. 그 밖에도 태양은 지구의 운동에 영향을 미친다.

4. 지구과학과 사회

지구는 매우 역동적이며 신비로운 행성이다. 지구는 생성 이래 지금까지 꾸준히 진화하여 오늘과 같은 모습을 갖추었으며, 앞으로도 지구는 끊임없이 변화할 것이다. 지구의 진화 과정에서 대륙들이 움직이고 충돌함에 따라 바다와 산맥이 생겼다가 없어지기도 하고, 화산과 지진이 발생하며, 소행성의 충돌, 빙기와 간빙기 같은 기후의 변화도 일어났다. 뿐만 아니라 이러한 사건들은 지구상에 사

<표 1-1> 지구의 소시스템 사이의 상호작용

영향 \ 소시스템	암석권	대기권	수권	생물권
암석권	대륙의 이동, 화성 활동, 암석의 순환	지구 대기의 기원, 산맥에 의한 대기 이동 변화	수증기 공급, 용해물질 공급	영양분 공급, 대륙 이동에 의한 서식처 변경, 화산과 지진에 의한 피해
대기권	풍식작용, 토양 생성, 강수에 의한 수증기 운반	기단의 상호작용	취송류, 물의 증발	호흡 가스, 화분과 포자의 운반, 식생 분포
수권	강수, 침식작용, 퇴적물 운반 및 퇴적작용, 지형 변화	수증기의 유입	해수의 혼합, 심층수의 순환, 물의 순환	세포내 물, 수중 생물의 서식처, 부유생물의 운반
생물권	풍화와 침식과정 변화, 토양 생성, 환경 변화	산소 공급, 호흡	용해물질 제거, 환경 변화	먹이순환, 공생

는 생명체들에게 많은 영향을 미쳐 새로운 종이 출현하게도 하고 때로는 많은 생물들을 멸종시켰다. 따라서 지구과학자와 우주과학자들 뿐만 아니라 우리는 지구와 우리가 직면한 자연의 도전을 충분히 이해하기 위해서는 지질시대에 일어났던 여러 사건들의 원인과 그의 중요성을 이해하여야 한다.

우리들이 일상생활에서 매일 사용하고 있는 대부분의 상품과 물건들의 원료는 지구의 구성 물질로부터 얻고 있다. 따라서 지구 자원의 생성 과정을 이해하고 자원의 부존 상태와 위치 및 매장량을 파악하는 것은 매우 중요하다. 최근 산업이 빠르게 발달하고 인구가 급증하면서 필요한 원료 자원은 더욱 늘어났으며, 지구 자원의 개발과 활용에 환경오염 문제가 야기되어 큰 사회 문제가 되고 있다. 그 결과 자원의 관리와 환경 영향 평가의 중요성이 더욱 높아지게 되었다. 또한 에너지 자원과 원료 자원의 개발과 이용에 있어서도 환경 친화적인

【그림 1-5】 지구과학자들의 연구 활동 모습

방법들이 요구되고 있다. 따라서 지구시스템을 연구하고 이에 대한 이해도가 가장 높은 지구과학자들은 자원 개발에 따른 환경오염 문제를 평가하고 그 대책을 수립하는 데 가장 중요한 역할을 할 수 있다. 뿐만 아니라 이들은 지구 활동과 인간들의 활동에 의해 야기되는 화산, 지진, 산사태, 지반 침하, 사면 붕괴, 홍수, 가뭄, 지구 온난화 등 자연재해를 미리 예견하고 평가하여 그 피해를 줄이는 데 많은 공헌을 한다. 이와 같이 현대 사회에서 지구과학자들의 역할은 매우 막중하다.

현대 지구과학자들이 사회에 기여하는 기본적인 공로는 다음과 같다:

1) 지구의 진화 과정과 함께 지각, 바다, 대기 및 생물권의 상호작용에 대한 이해 증진.
2) 광물 자원, 에너지 자원, 수자원 등의 자연 자원에 대한 조사, 평가 및 지속적인 공급.
3) 자원의 개발과 처리과정에서 발생되는 환경오염에 대한 평가 및 오염 저감 대책 수립.
4) 자연재해를 미리 예견하고 그 피해를 저감시키는 데 기여.

최근 사회적인 인식구조가 바뀌면서 환경오염 및 환경 보존에 대한 관심이 커지면서 지구과학자들의 역할이 더욱 중요하게 되었다. 특히, 환경 문제와 자연재해는 학제적인 특성을 가지므로 이들의 평가와 대책 수립에 있어 기초 과학 분야의 여러 기본 원리에 정통한 지구과학자들의 역할이 강조되고 있다. 또한 사회의 요구와 관심이 발전하면서 지구과학자들의 역할도 바뀌어가고 있다.

책의 구성

이 책은 지구와 태양계 및 우주에 관심이 많은 대학생과 일반인을 위해 집필되었다. 이 책은 또한 고등학교에서 지구과학을 선택하지 못하여 지구과학에 대한 기초 지식이 부족한 상태에서 대학의 이공계열에 진학한 대학생들에게도 적합하다. 이 책에서 저자들은 현재 지구과학과 우주과학 분야에서 널리 다루어지고 있는 새로운 내용을 많이 포함시켜 독자들이 재미있게 읽을 수 있도록 노력하였다. 또한 저자들은 독자들로 하여금 지구시스템(earth system)의 특성을 이해하고, 지구계에 대한 이해가 우리가 직면한 다양한 지구의 환경 문제를 해결하는 데 얼마나 중요한가를 인식시키고자 하였다. 이 책은 대학교에서 교재로 사용할 경우 1학기용으로 적합하게 꾸며졌다.

이 책의 구성은 지구의 구성 물질, 지구 변동과 지구 내부 구조, 지구의 진화, 대기와 해수, 태양계와 우주로 구성되어 있다. 이러한 구성을 통해 독자들은 지구시스템의 영역 또는 소시스템의 상호작용을 쉽게 이해할 수 있다. 지구의 구성 물질에서는 지구 지각을 이루고 있는 광물과 암석을 다루었다. 광물단원에서는 광물의 특성과 광물의 종류 및 광물의 쓰임새를 다루었다. 암석 단원에서는 암석의 생성 과정과 암석의 분류, 암석의 종류, 암석의 순환을 포함하였다.

지구의 변동과 지구 내부 구조에서는 판구조 운동론과 지구의 내부 구조를 다루었다. 판구조 운동론 단원에서는 판의 종류, 판의 이동 메커니즘과 판의 경계에서 일어나는 지진, 화산활동 등 여러 지질학적 현상을 다루었다. 지구 내부 구조에서는 지진파의 종류와 성질, 지진파를 이용한 지구 내부 구조를 밝히는 방법을 소개하였다. 지구의 진화 단원에서는 지구시스템의 과거와 현재의 변화를 포함하여 암석과 지층의 연대측정 방법, 생명의 기원, 화석과 지질시대 생물의 변천과정을 다루었다.

대기와 해수에서는 대기와 해수의 기원, 대기의 성질과 해수의 성질을 취급하였다. 대기의 성질 단원에서는 대기의 성분, 대기의 연직 분포, 대기의 운동을 다루었다. 해수의 성질 단원은 해수의 성분, 해류의 운동, 해저지형을 포함한다.

태양계와 우주에서는 태양계의 특성과 우주를 다룬다. 태양계 단원은 태양계의 성인, 태양계의 운동, 태양과 행성들의 특성을 포함한다. 우주 단원에는 별의 거리와 밝기, 별의 분광형과 절대등급, 별의 진화, 은하, 우주의 기원을 다룬다.

단 원 요 약

1. 과학은 자연에 대한 지식을 수집하고 조직하는 과정이다.
2. 과학 방법은 새로운 지식을 얻고, 조직하며 응용하는 절차이다.
3. 가설은 수집된 모든 자료에 적합하고 미래 관측을 설명할 수 있는 시험적인 설명이다.
4. 계(system)는 변화를 관찰할 목적으로 우주로부터 어떤 한 부분을 분리한 것이다.
5. 지구시스템은 암석권, 대기권, 수권 및 생물권으로 이루어져 있다.
6. 지구의 소시스템들은 서로에게 영향을 미치면서 꾸준히 변화한다.
7. 지구과학과 지구과학자들은 지구를 연구한다.
8. 지구시스템과학은 지구를 하나의 시스템으로 간주하고 총체적으로 연구한다.
9. 지구과학자들은 사회 발전에 크게 공헌한다.
10. 이론은 수집된 모든 자료를 만족시키는 모순이 없는 설명이다.
11. 법칙은 오랫동안 엄격한 검증을 만족시킨 모순점이 발견되지 않은 보편적인 진술이다.
12. 자연의 원리와 법칙은 새로운 관찰을 통해 변할 수 있다.
13. 과학자는 정직하고 탐구정신이 강하여야 한다.

중 요 용 어

검증, 가설, 이론, 법칙, 과학 법칙, 계, 지구시스템, 소시스템, 생물권, 암석권, 수권, 대기권, 지구계 과학

연 습 문 제

가. 다음 물음에 가장 적합한 답을 고르시오.

1. 연구의 편의를 위해 우주로부터 분리한 작은 부분은?
   ① 계 ② 우주 ③ 환경 ④ 과학
2.. 가설이 이론이나 법칙이 되기 위해 거쳐야 할 과정은?
   ① 사실 ② 검증 ③ 원리 ④ 이론
3. 자연에 대한 보편적인 진술로 모순점이 발견되지 <u>않는</u> 것은?
   ① 사실 ② 가설 ③ 이론 ④ 법칙
4. 과학의 방법에 속하지 <u>않는</u> 것은?
   ① 예견 ② 자료수집 ③ 가설 ④ 검증 ⑤ 점성술
5. 다음 중 수권은 어느 것인가?
   ① 광물과 암석 ② 상층대기 ③ 바닷물 ④ 동물과 식물
6. 다음 중 지구과학이 사회에 기여하는 점이 <u>아닌</u> 것은?
   ① 지구의 소시스템 사이의 상호작용 이해 증진
   ② 지하자원의 부존과 개발에 대한 조사
   ③ 자연재해 발생에 기여
   ④ 환경오염의 원인 분석 및 대책 수립

나. 다음 설명이 옳으면 ○표를, 틀리면 ×를 하고 틀린 부분에 밑줄을 긋고 바르게 고치시오.

1. 지구의 자원은 무한하기 때문에 지구를 보호할 필요가 없다.( )
2. 지구시스템과학은 지구의 소시스템만을 개별적으로 연구한다.( )
3. 과학자는 연구목적에 맞게 실험결과를 조정할 수 있다.( )
4. 실험에 있어 성공한 결과만 가치가 있다.( )
5. 과학에서 얻어진 원리와 이론은 영원불변이다.( )
6. 과학의 대상은 초자연까지 포함한다.( )
7. 지구의 소시스템은 서로에게 영향을 미친다.( )
8. 자연재해와 같은 자연의 도전을 극복하기 위해서 우리 모두는 지구과학의 원리를 잘 이해하여야 한다.( )
9. 우리들이 일상생활에서 사용하는 물건의 모든 원료는 공장에서 생산한다.( )

다. 다음 ( )안에 적당한 말을 써넣으시오.

1. 지구를 총체적으로 연구하는 학문을 ( )이라 한다.
2. 지구상에서 일어나는 지각변동을 쉽게 설명할 수 있는 이론은 ( )이다.
3. 과학은 일정한 절차와 과정인 ( )에 의해 이루어진다.
4. 단단한 암석과 토양으로 이루어진 소시스템은 ( )이다.
5. 인간활동에 의해 야기되는 대표적인 자연재해에는 ( ), ( ) 등이 있다.
6. 정지위성의 고도는 약 ( )이다.

라. 다음 질문에 대하여 답하시오.

1. 인공위성의 종류와 기능을 설명하라.
2. 지구시스템을 이루고 있는 소시스템들의 상호작용을 설명하라.
3. 지구 밖의 천체들이 지구에 미치는 영향을 설명하여 보자.
4. 과학 방법을 설명하라.
5. 지구시스템과학이란 무엇인가?
6. 지구과학자들이 수행하는 연구 내용을 말하여 보자.
7. 과학하는 태도를 설명하라.
8. 과학과 기술의 차이점을 설명하라.
9. 자연과학의 한계에 대하여 설명하라.
10. 지구과학이 사회에 기여하는 점을 설명하라.

2 광물

암석을 자세히 관찰하면 색깔이나 형태가 다른 작은 입자들로 구성되어 있음을 알 수 있는데, 이들 하나하나의 입자를 광물이라고 한다. 지금까지 규명된 광물의 수는 약 3,700여 종에 이른다. 인류는 오래전부터 광물을 실생활에 이용해 왔다. 예를 들면, 고대인들은 벽화를 그릴 때 광물의 가루를 이용하여 색을 표현했다. 현대에 와서도 광물은 우리 삶에 쓰이지 않는 곳이 거의 없을 정도로 활용 범위가 넓다. 다이아몬드나 강옥은 연마제나 절삭공구 제조에, 방해석은 시멘트 제조에, 장석은 유리나 광학기구 제조에, 점토광물은 요업원료로 사용되고 있으며, 금, 백금, 알루미늄, 티타늄 등은 주요 화학촉매나 특수 금속을 제조하는데 사용되고 있다. 광물 중에서 색이 아름답고 견고한 것들은 보석으로서 애용되고 있다.

1. 광물의 화학성분과 결정구조

광물은 천연에서 무기적 과정으로 생성된 고체로서, 일정한 화학성분과 고유한 물리적, 화학적 성질을 지니며, 일정한 결정구조를 가지는 물질이다. 광물의 화학성분이란 어떤 화학원소들이 어떤 비율로 구성되어 있는가 하는 것이고, 결정구조란 광물 내에 화학원소의 원자들이 어떤 방식으로 결합되어 있는가를 나타내는 것이다.

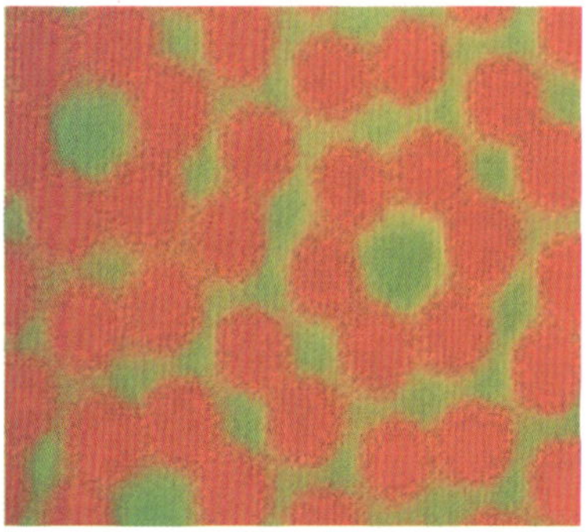

【그림 2-1】 투과전자현미경으로 촬영한 석영의 원자들(1백만 배)

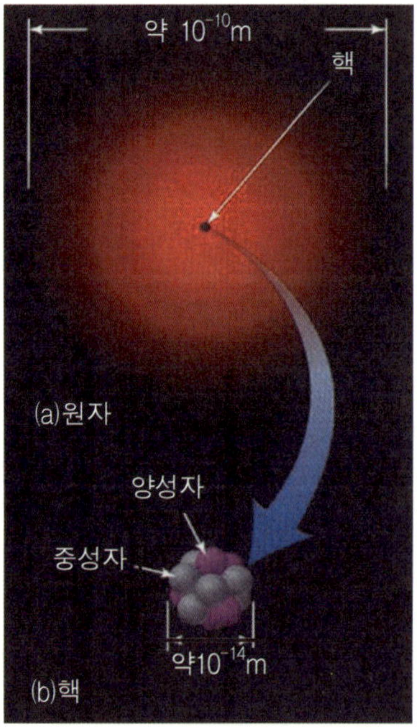

【그림 2-2】 원자의 모형

1) 원자의 구성

화학 원소는 화학적 방법으로 물질을 분리할 수 있는 가장 기본적인 단위이다. 예를 들면, 소금은 나트륨과 염소로 분리될 수 있기 때문에 원소가 아니다. 현재까지 자연계에서 발견된 원소는 92종이다. 금이나 황과 같은 광물들은 순수하게 한 가지 원소로만 구성되어 있으나 대부분의 원소들은 소금처럼 원소들이 결합된 형태로 존재한다. 단일 원소로 구성된 금을 아주 작은 조각으로 잘라내더라도 그 안에는 천문학적 숫자의 원자라고 불리는 원소의 입자들로 가득 차 있다. 간단히 말해 원소는 원자들의 집합체라 할 수 있다. 원자의 지름은 10^{-10}m 정도로 너무 작아 성능이 강력한 전자 현미경을 사용해도 어렴풋이 관측될 뿐이다(그림 2-1).

각 원자들은 핵이라고 불리는 중심부를 갖는다. 핵은 무거운 양성자(양의 전하를 띠는 입자)와 양성자와 같은 무게를 갖는 중성자(전하가 중성)가 밀집된 상태의 물질이다(그림 2-2). 양성자나 중성자 보다 훨씬 작은 전자는 음전하를 띠며, 핵에서 약간 떨어진 궤도에서 확산된 구름 형태로 빠르

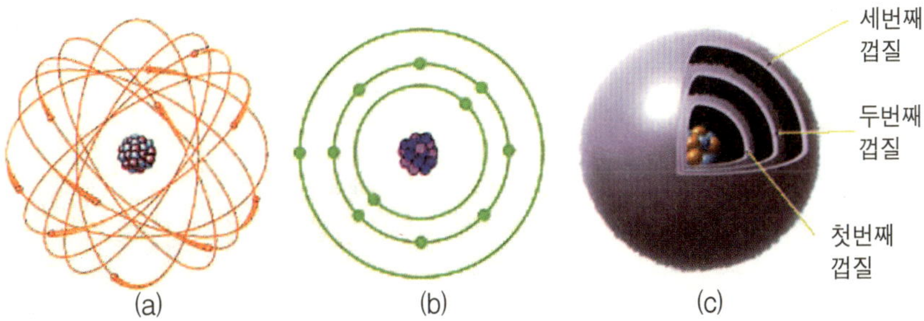

【그림 2-3】 11개의 양성자와 중성자를 갖는 나트륨의 핵과 에너지 준위(전자껍질)

게 회전한다(그림 2-3a).

원자의 핵을 구성하는 양성자의 수가 원자번호이다. 예를 들어, 수소는 하나의 양성자만을 가지고 있으므로 원자번호가 1이며, 원자번호가 11인 나트륨의 양성자 수는 11개이다. 다른 원자와 결합하지 않은 자유원자는 양성자의 수와 같은 수의 전자를 갖는다(그림 2-3b). 전자들은 원자핵으로부터 일정한 거리에 있는 전자껍질(에너지 준위) 이라고 불리는 궤도를 회전한다(그림 2-3c). 각각의 전자껍질에 들어갈 수 있는 전자의 수는 한정되어 있다. 핵에서 가장 가까운 궤도는 너무 작아 전자 2개만 들어갈 수 있으며, 두 번째 껍질에는 8개, 세 번째는 18개, 그리고 네 번째는 32 개의 전자를 수용할 수 있다.

2) 원자의 결합

여러 원자들이 서로 붙어서 보다 커다란 물질을 이루는 과정을 결합이라 한다. 여러 종류의 원자들이 서로 결합하여 생성된 물질을 화합물이라 한다.

원자는 화학적으로 결합할 때 전자를 잃거나 얻게 된다. 전자를 얻은 원자는 양성자보다 전자가 더 많아지기 때문에 전기적으로 음전하를 띠게 된다. 반대로 전자를 잃은 원자는 양전하를 띠게 된다. 이렇게 전자를 잃거나 얻어 전하를 띠는 원자를 이온이라 한다. 화합물을 형성하는 결합이란 반대의 전하를 띠는 이온들이 서로 끌어당겨 전기적으로 중성이 되는 과정인 셈이다.

소금은 나트륨(Na)과 염소(Cl)원자들이 결합된 화합물이다. 원자번호 11인 나트륨의 최외곽 전자껍질에는 전자가 1개 존재하고, 원자번호 17인 염소의 최

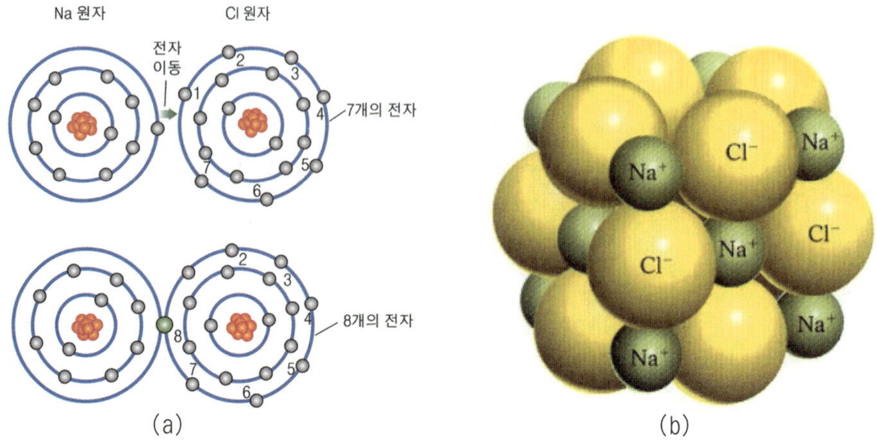

【그림 2-4】 나트륨과 염소의 이온 결합(a)과 암염(NaCl) 결정의 결합모형(b)

외곽 전자껍질에는 7개의 전자가 존재한다. 이때 나트륨 원자가 전자를 하나를 잃으면서 양이온이 되고, 염소 원자가 전자 한 개를 얻으면서 음이온이 된다(그림 2-4). 반대의 전하를 가진 이온들 사이에는 서로 끌어당기는 힘이 있기 때문에 나트륨과 염소이온은 염화나트륨(NaCl) 형태로 결합하여 소금 결정을 이룬다(그림 2-5). 이러한 종류의 결합을 이온결합이라 한다.

화합물을 생성하는 방법으로는 원자들이 최외각에 위치한 전자들을 서로 공유하면서 결합하는 양식도 있다. 공유되는 전자들은 결합된 두 원자의 궤도를 돌면서 두 원자의 전자 껍질을 충족시킨다. 이러한 결합을 공유결합이라 한다.

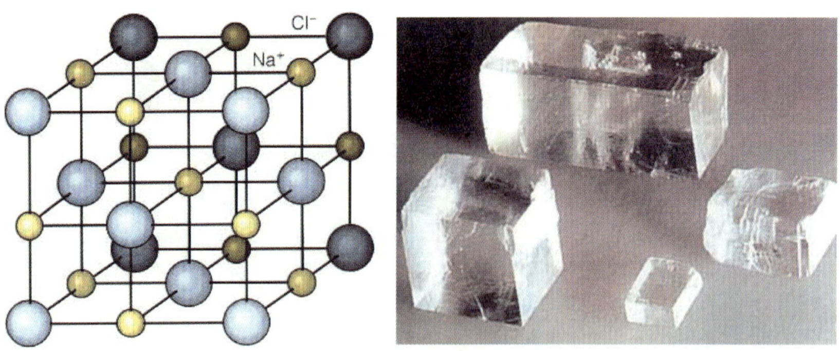

【그림 2-5】 암염의 내부구조와 결정형

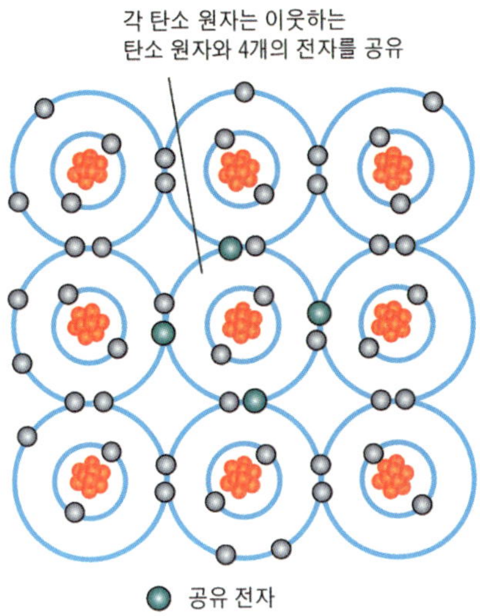

【그림 2-6】 탄소의 공유결합

최외각 전자 껍질에 4개의 전자를 가진 탄소 원자는 주위에 놓인 네 개의 탄소 원자와 전자 하나씩을 공유함으로써, 각각의 탄소 원자는 최외각 전자 껍질에 8개의 전자가 배치되는 효과를 갖는다. 그림 2-6은 이해하기 쉽도록 평면으로 그려져 있으나 실제는 입체적으로 네 꼭지점에서 공유하여 다이아몬드와 같은 광물을 형성한다. 다이아몬드와 동일한 탄소로 구성되는 흑연은 결정 구조가 전혀 다르다. 흑연은 판상구조를 이루고 있는데, 각 탄소 원자들은 세 꼭지점에서 다른 원자와 전자를 공유한다(그림 2-7). 따라서 개개의 판을 구성하는 탄소 원자들은 공유결합을 하고 있으므로 매우 강하며 휘어질 수 있다. 이런 성질을 이용하여 테니스 라켓이나 골프채를 제조한다. 한편 각각의 판들은 판 데르 발스 결합에 의해 붙어 있는데, 이 결합은 매우 약해서 쉽게 떨어진다. 이 판 데르 발스 결합은 전자의 이동이나 공유는 없지만 대신에 이미 전자의 이동이나 공유를 한 이온들 사이에서 발생한 약한 정전기적인 힘에 의해 결합한다.

금속에서는 전자들이 원자들 사이를 자유롭게 움직이면서 원자들을 이어주고 있는데, 이러한 결합을 금속결합이라 한다. 이 결합에서는 자유전자들이 쉽게 움직일 수 있으므로 금

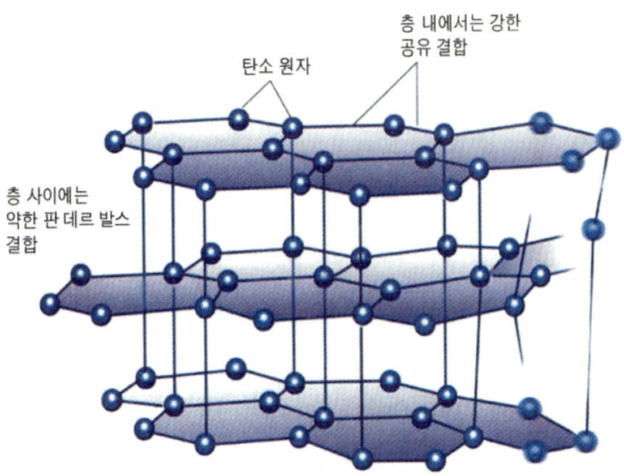

【그림 2-7】 흑연의 결합 모델. 개개의 판 내부는 공유결합이고, 판 사이는 판 데르 발스 결합

속들은 열과 전기를 잘 전달한다. 또한 금속에서는 원자들로 이루어진 층들이 별로 강하게 결합되어 있지 않아 서로 쉽게 미끄러질 수 있으므로 금속들은 쉽게 변형된다.

하나의 원소로 이루어진 이온 외에도, 두 개의 원자들이 모여 하나의 이온처럼 보이는 것을 복합 이온이라 한다. 예를 들면, 탄소와 산소가 결합하여 탄산염 음이온(CO_3^{2-})을 이루며, 조암광물을 형성하는 중요한 규산염은 규소와 산소가 결합한 음이온(SiO_4^{4-})이다.

3) 결정구조

광물 내부에는 구성 원자들이 3차원적으로 특정한 방식에 의해 쌓여 있는데 이러한 상태를 결정질이라 하고, 결정질 고체의 외부가 평탄한 면으로 둘러싸여 있어 어떤 기하학적인 형태를 갖게 되면 이를 결정이라고 한다. 광물을 둘러싸고 있는 면이 모두 평탄한 결정을 자형이라 하며, 부분적으로 다른 결정에 의해 방해를 받으면 반자형이라 한다. 또 먼저 생긴 결정들 사이의 빈 공간에 성장하여 고유한 결정면을 갖지 못하면 타형이라 한다. 그러나 이러한 외형과는 관계없이 결정 내부의 원자 배열은 일정하다. 즉, 같은 종류의 광물은 형성 시기나 형성조건에 관계없이 모두 같은 내부 구조를 갖는다.

결정을 둘러싼 결정면과 결정면이 만나 만들어진 교선을 능이라 하며, 세 개 이상의 능이 만나 이루어지는 하나의 점을 우각이라 한다. 결정을 구성하는 결정면, 능, 우각 사이에는 오일러가 제안한 다음과 같은 관계식이 성립한다.

$$\text{결정면의 수(F)} + \text{우각의 수(S)} = \text{능의 수(E)} + 2$$

자연계에서는 같은 종류의 광물이라도 생성 환경에 따라 결정면의 발달 상태가 달라지기 때문에 여러 가지 모양이 생겨난다. 이 때 광물을 구분하는 기준은 결정의 모양이 아니라 이웃한 두 결정면에 내린 수선이 이루는 면각이다. 같은 종류의 광물은 겉모양이 다르고 크기가 다르더라도 서로 대응하는 면각은 항상 크기가 같은데, 이를 면각 일정의 법칙이라 한다(그림 2-8). 비교

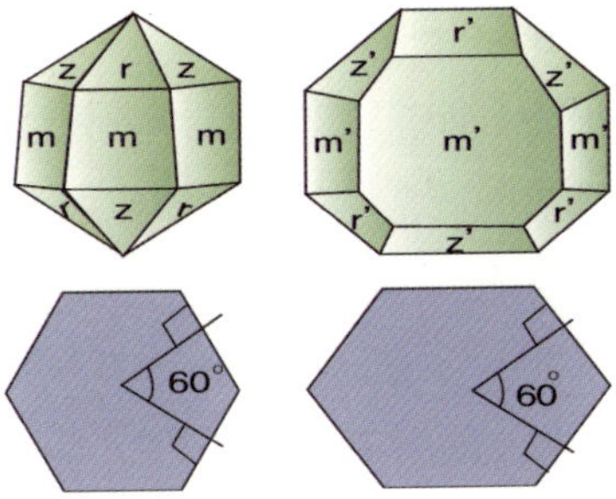

【그림 2-8】 모양이 서로 다른 같은 광물

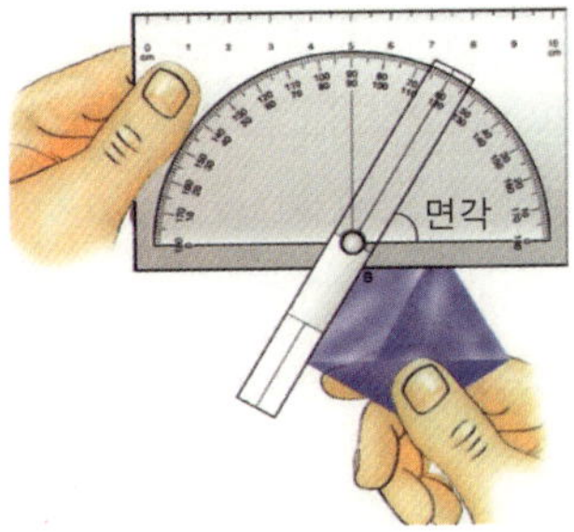

【그림 2-9】 접촉면각기와 면각 측정

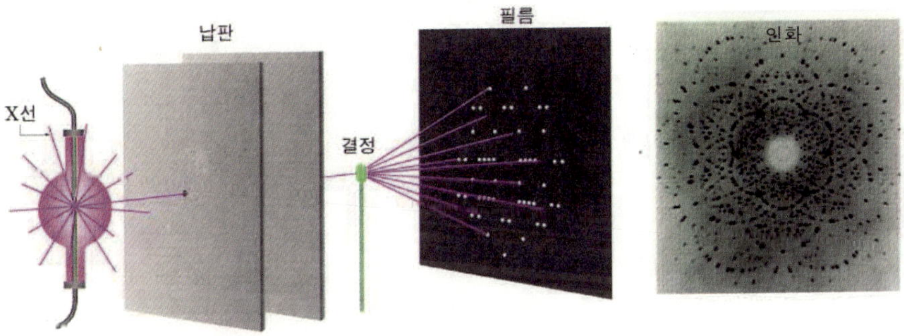

【그림 2-10】 X선 회절에 의한 라우에의 반점

적 큰 광물의 면각은 접촉 측각기를 이용하여 측정하며, 면각이 아주 작은 경우는 반사 측각기를 이용한다(그림 2-9).

독일의 물리학자 라우에(Laue)는 광물 결정에 X선을 쪼이면 광물 내부를 통과한 X선이 회절하여 사진 건판에 놓인 필름에 규칙적인 점무늬가 나타나는 것을 발견하였다. 이것을 라우에의 반점이라 한다(그림 2-10). 규칙적인 이 점무늬는 결정을 이루는 원자들의 배열상태가 규칙적임을 반영한 것이다.

4) 광물의 생성조건과 명명법

광물이 생성되는 환경으로서는 크게 세 가지가 있다. 첫째, 지하 깊은 곳에 있던 용융 상태의 마그마가 고결될 때 마그마를 구성하고 있던 원소들이 화학적으로 결합하여 만들어지는 경우(화성기원 광물이라고 함), 둘째, 퇴적암이 만들어질 때 물속에 녹아 있던 성분 원소들이 결합하여 함께 만들어지는 경우(퇴적기원 광물), 셋째, 변성작용이 일어날 때 기존의 광물들이 새로운 지질학적 환경에 안정한 광물로 변하는 경우(변성기원 광물)가 있다.

광물들은 여러 방법에 의해서 이름이 붙여진다. 일부 광물들은 옛날부터 널리 알려진 것도 있는데, 석영이나 장석 같은 광물들은 일찍이 광부들이 부르던 이름에서 유래되었다. 일반적으로 발견자의 이름을 따라 명명되지만, 경우에 따라서는 광물이 발견된 장소, 또는 광물의 발견자가 특정인의 명예를 기리기 위하여 그 사람의 이름을 따라 명명하는 경우도 있다.

예를 들면 백운모는 muscovite라 불리는데, 이는 소련의 지명인 모스크바에서 유래되었으며, 흑운모인 biotite는 프랑스의 물리학자 이름인 Jean Biot, 방해석(Calcite)는 칼슘(Calcium)에서, 자철석(magnetite)은 자기력(magnetism)에서 각각 유래되었다.

2. 광물의 물리적 성질

광물을 자세히 관찰해 보면 크기, 모양, 색깔이 다른 여러 종류가 있는 것을 알 수 있다. 광물은 여러 종류의 원소들이 모여 만들어졌으며, 원소의 종류에 따라 여러 가지의 광물이 만들어진다.

1) 색

광물은 각 종류마다 고유의 색을 가지고 있으나, 불순물이 섞이면 다른 색을 나타낼 수도 있다. 전이원소(Ti, V, Cr, Mn, Fe, Co, Ni, Cu)가 광물의 주 구성 성분 또는 불순물의 형태로 포함되어 있을 때, 빛이 흡수되지 않고 통과 또는 반사하는 잔류 광선에 의해 색이 결정된다. 예를 들어 순수한 석영은 무색 투명하지만, 소량의 철이 섞이면 자주색을 나타내며, 망간은 분홍색, 크롬은 녹색, 구리는 파랑색이나 노랑색을 나타내게 한다(그림 2-11).

【그림 2-11】 다양한 색의 수정

【그림 2-12】 전기석

또한, 산화 제1철(FeO)은 어두운 녹색에서 검정에 이르는 색을 띠게 하고, 산화 제2철(Fe_2O_3)은 적색, 갈색, 또는 노란색을 띠게 한다. 전기석은 하나의 결정 내에서도 다양한 색을 나타낸다(그림 2-12).

2) 조흔색

조흔색이란 광물을 조흔판에 긁었을 때 나타나는 광물의 가루색을 말하며 표면색이 같은 광물의 감정에 많이 쓰인다. 예를 들면, 금속광택을 보이는 적철석(Fe_2O_3)과 자철석(Fe_3O_4)의 표면색은 둘 다 검은색이지만, 조흔색은 각각 적색과 흑색을 띤다. 황철석의 표면색은 황금과 아주 비슷한 황색이지만 황철석을 조흔판에 그어 보면 검

【그림 2-13】 광택이 다른 동일광물의 조흔색

은 색을 보여주기 때문에, 흔히 황철석을 멍청이 금이라고도 불린다.

또한 겉보기가 달라 보여도 동일한 광물은 같은 조흔색을 보인다. 예를 들면, 철광석인 적철석은 금속의 형태와 비금속의 형태로 나타나며 이들의 광택과 표면색은 전혀 다르지만 조흔색은 특징적인 적갈색을 나타낸다(그림 2-13).

3) 깨짐과 쪼개짐

결정이 힘을 받아 부서질 때 일정한 방향성도 없고, 떨어져 나간 면이 평탄치 않은 것을 깨짐 또는 단구라 한다. 예를 들어 석영과 흑요석을 망치로 내려치면 조개껍질 모양(패각상)으로 깨지는 것을 관찰할 수 있다. 이와는 달리 결정이 힘을 받아 부서질 때 일정한 방향으로 틈이 생겨서 평탄한 면으로 갈라지는 현상을 쪼개짐이라 한다. 쪼개짐은 그 방향의 결합력이 약하기 때문에 나타나는 현상이다.

흑운모를 포함한 운모류의 광물들은 얇은 판으로 한 겹 한 겹 떨어진다. 휘석과 각섬석은 두 방향으로 길게 쪼개지는데 결정의 내부구조가 달라 교각이 다르다. 휘석은 단쇄구조로 인해 거의 직각으로, 각섬석은 복쇄구조를 이루어 마름모꼴로 쪼개진다(그림 2-14).

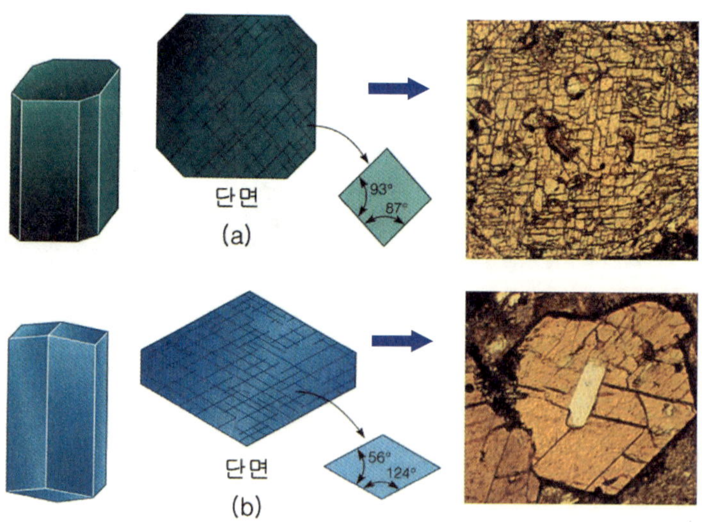

【그림 2-14】 휘석(a)과 각섬석(b)의 두 방향 벽개

4) 굳기

광물의 단단한 정도를 굳기 또는 경도라 한다. 종류가 다른 두 광물을 서로 마찰시키면 대개는 한 쪽이 긁히게 되는데, 이 때 긁힌 쪽의 굳기가 낮다고 볼 수 있다. 오스트리아의 광물학자 모스(Mohs)는 비교적 흔한 광물 10종을 선택하여 지시광물로 정하고, 굳기에 따라 10개의 등급으로 나누었다. 이것을 모스경도계라 한다. 10종의 지시광물은 그림 2-15와 같이 활석, 석고, 방해석, 형석, 인회석, 정장석, 석영, 황옥, 강옥, 금강석이다. 야외 조사 시 광물의 굳기를 대략적으로 구하고자 할 때 주변에 있는 물질을 사용하게 되는데, 이 대용물의 굳기는 손톱(약 2.5), 동전(약 3~3.5), 못(약 4~4.5), 유리(약 5.5). 칼날(약 6), 줄(약 7)이다.

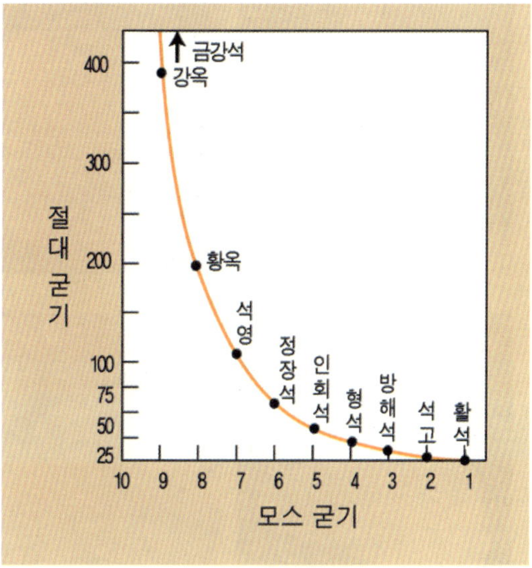

【그림 2-15】 모스경도계

5) 광택

광물의 광택은 광물표면에서 반사되는 빛의 강도와 질에 따라 우리가 느끼는

【그림 2-16】 금속광택을 보이는 금, 은, 백금

【그림 2-17】 비금속 광택. 진주 광택의 석고(a), 토사 광택의 계관석(b), 견사 광택의 사문석(c), 유리 광택의 석영(d), 수지 광택의 황(e), 다이아몬드 광택의 유산연석(f).

감각을 말한다. 광택은 크게 금속 광택과 비금속 광택으로 나뉜다(그림 2-16). 비금속 광택은 다시 진주 광택(석고, 백운모), 토사 광택(계관석, 갈철석), 견사 광택(사문석), 유리 광택(석영, 황옥, 방해석), 수지 광택(황), 다이아몬드 광택(금강석, 유산연석) 등으로 나뉜다(그림 2-17).

6) 비중

광물마다 단위 체적의 무게가 다르다. 그 광물 $1cm^3$의 부피가 가지는 질량을 밀도라고 하는데, 단위는 g/cm^3이다. 비중이란 광물의 밀도와 물 $1cm^3$의 질량을 비교한 값을 말하는데, 일반적으로 비중과 밀도의 값은 일치하며, 비중은 단위가 없다. 비중을 측정할 때는 아르키메데스의 원리를 이용하는데, 먼저 공기 중에서의 광물 무게를 측정하고(W), 물 속에 넣은 후 무게를 측정하여(A) 다음 식을 이용해 계산하면 된다.

$$비중 = (W - A) / W$$

비중은 광물을 이루는 화학 원소의 종류와 촘촘히 쌓인 정도에 의해 결정되며, 보통 광물의 비중은 2~4이고, 금속 광물은 대개 4 이상이다. 비중이 2 이하인 광물은 거의 없다.

3. 광물의 광학적 성질

일반적으로 광물은 빛을 통과시키지 않는다. 그러나 석영, 장석, 운모, 방해석 등과 같은 비금속 광물을 얇게 가공하면 빛을 통과시키는데, 이러한 광물을 투명 광물이라 한다. 그러나 금이나 은, 황철석 등과 같은 금속광물은 아무리 얇게 가공하더라도 빛을 통과시키지 못하므로 불투명 광물이라 한다.

사방으로 진동하며 진행하는 빛이 투명 광물을 통과할 때는 진동하는 방향이 직각인 두 개의 광선으로 나뉘면서 굴절하는데 이러한 현상을 복굴절이라 한다(그림 2-18). 복굴절을 일으키는 광물을 이방체 광물, 복굴절을 일으키지 않는 광물을 등방체 광물이라 한다. 대부분의 이방체 광물에서는 두 광선이 이루는 복굴절 각의 차이가 매우 작아 육안으로는 판별하기가 어려워 편광현미경을 이용한다.

편광현미경은 생물현미경과는 달리 재물대가 360° 회전이 가능하며, 이 재물대 위, 아래에 일정한 방향으로 진동하는 빛만을 골라서 통과시키는 편광판이 하나

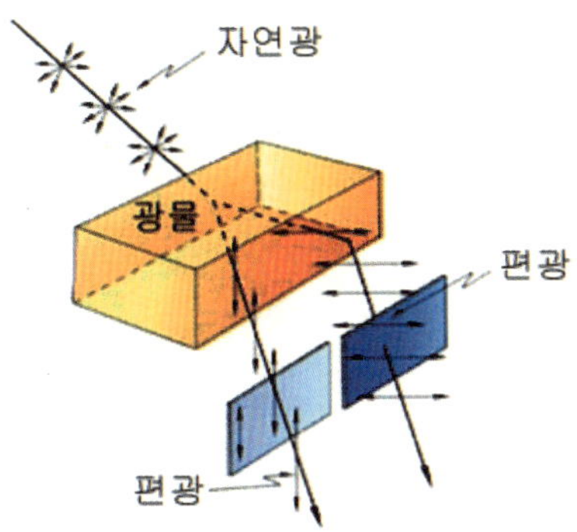

(a)

(b)

【그림 2-18】 복굴절의 원리(a)와 방해석의 복굴절(b)

씩 부착되어 있다(그림 2-19). 아래 편광판은 고정되어 있으며, 위 편광판은 끼웠다 뺐다 할 수 있는데, 뺀 상태를 개방니콜이라 하고, 넣은 상태를 직교니콜이라 한다. 편광판은 투명한 방해석이나 합성수지로 만든다. 광물이나 암석을 편광현미경을 통해 관찰하려면 두께 0.03mm 정도로 얇은 박편을 만들어야 한다.

편광현미경으로는 광물의 형태와 크기, 광물의 배열 상태(조직), 쪼개짐, 다색성, 간섭색 및 소광 현상 등과 같은 여러 가지 특징을 관찰할 수 있다(그림 2-20). 개방니콜 상태에서 광물의 박편을 재물대에 올려놓고 회전시키면 각도에 따라 광물의 색과 밝기가 규칙적으로 변하는 현상을 다색성이라 한다. 다색성이 나타나는 원인은 빛이 광물을 통과할 때 방향에 따라 흡수되는 정도가 다르기 때문이다. 한편, 직교 니콜 상태에서 광물의 박편을 재물대 위에 놓고 회전시킬 때 점점 어두워지다가 어느 순간 광물이 검정색으로 변하는데 이를 소광이라 한다. 석류석과 같은 광물은 직교니콜에서 항상 소광상태를 나타낸다. 백운모와 흑운모 등은 화려한 색을 연출하는데, 이러한 색을 간섭색이라 한다.

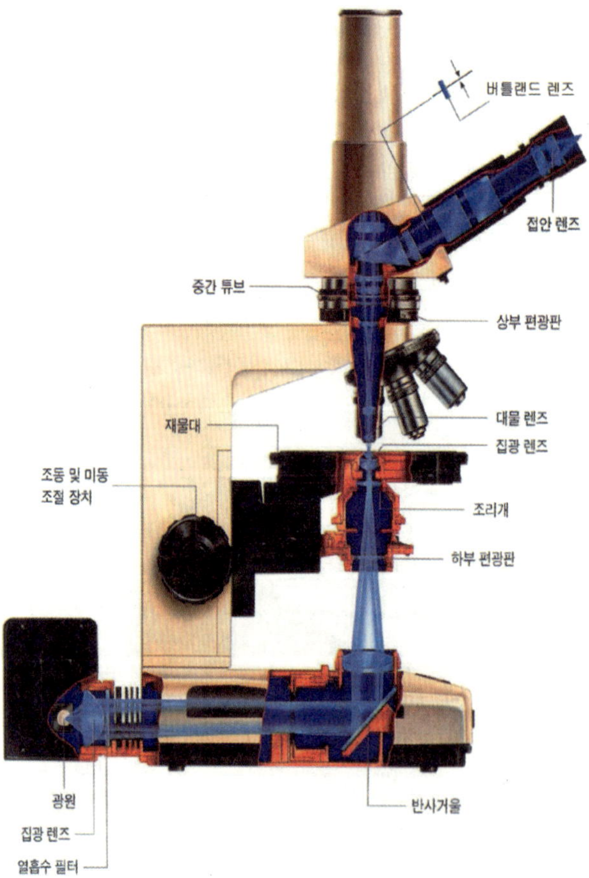

【그림 2-19】 편광현미경

(a) 개방니콜　　(b) 직교니콜

【그림 2-20】 화강암 박편의 편광현미경사진(흑운모, 석영, 장석 관찰)

<표 2-1> 주요 조암 광물의 편광현미경에서의 특징

광학성 / 광물	개방니콜				직교니콜	
	색	다색성	형태	쪼개짐	간섭색	소광각
석 영	무색	무	불규칙, 육방추	패각상의 깨짐	회색	소광
정 장 석			주상	1~2방향	회색	직소광, 침소광
사 장 석			주상, 단책상	1~2방향	회색	사소광, 누대소광
백 운 모			판상	1방향	높은 간섭색	직소광
흑 운 모	흑색-갈색	녹색~갈색	판상	1방향	높은 간섭색	직소광, 파상소광
각 섬 석	짙은 청~녹색	녹색~황갈색	장주상~침상	1~2방향 (약 124°)	낮은 간섭색	소광각은 작음(25°), 직소광
보통휘석	담색	약	단책상	2방향(93°)	신선하며 연변부에서 홍색	소광각은 대 36°~54°
자소휘석		담록~황갈색	단책상~단주상	장축방향의		직소광
감 람 석	무색	무	사각	쪼개짐 없음	높은 간섭색	직소광

4. 광물의 화학적 성질

모든 광물은 단일 원소나 두 가지 이상의 원소로 이루어진 화합물이다. 광물은 구성하는 원소의 성질에 따라 동질이상, 유질동상 및 고용체와 같은 특징을 갖는다. 흑연과 금강석은 똑 같은 탄소로 구성되어 있으나 결정의 내부구조 즉, 원자들의 배열상태가 다르기 때문에 결정형태와 물리적인 성질이 전혀 다르다(그림 2-21). 이와 같이 광물의 화학성분은 같지만 결정구조가 다른 경우를 동질이상이라 한다. 동질이상은 광물의 구조가 생성된 온도와 압력 조건에 따라 달라지기 때문에 일어나는 현상이다. 변성작용으로 생성된 홍주석, 규선석, 남정석도 동질이상의 좋은 예이다. 이 세 광물의 화학성분은 Al_2SiO_5로 모두 동일하다. 이와는 달리, 화학성분은 다르나 결정 구조가 같은 결정도 있는데, 이러한 광물들을 유질동상이라고 하며, 물리적 성질 및 광학적 성질이 서로 유사하다. 능면체의 결정 구조를 갖는 방해석($CaCO_3$), 능철석($FeCO_3$), 마그네사이트($MgCO_3$) 등이 좋은 예이다.

한편, 감람석이나 사장석처럼 화학 성분의 비율은 어떤 범위 내에서 연속적으로 변하지만, 결정구조는 변함없이 유지되는 광물이 있다. 예를 들면, 감람석의

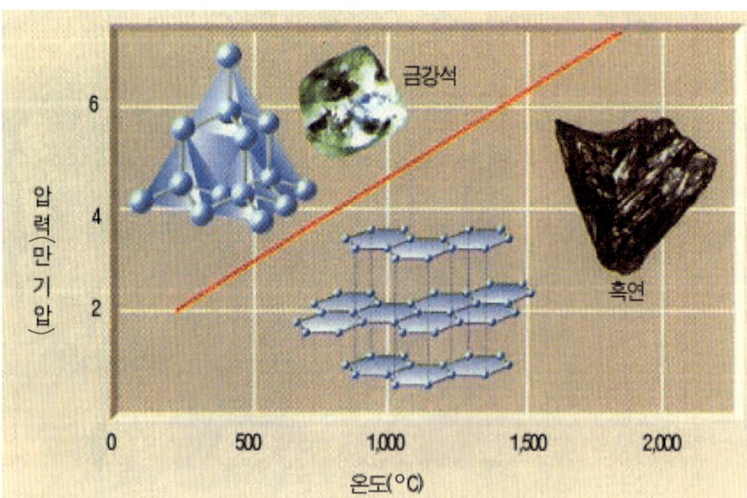

【그림 2-21】 동질이상인 금강석과 흑연의 생성조건

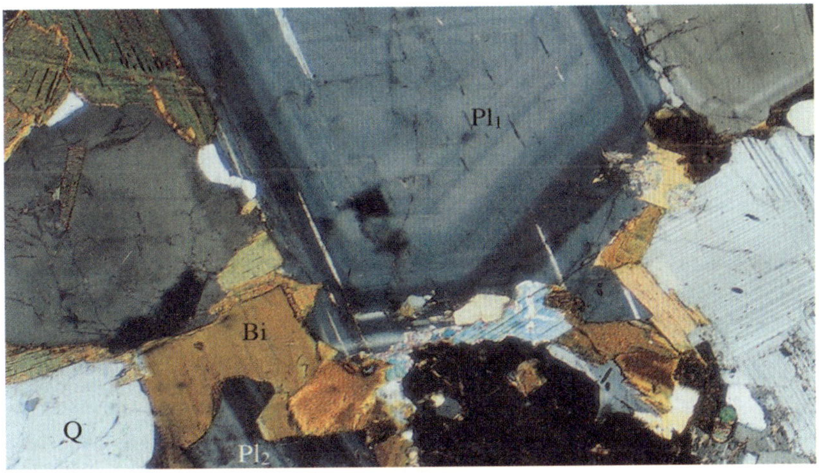

【그림 2-22】 사장석의 누대구조

화학식은 $(Mg,Fe)_2SiO_4$로 나타내는데, 고온의 마그마 내에서 먼저 생성된 마그네슘 감람석(Mg_2SiO_4)과 마그마(액체) 사이에서 Mg가 Fe로 치환되면서 구성 비율이 연속적으로 변화된다. 이와 같이 고체와 액체 사이의 반응에 의해 큰 구조적 변화 없이 화학성분이 변하는 광물을 고용체라 한다. 사장석의 경우 Ca가 풍부한 사장석에서 Na가 풍부한 사장석으로 성분이 변하는 과정에서 누대구조를 잘 보여준다(그림 2-22).

광물 내에서 어떤 원소가 다른 원소에 의해 치환되는 것은 일반적인 현상이며, 치환이 용이하기 위해서는 전하의 세기 또는 이온반경이 유사해야 한다. 그러나 치환하는 이온의 전하가 반드시 동일할 필요는 없다. 왜냐하면 치환 이후에 전기적으로 중성을 유지할 수 있도록 다른 이온의 치환이 동반되면 된다. 예를 들면, 칼슘 사장석이

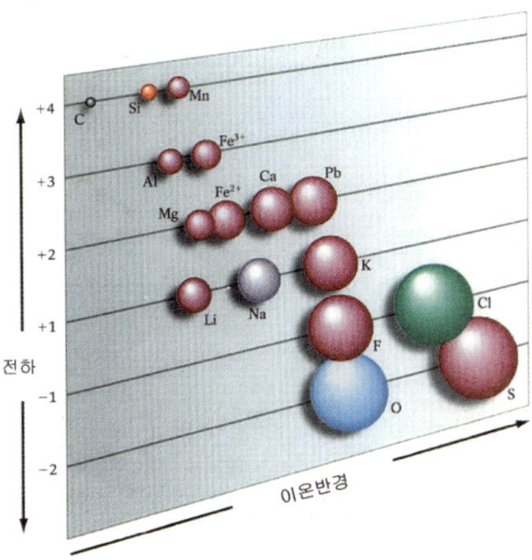

【그림 2-23】 이온반경과 크기

나트륨 사장석으로 변해갈 때 Ca^{2+}는 Na^{+}로 치환됨과 동시에 Al^{3+}이 Si^{4+}를 치환하면 전기적으로 중성이 유지된다. 그러나 이온의 치환은 전하의 차이가 1보다 클 때는 이온의 크기가 적당해도 거의 일어나지 않는다. 예를 들어 Zr^{4+}와 Mn^{2+}, 혹은 Y^{3+}와 Na^{+} 사이에는 치환이 일어나지 않는데, 그 이유는 동반되는 치환에 의해 전기적으로 중화시키기가 어렵기 때문이다. 조암 광물을 구성하는 원소들의 전하와 이온 반경 사이의 관계는 그림 2-23과 같다.

5. 지각의 구성 성분

지구의 표면은 매우 다양한 종류의 물질로 이루어져 있다. 지표면은 대부분 흙으로 덮여있으나 그 밑에는 단단한 암석으로 구성되어 있다. 1924년 클라크와 워싱턴은 세계 여러 지역에서 채취한 약 5,000여 개의 암석을 분석하여 지각의 구성 성분을 밝혔다. 그림 2-24와 같이 지각을 구성하는 성분은 O, Si, Al, Fe, Ca, Na, K, Mg의 8개 원소가 전체의 98%를 차지하고 있어, 이들을 지각의 8대 원소라 부른다. 이 중에서도 산소와 규소가 전체의 75%를 차지하고 있어, 지각은 이 두 원소들의 결합물인 규산염 광물이 대부분을 차지한다.

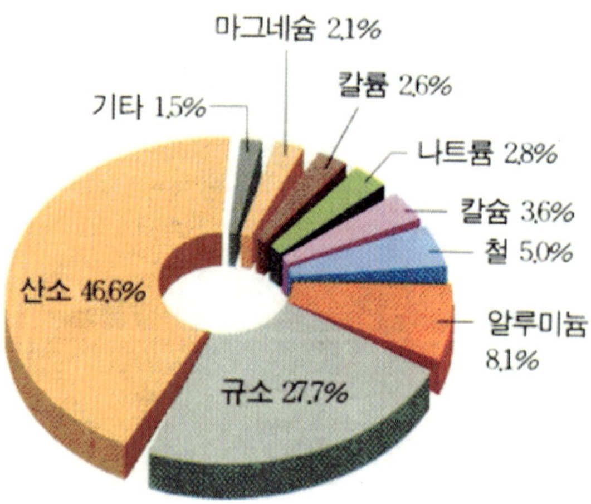

【그림 2-24】 지각의 구성원소 비율

6. 조암 광물

대부분의 조암 광물은 규소와 산소의 결합에 의해 형성되는 사면체 구조(SiO_4 사면체)를 결정 구조의 기본 단위로 하는 규산염 광물이다. 흔히 산출되는 규산염 광물은 석영, 장석, 운모, 각섬석, 휘석, 감람석 등이다.

1) 규산염 사면체

규산염 광물의 음이온 중에 가장 많은 것이 O^{2-}, 그 다음으로 많은 것이 OH^- 이며, 드물게 F, Cl을 포함하는 정도로 비교적 단순하다. 양이온은 크게 두 가지로 분류되는데, 규산염 광물의 기본 구조를 이루는 4개의 음이온으로 둘러싸여 사면체의 중앙에 위치하는 이온과, 그 외의 위치를 차지하는 이온이다. 사면체의 중앙을 Si^{4+}가 차지하고, 각 모서리에 네 개의 O^{2-} 배치되는 구조를 규산염(SiO_4) 사면체라 부른다(그림 2-25).

규산염 사면체들은 모서리의 산소 이온을 공유하면서 여러 가지 구조를 만드는데, 이러한 결합을 중합이라 부른다. 규산염 사면체들의 결합 정도를 중합도라 하는데, 규소원자 하나가 차지하는 산소의 수가 감소할수록 중합도는 커진다. 사면체 중심에 있는 양이온이 서로 이웃하는 사면체의 음이온을 몇 개 차지하는가에 따라 표 2-2와 같이 6가지로 분류한다.

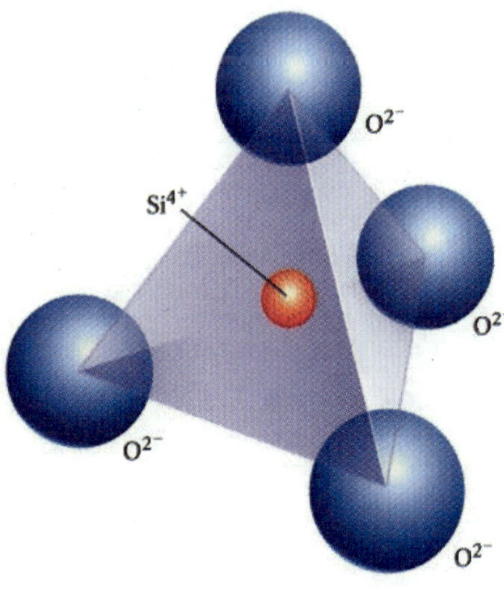

【그림 2-25】 SiO_4 규산염사면체

<표 2-2> 규산염 사면체의 연결구조와 특성

사면체 구조		화학식	규소/산소 비	조암광물
독립 사면체 구조		$(SiO_4)^{4-}$	1:4	감람석, 석류석 저어콘, 토파즈
복사면체 구조		$(Si_2O_7)^{6-}$	2:7	녹염석
환상 구조		$(SiO_3)^{2-}$	1:3	녹주석, 전기석
사슬 구조	단쇄 구조	$(SiO_3)^{2-}$	1:3	휘석
	복쇄 구조	$(Si_4O_{11})^{6-}$	4:11	각섬석
판상 구조		$(Si_2O_5)^{2-}$	2:5	운모
망상 구조		$(SiO_2)^0$	1:2	석영, 장석

2) 독립 사면체 구조의 광물

독립사면체 구조는 규소-산소 사면체가 각각 분리된 형태로 존재하여, 화학식은 SiO_4가 된다(그림 2-26). 규산염 광물 중에서 가장 중요한 화성암의 조암 광물은 감람석이며(그림 2-27), 그 외에 석류석, 저어콘 황옥 및 알루미늄 규산염광물(홍주석, 남정석, 규선석)이 있다. 복사면체 구조는 2개의 규소-산소 사면체가 산

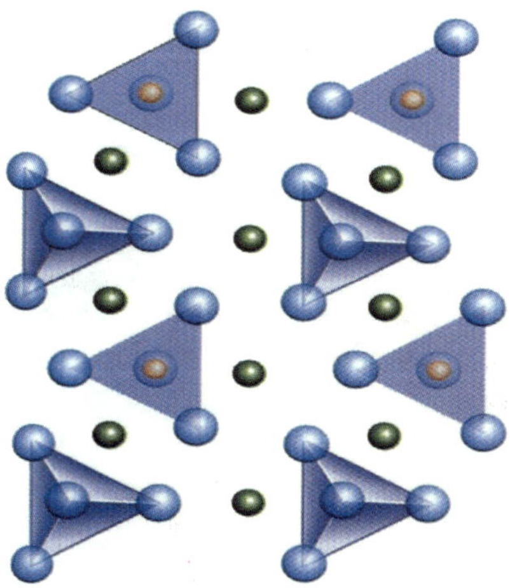

【그림 2-26】 독립사면체구조
(녹색 구는 양이온)

【그림 2-27】 감람석 결정

소 1개를 공유하여 서로 연결되어, 화학식은 Si_2O_7이 된다. 이 형의 전형적인 광물은 녹염석류며, 그 외의 광물들은 흔하지 않다. 환상 구조는 3개나 6개의 사면체가 연결되어 고리 모양으로 연결된 모양을 갖는다. 전형적인 예는 6개의 사면체가 고리를 이루어 6각 기둥 모양을 형성하는 녹주석(에메랄드)이다. 또한 전기석도 산성 심성암체에서 흔히 관찰된다.

3) 사슬 구조의 광물

사슬 구조(쇄상 구조)는 기본적으로 사면체가 한 방향으로 무한히 연결되어 사슬을 만든다. 사슬 구조는 단쇄 구조과 복쇄 구조로 나뉜다. 단쇄 구조의 전형적인 광물인 휘석은 사방 정계(사방휘석류)와 단사 정계(단사 휘석류)의 특징을 모두 가지며, 암석의 화학 성분 만큼이나 넓은 조성 범위를 갖는다(그림 2-28, 2-29). 복쇄 구조는 두 개의 평행한 사슬이 엇갈려서 연결되어 있으며, 전형적인 광물은 각섬석류이다(그림 2-30, 2-31). 이러한 구조는 암석의 물리적 성질인 벽개에도 중요한 작용을 하는데 단쇄 구조인 휘석은 거의 사각형, 복쇄 구조인 각섬석은 마름모꼴의 벽개를 보여준다.

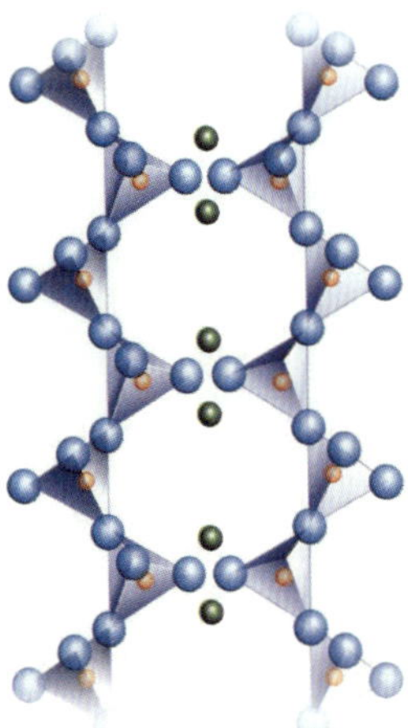

【그림 2-28】 단쇄 구조

【그림 2-29】 투휘석

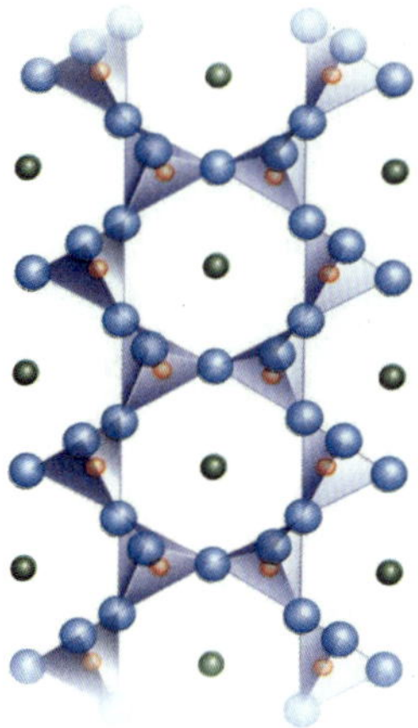

【그림 2-30】 복쇄 구조

【그림 2-31】 보통 각섬석

4) 판상 구조의 광물

판상 구조는 각 사면체의 산소 중에서 3개가 인접한 사면체와 공유하여 평평하게 펼쳐진 판을 만든다(그림 2-32). 이것은 한 방향으로 확장되는 복쇄 구조와는 달리 두 방향으로 무한하게 확장되며, 이 판들이 층층이 쌓이게 되므로 층상 구조라고도 부른다. 따라서 층면이 평행하게 쪼개지는 1방향의 벽개를 갖게 된다. 판상 구조의 광물에는 백운모와 흑운모가 있고(그림 2-33), 저온에서 생성된 녹니석과 점토 광물도 이 구조를 갖는다.

5) 망상 구조의 광물

망상 구조는 각 SiO_4 사면체를 이루는 4개의 모든 모서리가 서로 연결되어 3차원적인 입체구조를 만든다(그림 2-34). 이 구조를 갖는 광물은 지각의 구성 광물 중에서 가장 풍부한 석영과 장석이다. 화학식이 SiO_2인 석영, 트리디마이트, 크리스토바라이트의 내부에서는 +4가의 규소가 2개의 −2가 산소원자와 평형을 유지한다. 망상 구조의 규산염에서 규소가 부분적으로 알루미늄에 의해 치환되어 $(Si,Al)O_2$의 화학식을 갖는 경우가 생긴다. Si^{4+}가 Al^{3+}에 의해 치환되면, 전기

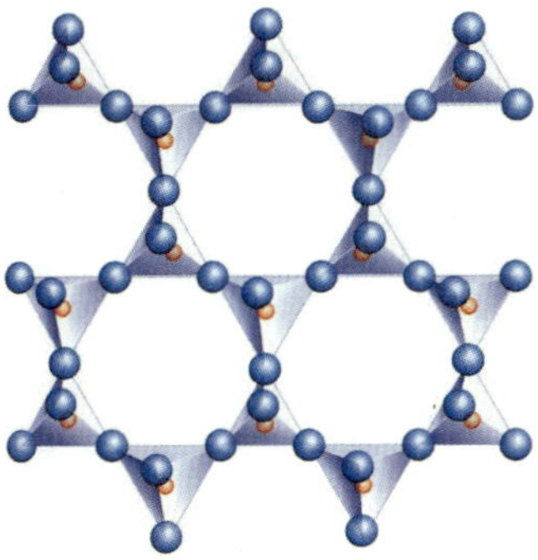

【그림 2-32】 판상 구조

【그림 2-33】 흑운모와 백운모

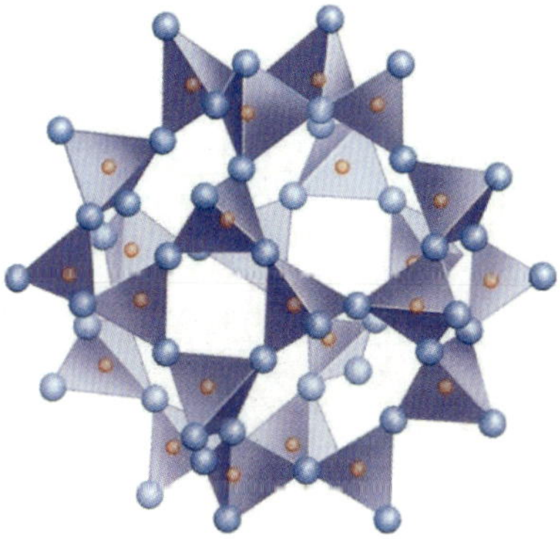

【그림 2-34】 망상 구조

【그림 2-35】 정장석 결정

적으로 중성을 되찾기 위해서 다른 양이온을 필요로 하게 되는데, 이 결과로 생성되는 광물이 장석과 불석이다(그림 2-35).

6) 비규산염 광물

비규산염 광물에는 원소 광물, 산화 광물, 탄산염 광물, 황화 광물, 산화 광물, 할로겐 광물 등이 있다(그림 2-36). 비규산염 광물은 인류의 생활과 산업 발전에 필요한 경우가 많으나 규산염 광물에 비하여 적은 양이 산출되므로 품위가 높아야 경제적 가치가 있다. 비규산염 광물의 분류와 광물은 표 2-3과 같다.

(a) (b) (c) (d)

【그림 2-36】 비규산염 광물. 석고(a), 방해석(b), 형석(c), 인회석(d)

<표 2-3> 비규산염 광물

광물군	이온	광물의 종류
원소 광물	없음	금, 은, 금강석, 황
산화 광물	O^{2-}	자철석, 적철석, 강옥, 얼음
할로겐 광물	Cl^{-}, F^{-}	암염, 형석
황화 광물	S^{2-}	황철석, 황동석, 방연석
탄산염 광물	$(CO_3)^{2-}$	방해석, 돌로마이트
황산염 광물	$(SO_4)^{2-}$	석고, 무수석고, 중정석
인산염 광물	$(PO_4)^{4-}$	인회석

7. 광물의 꽃 : 보석

보석은 마술처럼 형언할 수 없이 화려하고 선명한 빛깔과 눈부신 광채를 발산한다. 인간은 보석에 대한 무한한 동경을 가지고 자신의 아름다움과 사회적 위치, 그리고 부의 표현 수단으로 보석을 이용하였다.

1) 보석의 가치

보석이란 천연에서 산출되는 광물, 준광물, 그리고 유기물질이 훌륭한 연마사에 의해 가공되어 완성된 작품이다. 천연보석의 물질은 아름다움, 희소성, 견고성 등의 공통점을 지니고 있다. 이 외에도 보석의 일반적인 가치를 인정받기 위해서는 오랜 기간 동안 많은 사람들에 의해 선호되어 온 전통성이 있어야 한다. 또한, 보석은 장신구로서 몸에 지니는 물건이므로 휴대할 수 없다면 보석으로서 적합하지 않다.

보석의 가치는 주로 색깔(color), 투명도(clarity), 연마 상태(cutting), 중량(carat) 등의 요소에 의해 평가되는데, 이를 흔히 '4C'라고 한다. 보석은 일반적으로 캐럿(carat)이라는 무게의 단위를 사용하며, 1캐럿은 0.200g이다.

2) 보석의 종류

보석은 크게 천연보석과 인공보석으로 나눌 수 있는데, 천연보석에는 다이아몬드, 루비, 에메랄드 등과 같은 무기적 기원 보석과 진주, 산호, 호박, 상아 등과 같은 유기적 기원의 보석이 있다.

인공보석은 다시 합성보석, 인조보석, 모조보석으로 세분된다. 합성석은 같은 종의 천연석과 대부분 또는 완전히 동일한 화학적·물리적 특성과 내부 구조를 지니며, 일부 또는 전체가 인공적으로 생산된 물질을 말한다(합성 다이아몬드, 합성 사파이어 등). 인조석은 천연에는 대응물이 존재하지 않지만 일정한 화학

【그림 2-37】 알렉산드라이트 효과와 오팔의 변채

적·물리적 특성과 내부구조를 지니며, 인공적으로 생산된 물질을 말한다(다이아몬드와 유사한 YAG, GGG, CZ 등). 마지막으로 모조석은 천연석 또는 합성석의 색, 외관, 질감을 모방한 것으로, 화학적·물리적 특성과 내부 구조가 대응물의 그것과 일부 또는 전부가 다른 것을 말한다(유리, 플라스틱 등).

3) 빛의 마술

보석의 색깔은 빛이 보석을 통과하거나 반사할 때 일어나는 빛의 선택적인 흡수 현상에 의해 나타나는 결과이다. 루비의 적색과 에메랄드의 녹색은 크롬(Cr), 사파이어의 청색과 자수정의 보라색은 철(Fe), 공작석 및 터키석의 녹색은 구리(Cu)에 의해 발색된다. 간혹 미세한 유색 고체 포유물에 의해서도 색을 띠게 된다. 특수하게 연마된 특정 광물 표면에서 고양이의 눈과 같은 밝은 빛줄기가 나타나는 모습을 캣츠아이(Cat's eye) 효과 또는 묘안 효과라고도 부른다. 둥글게 가공된 보석에서 4방향 또는 6방향으로 빛이 반사되어 마치 별처럼 보이는 현상으로 성채 또는 스타 효과라고 한다.

빛의 선택흡수와 투과에 의해 생기는 현상으로 일광 또는 형광등 아래서 관찰했을 때의 바탕색이 현저하게 달라지는 것이 변색 효과라 하는데, 알렉산드라이트(금록석)효과라고도 한다. 금록석의 구성성분 중에 바나듐이라는 원소가 미량으로 함유되어 있어서 빛의 선택적 흡수현상을 일으켜 주야 변색 효과를 나타낸다. 낮에는 녹색으로, 밤에는 붉은색의 보석으로 변한다. 우수한 품질의 오팔에 있는 박층 또는 특수한 구조에 의해 빛이 반사될 때 생기는 간섭이나 회절현상에 의해 나타나는 색을 변채 또는 유색 효과라 한다.

4) 탄생석

탄생석의 유래는 출애굽기 28장과 요한 묵시록 21장에 근거를 둔다. 초기에는 마귀를 쫓는 등 주로 호신부로서 탄생석을 몸에 지녔다. 현재는 보석을 소비시키기 위한 상징적인 의미로 해석하여 소비 촉진을 위해 1890년대에 만들어진 것으로 각 나라마다 좋아하는 보석도 다르고 탄생석의 종류도 다르게 사용하고 있다. 표 2-4는 일반적으로 애용되는 탄생석의 종류와 상징을 정리한 것이다.

8. 광물의 이용과 건강

1) 광물의 이용

지구의 지각은 아주 다양한 광물의 공급원이다. 많은 광물들은 사람에게 유용하며, 경우에 따라서는 필수적이다. 사실, 공장에서 만들어지는 대부분의 제품들은 광물에서 추출한 물질을 포함하고 있다. 대부분의 사람들은 기본적인 금속들이 어떤 용도로 사용되는지 알고 있다. 예를 들어, 알루미늄이 음료수 캔으로, 구리는 전선의 재료로, 금과 백금은 보석으로, 실리콘은 컴퓨터 칩으로 이용된다. 아기 분("활석분")은 활석이라는 광물로 이루어진 암석을 가루로 빻은 후, 향을 첨가해 만든 것이다. 치과 의사들은 치아의 에나멜질을 뚫기 위해 다이아몬드 조각이 박힌 드릴 날을 사용한다. 흔한 광물인 석영은 유리를 만들어내는 주원료이며, 컴퓨터 칩의 재료인 실리콘의 원료이기도 하다. 그 외에도 수없

<표 2-4> 탄생석의 종류와 상징

1월 : 가넷(석류석)	2월 : 자수정	3월 : 아쿠아머린(녹주석)

사랑, 진실, 정조	정조, 성실, 평화	침착, 총명, 용감
4월 :다이아몬드	5월 : 에메랄드(녹주석)	6월 : 진주
		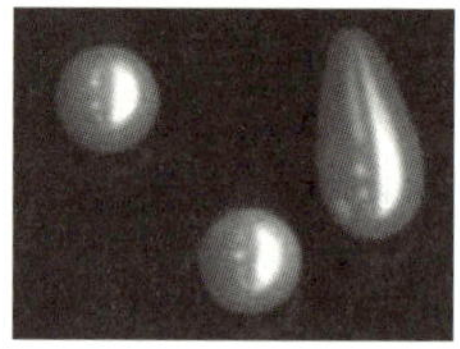
영원한사랑, 불변, 행복	행복, 행운	건강, 장부의 권위
7월 : 루비(강옥)	8월 : 페리도트(감람석)	9월 : 사파이어(강옥)

열정, 뜻대로 이루어짐	지혜, 부부의 행복	자애, 성실, 덕망
10월 : 오팔	11월 : 토파즈(황옥)	12월 : 터키석

희망, 순결	우정, 인내, 결백	성공

이 많지만, 흔히 사용되는 광물의 예를 표 2-5에 정리하였다. 한편, 현대 사회에 필요한 광물의 수요가 증가함에 따라 자원도 심각하게 고갈되고 있어 이에 대한 대책이 시급한 실정이다.

<표 2-5> 광물의 이용 사례

비금속광물	용도	금속광물	용도
장석	세라믹 유약	보오크사이트	알루미늄 은박지, 창틀
형석	물의 플루오르 첨가물, 제련	안티모니	페인트, 에나멜, 전지
석류석	연마제, 전자부품, 보석	카드뮴	도금, 핵반응 제어 막대
석면	도료, 판넬, 토양첨가제	크롬	스테인레스 스틸, 도금
점토	종이, 도자기, 내화벽돌	구리	전선, 배관설비
방해석	시멘트, 토양첨가제	요오드	의약품, 공업용품
흑연	윤활제, 브레이크 라이닝	비소	목재 방부제, 독약
운모	화장품, 전자부품	스트론튬	비상 섬광등, 불꽃놀이
질산염광물	폭발물, 비료, 전지, 섬유	아연	건전지, 안료
인산염광물	비료, 인산	텅스텐	전등 발광체, 드릴
정장석	비료, 유리	티타늄	항공기, 등산용품
석영	전자부품, 유리	주석	땜납, 합금, 주석 잔
소금	식료, 제설	금홍석	용접봉, 유리섬유
모래, 자갈	유리, 건축자재	레늄	촉매제, X선관, 전구
황	비료, 황산, 석유정제	몰리브덴	베어링
활석	요업, 도료, 종이, 활석분	마그네슘	전자 재료, 수조와 세공품

2) 점토광물

인간은 고대로부터 점토를 이용하여 석기를 포함한 다양한 토기를 만들어 사용하였으며, 아름다운 비취색의 고려청자도 점토 원료가 없었다면 불가능하였을 것이다. 철을 생산하는 용광로의 내벽은 내화 점토로 만든 벽돌을 쌓아 만든다. 점토를 원료로 기와, 토관, 타일 등을 만들어 건축자재로 사용하고 있다.

또한, 현대 생활에는 종이를 빼놓을 수 없는데, 점토는 양지(도화지)의 주 원료인 펄프의 섬유의 간극을 충진시켜 백색도와 불투명도를 향상시키는 원료로서, 그리고 종이의 표면을 매끄럽게 함과 동시에 광택 등을 내는 도포제(塗布劑)로도 이용된다. 일반적으로 고급 종이일수록 다량의 점토가 사용된다(예, 아트지는 중량의 30~40%).

필기구인 연필심에도 점토가 들어가며, 연필심의 경도는 점토의 함유량에 따라 결정된다. 많은 일용품에도 점토가 이용되는데, 도자기 이외에도 고무나 플라스틱의 충전제, 면직물 등의 마무리제, 페인트, 그림물감, 화장품의 원료로도 이용되고, 의약, 농약, 계면 활성제 등에도 이용된다. 이와 같이 많은 방면에서 점토는 미립의 분말, 즉 분제로 이용되고 있다. 최근에는 점토와 유기물 등의 복합물질을 합성해서 도료, 그리스 등으로 이용되기 시작했으며 세라믹스의 원료로까지 발전했다. 한편, 흡착성이 큰 점토는 공장폐수나 원자력 산업의 방사성 폐수의 처리에 이용된다.

3) 석면과 건강

우리는 숨을 쉴 때마다 공기 중에 떠다니는 미세한 광물 입자들을 들이마시게 된다. 인간들은 일생 동안 이러한 광물 입자들을 수십억 개 이상 들이마시게 된다. 입자들은 우리가 숨을 내쉴 때 대부분 방출되지만 일부는 기관지나 폐에 남게 된다. 인체는 이러한 이물질들이 건강에 해가 없도록 몇 가지 역할을 한다. 폐는 이물질들을 체내조직으로 감싸서 해가 없도록 하지만 이에는 한계가 있다. 따라서 매우 많은 이물질들이 체내에 들어온다면 폐의 능력이 저하될 것이다.

석면(asbestos)이라고 불리는 섬유 형태의 광물 입자가 폐에 끼치는 영향에 대해서는 학자들 사이에서 논란이 계속 되어왔다. 일부 학자들은 석면 채광 종사자들을 대상으로 조사한 자료를 근거로 석면이 건강에 매우 유해하며 석면 등의 자연 섬유상 물질들은 건강에 심각한 문제를 일으킨다고 주장해 왔다. 그렇다면 모든 섬유상 광물들이 건강에 똑같이 해로운 것일까?

【그림 2-38】 석면의 일종인 크리소틸

채굴되어 사용되고 있는 석면은 여섯 종류가 있다. 대부분의 석면(95%)은 사문석(serpentine)군에 속하는 광물들 중의 하나인 크리소틸(chrysotile)이라는 흰색 광물이다(그림 2-38). 나머지 다섯 가지 석면 광물들은 모두 각섬석이라 불리는 광물 군에 속한다. 석면이 폐암과 연관이 있다고 믿을 수밖에 없는 증거들은 주로 아프리카와 호주에서 채광되는 청색 각섬석인 크로시돌라이트(crocidolite)와 관련이 있다. 각섬석과 사문석을 화학적으로 비교해 보면 상당한 차이가 있다.

얼마나 많은 양의 석면이 건강에 해로울까? 많은 양의 석면 먼지에 노출된 채광인부들은 실제로 폐에 상처를 입게 되고 결국에는 폐질환을 앓게 된다. 작업장에 노출되지 않은 대부분 사람들은 흔히 퍼져있는 미량의 크리소틸을 들이마시게 되지만, 이들은 대부분 체내에서 처리되기 때문에 큰 문제가 되지는 않을 것이다. 그러나 이 점도 연구결과에 따라서는 견해가 다를 수 있다. 이러한 논쟁의 본질을 보다 정확히 파악하기 위해서는 광물에 관한 이해가 필수적일 것이다.

단 원 요 약

1. 광물은 천연에서 무기적 과정으로 생성된 고체로서, 일정한 화학 성분과 고유한 물리적, 화학적 성질을 지니며, 일정한 결정 구조를 갖는 물질이다.
2. 화학 원소(element)는 화학적 방법으로 물질을 분리할 수 있는 가장 기본적인 단위이지만, 원소들은 원자들로 구성되어 이다. 각 원자들은 양성자와 중성자의 집합체인 핵과 핵에서 약간 떨어진 궤도에서 확산된 구름 형태로 빠르게 회전하는 작은 전자로 되어 있다.
3. 광물을 형성하는 이온들의 결합 방식에는 이온결합, 공유결합, 반데르발스결합, 금속결합의 네 종류가 있으며, 규산염 광물의 결합은 주로 공유결합이다.
4. 광물 내부에는 구성 원자들이 3차원적으로 특정한 방식에 의해 쌓여 있는데 이러한 상태를 결정질이라 하고, 결정질 고체의 외부가 평탄한 면으로 둘러싸여 있어 어떤 기하학적인 형태를 갖게 되면 이를 결정이라고 한다.
5. 광물은 각 종류마다 고유의 색을 가지고 있으나, 전이원소(Ti, V, Cr, Mn, Fe, Co, Ni, Cu)가 광물의 주 구성 성분 또는 불순물의 형태로 포함되어 있을 때, 빛이 흡수되지 않고 통과 또는 반사하는 잔류 광선에 의해 색이 결정된다.
6. 조혼색이란 광물의 가루 색을 말하는데 표면색이 같은 광물의 감정에 많이 쓰인다. 결정이 힘을 받아 부서질 때 일정한 방향성도 없고, 떨어져 나간 면이 평탄

치 않은 것을 깨짐 또는 단구라 하며, 일정한 방향으로 틈이 생겨서 평탄한 면으로 떨어 져나가는 현상을 쪼개짐이라 한다.

7. 광물의 단단한 정도를 굳기라 한다. 모스는 광물 10종을 선택하여 지시 광물로 정하고, 굳기에 따라 10개의 등급으로 나누었는데, 이를 모스경도계(활석, 석고, 방해석, 형석, 인회석, 정장석, 석영, 황옥, 강옥, 금강석)라 한다.
8. 광물의 복굴절 현상을 이용하여 만든 편광현미경으로는 광물의 형태와 크기, 배열상태(조직), 쪼개짐의 수, 다색성, 간섭색 및 소광현상 등과 같은 특징을 관찰하여 암석이나 광물을 식별한다.
9. 대부분의 조암광물은 규소와 산소의 결합에 의해 형성되는 사면체 구조(SiO_4사면체)를 결정구조의 기본 단위로 하는 규산염 광물이다. 흔히 산출되는 규산염 광물은 석영, 장석, 운모, 각섬석, 휘석, 감람석 등이다.
10. 규산염 사면체들은 모서리의 산소이온을 공유하면서 여러 가지 구조를 만드는데, 사면체 중심에 있는 양이온이 서로 이웃하는 사면체의 음이온을 몇 개 차지하는가에 따라 6 가지(독립 사면체 구조, 복사면체 구조, 환상 구조, 사슬 구조, 판상 구조, 망상 구조)로 분류한다.
11. 보석의 가치는 주로 보석의 색깔(color), 투명도(clarity), 연마 상태(cutting), 중량(carat) 등의 요소에 의해 평가되는데, 이를 흔히 '4C'라고 한다. 보석은 일반적으로 캐럿(carat)이라는 무게의 단위를 사용하며, 1캐럿은 0.200 g 이다.

중 요 용 어

광물, 원자와 이온, 치환, 결정, 결정계, 광물의 색, 조흔색, 깨짐과 쪼개짐
모스경도계, 편광현미경, 다색성, 간섭색, SiO_4 사면체, 규산염 광물, 조암 광물(석영, 장석, 운모, 각섬석, 휘석, 감람석), 규산염 사면체 구조, 보석의 가치 – '4C', 탄생석

연 습 문 제

가. 다음 물음에 가장 적합한 답을 고르시오.

1. 원자가 전자를 잃거나 얻어 양전하나 음전하를 갖는 것을 무엇이라 하는가?
   ① 핵 ② 원소 ③ 이온 ④ 양성자 ⑤ 중성자
2. 양성자가 6개인 탄소는 원래 몇 개의 전자를 갖는가?
   ① 1개 ② 2개 ③ 4개 ④ 6개 ⑤ 8개
3. 천연에서 무기적 과정으로 생성된 고체로서, 일정한 화학 성분과 고유한 물리적, 화학적 성질을 지니며, 일정한 결정 구조를 갖는 물질을 무엇이라 하는가?
   ① 결정 ② 보석 ③ 암석 ④ 유리 ⑤ 광물
4. 원자들이 3차원적으로 특정한 방식으로 쌓여 있어, 외부가 평탄한 면으로 둘러 싸여 있는 고체 상태의 물질을 무엇이라 하는가?
   ① 결정 ② 보석 ③ 암석 ④ 유리 ⑤ 귀금속
5. 조암 광물의 기본적인 단위 사면체 중에서 가장 많은 것은?
   ① 알루미늄-산소 ② 규소-산소 ③ 철-마그네슘
   ④ 탄소-질소 ⑤ 칼슘-나트륨
6. 광물의 벽개와 가장 깊은 관계를 갖는 것은 무엇인가?
   ① 화학성분 ② 결정구조 ③ 크기 ④ 힘의 크기 ⑤ 비중
7. 광물의 색과 관계 <u>없는</u> 것은 무엇인가?
   ① 구성성분 ② 전이원소 ③ 컬러센터 ④ 포유물 ⑤ 경도
8. 광물의 굳기를 비교하기 위해 모스가 정한 10종의 지시 광물에 속하지 <u>않는</u> 것은?
   ① 석고 ② 형석 ③ 휘석 ④ 강옥 ⑤ 금강석
9. 광물의 복굴절 현상을 이용하여 만든 편광현미경으로는 관찰할 수 <u>없는</u> 것은 무엇인가?
   ① 광물의 형태 ② 벽개 ③ 다색성 ④ 간섭색 ⑤ 광택
10. 다음 중에서 규산염 광물이 <u>아닌</u> 것은 어느 것인가?
    ① 석영 ② 장석 ③ 각섬석 ④ 방해석 ⑤ 감람석
11. 다음 중 보석의 가치를 평가하는 '4C'에 속하지 <u>않는</u> 것은 무엇인가?
    ① 성분(composition) ② 색깔(color) ③ 투명도(clarity)
    ④ 연마 상태(cutting) ⑤ 중량(carat)

나. 다음 설명이 옳으면 ○표를, 틀리면 ×를 하고 틀린 부분에 밑줄을 긋고 바르게 고치시오.

1. 대부분의 조암광물은 규산염 광물에 사면체가 연결된 것이다.(　　)
2. 구성성분이 같은 다이아몬드와 흑연은 동일한 장소에서 생성될 수 있다.(　　)
3. 화학성분은 같으나 결정형이 다른 광물을 유질동상이라 한다.(　　)
4. 감람석, 휘석, 각섬석, 흑운모 등을 규장질 광물이라 한다.(　　)
5. 광물은 화학성분이 일정한 혼합물이다.(　　)
6. 광물을 식별하는 데 가장 정확한 것은 비중이다.(　　)
7. 일반적으로 음이온의 크기가 양이온 크기보다 작다.(　　)
8. 광물의 원자배열은 편광현미경을 이용하여 알 수 있다.(　　)
9. 지각을 이루는 성분 중 양이 가장 많은 것은 규소이다.(　　)
10. 지각을 이루는 광물 중 양이 가장 많은 것은 석영이다.(　　)

다. 다음 질문에 대하여 답하시오.

1. (　　)은 천연에서 무기적 과정으로 생성된 고체로서, 일정한 화학성분과 고유한 물리적, 화학적 성질을 지니며, 일정한 결정구조를 갖는 물질이다.
2. 이온들의 결합 방식에는 이온결합, (　　), 반데르발스결합, (　　)의 네 종류가 있다.
3. 광물 내부에 원자들이 규칙적으로 배열되어 있는 것이 밖으로 드러난 것을 가리켜 (　　)이라 한다.
4. 광물은 물리적 성질인 (　　), 조흔색, (　　), 쪼개짐, 굳기, 광택, 비중 등을 이용하여 식별할 수 있다.
5. 광물은 광학적 성질인 다색성과 (　　)을 관찰하여 구별할 수 있다.
6. 암석을 구성하는 주된 광물을 조암 광물이라 하며, 중요한 조암 광물에는 (　　), 장석, 운모, (　　), 휘석, 감람석 등이 있다.
7. 조흔판에 그은 광물의 분말 색을 (　　)이라 한다.
8. 방해석은 (　　)광물이다.
9. 유리의 원료로 쓰이는 광물은 (　　)이다.
10. 도자기와 내화벽돌 제작에 쓰이는 광물은 (　　)이다.

라. 다음 물음을 설명하시오.

1. 광물과 준광물에 대하여 설명하라.
2. 화합물의 결합방법에 대하여 설명하라.

3. 동질이상의 예를 들고 생성원인을 설명하라.
4. 오일러 법칙을 설명하라.
5. 화합물에서 원소의 치환이 일어나기 위한 조건을 설명하라.
6. 광물의 물리적 성질에 대하여 설명하라.
7. 비규산염 광물에 대하여 설명하라.
8. 광물 결합과 관련된 광물의 물리적 성질을 설명하라.
9. 라우에의 반점에 대하여 설명하라.
10. 다이아몬드와 흑연은 같은 성분으로 구성되었는데 이들이 다른 광물로 간주되는 이유는 무엇인가?

3 암석과 순환

육지에서 흙과 나무를 걷어내고, 바다에서 물과 퇴적물을 제거한다면 다채로운 암석의 세계가 펼쳐질 것이다. 지표를 구성하는 암석은 만들어지는 과정에 따라 세 가지로 나눌 수 있다. 뜨거운 용융 상태의 마그마가 식어 딱딱해진 화성암, 이전부터 존재했던 바위가 부서져 만들어진 알갱이나 화학성분이 물속에서 가라 앉아 굳어진 퇴적암, 그리고 여러 가지 암석이 열과 압력을 받아 변화된 변성암이 있다. 이 장에서는 다양한 암석들이 지구의 어떤 곳에서 어떻게 만들어지며, 어떤 과정을 거쳐 변화하고, 순환하는지 알아본다.

1. 마그마가 굳어진 화성암

화성암이란 지각의 깊은 곳이나 맨틀의 상부에서 생성된 마그마가 지각의 약한 부분이나 틈을 따라 지표로 흘러나오거나(그림 3-1), 지하 깊은 곳에서 서서히 냉각·고결 되어 만들어진 모든 암석을 일컫는 말이다.

【그림 3-1】 화산암을 생성하는 용암 분출

1) 마그마의 생성

상부 맨틀이나 하부 지각을 구성하는 암석이 온도가 매우 높아지거나, 압력이 낮아지면 부분적으로 녹아 액체 상태로 변한다. 또한 연약권에 물이 첨가되면 감람암의 녹는 온도가 내려가 보다 낮은 온도에서도 부분적인 용융이 일어나기도 한다. 이렇게 지하 깊은 곳에 있는 암석이 부분적으로 용융되어 모인 액상의 규산염 물질을 마그마라 한다. 마그마란 용어는 밀가루 반죽과 같은 상태의 혼합물을 뜻하는 그리스어에서 기원되었다. 일반적으로 암석이 55% 이상 용융되어 있으면 마그마라 한다. 실제로 대부분의 마그마는 전부 액체가 아니며, 액체, 고체, 가스의 혼합물이다.

마그마는 규소, 산소, 알루미늄, 철, 칼슘, 나트륨, 칼륨, 마그네슘 등으로 구성되어 있다. 마그마의 특성은 전체의 37～75% 정도를 차지하는 규산염(SiO_2)과 수증기(H_2O)의 함량에 따라 달라진다. 마그마에 용해되어 있는 가스는 소량이나 마그마의 점성, 즉 유동에 대한 저항과 화산 분출시의 폭발성의 특징을 결정짓는 데 중요하다. 화산으로부터 나오는 가스의 90% 이상은 수증기와 이산화탄소이다.

(1) 현무암질 마그마

맨틀이 부분적으로 용융하여 현무암질 마그마가 형성되는 메커니즘으로는 온도 상승, 압력 하강, 물의 첨가 또는 이들의 복합작용을 들 수 있다. 그림 3-2는 대륙지각과 해양지각에서의 지온상승률과 함께 두 가지의 용융곡선을 나타낸다. 지하 깊은 곳으로 갈수록 온도와 압력은 지온상승률 곡선을 따라 증가한다. 그러나 이 지온상승률은 현무암의 용융 온도(곡선 A)보다는 낮으므로 정상적인 상태에서 암석이 녹아 액체가 되기 어렵다. 따라서 맨틀을 구성하는 암석이 용융곡선 (A)에 도달하기 위해서는 온도가 지온상승률보다 높게 증가하거나, 또는 압력이 낮아져야 한다. 판과 판이 서로 반대 방향으로 이동하는 확장 경계의 중심부(해령)를 따라서 맨틀 물질이 천천히 상부로 이동할 때 압력이 감소되어 부분 용융이 일어난다. 맨틀을 구성하는 감람암의 부분 용융으로 현무암질 마그마가 형성되는데, 그 이유는 초기에 용융되는 광물이 현무암 조성을 가진 광물이기 때문이다. 용융곡선 (B)는 물이 포화된 조건에서의 고상선이다. 즉, 맨틀에 물이 첨가되면 용융 온도가 내려가 낮은 온도에서도 현무암질 마그마가 생성될 수 있다. 용융점이 낮아지는 이유는 규소와 산소가 결합된 SiO_4 사면체의 연결을 물(H_2O)이 수산기를 만들어 파괴하기 때문이다.

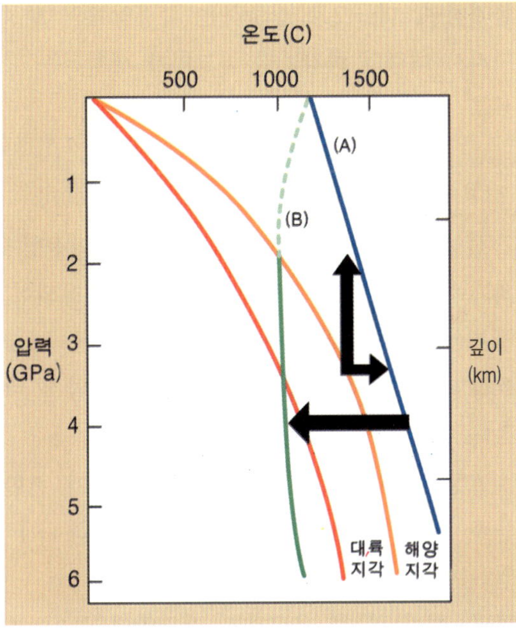

【그림 3-2】 대륙과 해양의 지온상승률 및 용융곡선

(2) 화강암질 마그마

이 마그마의 성인은 크게 암석이 부분 용융되어 생성되는 화성기원설과 변성작용에 의해 생성되는 화강암화작용이 있다. 20세기 초의 많은 논쟁을 거쳐 최근에 와서는, 국지적으로 화강암화작용에 의한 것도 있지만, 조산대에서 산출되는 대규모의 화강암질 마그마는 화성작용에 의한 것으로 받아들여지고 있다. 제안된 여러 가지 화성기원설 중에서, 가장 설득력을 얻은 두 가지 이론은 "분별 결정 작용의 최종 산물"과 "하부 지각의 부분 용융"이다. 분별 결정 작용의 최종 산물로 생성되는 화강암질 마그마는 그 양이 근원마그마 총량의 5% 정도에 불과하여, 대규모로 산출하는 화강암체의 형성을 설명하기는 곤란한 면이 있다. 따라서 대량의 화강암질 마그마가 생성되는 요인으로 유력한 이론은 하부지각의 부분 용융이다.

(3) 안산암질 마그마

섭입대의 호상 열도와 대륙호에서 안산암질 마그마가 대량으로 산출되는데, 과거에는 베니오프대의 암석이 직접 용융되어 생성된 것으로 잘못 알려져 왔다. 알류샨 열도와 같은 특이한 상황에서 베니오프대의 해양 지각이 용융된 물질은 호상열도에서 산출되는 일반적인 안산암질 마그마와는 화학적 특성이 전혀 다르다.

호상열도에서 산출되는 마그마 생성에 관한 최근의 연구결과를 요약하면 다음과 같다(그림 3-3). 호상열도(대륙호) 하부에서 생성되는 대부분의 마그마는 섭입하는 해양판에서 탈수되어 나온 물이 연약권(쐐기맨틀) 내부로 유입되어 생성된다. 쐐기맨틀을 구성하는 감람암에 물이 유입되면 용융 온도가 내려가 부분 용융이 일어나고 이들이 모여 현무암질 마그마가 만들어진다.

상승하는 현무암질 마그마는 지각 하부까지 도달하며, 지각에 균열이 많은 경우에는 직접 지표까지 분출되거나 지각 내부에 마그마 챔버를 형성하여 결정 분화 작용이 진행되기도 한다. 균열이 적은 경우에는 지각 하부에 모여 커다란 마그마 챔버를 형성하고 바로 위에 놓인 지각 하부를 부분 용융시켜 화강암질 마그마를 형성한다. 맨틀에서 생성된 현무암질 마그마와 지각이 용융된 규장질 마그마의 혼합작용에 의해 중간질 마그마로 형성된다. 또한 상승하는 현무암질 마그마

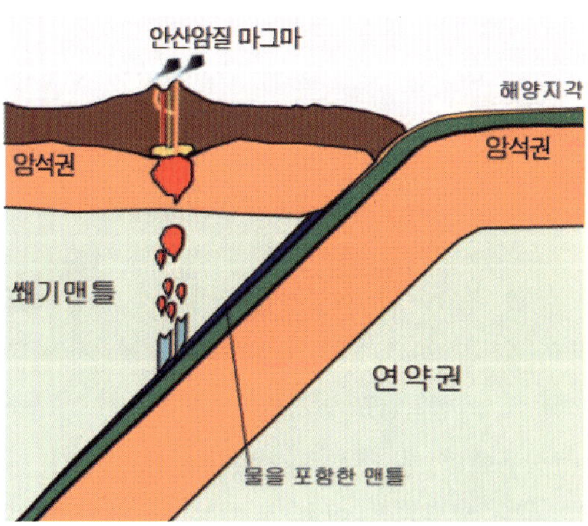

【그림 3-3】 호상열도에서 산출하는 안산암질 마그마의 생성모델(지각하부 내의 노랑색 - 화강암질마그마)

내부로 유입된 규장질 암석이 녹아 성분이 변하는 동화작용, 그리고 분별 결정 작용의 결과로 현무암질 마그마가 안산암질 마그마로 진화할 수 있다.

2) 마그마의 활동 지역과 특성

현재 지구상에서 마그마가 분출하여 활동하는 곳을 살펴보면, 판의 확장 경계(해령, 열곡대), 섭입대 및 열점의 세 가지 형태로 나눌 수 있다(그림 3-4).

(1) 판의 확장경계

태평양이나 대서양의 해저에 솟아있는 대규모의 산맥을 해령이라 부르는데, 이 곳은 맨틀로부터 마그마가 분출하는 곳으로 많은 해저 화산이 생겨난다. 이 곳은 판이 서로 갈라져 나가는 장소로서 깊은 틈이 생기는데 이 틈을 메우기 위해 맨틀 깊은 곳에서 마그마가 공급되어 새로운 해양 지각이 생성되는 장소이다. 여기에서 분출하는 마그마는 대부분 현무암질 마그마이며, 이 마그마가 냉각된 암석을 중앙해령 현무암(MORB)이라 부른다. 북대서양의 중앙에 위치한 아이슬란드는 해령이 육상으로 나타난 곳으로 많은 화산이 활동하고 있다. 한편, 대륙판이 갈라지는 동아프리카 열곡대에서는 화강암질 마그마와 현무암질 마그마가 분출된다.

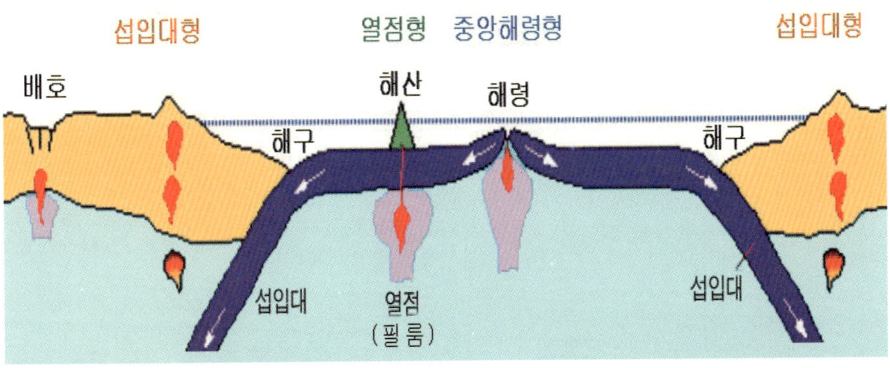

【그림 3-4】 암석의 종류와 구성광물 화학조성이 서로 다른 마그마의 생성 위치

(2) 섭입대

대륙판과 해양판이 충돌하여 해양판이 대륙판 아래로 들어가는 곳으로 일본 해구와 페루-칠레 해구가 대표적인 예이다. 이 곳에서는 섭입하는 해양판에서 방출된 물에 의해 용융점이 낮아진 연약권의 감람암이 부분 용융하여 현무암질 마그마가 만들어지고, 몇 가지 과정을 거쳐 안산암질 마그마가 생성된다. 이들은 판이 섭입하는 해구를 따라 1열 또는 2열로 줄지어 분출하여 호상열도나 대륙호를 형성한다.

(3) 열점

열점이라 부르는 장소는 지구 깊은 곳에서 뜨거운 물질이 기둥 모양(플룸)으로 솟아 올라오는 곳이다. 이곳에서는 맨틀 아주 깊은 곳에서 상승한 고온의 물질이 압력이 감소함에 따라 용융되어 마그마가 생성된다. 해양에서 열점의 위치는 고정되어 움직이지 않으나 판이 이동하기 때문에 판 위에 놓여있는 화산은 열점에서 점점 멀어지고 열점에서는 새로운 화산이 생겨난다. 대표적인 곳이 하와이 제도로서 열점에서 멀어질수록 화산의 나이는 많아진다. 대륙의 열점 화산은 프랑스, 독일, 중국 동북부, 우리나라 제주도 등에 분포한다. 여기서 활동하는 화산은 주로 현무암으로 판내부 현무암(WPB)으로 불린다.

〈표 3-1〉 본원 마그마의 생성과 진화과정 그리고 최종 마그마

암석	본원마그마	최종마그마	과정	판구조론적 위치
현무암 반려암	고철질	고철질	맨틀의 부분 용융 (연약권)	1. 발산 경계 – 해양지각형성 2. 판 내부 – 대지현무암 – 화산열도(하와이)
안산암 섬록암	고철질 (일반적으로)	중간질	맨틀의 부분 용융 (연약권) 결정분화작용/동화작용 /마그마의 혼합	수렴경계
화강암 유문암	규장질	규장질	하부 지각의 부분 용융	1. 수렴 경계 2. 판 내부 맨틀플룸

판구조론적으로 서로 다른 위치에서 생성되는 본원마그마의 종류, 그리고 본원마그마로부터 진화되는 과정, 그리고 최종적으로 고화되는 단계의 마그마들을 정리하면 표 3-1과 같다.

3) 마그마의 냉각 · 고결

마그마는 대략 800~1200℃ 정도의 매우 뜨거운 액체 상태의 물질로서 고체와 기체를 포함한다. 마그마 내의 액체는 자유로이 이동하는 이온들로 구성되어 있다. 마그마가 냉각됨에 따라 이온들의 움직임은 느려지고 결국 질서 정연한 구조로 배열하여 결정을 만드는데, 이러한 과정을 정출 작용이라 한다. 보통 용융된 물질들이 한꺼번에 고화되는 것이 아니라, 온도가 내려가는 동안에 수많은 작은 결정들이 형성된다. 이때 이온들은 결정의 성장 중심부에 질서 정연하게 모여들게 된다. 결정들이 크게 자라 그들의 가장자리가 서로 인접할 정도가 되면 공간 부족으로 인해 성장을 멈추게 되고 결정 작용은 다른 곳에서 계속된다.

【그림 3-5】 마그마의 냉각속도와 결정의 크기. a, 심성암; b, 화산암

결국 모든 액체는 서로 맞물린 결정들로 이루어진 고체 덩어리로 변하게 된다.

냉각 속도는 결정의 크기에 큰 영향을 미친다. 마그마가 매우 천천히 냉각되면 상대적으로 적은 수의 결정 성장 중심이 발달한다. 느린 냉각은 이온들로 하여금 또한 상대적으로 먼 거리를 이동하게 한다. 따라서 느린 냉각은 결정들을 크게 성장하도록 한다(그림 3-5a). 반면에 냉각이 상당히 빠르게 일어나면 이온들은 이동을 지속할 수 없게 되고 빠르게 결합한다. 그 결과 이온들을 조금이라도 더 끌어들이기 위해 무수히 많은 작은 결정이 형성된다. 그러므로 급속한 냉각은 작은 결정들이 맞물려 이루어진 고체 덩어리를 형성하게 된다(그림 3-5b).

야외에서 분필만큼 큰 결정들로 이루어진 암석을 발견했다면, 그 암석은 매우 천천히 냉각되었음을 짐작할 수 있으며, 결정의 크기가 현미경 하에서만 보일 정도라면 마그마가 매우 빠르게 냉각되어 생성된 암석임을 알 수 있다.

지표에 분출된 고온의 용암이 식을 때는 수축에 의해 암석의 틈이 생겨나는데 이를 절리라 한다. 냉각하는 동안에 용암류의 표면에는 수축 중심점들이 생기며, 이 중심점과 수직방향으로 틈이 벌어진다. 수축 중심점이 고르게 분포하면, 여러 방향의 틈들은 서로 만나서 6각형, 5각형, 4각형 등의 패턴을 만들게 된다. 이상적인 경우에 절리는 용암을 수직적인 다각형의 기둥으로 무수히 분리하게 된다. 이러한 절리를 주상 절리라고 하는데, 절리로 분할된 돌기둥은 용암의 두께와 냉각 속도에 따라서 다양하게 발달한다. 그러나 수직 기둥이 정육각

【그림 3-6】 제주도 지삿개의 현무암 주상절리

형인 경우는 드물고 일반적으로 다각형이며, 항상 수직적인 것은 아니다.

제주도 지삿개의 현무암 주상 절리는 규칙적이고 광범위하게 분포한다. 지삿개의 주상 절리는 마치 석공이 정교하게 다듬은 듯한 돌기둥이 병풍처럼 둘러쳐져 있다(그림 3-6). 또한 광주광역시의 무등산에는 깎아 세운 듯한 돌기둥이 빼곡히 들어차 있는 서석대와 입석대가 있다. 서석대는 저녁노을이 지면 석양의 햇볕이 반사되어 수정처럼 반짝거리기 때문에 수정병풍이라고도 불린다. 5각 내지 6각형 이 돌기둥들은 중생대 백악기 후기에 지표로 흘러나온 뜨거운 용암이 식으면서 만들어진 주상 절리이다.

4) 화성암의 산출상태와 조직

화산에서는 암석 파편 이외에도 많은 양의 용암이 흘러나와 용암류나 용암대지를 형성한다. 지표로 분출한 용암이 급히 식어 굳어진 암석을 화산암 또는 분출암이라 부른다. 지표에 도달하지 못한 마그마는 지하 심부에서 고화되는데, 이런 화성암들은 기존의 암석들 사이로 관입한 것이기 때문에 관입암 또는 심성암이라 부른다.

관입암 중에는 지하 깊은 곳에서 큰 규모로 관입하여 천천히 식어 굳어진 것을 저반이라 부르며, 저반보다 규모가 작은 것을 암수라고 한다. 저반과 암주를 제외하면 대부분의 관입암체는 소규모로 산출되는데, 지층면에 평행하게 관입하는 암상과 호빵 모양으로 산출되는 병반, 나뭇가지 모양으로 가늘게 지표를 향해 뻗은 암맥, 마그마가 올라가는 길목이 굳어진 암경이 있다(그림 3-7).

관입암 중에서 심성암은 규모가 큰 저반이나 암주 형태로, 반심성암은 규모가 작은 암맥, 병반, 암경, 암상 등으로 산출된다.

암석을 구성하는 결정들의 크기와 배열을 조직이라 하는데, 조직에 따라 화성암의 전체적인 겉모양이 달라진다. 조직은 암석이 형성된 환경에 대한 정보를 제공하는 매우 중요한 특징 중에 하나이다. 마그마가 냉각되어 굳어질 때 광물이 정출되는 속도에 따라 입자의 크기가 달라진다. 지각 깊은 곳에 있는 마그마 챔버에서의 냉각 속도는 상당히 느릴 것으로 예상된다. 이와 같이 지하 깊은 곳에서는 결정 입자가 성장하는 시간이 충분하여 비교적 크고 고른 등립상 조직을

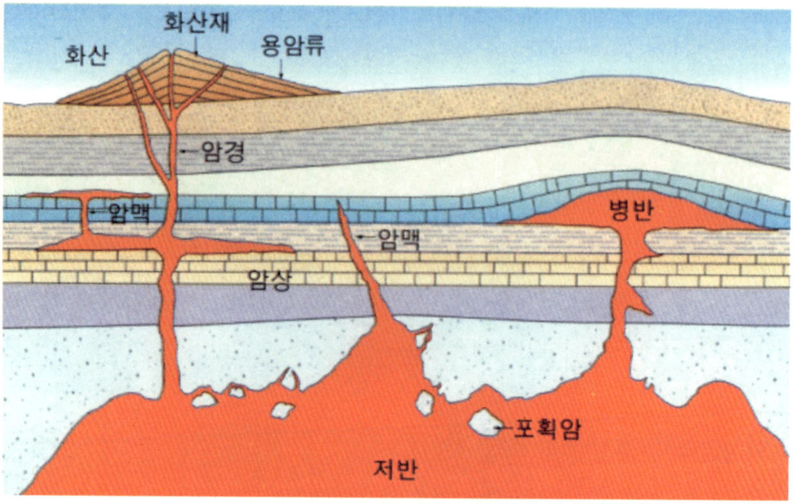

【그림 3-7】 마그마가 굳은 장소와 화성암의 산출상태

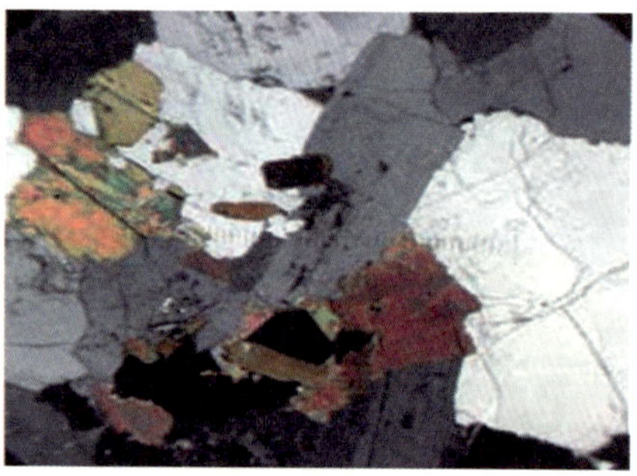

【그림 3-8】 화강암의 박편사진(직교니콜)

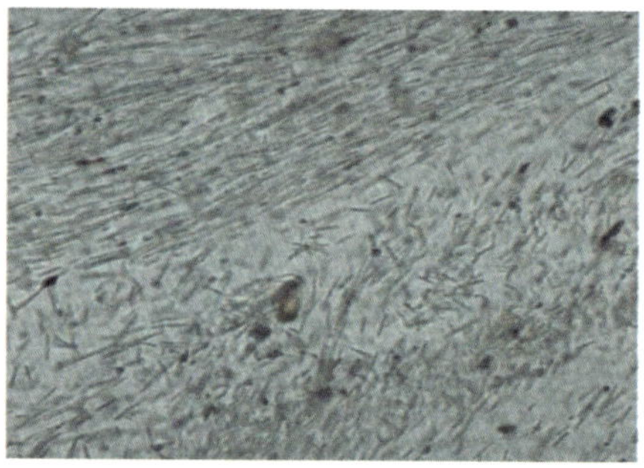

【그림 3-9】 화산암의 유리질조직(박편사진, 직교니콜)

갖는 심성암이 만들어진다(그림 3-8). 엄청난 양의 마그마가 지하 깊은 곳에서 고화될 때는 조립질 조직을 나타내는 화성암을 형성하게 된다. 이러한 조립질 암석은 구성광물들의 크기가 거의 균일하고 육안으로도 식별 가능할 정도로 크며, 대표적인 암석이 화강암이다.

그러나 지표로 분출된 얇은 용암층은 낮은 온도에서 급격히 냉각되어 결정을 전혀 만들지 못하는 유리질 조직(그림 3-9)의 암석이 되거나 작은 결정을 생성하여 세립질 조직(그림 3-10)을 갖는 화산암이 형성된다. 지표 또는 지표 가까이에

【그림 3-10】 세립질 유문암의 유상조직

【그림 3-11】 반상조직의 안산암의 박편 사진(직교니콜)

(a)

(b)

【그림 3-12】 흑요석(a)과 부석(b)

도달한 마그마가 빠르게 냉각하여 형성된 세립질 화성암에서는 마그마가 고화될 때 갇혀있던 기체 방울들이 남긴 기공들을 흔하게 볼 수 있다. 이러한 기공은 빠르게 냉각되는 용암류의 상부에 국한되어 나타난다.

지하 깊은 곳에서 대량의 마그마가 고화되는 데 수만 년, 심지어 수백만 년이 소요된다. 마그마가 냉각되는 동안 그 안의 모든 물질들이 동시에, 또는 같은 속도로 결정화하는 것이 아니기 때문에, 어떤 결정들은 다른 결정들이 생기기도 전에 상당히 크게 자라는 것이 가능하다. 만약 이미 상당히 크게 자란 결정들을 포함한 마그마가 갑자기 지표로 분출한다면, 나머지 고화되지 못했던 용융물질은 빠른 속도로 냉각될 것이다. 이렇게 생성된 암석은 먼저 생성된 큰 결정(반정) 사이를 분출된 후에 만들어진 세립의 결정(석기)이 채우는 형태의 반상조직을 형성한다(그림 3-11).

마그마 덩어리가 공중으로 날아올라 공기 중에서 냉각된 화산 유리인 흑요석은 외관상 공업용 검정색 유리덩어리와 유사하다. 유리질 조직을 보이는 다른 종류의 화산암으로는 부석이 있다. 부석은 용암으로부터 많은 양의 기체가 이탈하면서 회색의 거품이 덩어리를 형성할 때 만들어진다(그림 3-12). 공기로 채워진 공간의 부피가 크기 때문에 대부분의 부석은 물에 뜬다.

5) 화성암의 분류

화성암은 조직과 구성 광물에 의해 분류할 수 있다. 서로 다른 냉각 과정을 겪으면서 다양한 화성 조직이 형성되며, 근원마그마의 화학적 특징과 분별 결정 작용의 차이에 의해 광물조성이 달라진다. 조직과 광물조성에 기초한 일반적인 분류체계는 표 3-2와 같다.

화성암은 SiO_2의 함량에 따라 초고철질암, 고철질암(ferromagnesian), 중간질암, 규장질암으로 분류한다. 초고철질암은 SiO_2 함량이 45% 미만으로 맨틀 성분과 거의 같은 암석이다. 고철질암은 SiO_2 함량이 50% 정도인 현무암질 마그마가 식으면서 만들어진 암석으로 현무암, 휘록암, 반려암 등이 있다. 중간질암은 SiO_2 함량이 52~66%의 범위를 갖는 안산암질 마그마가 식어서 만들어진 암석으로 안산암, 섬록반암, 섬록암 등이 있다. 규장질암은 SiO_2 함량이 70% 정도인 화강암질 마그마가 식어서 만들어진 암석으로 유문암, 석영반암, 화강암 등이 있다.

화성암을 구성하는 조암 광물 중에서 철과 마그네슘을 많이 포함하는 감람석, 휘석, 각섬석, 흑운모 등과 같이 어두운 색을 띠는 고철질 광물과 알루미늄, 칼륨, 나트륨이 풍부한 백운모, 장석, 석영 등과 같이 밝은 색을 띠는 규장질 광물이 있다. 화성암은 고철질 광물과 규장질 광물의 비율에 따라 색과 밝기가 달라진다. 즉, 화성암의 명암(밝기)을 좌우하는 고철질 광물과 규장질 광물의 비를 색지수라 한다. 암석의 색지수가 클수록 고철질 광물의 함량이 많은 것을 의미한다. 예를 들면, 색지수가 높은 현무암은 고철질 광물의 함량이 많아 어둡게 보이는 반면, 고철질 광물의 함량이 적어 색지수가 낮은 화강암은 밝게 보인다.

현무암은 초기에 정출된 고철질 광물을 많이 포함하여 어둡게 보이며, 광물의

<표 3-2> 화성암의 분류표

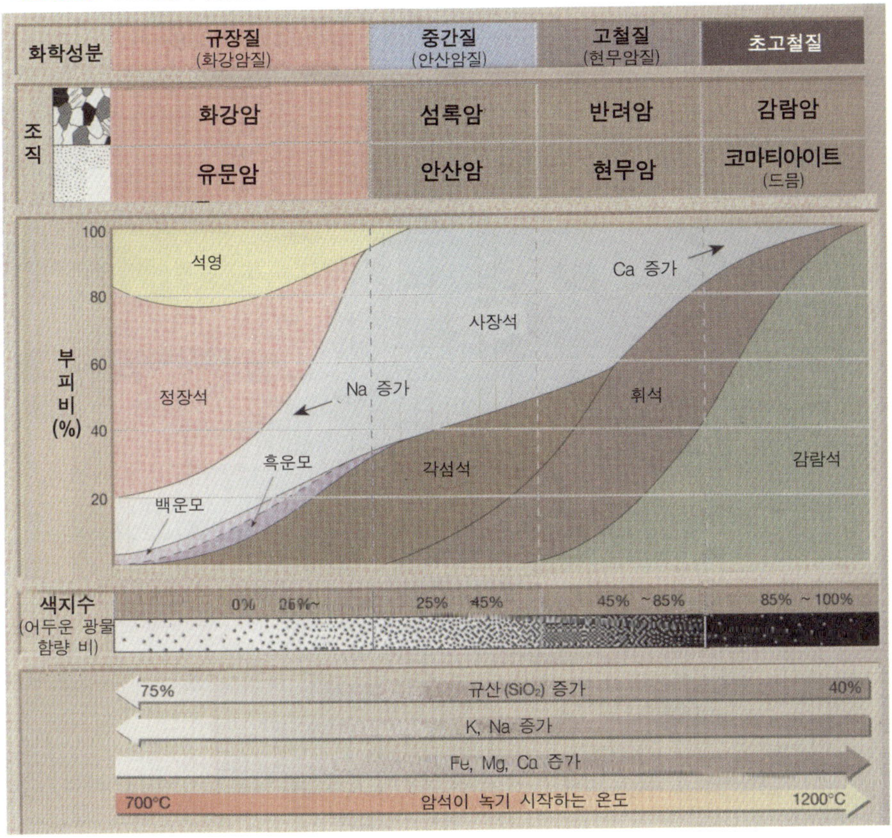

크기가 아주 작은 세립질의 암석이다. SiO_2 함량이 작은 현무암질 마그마에서 생성되는 현무암은 가장 흔한 분출암 중의 하나이다. 하와이나 아이슬란드 같은 많은 화산섬들은 주로 현무암으로 이루어져 있다. 또한 현무암은 우리나라의 제주도, 울릉도, 독도, 추가령 지구대, 백두산에서도 산출된다. 또한 지구 표면의 70%를 차지하는 해양 지각도 현무암으로 구성되어 있다.

석영, 장석, 흑운모로 구성된 화강암은 가장 잘 알려진 조립질 화성암이다. 화강암은 연마면이 아름다우며 또한 양적으로도 풍부하여 석재로 널리 이용되고 있다. 연마된 화강암은 주로 기념비, 건축자재 등으로 쓰인다. 우리나라의 화강암은 크게 중생대 주라기에 일어난 대보조산운동과 함께 관입한 대보화강암과 백악기의 불국사변동 때 형성된 불국사 화강암이 있다. 불국사화강암은 가끔 분홍색의 정장석을 포함하며, 지표에 비교적 가까운 곳에서 고화된 암석에는 공동을 가지고 있다.

구성 광물이 화강암과 비슷한 세립질 암석을 유문암이라 하는데, 이 암석은 양적으로는 상당히 드물다. 구석기 시대의 우리 선조들은 유문암을 이용하여 높은 강도를 요하는 석기를 제작하여 실생활에 이용했다. 현재 호상열도(예, 일본 열도, 캄차카 반도)나 대륙호(예, 안데스 산맥)에는 안산암이 풍부하게 산출되는데, 안산암은 세립질 화산암이며, 이 암석명은 안데스 산맥의 이름에서 유래한다.

6) 마그마의 진화

화성암을 구성하는 광물조합은 마그마의 화학 조성에 따라 크게 달라진다. 화성암의 종류가 매우 다양한 이유가 마그마의 종류가 다양하기 때문일 것으로 오해하는 경우가 많다. 그러나 단일 화산이라도 여러 차례 분출이 일어나는 경우는 시기에 따라 용암의 조성이 다를 수 있다. 따라서 하나의 마그마에서 다양한 암석을 형성될 수 있다.

보웬(N. L. Bowen)은 실험실에서 마그마가 냉각될 때 특정한 광물들이 매우 높은 온도에서 먼저 정출된다는 사실을 알았다. 온도가 내려가면 새로운 광물들이 정출된다. 광물이 정출된 후에도 액상의 마그마가 남아있으면, 이 광물은 잔류 마그마와 반응하여 보다 새로운 광물을 만들어 낸다. 이처럼 광물들이 순차적으로 생성되는 반응 과정들을 보웬의 반응계열(그림 3-13)이라 부른다. 보웬의 반응계열 중, 불연속계열에서 처음으로 생성되는 광물인 감람석은 잔류 마그마와 반응하여 휘석으로 변한다. 이 과정은 불연속반응계열의 최종 산물인 흑운모가 생성될 때까지 계속된다. 연속반응계열에서 가장 먼저 형성되는 칼슘 사장석(아노르사이트)은 잔류 마그마와 나트륨 이온과 반응하여 연속적으로 나트륨이 풍부한 사장석으로 변해간다.

결정화 작용의 마지막 단계에서 백운모와 칼륨장석(정장석)이 생성된다. 이 과정의 최종 잔류 마그마에는 실리카가 풍부하여 석영이 정출된다. 이러한 분별

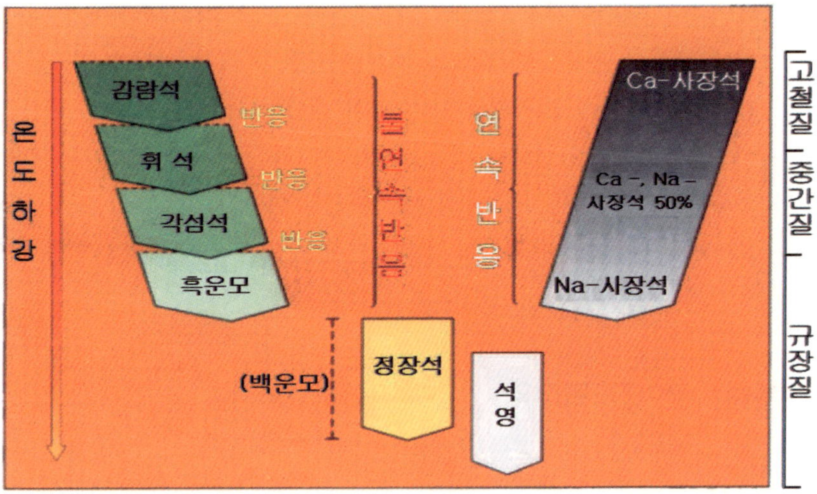

【그림 3-13】 보웬의 반응계열

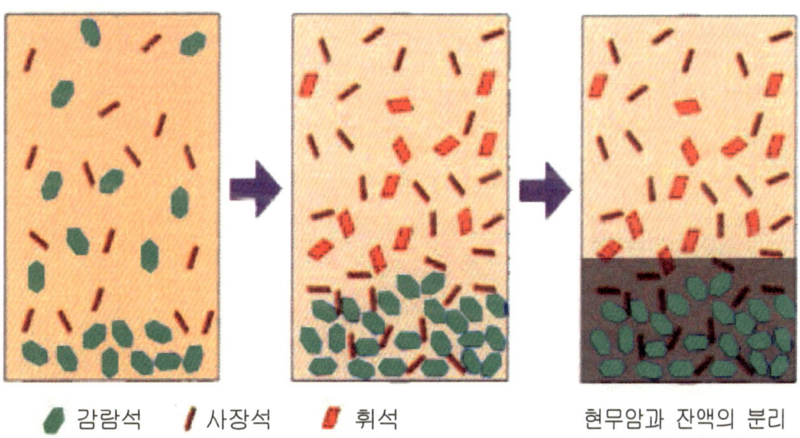

【그림 3-14】 정출된 광물이 침전한 후 고화되어 현무암이 형성되면서 안산암질 마그마가 분리되는 과정

결정 작용으로 인해 유사한 온도에서 형성된 서로 다른 광물들이 동일 암석 내에서 함께 발견된다. 예를 들어 저온에서 정출되는 칼륨장석, 백운모, 석영은 화강암이라는 암석에서 동시에 관찰된다.

만일 정출 작용이 일어나는 과정에서 마그마의 고체 성분과 액체 성분의 분리가 일어난다면 다양한 화성암이 생성될 것이다. 그림 3-14에서처럼, 높은 온도에서 초기에 생성된 광물들의 밀도는 액체 성분보다 커서 바닥에 가라앉을 때 분리가 일어난다. 감람석이나 휘석 등과 같이 색이 어둡고 밀도가 큰 규산염 광물들은 마그마 내에서 침전하는 것으로 알려져 있다. 잔류 마그마가 고화되어 생성된 암석은 그 잔류 마그마를 파생시킨 근원 마그마와는 화학 조성에서 큰 차이를 보이게 된다. 이러한 과정이 반복되면서 매우 다양한 화성암이 형성된다.

2. 쌓여서 굳어진 퇴적암

우리가 생활하는 대륙의 표면에 노출된 암석의 대부분(약 75% 정도)은 퇴적암이다. 퇴적(sediment)이라는 영어의 어원은 고체 물질이 유체로부터 가라앉는다는 의미의 라틴어 sedimentum으로부터 유래하였다. 퇴적물들은 서로 다른 다양한 환경 하에서 퇴적되기 때문에 결과적으로 퇴적층은 과거의 지구 환경에 대한 다양한 정보를 제공해 준다. 더욱이 퇴적암은 지구의 역사를 자세히 재구성하는데 필수적인 화석을 포함하고 있다.

퇴적암은 경제적으로도 매우 중요하다. 예를 들어, 퇴적암 내에 부존된 석탄은 중요한 에너지 자원이다. 또한 전 세계의 경제를 뒤흔드는 석유와 천연가스도 퇴적암에서 산출된다. 일부 퇴적암들은 철, 알루미늄, 망간, 시멘트, 비료 또는 모래, 자갈 등의 주요한 원천이 된다.

1) 퇴적물의 종류와 퇴적암

퇴적물은 기원에 따라 크게 세 가지로 구분된다. 퇴적물의 기원에는 지표에 노출된 암석이 풍화작용을 받아 생성된 고체 입자들(쇄설물), 화학적 풍화에 의해 생성되는 가용성 물질, 그리고 생물들의 유해로 이루어진 유기물질이 있다.

(1) 쇄설성 퇴적암

쇄설성 퇴적암은 다양한 광물들과 암편들을 포함하지만, 특히 점토 광물과 석영이 가장 많은 부분을 차지한다. 장석의 가장 풍부한 화학적 풍화 산물은 점토 광물이다. 반면에 매우 견고하며 화학적 풍화에 강한 석영도 풍부한 쇄설물의 일종이다.

쇄설성 퇴적물을 구분하기 위해 입자의 크기를 척도로 사용한다. 쇄설성 퇴적물은 입자의 크기에 따라 자갈, 모래, 실트, 점토로 구분된다(표 3-3). 자갈 크기의 입자들이 우세하며 퇴적물이 둥글 경우에는 역암(그림3-15a), 입자들이 모나 있을 때에는 각력암(그림 3-15b)이라 한다. 각진 암편들은 그 입자들이 퇴적되기 전에 먼 거리를 이동하지 않았기 때문에 모서리나 거친 가장자리 등이 마모되지 않았음을 지시한다.

주로 모래 크기의 입자들로 이루어진 암석을 사암이라 한다(그림 3-16a). 가장 흔한 퇴적암인 셰일은 매우 고운 퇴적물로 이루어져 있다(그림 3-16b). 실트암은 다소 고운 입자인 실트로 구성된다.

<표 3-3> 쇄설성 퇴적암의 입자 크기 분류

퇴적물	입자	크기(mm)	퇴적암
자갈	거력 왕자갈 잔자갈 왕모래	>256 64–256 4–64 2–4	역암 또는 각력암
모래	모래	1/16–2	사암
진흙	실트 점토	1/256-1/16 <1/256	셰일 또는 이암

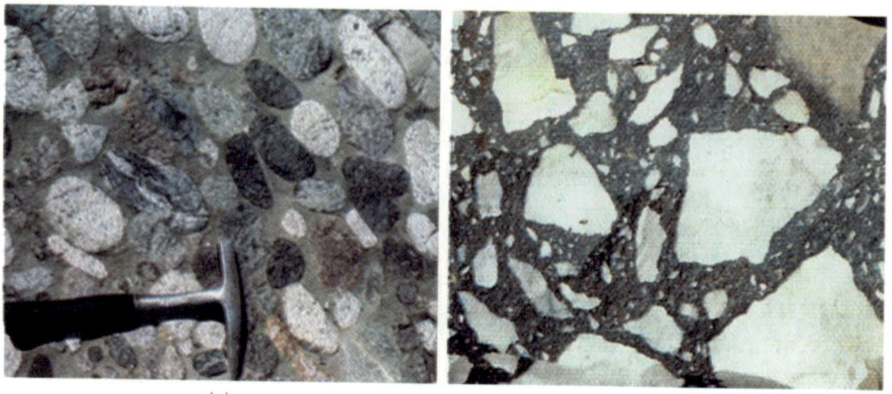

(a) (b)

【그림 3-15】 역암(a)과 각력암(b)

(a) (b)

【그림 3-16】 사암(a)과 식물화석을 포함하는 셰일(b)

구성 입자의 크기는 쇄설성 퇴적암을 구분하는 편리한 방법일 뿐 아니라, 퇴적환경에 대한 유용한 정보를 제공하기도 한다. 물이나 공기의 흐름은 입자들을 크기별로 분리하여 운반한다. 흐름이 강할수록 더 큰 입자들이 운반될 수 있다. 예를 들어, 자갈들은 빠르게 흐르는 강물이나 산사태, 또는 빙하에 의해 이동된다. 모래는 더 적은 힘에 의해 이동되며, 따라서 바람이 만드는 사구, 하천 퇴적물 또는 해변에서 흔히 볼 수 있다. 실트와 점토는 일반적으로 물의 흐름이 느리거나 잔잔한 호수나 석호, 늪 또는 심해 환경에서 쌓인다.

(2) 화학적 퇴적암

풍화에 의해 생성된 고체 물질이 쌓여서 만들어지는 쇄설성 퇴적암과는 달리 화학적 퇴적암은 용해된 상태로 강이나 바다로 운반된 물질에 의해 만들어진다. 이러한 물질은 적당한 조건이 되면 침전하여 화학적 퇴적암을 형성한다.

화학적 침전에 의해 생성되는 퇴적물의 예로는 바닷물이 증발될 때 만들어지는 소금과 석고가 있다(그림 3-17). 이 두 가지 광물은 상업적으로도 매우 중요하다. 소금은 일반적으로 음식을 요리하고 조리하는 데 사용되어 누구나 잘 알고 있다. 석고는 건축 산업에서 석고 벽이나 소석고와 같은 제품을 만드는데 광범위하게 사용된다.

석회암은 가장 풍부한 화학적 퇴적암인데, 주로 방해석으로 구성된다. 석회암의 90%가 유기적으로 퇴적되지만, 일부는 해수로부터 직접 침전된다. 화학적 변화나 높은 수온 등에 의해 탄산칼슘의 농도가 높아져 탄산칼슘이 침전될 때 무기직 석회암이 생성된다(표 3-4). 석회 동굴을 장식하는 종유석이나 석순은 지하수에 용해된 탄산칼슘이 침전되어 생성된 2차 생성물이다. 동굴 천정에서 떨어지는 물방울들이 동굴 안의 공기와 접촉하게 될 때 물에 녹아있던 이산화탄소가 이탈되면서 탄산칼슘이 침전된다.

용해된 실리카는 침전하여 다양한 종류의 미정질 석영을 생성한다. 미정질 석영으로 구성된 광물로는 쳐트(밝은 색), 플린트(어두운 색), 벽옥(붉은 색), 마노(다양한 줄무늬) 등이 있다. 이러한 화학적 퇴적암들은 무기적 또는 생화학적 기원을 가질 수 있으나, 기원을 명확히 알아내는 것은 어렵다.

【그림 3-17】 해수의 증발에 의해 생성된 소금

(3) 유기적 퇴적암

수중에 사는 많은 동식물들

〈표 3-4〉 화학적 퇴적암과 유기적 퇴적암의 구분

구분	퇴적물	퇴적암
화학적 퇴적암	NaCl $CaCO_3$ $CaSO_4$	암염 석회암 석고
유기적 퇴적암	식물체 석회질 생물체 규질 생물체	석탄 석회암 처트

은 수중에 용해된 광물질들을 흡수하여 껍데기나 그 밖의 단단한 골격을 만든다. 생물체가 죽은 후 그들의 골격은 강이나 바다의 바닥에 쌓여 생성되는 퇴적암을 유기적 퇴적암이라 한다.

쉽게 인지할 수 있는 유기적 퇴적암으로는 성기게 교결된 껍데기나 그 조각들로 이루어진 패각암을 들 수 있다(그림 3-18). 백악(chalk)은 유공충과 코코리스가 쌓여 생성된 유기적 퇴적암으로 부드럽고 공극이 많은 것이 특징이다(그림 3-19).

석탄의 대부분은 유기물로 구성되어 있는데, 확대경으로 석탄 조각을 자세히 관찰해 보면 탄화되기는 했으나 잎, 수피, 목질부로 구별할 수 있는 식물체 구조를 종종 발견할 수 있다. 따라서 석탄은 오랜 기간에 걸쳐 매몰된 다량의 식물이 만들어낸 산물임을 알 수 있다(그림 3-20).

석탄이 형성되기 위해서는 먼저 식물 잔해들이 대량으로 매몰되어야 한다. 그러나 죽은 식물들은 대기 중에 노출되면 대개 부패되기 때문에 이러한 매몰 단계에는 특별한 조건이 필요하다. 식물체가 쌓일 수 있는 이상적인 환경은 늪이다.

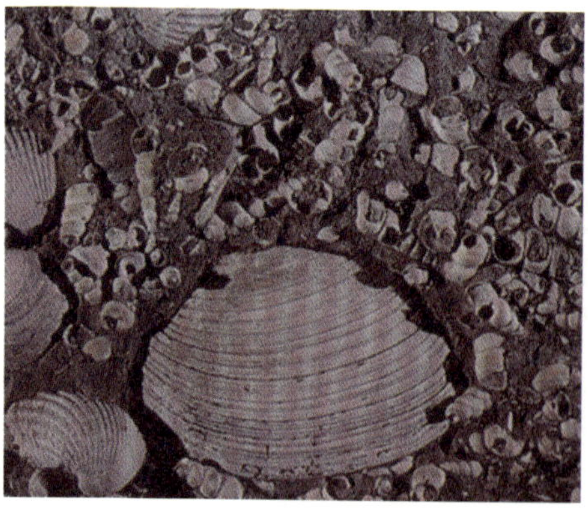

【그림 3-18】 복족류와 이매패 껍데기로 구성된 패각암

【그림 3-19】 미생물 껍데기로 이루어진 백악

【그림 3-20】 석탄층

늪의 고인 물에는 산소가 부족하기 때문에 식물체가 완전히 부패(산화)되지는 않는다. 지구의 역사 동안 여러 시기에 걸쳐 이러한 환경은 자주 도래하였다. 이후에 식물체들은 온도와 압력이 높아짐에 따라 불순물과 휘발성 물질들이 점차 제거된다. 갈탄과 역청탄은 퇴적암이지만, 무연탄은 변성암이다. 무연탄은 퇴적층이 조산운동에 수반되는 습곡 및 변형작용을 받을 때 생성된다.

2) 퇴적 환경

퇴적물이 쌓이는 모든 지역을 퇴적 환경이라 하며, 퇴적 환경은 육상 환경, 육상과 바다의 짐이 환경 및 해저 환경으로 구분된다(그림 3-21). 이들 퇴적 환경은 더 작은 규모의 퇴적 환경으로 세분된다.

퇴적물이 쌓이는 장소로서 중요한 곳은 해저이며, 대부분의 퇴적물은 그곳에서 퇴적된다. 육지에서는 유수에 의해 운반된 쇄설물이나 유기물이 호수나 강의 물 속에 쌓이지만, 황토나 화산재, 그리고 빙퇴석 등과 같이 땅위에 직접 쌓이는 경우도 있다. 퇴적물은 퇴적되는 장소에 따라 크게 바다에서 쌓인 해성층과 육지에서 쌓인 육성층으로 구분한다.

해저 환경은 천해, 반심해, 그리고 심해로 구분하며, 서로 다른 특성을 지닌다. 천해 퇴적 환경에서는 육지로부터 운반된 점토, 모래, 자갈 등의 쇄설성 퇴적물이 쌓이는 반면, 심해 퇴적 환경에서는 주로 바람에 날린 먼지가 퇴적된 적색 점토와 부유성 동·식물의 잔해로 이루어진 각종 유기물 연니(ooze)가 퇴적된다. 반심해 퇴적 환경에서는 천해성 퇴적 환경이 심해 퇴적 환경으로 점이하는 퇴적상을 나타낸다. 또한, 대륙사면의 해저협곡을 통하여 육성 퇴적물인 자갈이

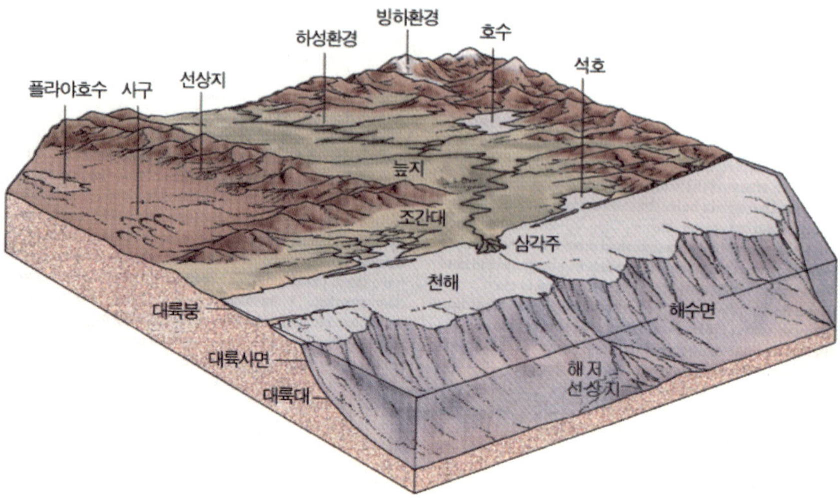

【그림 3-21】 퇴적환경

나 모래가 저탁류에 의해 운반되어 심해저에 퇴적되는 경우가 있다.

우리는 퇴적암내에 기록된 퇴적 환경의 연구를 통해 지구의 역사를 밝힐 수 있다. 그리고 과거 퇴적 환경에 대한 이해는 대부분 현생 퇴적 환경에 대한 연구를 통해 이루어진다. 즉 동일과정의 원리를 적용하여 과거의 퇴적 환경을 구명할 수 있다.

3) 암석화 작용

퇴적암의 암석화 작용은 크게 다져짐 작용과 교결 작용을 포함한다(그림 3-22). 퇴적물이 오랜 시간에 걸쳐 쌓이게 되면 위에 쌓인 퇴적물의 무게에 의해 아래에 놓인 퇴적물들을 구성하는 입자들의 간격이 점점 가까워지며, 공극이 크게 감소하고 밀도가 커지는데, 이를 다져짐 작용이라 한다. 예를 들어, 점토가 수천 미터의 두께로 쌓이면 퇴적물 하중에 의해 물이 빠져나가 점토의 부피는 40% 정도 감소한다. 모래나 그 밖의 조립질 퇴적물들은 거의 압축되지 않기 때문에 다져짐 작용은 셰일과 같은 세립질 퇴적암에 있어서 매우 중요하다.

교결 작용은 퇴적물을 암석으로 변화시키는 중요한 수단이다. 교결 물질은 입

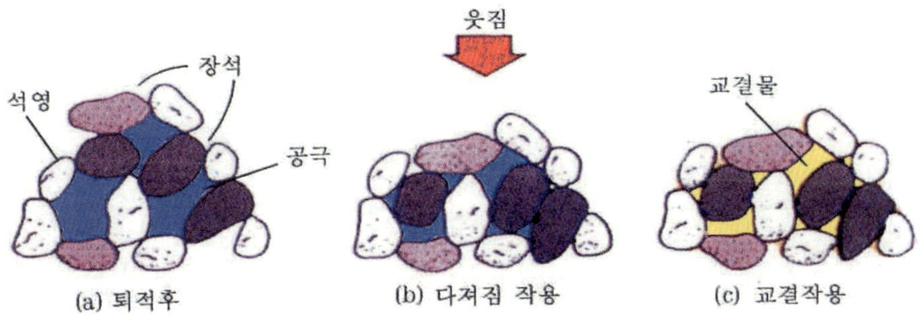

【그림 3-22】 암석화작용

자들 사이의 공극을 통과하는 물에 용해되어 운반된다. 오랜 시간에 걸쳐 교결물은 퇴적물 입자들 표면에 침전되고, 공극을 채우고 결국 입자들을 치밀하게 연결한다. 흔한 교결물로는 방해석, 규산, 산화철 등이 있다. 이러한 교결물을 식별하는 방법은 간단하다. 방해석 교결물은 묽은 염산을 떨어뜨리면 거품을 낸다. 규산은 가장 강한 교결물로 단단한 퇴적암을 형성한다. 만약 퇴적암이 황색 또는 적색을 띤다면 소량의 산화철을 포함하고 있음을 뜻한다

4) 퇴적암의 특징

퇴적암은 지구의 아주 오래된 역사를 이해하는데 중요한 증거들을 제공한다. 퇴적암은 지구의 표면에서 생성되고, 한 겹 한 겹의 퇴적물이 쌓일 때마다 그들이 쌓일 당시의 환경을 기록한다. 이 한 겹 한 겹을 지층이라 하는데, 이들은 퇴적암의 가장 독특한 특징이다.

지층의 두께는 아주 미세한 것부터 수십 미터에 이르기까지 다양하다. 층리면을 따라 지층들이 나누어지며, 이 면은 암석들이 분리되거나 쪼개지는 평평한 면을 지칭한다. 일반적으로 각각의 층리면은 하나의 퇴적 사건이 끝나고 다음 사건이 시작됨을 지시한다.

층리는 일반적으로 수평으로 평행하게 형성되지만 얕은 물 밑이나 바람의 방향이 자주 변하는 사막에서 형성된 층리는 평행하지 않고 엇갈린 구조를 보이는데, 이를 사층리라 한다(그림 3-23).

【그림 3-23】 엇갈려 쌓인 사층리

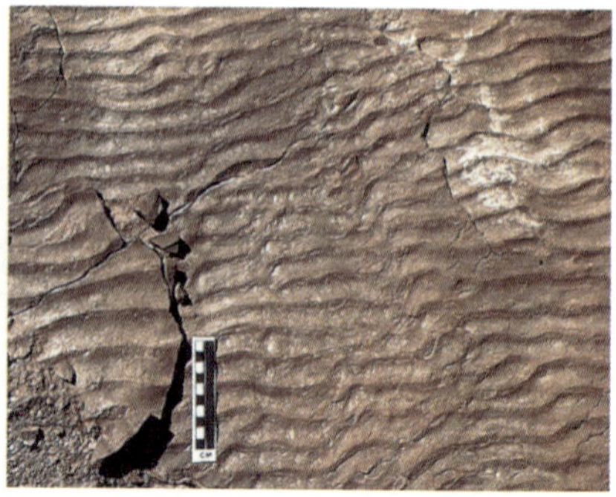

【그림 3-24】 과거의 물결자국인 연흔

(a)

(b)

【그림 3-25】 가뭄으로 갈라진 논바닥(a)과 건열(b)

퇴적암은 과거의 환경을 해석하는 데 필요한 증거들을 제시한다. 예를 들어, 역암은 급류처럼 굵은 입자들만 가라앉을 수 있는 에너지가 큰 환경을 지시한다. 이와는 반대로 흑색 셰일이나 석탄은 에너지가 적고 유기물이 많은 늪이나 석호와 같은 환경에 수반된다. 퇴적암에서 발견되는 여러 가지 다른 특징들도 과거의 환경에 대한 정보를 제공한다.

수심이 얕은 물 밑에서 물결의 작용으로 퇴적물의 표면에 생긴 퇴적구조를 물결 자국 또는 연흔(그림 3-24)이라 하며, 퇴적물이 건조한 대기에 노출되는 경우에 가뭄 때 논바닥이 갈라지는 것과 같은 형태의 퇴적구조가 생기는데, 이를 건열(그림 3-25)이라 한다.

이와 같은 퇴적 구조는 지층의 생성 순서를 판단하는 정보를 제공할 뿐만 아니라 과거의 환경을 연구하는 데도 중요한 자료가 된다. 퇴적암 내에 포함된 화석은 퇴적암이 생성된 당시의 환경을 알려주는 지시자이다. 또한 화석은 지층의 생성 시기를 밝혀주며 같은 시기에 형성된 다른 지역의 암석과 대비하는데 중요한 역할을 한다.

3. 변성작용과 변성암

변성작용(metamorphism)이란 말은 그리스어로 변화(meta)와 형태(morph)의 합성어로서 형태가 변화한다는 의미를 갖는다. 변성작용이란 기존의 암석이 열과 압력 등을 받아 구성 광물과 조직이 재구성되는 과정이다. 따라서 화성암, 퇴적암, 또는 기존의 변성암 모두는 변성암으로 다시 태어날 수 있다. 변성작용은 암석이 고체 상태에서 고체 상태로 변화하는 과정이다.

변성작용은 속성 작용과 용융 작용 사이의 온도·압력 조건에서 일어나는 모든 변화과정을 포함한다. 구성 광물이 변하지 않고 조직만 변하는 형태는 재결정 작용과 압쇄 작용이 있다. 압쇄 작용은 암석을 구성하는 광물 입자를 잘게 부수는 과정으로 어떤 암석에서도 일어날 수 있다. 그러나 재결정 작용은 입자가 깨지지 않은 상태에서 이온들이 이동하고, 격자가 변형되는 과정이다. 재결정 작용은 순수한 석회암, 석영 사암 또는 감람암과 같이 단일 광물로 이루어진 암석에서 아주 흔하게 발생한다.

한편 신결정 작용은 변성암 내에 이전에 존재하지 않았던 새로운 광물이 생성되는 과정이다. 변성 작용은 속성 작용과 유사하기는 하나 속성 작용이 일어나는 조건인 저압(지표 근처), 저온, 낮은 응력의 한계를 넘어선 온도와 압력 조건에서 일어나는 과정들이다. 변성암이란 기존 암석이 새로운 온도, 압력 조건에서 압쇄 작용, 재결정 작용 또는 신결정 작용을 받아 암석의 조직과 구성 광물이 달라진 암석을 말한다.

1) 변성작용의 요인

변성작용을 일으키는 중요한 변성 요인은 온도, 일정한 응력, 그리고 활성화된 유체이며, 시간도 포함된다. 암석이 생성 당시의 조건과 다른 새로운 환경에 놓이면, 안정 조건에서 불안정 조건으로 바뀐다. 즉, 기존의 암석을 구성하고 있는 광물이나 조직은 평형 상태를 벗어난다. 만약에 주어진 에너지가 충분하다면, 이들은 새로운 조건과 평형을 이룰 수 있도록 변해 갈 것이다.

(1) 온도

열은 광물을 재결정시키는 에너지를 제공하기 때문에 변성작용의 가장 중요한 요인이다. 변성작용이 일어나는 온도 조건은 비교적 잘 알려져 있다. 변성작용의 절대적인 온도 상한선은 건조한 초고철질암의 고상선 온도로 규정된다(그림 3-26). 이 온도 상한선은 암석의 화학 성분이나 압력에 따라 다르며, 대략 1200℃와 2000℃ 사이의 범위이다. 암석이 용융하는 온도는 그 화학 조성에 따라 크게 다르기 때문에, 변성작용의 온도 상한선은 전암 조성에 따라 달라진다. 화강암질암 또는 석영－장석－운모로 구성된 암석에 대한 변성작용의 최소 상한선은 약 600℃ 정도 낮은 물을 포함하는 화강암의 고상선이다.

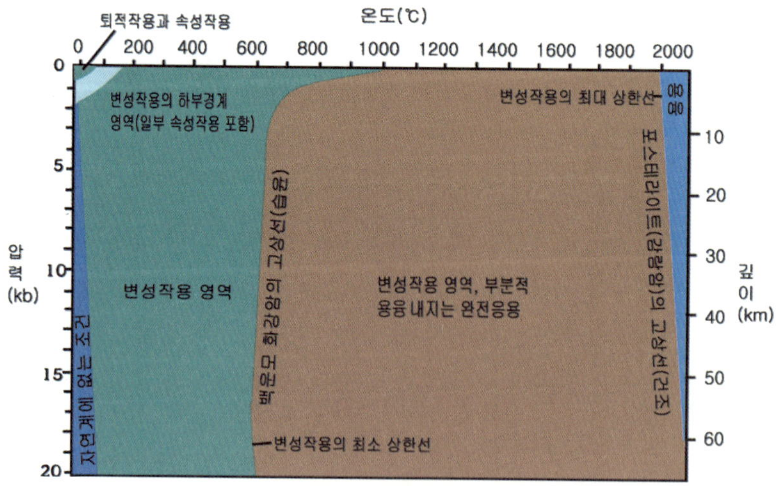

【그림 3-26】 변성온도와 압력의 한계

변성작용의 온도 하한선은 명확히 규정되어 있지 않다. 속성작용과 풍화작용의 후기 산물, 그리고 변성작용의 초기에 형성된 새로운 광물은 지표나 지표 근처에서 불안정하다. 이러한 광물에서 일어나는 반응은 대략 100℃ 정도에서 시작되는 것으로 알려져 있다. 가장 보편적인 변성암은 100℃에서 750℃ 사이의 온도조건에서 형성된다. 그러나 드문 경우 위의 온도 범위 밖에서도 변성작용이 일어나는 것으로 알려져 있다.

변성암의 온도를 변화시키는 열의 주된 근원은 깊이에 따른 압력의 증가, 방사성 원소의 붕괴, 변형작용, 그리고 마그마의 이동이다. 지구에서 깊이에 따른 온도의 증가(지온구배)는 잘 알려져 있다. 일반적으로 이러한 증가는 압력 증가에 수반되는 온도 증가와 방사성 원소의 붕괴에 의한 결과이다. 한편, 다양한 크기의 마그마가 침투하는 지역은 마그마로부터 방출되는 열에 의해 가열될 것이다. 이 경우에 관입체와 인접한 곳에서 변성받는 암석에서 보다 뚜렷한 변화가 일어난다.

(2) 압력

압력은 깊이에 따라 상승하는데, 지하 깊이 매몰된 암석은 위에 놓인 암석에 의한 하중을 받는다. 이 압력은 단위 면적에 작용하는 힘으로, 이는 모든 방향에서 동등하게 작용하는 힘으로 정암압이라 부른다. 경험적으로 지각에서는 지하로 3.3km 하강할 때마다 약 1kb 정도로 압력이 증가한다(그림 3-27). 변성작용을 일으키는 압력 범위는 아주 넓지만, 주된 변성작용

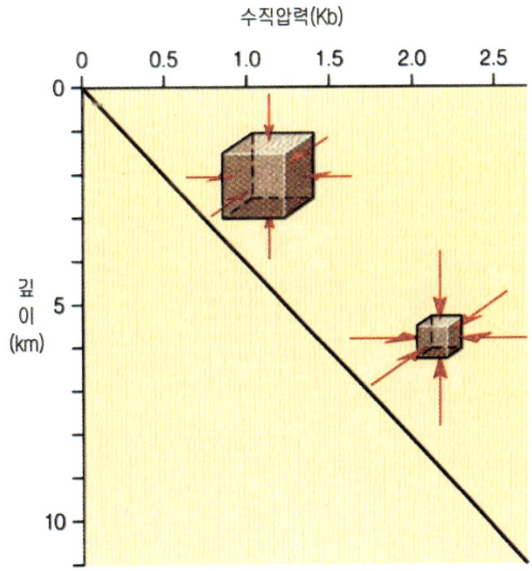

【그림 3-27】 깊이 증가에 따른 정암압(압력)의 증가

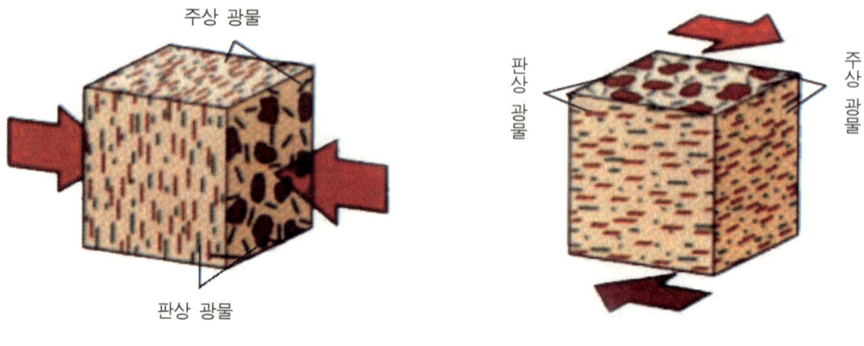

【그림 3-28】 압축응력(a)과 전단응력(b)에 의한 엽리의 형성

은 1kb에서 약 15kb 사이에서 발생한다.

조산작용이 활발한 지역에서 암석은 차별적인 응력, 즉 편압을 받게 된다. 다양한 습곡이나 단층은 압축응력에 의한 경우가 많다.

변성암에서 가장 전형적인 특징인 엽리는 평면 형태이다. 엽리는 원래 판상의 운모나 주상 또는 침상의 각섬석과 같은 광물들이 평행 또는 거의 평행하게 배열되어 만들어진다. 암석에서 엽리가 발달하는 구체적인 상황은 최근에 와서야 실험적으로 연구되고 있으나, 일반적으로 광물이 배열되어 형성되는 엽리는 압축응력과 전단응력에 의한 것으로 알려져 있다(그림 3-28).

(3) 활성화된 유체

화학적으로 활성화된 고온의 유체 또한 변성작용에 영향을 끼친다. 가장 흔한 고온의 유체는 거의 모든 암석의 공극에 포함되어 있는 물이다. 결정들을 둘러싸고 있는 물은 이온의 이동을 촉진함으로써 촉매제와 같은 역할을 한다. 어떤 경우에 광물들은 좀 더 안정한 형태로 재결정된다. 또한 고온의 유체에 의해 광물들 사이에서 이온 교환이 일어나 전혀 새로운 광물이 형성되기도 한다.

온도가 아주 높거나 불투성의 암석이 우세한 특이한 지역을 제외하면 대부분의 암석은 유체를 포함한다. 휘발성 물질이 많은 상을 보통 유체라 부르는데, 이런 유체상은 임계 상태를 초과하여 기체와 액체를 판별할 수 없다. 암석 내에서 유체는 암석을 구성하는 광물들과 화학적인 평형을 이룰 것이다. 그러나 유체의 성분이 변하거나, 다른 암체로 이동하여 암석과 유체의 평형이 깨지면 다시 평형을 이루기 위해 고체와 반응하는 과정에서 광물 조성 및 암석의 조직이 변화된다.

(4) 시간

변성작용은 화학적 반응을 포함하는데, 화학 반응은 가장 낮은 에너지 상태에 도달하기 위한 끊임없는 작용이다. 화학 반응이 평형 상태에 도달하기 위해서는 어떠한 기간의 시간이 필요하다. 변성 과정에서 일어나는 암석의 화학반응은 매우 긴 시간을 필요로 한다. 일정한 온도, 압력에서 변성암이 반응을 하는데 걸리는 시간을 측정할 수 있는 적절한 방법은 아직 없다. 그러나 고온 고압 조건에서 반응 시간이 길어지면 큰 광물 입자가 생성될 수 있다는 점은 실험을 통하여 쉽게 밝혀질 수 있다. 따라서 고온·고압 조건에서 오래 지속된 변성 환경에서는 조립질 암석이 생성될 수 있고, 저온·저압 조건에서 반응 시간이 짧을 경우에는 세립질 암석이 생성될 것으로 예상된다.

2) 변성작용의 유형

변성작용은 수된 변성 요인 또는 암체의 넓이에 따라 다양하게 분류된다. 후자 경우, 변성작용은 국지적 형태와 광역적 형태로 세분한다. 국지변성작용은 변성 받은 암체의 부피가 비교적 작은 (100km³ 이하) 변성작용이고, 광역변성작용은 수천 km³에 걸쳐 영향을 받은 전형적인 경우이다.

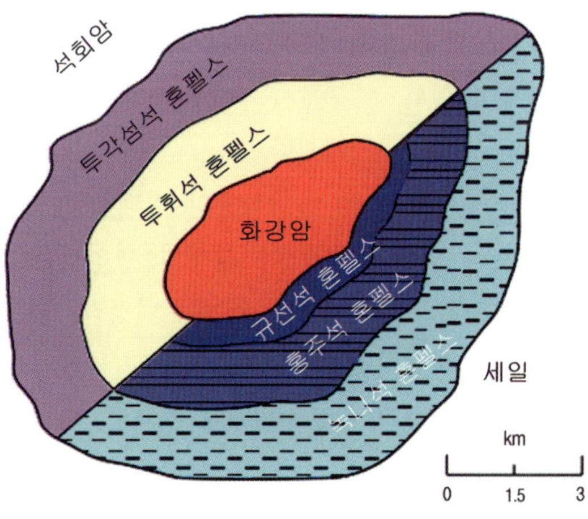

【그림 3-29】 원암이 다른 접촉변성대

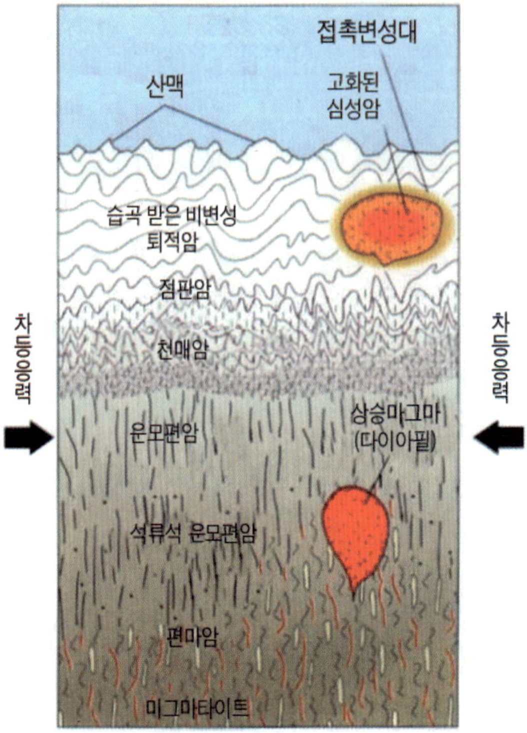

【그림 3-30】 변성작용의 형태와 변성암

변성작용은 주요 변성 요인에 의해 몇 가지로 더 나눌 수 있다. 온도가 우세한 요인이 되는 변성작용을 접촉변성작용이라 부르며, 이 변성작용은 화성암체의 접촉부나 접촉부 근처의 모암에서 발생하기 때문에 국지적이다(그림 3-29). 접촉변성작용은 주로 지각의 얕은 곳, 즉 저압에서 발생하므로 저압 변성작용으로 취급한다.

차등응력에 의해 처음 시작되는 변성작용을 동력변성작용이라 부른다. 국지적인 동력변성작용은 단층대를 따라 발달한다. 차등응력이 광범위한 지역에 걸쳐 작용하면 광역적인 압쇄대가 형성되는데, 대표적인 예로 우리나라 남서부의 호남 전단대가 있다. 이곳에서 산출되는 엽리상 화강암은 전단대의 중심에서 멀어질수록 엽리구조가 약해진다.

가장 넓게 분포하는 변성작용의 형태인 동력열변성작용은 초기에 열과 압력의 합작으로 이루어진다. 이 형태의 변성작용을 일반적으로 광역변성작용이라 부르는데, 엄격히 말하면 이 용어는 변성작용이 열(접촉)과 광역(동력)변성작용의 두 가지로만 인식되었을 때 관습적으로 사용되었던 것이다. 이 변성작용은 지하 상당히 깊은 곳에서 발생하며, 재결정되는 동안에 차등응력을 받아 대부분의 엽리가 만들어진다. 온도 범위가 상당히 넓은데(대략 300~800℃), 지온상승률에 의한 열이 변성작용의 주된 요인이나 상승하는 마그마의 열도 부분적으로 영향을 미칠 것이다. 따라서 지하 깊은 곳으로 갈수록 압력과 열의 작용이 증가하여

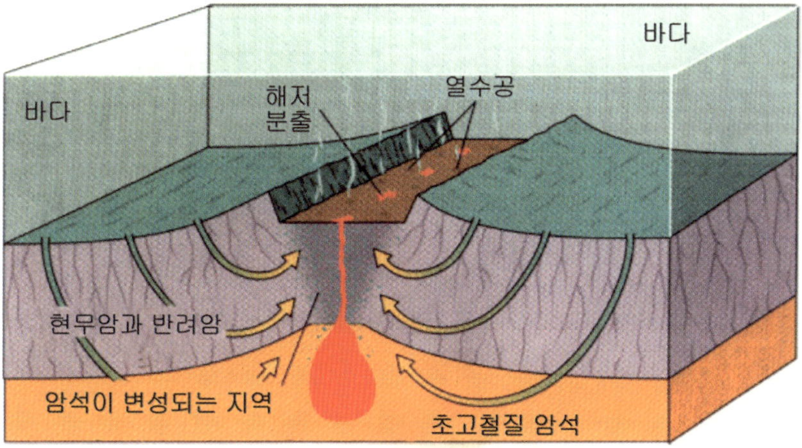

【그림 3-31】 중앙 해령에서의 물 순환

변성도가 높은 암석이 형성될 것이다.

온도와 압력이 점진적으로 상승하는 지역에서는 모암에 따라 특정한 일련의 변성암이 형성될 것이다. 예를 들어, 점토 광물이 풍부한 셰일이 변성작용을 받으면 점판암에서 천매암, 편암을 거쳐 편마암이 형성된다(그림 3-30).

광범위한 지역에서 변성암을 생성하는 변성교대작용은 해양의 중앙 해령에서 발생한다(그림 3-31). 해저 열곡 부근에서 마그마의 열과 해수가 반응하여 광범위한 변질작용이 발생하며, 분출한 마그마가 냉각될 때 생기는 냉각 절리나 열극 내로 해수가 침투하여 불석이나 점토 광물을 만들기도 한다. 또 현무암의 사장석과 반응하여 칼슘과 나트륨이 치환되며, 감람석이나 휘석은 열수와의 반응에 의해 사문석이나 각섬석, 녹니석으로 변질된다.

3) 변성암의 분류

변성암은 엽리의 유무에 따라 크게 두 그룹으로 나눌 수 있다(표 3-5).

(1) 엽리를 가진 변성암

변성작용을 받는 동안 암석은 열과 차등응력을 받아 광물들이 나란히 배열되어 엽리를 형성한다. 엽리의 모양이 가늘거나 굵은 것은 암석을 구성하는 광물 입자의 크기와 모양에 따라 달라진다. 개개의 광물 입자가 확대경 없이는 구분할 수 없는 엽리를 가진 변성암을 점판암 또는 슬레이트라 부른다.

점판암은 세립질 변성암으로 보통 점판 벽개를 보여준다(그림 3-32). 점판암은 셰일이 낮은 변성작용을 받아 형성되는데, 드물기는 하지만 화산재가 쌓인 응회암이 변성되는 경우도 있다. 점판암을 구성하는 광물은 석영, 다양한 점토 광물,

<표 3-5> 암석 조직과 구성 광물에 의한 변성암의 분류

조직	변성암	광 물	변성도	원암	특 징
엽리 발달	점판암	점토, 운모, 녹니석	저변성	셰일, 응회암	세립질, 판상으로 쪼개짐
	천매암	석영, 운모, 녹니석	저-중	셰일	세립질, 표면의 광택
	편암	석영, 운모, 각섬석, 석류석, 십자석, 흑연	저-고	셰일, 석회질암, 염기성 화성암	뚜렷한 편리, 광물 식별 가능
	편마암	석영, 장석, 운모	고	셰일, 사암, 규장질 화성암	흑백 줄무늬 분리
	각섬암	각섬석, 사장석	중-고	고철질 화성암	짙은 녹색, 약한 엽리
	미그마타이트	석영, 장석, 운모	고	규장질 화성암 + 퇴적암	화강암 렌즈와 편마암 혼합
엽리 없음	대리암	방해석, 돌로마이트	저-고	석회암, 돌로마이트	방해석 등의 모자이크, 염산과 반응
	규암	석영	중-고	석영사암	석영의 모자이크, 치밀, 견고
	녹색암	녹니석, 녹염석, 각섬석	저-고	고철질 화성암	세립질, 녹색
	혼펠스	운모, 석영, 홍주석, 근청석, 석류석	저-중	셰일	세립 등립질, 치밀, 견고
	무연탄	흑연	고	석탄	흑색, 광택

방해석 등이며, 변성도가 약간 높은 것은 백운모나 녹니석을 포함한다. 점판암은 벽개면을 따라 평탄한 모양으로 쉽게 쪼개지기 때문에, 지붕을 덮는 기와, 바닥의 타일 또는 칠판으로 이용해 왔다. 점판암은 소량의 탄질물에 의해 검은색을 보이거나, 산화철에 의해 붉은색 또는 보라색, 그리고 녹니석에 의해 녹색을 나타낸다.

【그림 3-32】 점판암과 점판벽개

천매암은 구성 광물은 점판암과 유사하지만 입자가 약간 굵다. 그러나 광물의 크기가 여전히 작아 돋보기 없이는 식별하기 힘들다. 천매암을 구성하는 입자의 크기는 점판암과 편암의 중간 정도이다. 일반적으로 천매암은 암석 벽개를 보여주며, 백운모와 녹리석의 작은 결정으로 이루어져 있다. 천매암은 운모류의 표면에서 반사되는 특유한 광택과 물결모양의 벽개에 의해 점판암과 쉽게 구분된다(그림 3-33).

편암은 동력열변성작용(광역변성작용)을 받아 생성된 가장 흔한 변성암이다. 편암의 형태는 원암의 특성과 변성작용의 강도에 따라 달라진다(그림 3-34). 대

【그림 3-33】 미세한 운모로 덮인 천매암

【그림 3-34】 석류석을 포함한 편암

부분의 편암은 점토 광물을 다량으로 포함한 퇴적암으로부터 생성된다. 모든 편암은 50% 이상의 판상 또는 길쭉한 주상의 결정을 포함하며, 이 광물 입자들은 육안으로 구별할 수 있을 정도로 충분히 크다. 이 광물들이 편리를 형성하여 물결 모양으로 쪼개진다. 편리는 변성도가 낮은 암석에서부터 높은 변성도의 암석까지 모두 나타나는데, 편리를 이루는 가장 현저한 광물을 접두어로 붙이기도 한다. 예를 들면, 운모 편암, 녹니석 편암 등이 있다. 특히 현무암이 저변성도의 변성작용을 받으면, 녹니석과 녹염석을 포함하여 특징적인 녹색을 보이는데 이를 녹색 편암이라 부른다.

편마암은 밝은 색의 광물들과 어두운 색의 광물들이 띠 모양으로 분리되어 줄무늬를 갖는 변성암이다. 편마암들은 대부분 석영이나 장석과 같은 조립질의 광물로 구성되어 있으며, 운모나 각섬석과 같은 판상 또는 주상 광물을 포함한다(그림 3-35). 석영과 장석들은 기본적으로 밝은 띠를 이루는 반면, 흑운모나 각섬석은 어두운 띠를 이룬다. 대부분의 편마암은 동력열변성작용을 받는 동안에 점토가 풍부한 퇴적암이 재결정되어 만들어진다. 편마암은 또한 화강암이나 오래된 변성암과 같이 결정질 암석이 변성되어 만들어지기도 한다. 우리나라의 경기도 일대와 소백산, 지리산 일대에는 편마암이 넓게 분포한다.

엽리를 가진 또 다른 흔한 변성암은 각섬석 편암이다. 흑녹색을 띠는 이 암석은 각섬석과 사장석으로 구성되어 있다. 각섬석은 현무암이 변성된 녹색 편암이 중급의 변성작용을 받으면 녹니석이 각섬석으로 재결정되는데, 이들이 배열되어 약한 엽리를 나타낸다. 각섬석 편암은 고철질 광물을 많이 포함하는 현무암이나 이암이 중간에서 높은 변성도의 변성작용을 받아 생성된다.

편마암이 600℃에서 800℃ 정도의 열을 받으면 규장질 광물은 용융점에 도달하여 녹게 된다. 이에 반해 고철질 광물의 용융점은 높아 고체 상태가 유지된다. 그 결과 고철질 광물층은 여러 형태로 교란된다. 이와 같은 방법으로 형성된 변성암을 혼성암이라 한다. 혼성암은 밝은 색의 줄무늬 또는 렌즈 모양의 화강암과 고변성도를 나타내는 고철질 광물이 풍부한 변성암이 섞여서 다양한 형태의 무늬를 보인다(그림 3-36).

【그림 3-35】 퇴적기원의 편마암

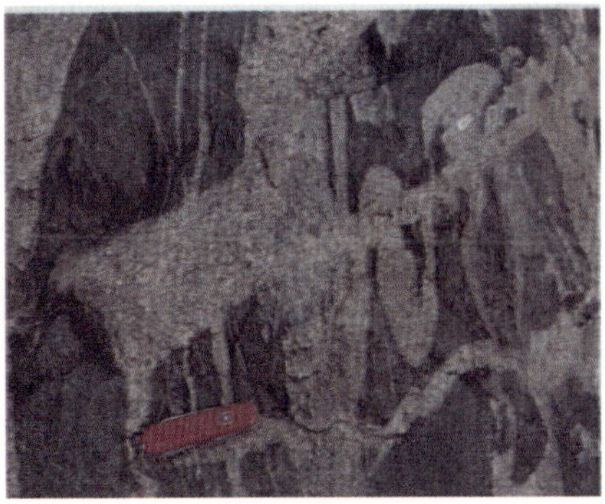

【그림 3-36】 미그마타이트

(2) 엽리가 없는 변성암

엽리가 없는 변성암들은 크기가 거의 같은 등립질 광물들이 모자이크 모양으로 구성되어 있다. 엽리가 없는 변성암은 대부분 접촉변성작용 또는 판상이나 주상의 광물을 갖지 않는 암석이 동력열변성작용을 받아 만들어진다. 엽리가 없는 변성암은 두 가지 형태로 나눌 수 있다. 하나는 대리암이나 규암처럼 단일광물로 구성된 것과 서로 다른 광물로 구성된 녹색암이나 혼펠스가 있다.

대리암은 세립에서 조립의 입상의 방해석이나 돌로마이트로 구성된 잘 알려진 변성암이다(그림 3-37). 대리암은 석회암이나 돌로마이트가 접촉변성작용 또는 동력열변성작용을 받아 형성된다. 순수한 대리암은 눈처럼 흰색을 띠지만, 원암인 퇴적암에 불순물이 섞여 있으면 분홍색, 녹색, 심지어 흑색까지 다양한 색의 대리암이 만들어 진다. 대리암은 부드럽고, 조직이 일정하고 색이 다양하여 역사적으로 많은 건축물이나 조각 작품의 재료로 이용되어 왔다.

규암은 석영사암이 접촉변성작용 또는 동력열변성작용을 받아 만들어진 단단하고 치밀한 변성암이다. 재결정작용이 충분하게 일어난 규암은 균질한 강도를 갖는다. 순수한 규암은 백색이지만, 철분이나 다른 불순물이 섞이면 분홍색, 녹색 또는 담회색을 띤다. 규암은 유리 원료 및 골재로 이용된다.

혼펠스는 접촉변성작용을 받아 형성된 입자 크기가 일정하고 세립질이며, 비엽리 조직의 치밀한 암석이다. 혼펠스의 구성 광물은 변성받기 전의 원암에 따라 달라진다. 여러 가지 혼펠스가 알려져 있지만, 셰일과 불순물이 섞인 석회암

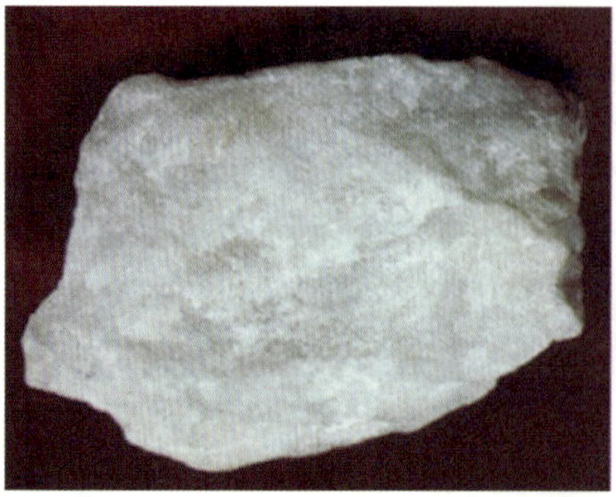

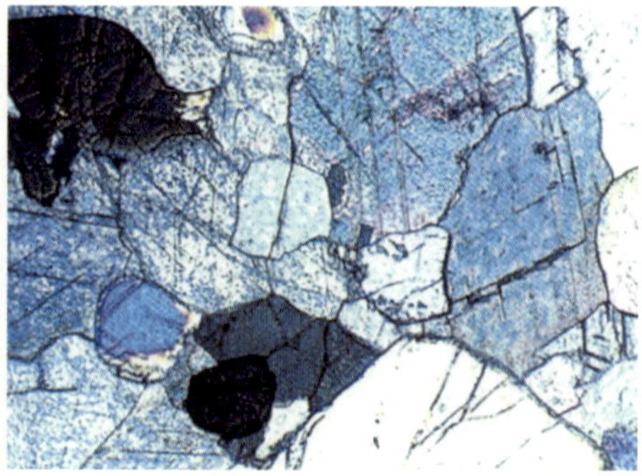

【그림 3-37】 대리암과 대리암 박편의 편광현미경 사진

이 접촉변성작용을 받은 것이 잘 알려져 있다.

무연탄은 검고 금속 광택을 갖는 단단한 석탄인데, 이들은 많은 양의 고정탄소와 소량의 유체를 포함한다. 무연탄은 석탄이 열과 압력이 낮은 변성작용을 받아 형성된 변성암이다.

4) 변성상과 변성 분대

(1) 변성상

변성작용이 일어나는 동안에 암석내에 포함된 수증기나 이산화탄소 등의 휘발성 물질들이 추가되거나 방출될 뿐 주요 성분의 변화는 거의 없다. 따라서 변성작용이 진행되는 동안 암석 전체의 화학 성분이 변하는 것이 아니라 광물 조합이 변화된다. 변성암의 광물 조합은 암석이 변성작용을 받는 동안 가해진 온도와 압력의 결과이다. 이러한 점에 착안하여 핀란드의 저명한 지질학자 에스콜라는 1915년 변성상(metamorphic facies) 개념을 도입하였다. 이 개념은 어느 특정한 성분의 암석들이 특정한 온도와 압력 조건의 평형 상태에서 생성되는 광물 조합은 같은 변성상에 속한다는 것이다. 즉, 변성암이 생성되는 넓은 범위의 온도와 압력 조건을 변성상이라 한다. 현재 변성상의 영역은 온도와 압력을 축으로 하는 공간에 11구역으로 나누어 변성상의 영역을 표시한다(그림 3-38). 그림에서 혼펠스상은 4개로 세분되는 변성상을 편의상 하나로 묶어 표시하였다. 또한 곡선 A, B, C는 변성대의 특성을 나타내는 변성상 계열이다.

에스콜라는 변성작용을 받은 현무암을 연구하여 변성상 개념을 제안하였으므로 그가 사용한 변성상 이름들은 현무암질의 암석에서 생성된 광물 조합으로부터 유래되었다. 예를 들어, 녹색편암상은 녹니석과 녹염석을 포함하며, 각섬암상은 보통각섬석을 포함한다. 그러나 변성상의 이름은 단지 이름일 뿐이며, 그 변성상에 속하는 모든 암석에 항상 산출되는 광물이 아니라는 점을 유의해야 한다. 또한 변성암은 원암이 동일해도 변성상이 달라지면 광물 조합은 당연히 달라지며, 또한 유사한 조건이라도 원암이 다르면 광물 조합 역시 달라진다.

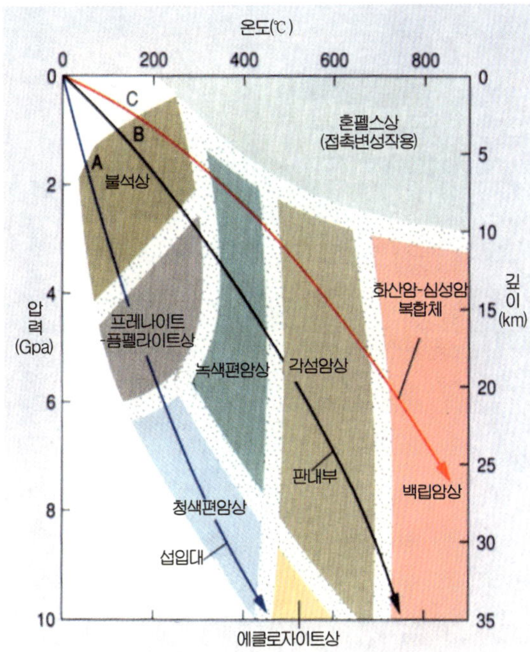

【그림 3-38】 변성상과 변성상계열

(2) 변성 분대

스코틀랜드지역의 동력열변성작용을 조사한 지질학자들은 같은 화학 조성을 가진 암석(변성작용을 받은 셰일)이 서로 다른 광물 조합을 이루고 있음을 발견하였다. 그들은 변성도의 변화에 따라 새로운 광물 조합을 나타내는 각각의 지시광물을 선정하였다. 이들이 선정한 지시광물들은 녹니석, 흑운모, 석류석, 십자석, 남정석, 규선석 순으로 출현한다. 이들은 지형도에 지시광물이 처음으로 출현하는 지점을 표시하고, 이들을 연결하여 선으로 표시했다. 이 도면의 선상에 놓인 각 지점은 동일한 변성반응 즉, 동일한 온도-압력 조건 혹은 동일한 "변성도"를 나타내기 때문에 이 선을 등변성도선(Isograd)이라 부른다. 각 등변성도선

【그림 3-39】 스코틀랜드의 변성분대

사이의 지역을 변성분대(metamophic zone)라 하며, 녹니석대, 흑운모대 등으로 부른다(그림 3-39).

5) 판구조론과 변성작용

변성분대가 다르면 광물조성과 등변성도선이 다르고, 또한 변성사가 다르게 나타난다. 예를 들면, 미국 동부의 애팔래치아 조산대에서는 불석상, 프레나이트-펌펠리아이트상, 녹색편암상, 각섬암상이 차례로 출현하는 하나의 계열을 형성한다. 이 계열에서는 남정석보다는 홍주석이 출현한다. 이에 반해, 캘리포니아의 프란시스칸 복합체에 출현하는 지온구배가 약한 변성상계열에서는 불석상, 프레나이트-펌펠리아이트상 및 청색편암상이 차례로 출현한다. 이곳의 이질암 기원의 변성암은 남섬석을 포함한다. 즉, 변성대의 위치가 다르면 형성되는 변성조건이 다르며, 다른 광물조합과 다른 변성상계열이 나타난다. 이와 같이 하나의 조산대에서 특정한 변성상들이 차례로 출현하는 것을 변성상계열이라 한다. 그림 3-40의 A, B, C지역의 변성상의 변화는 그림 3-38과 같다.

4. 암석의 순환

지구 지각을 이루는 화성암, 퇴적암 및 변성암은 각각 다른 생성 과정에 의해 생성된다. 비록 이들 세 종류의 암석이 서로 다른 과정으로 생성되었다 해도 이들은 서로 밀접하게 관련되어 있다. 즉, 마그마는 지구 내부나 지표에서 냉각, 고화되어 여러 종류의 화성암이 된다. 지구 지각의 대부분은 화성암이나 화성암으로부터 유래된 암석으로 이루어져 있으나 지구 표면에 분포하는 암석은 75%

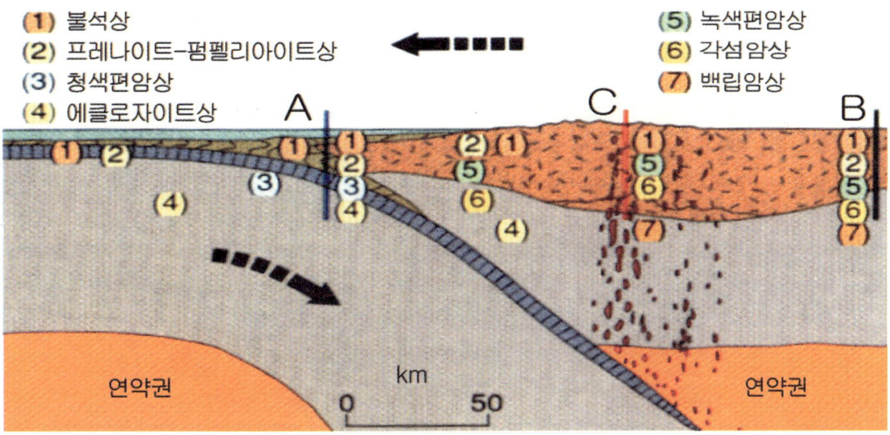

【그림 3-40】 변성상계열의 판구조론적 위치

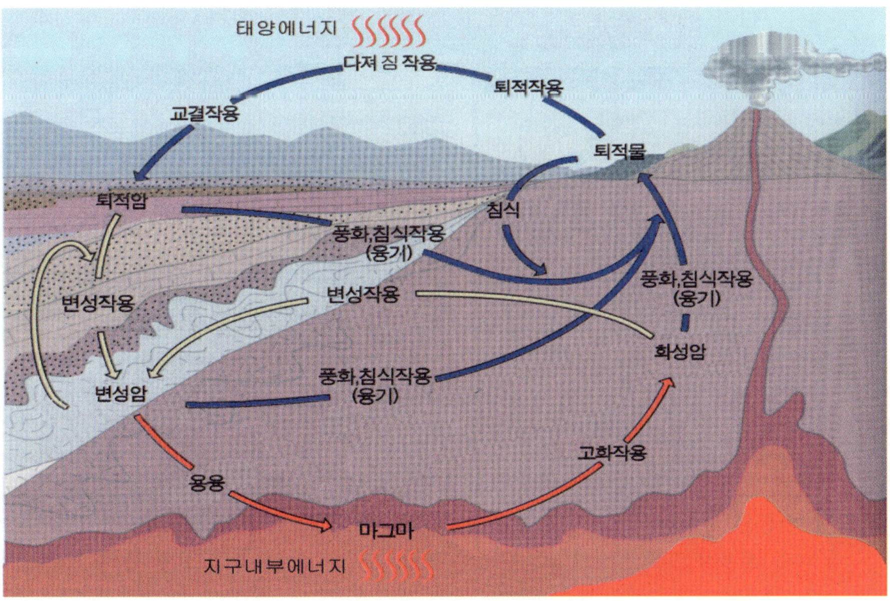

【그림 3-41】 암석의 순환

가 퇴적암이다.

퇴적암은 여러 암석이 풍화 작용과 침식 작용에 의해 분해되고 분리된 퇴적물이 쌓여 다져짐 작용과 교결 작용을 거쳐 생성된다. 만약 퇴적암이 지하 깊이 매몰되거나 조산 작용을 받게 되면 높은 온도와 압력에 의해 변성암이 된다. 보다 높은 온도와 압력을 받게 되면 변성암은 용융되어 마그마로 되돌아가고, 이 마그마는 고결되어 다시 화성암이 된다. 이와 같이 지각을 이루는 암석들이 지구 내부 에너지와 태양 에너지에 의해 다양한 경로를 통해 끊임없이 변화, 순환하는 과정을 암석의 순환이라 한다(그림 3-41).

암석의 순환 경로는 매우 다양하다. 예를 들면, 화성암이 지하 깊은 곳에서 높은 온도와 압력을 받게 되면 직선 경로를 거쳐 바로 변성암이 된다. 또한 지표에 노출된 퇴적암이나 변성암은 풍화 작용을 받아 퇴적물이 되고, 이 퇴적물은 다져짐 작용과 교결 작용을 받아 새로운 퇴적암이 된다. 따라서 현재 지표에 노출된 모든 암석은 암석의 순환 과정의 한 단계에 있는 셈이다.

지구 지각의 암석은 반복되는 암석의 순환에 의해 끊임없이 재순환하게 된다. 장기간에 걸쳐 지구 지각의 암석은 침식과 이동에 의해 재가공되며 결국에는 맨틀로 되돌아가며, 그곳에서 용융되어 다시 한번 마그마가 된다.

단 원 요 약

1. 마그마란 맨틀 물질에 가해진 압력이 낮아지거나 물이 첨가될 때, 또는 하부지각에 열이 가해질 때 고체가 부분적으로 용융되어 생성된 액상의 규산염 물질이다. 대부분의 마그마는 모두 액체가 아닌 액체, 고체, 기체의 혼합물이다.
2. 현무암질 마그마는 압력하강, 물의 첨가 등의 작용으로 상부맨틀이 부분적으로 용융하여 생성되며, 현재까지 대규모의 화강암질 마그마가 생성되는 가장 유력한 이론은 하부지각의 부분용융이다. 대부분의 안산암질 마그마는 현무암질 마그마와 화강암질 마그마의 혼합작용에 의해 생성되는 것으로 알려져 있다.
3. 현재 지구상에서 마그마가 분출하는 곳은 중앙해령, 섭입대, 열점의 세 지역이다.

해령에서는 현무암질 마그마, 태평양 주변부에서는 주로 안산암질 마그마가 분출한다. 열점에서는 주로 알칼리암질 마그마가, 대륙의 열곡대에서는 화강암질과 현무암질 마그마가 함께 분출한다.

4. 지표에 분출된 용암이 급히 식어 굳어진 암석을 화산암이라 부르며, 지하심부에서 마그마가 천천히 고화된 암석을 심성암이라 부른다. 화산암은 결정이 전혀 없는 유리질 조직이나 결정이 작은 세립질 조직을 갖는다. 심성암은 결정 입자가 비교적 크고 고른 조립질 조직을 갖는다.
5. 화성암은 SiO_2의 함량에 따라 초고철질암, 고철질암, 중성암, 규장질암으로 분류되며, 또한 조직과 구성광물에 의해서도 분류한다. SiO_2 성분이 적은 현무암은 세립질이며 고철질 광물을 많이 포함하는 화산암이다. 석영과 장석으로 구성된 화강암은 가장 잘 알려진 규장질의 조립질 화성암이다.
6. 쇄설성 퇴적암은 풍화작용에 의해 생성된 고체 입자들로 구성되며, 화학적 퇴적암은 물 속에 용해되어 있던 물질이 침전하여 생성된다. 유기적 퇴적암은 생물체의 껍데기나 골격이 쌓여 생성된다. 퇴적물이 다져짐 작용과 교결 작용을 통해 퇴적암으로 변화되는 과정이 암석화 작용이다.
7. 쇄설성 퇴적암은 입자의 크기에 따라 역암(각력암), 사암, 셰일(이암)로 나누고, 화학적 퇴적암에는 암염, 석고가 있으며, 유기적 퇴적암에는 석탄과 처트가 있다. 석회암은 화학적 퇴적물과 생물기원의 퇴적물이 쌓여 생성된다.
8. 변성작용이란 기존의 암석이 열과 압력 등을 받아 구성광물과 조직이 재구성되는 과정이다. 변성암을 만드는 주요한 요인이 열이면 열변성작용(접촉변성작용), 차등응력이면 동력변성작용, 그리고 열과 압력이 함께 작용하면 동력열변성작용(광역변성작용)이라 한다.
9. 해령에서는 마그마의 열과 해수가 반응하여 광범위한 해양지각의 변성교대작용이 발생한다.
10. 변성암은 엽리의 유무에 따라 두 그룹으로 나눌 수 있는데, 셰일이 동력열변성작용을 받으면 변성 정도에 따라 점판암, 천매암, 편암, 편마암처럼 엽리를 가진 변성암이 만들어진다. 한편 석회암이나 석영 사암이 변성되면 엽리가 없는 대리암과 규암이 형성된다.
11. 일정한 성분의 암석들이, 특정한 온도 압력 조건의 평형 상태에서 생성되는 광물 조합은 같은 변성상에 속한다. 즉, 변성암이 생성되는 넓은 범위의 온도와 압력 조건을 변성상이라 한다. 하나의 조산대에서 변성상들이 차례로 출현하는 것을 변성상계열이라 한다.

중 요 용 어

마그마, 화산암, 심성암, 유리질 조직, 세립질 조직, 반상 조직, 조립질 조직, 현무암, 화강암, 쇄설성 퇴적암, 화학적 퇴적암, 유기적 퇴적암, 속성작용, 층리, 열변성작용(접촉변성작용), 동력열변성작용(광역변성작용), 엽리, 변성상, 변성상계열

연 습 문 제

가. 다음 물음에 가장 적합한 답을 고르시오.

1. 마그마의 종류와 마그마의 생성 메커니즘을 연결하라.
   ① 현무암질 마그마　　a. 수화유도용융
   ② 유문암질 마그마　　b. 압력감소용융
2. 현재 지구상에서 마그마가 분출하는 곳이 <u>아닌</u> 것은 어느 것인가?
   ① 호상열도 ② 중앙해령 ③ 열점 ④ 동아프리카 열곡대 ⑤ 알프스산맥
3. 화산암을 심성암과 구별하는 데 이용하는 중요한 특징은 무엇인가?
   ① 색깔 ② 성분 ③ 규산염의 함량 ④ 입자의 크기 ⑤ 비중
4. 다음 중에서 화강암을 이루는 중요 광물은?
   ① 감람석 ② 휘석 ③ 각섬석 ④ 백운모 ⑤ 석영
5. 다음 중 쇄설성 퇴적암을 분류하는 주요한 기준은 무엇인가?
   ① 색깔 ② 입자의 크기 ③ 경도 ④ 화석의 크기 ⑤ 층리
6. 석회암은 주로 어떤 광물로 이루어져 있는가?
   ① 석고 ② 석영 ③ 장석 ④ 방해석 ⑤ 암염
7. 다음 중 퇴적암과 구성광물의 짝이 맞지 <u>않은</u> 것은 무엇인가?
   ① 사암-모래 ② 백악-미생물 ③ 역암-자갈 ④ 석탄-화산재
   ⑤ 석회암-생물체
8. 다음 중 변성작용의 요인이 <u>아닌</u> 것은?
   ① 열 ② 압력 ③ 지역의 넓이 ④ 시간 ⑤ 활성화된 유체
9. 셰일이 동력열변성작용을 받아 생성된 변성암이 <u>아닌</u> 것은?
   ① 점판암 ② 규암 ③ 천매암 ④ 편암 ⑤ 편마암

10. 변성암이 생성되는 넓은 범위의 온도와 압력조건을 무엇이라 하는가?
① 변성환경 ② 변성상 ③ 변성대 ④ 조산대 ⑤ 지온상승률

11. 섭입대에서 일어나는 화성 활동과 관계가 없는 것은?
① 압력감소용융 ② 수화유도용융 ③ 안산암질 마그마 ④ 호상 열도 ⑤ 해저 열곡

나. 다음 설명이 옳으면 ○표를, 틀리면 ×를 하고 틀린 부분에 밑줄을 긋고 바르게 고치시오.

1. 보웬의 결정분화작용에 의하면, 하나의 마그마에서 여러 성분의 화성암이 생성될 수 있다. (　　)
2. 호상열도에서 산출되는 일반적인 안산암은 섭입하는 해양 지각과 퇴적물이 녹아서 만들어진 것이다.(　　)
3. 화성암의 관입체 주위에서 일어나는 변성작용은 열접촉변성작용이라 한다. (　　)
4. 쌍변성대는 판의 확장경계부에서 일어난다. (　　)
5. 삼각주는 육상환경에서 생성된다. (　　)
6. 대륙대는 저탁류에 의해 운반된 퇴적물이 쌓여 이루어진다. (　　)
7. 혼성암은 퇴적암과 변성암으로 이루어진 암석이다. (　　)
8. 심성암 중 지표에 가장 넓게 분포하는 암석은 반려암이다. (　　)
9. 현무암질 마그마는 유동성이 작다. (　　)
10. 제주도는 섭입대에서 생성되었다. (　　)

다. (　　)에 적당한 단어를 써넣으시오.

1. 암석은 만들어지는 과정에 따라 화성암, (　　　), 그리고 (　　　)으로 구분되며, 각각은 독특한 구조를 가지고 있다.
2. 해령에서 분출하는 현무암질 마그마는 압력 하강 등의 작용으로 (　　　)이 부분적으로 용융하여 생성된다.
3. 지표로 분출된 용암이 급히 식어 굳어진 암석을 (　　　)이라 부르며, 지하심부에서 마그마가 천천히 고화된 암석을 (　　　)이라 부른다.
4. (　　　)퇴적암은 풍화작용에 의해 생성된 고체 입자들로 구성되며, (　　　)퇴적암은 물 속에 용해되어 있던 물질이 침전하여 생겨나며, 유기적 퇴적암은 생물체의 골격이나 활동에 의해 생성된다.
5. (　　　)은 가장 풍부한 화학적 퇴적암이며, 주로 방해석으로 구성된다.
6. 변성암을 만드는 주요한 역할이 열이면 (　　　)변성작용(또는 접촉변성작용), 편압이면 동력변성작용, 그리고 열과 압력이 함께 작용하면 (　　　)변성작용 (과거에는 광역변성작용으로 부름)이라 한다.

7. 변성암이 생성되는 넓은 범위의 온도와 압력조건을 (   )이라 한다. 하나의 조산대에서 변성상들이 차례로 출현하는 것을 (   )계열이라 한다.

라. 다음 질문에 대하여 답하시오.

1. 마그마의 생성과정을 설명하라.
2. 보웬의 반응 계열을 설명하라.
3. 암석의 분류기준에 대하여 설명하라.
4. 퇴적물의 종류를 설명하라.
5. 풍화 퇴적물을 입자의 크기에 따라 구분하라.
6. 퇴적암의 종류를 설명하라.
7. 퇴적구조의 종류와 중요성을 설명하라.
8. 퇴적물이 퇴적암으로 변하려면 어떤 과정이 필요한가?
9. 연흔은 어떤 환경에서 형성되는가?
10. 변성 요인에 대하여 설명하라.
11. 암석이 변성 작용을 받으면 무엇이 달라지는가?
12. 층리와 엽리의 생성과정을 비교하여 설명하라.
13. 변성 분대에 대하여 설명하여라.
14. 전진변성작용과 후퇴변성작용은 어떻게 다른가?
15. 쌍변성대에 대하여 설명하라.

4 지진과 지구의 내부구조

지진은 때때로 인류에게 많은 인명과 재산의 피해를 주지만, 지진파의 전달특성을 분석하면 지구의 내부구조와 물성에 대한 정보를 얻을 수 있는 이점도 있다. 이 장에서는 지진파의 종류, 지구의 층상구조와 물성, 지진의 초기진동 해석법, 지진 크기 평가, 그리고 세계의 주요 지진 등을 알아본다.

1. 지진과 지진파

지진이 일어날 때 발생하는 지진파는 지구의 표면과 내부를 통과하여 온 지구로 퍼져 나간다. 이 지진파가 퍼져 나가는 성질을 이용하여 지진학자들은 지구의 내부가 지각(地殼), 맨틀, 외핵, 내핵으로 이루어진 층상구조임을 밝혔다(그림 4-1).

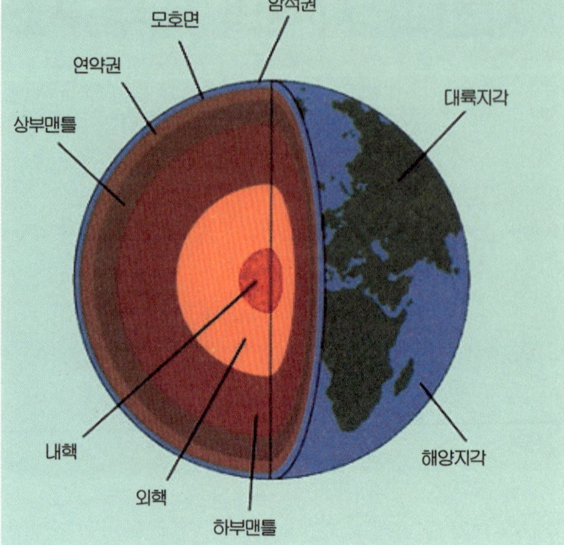

【그림 4-1】 지진파의 전달 속도에 의해 지구의 내부는 크게 지각, 맨틀, 핵의 층상구조로 구분된다. 모호면은 암석권 내에서 지각과 맨틀의 경계를 이룬다.

두 개의 돌덩어리를 부딪쳐 보면 소리가 나는데 이러한 음파는 공기 중에서보다 수중에서 더 빠르게 진행되며, 고체 내에서는 더욱 빨리 전파된다. 마찬가지로 지진파의 전파속도도 그 물체의 탄성계수에 의해 달라지며, 탄성계수는 다시금 통과매질의 밀도와 강도에 의하여 좌우된다. 따라서 지진계를 통하여 지진파의 전파속도를 측정하면 통과매질의 구조와 성분에 대한 정보를 얻을 수 있다.

지진으로 발생되는 지진파는 진원(震源)을 중심으로 모든 방향으로 퍼져나가는데, 지구의 몸체를 뚫고 나가는 실체파(實体波)와 지구표면을 따라 전파되는 표면파(表面波)의 2가지로 구분된다. 실체파는 다시 종파(從波)와 횡파(橫波)로 나뉜다(그림 4-2). 종파는 음파처럼 진행방향에 평행하게, 즉 파의 진행방향에 평행하게 진동하면서 매질을 압축 및 팽창시키며 나아간다. 종파는 지진파 중 가장 빠르게 전파되어 지진계에 맨 먼저 도착하므로 흔히 P파(primary wave)라고 부른다. 실체파 중의 또 하나인 횡파는 마치 가야금 현을 튕길 때의 파동처럼 매질을 상하 혹은 좌우로 진동시키며 전파된다. 횡파는 P파에 뒤이어 두 번째로 지진계에 도달되므로 흔히 S파(secondary wave)라고 부른다. P파는 모든 매질을 통과할 수 있는 반면에 S파는 고체만을 통과할 뿐 액체를 통과하지 못하는 특성이 있다.

표면파는 레일리파(Rayleigh wave)와 러브파(Love wave)의 2가지로 구분된다(그림 4-3). 이 두 표면파의 이름은 이를 연구한 과학자들의 이름을 따서 붙인 것이다. 레일리파는 수면의 파도처럼 수직면상에서의 회전운동으로 전파되고, 러브파

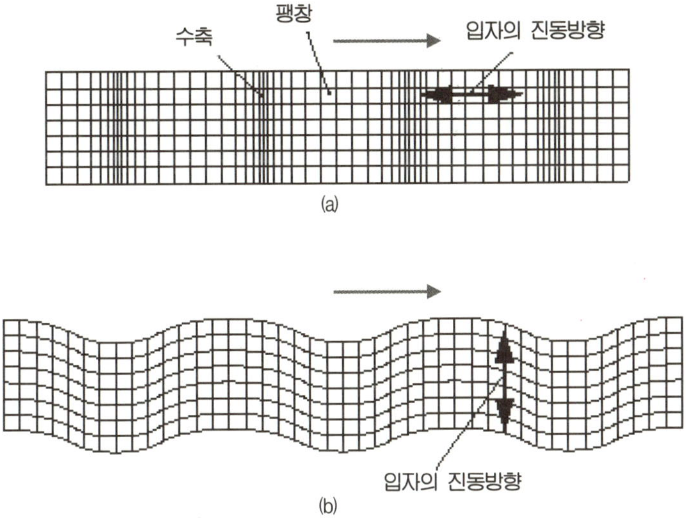

【그림 4-2】 지진파 중 지구 내부로 전파되는 실체파는 P파(a)와 S파(b)로 나뉜다. 화살표 방향은 지진파의 진행방향

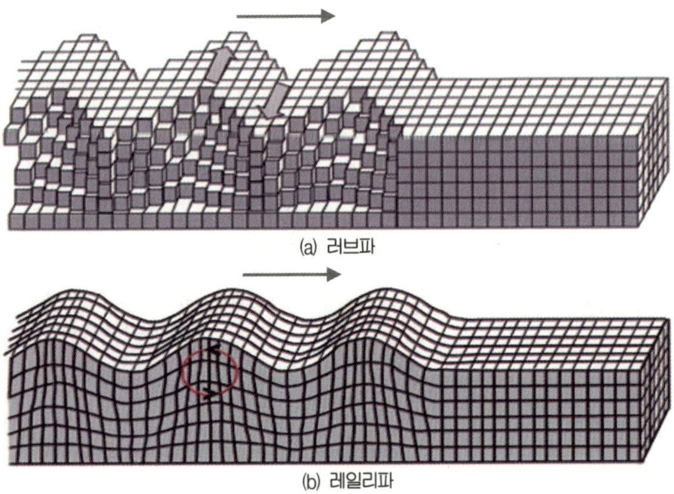

【그림 4-3】 지구의 표면을 따라 전파되는 지진파를 표면파라 하며, 러브파(a)와 레일리파(b)가 이에 속한다. 레일리파의 경우에는 매질의 입자운동이 지진파의 전파방향에 반대되는 원운동이다. 지하 깊이 들어감에 따라 이 원운동의 반경은 급격히 감소된다. 러브파의 입자운동은 S파의 경우처럼 파의 전파방향에 직각인 수평진동을 보인다. 러브파 진동 역시 지하 깊이 들어감에 따라 급격히 감소된다.

는 회초리의 운동처럼 횡으로 진동하는 동시에 상하로 반사되면서 전파된다. 실체파와 달리, 표면파의 운동은 지표면으로부터 깊어짐에 따라 그 운동이 급격히 감소되는 특성이 있다. 또한 표면파는 실체파보다 속도가 느려서 지진계에 가장 늦게 도착한다. 그러나 표면파는 진동량이 커서 주된 지진피해를 입힌다.

2. 지구의 층상구조

1) 지진학적 층상구조

일찍이 1909년 크로아티아의 지진학자 모호로비치치(A. Mohorovičić)는 진앙(震央)으로부터 거리가 멀어질수록 지진파의 도달시간이 늦어지리라는 예상과 달리, 어느 정도의 거리가 지난 후에 예상보다 앞서 일찍 도달하는 지진파가 있음을 관찰하였다(그림 4-4). 그는 지진파의 전파속도가 통과매질의 밀도와 탄성계수에 좌우됨을 감안하여, 빨리 도달된 지진파는 밀도가 낮은 지표층 아래에 밀도가 더 높은 층이 있음을 의미한다고 간파하였다. 이는 지진파 속도가 상대적으로 느린 지각 아래에 보다 빠른 속도의 맨틀이 존재함을 밝혀낸 유명한 사례로서, 훗날 사람들은 이 경계면을 모호로비치치 불연속면(Mohorovičić discontinuity) 혹은 줄여서 "모호면(Moho discontinuity)"이라고 부르게 되었다.

1906년 영국의 지진학자 올드함(R. D. Oldham)은 지구 중심을 관통한 지진파가 예상보다 늦게 도착함을 관찰하고 지구 중심에 지진파의 전파속도가 느린 핵이 있을 것이라는 제안을 내어놓으며 암영대(또는 음영대)의 존재를 예견하였다.

모호면이 발견된 3년 후인 1912년에 독일의 지진학자 구텐베르크(B. Gutenberg)는 맨틀과 핵 사이의 경계면이 깊이 2,900km에 위치함을 밝혔으며, 이것이 유명한 구텐베르크 불연속면(Gutenberg discontinuity)이다. 구텐베르그는 그림 4-5a에 나타난 바와 같이 핵이 렌즈처럼 지구 중심부에 자리하고 있어 P파가 지구중심 쪽으로 굴절하여 진앙으로부터 각거리 103°부터 142° 사이의 지역에는 암영대가 형성됨을 관찰한 것이다. 이 암영대의 정확한 위치를 관찰하면 핵의 크기, 즉 구텐베르크 불연속면의 깊이가 산출된다. 이 경계면의 기록이 지진계에 매우 현저

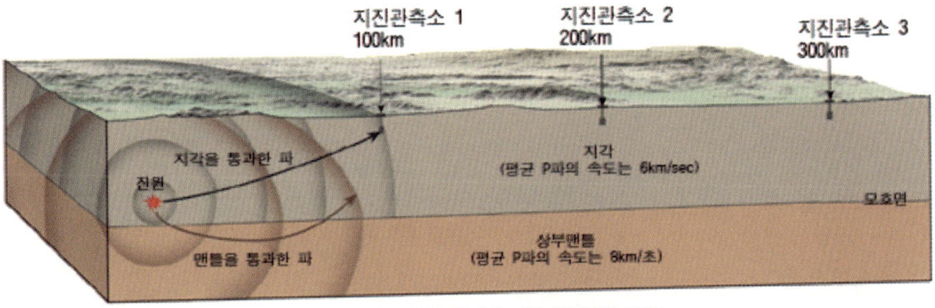

시간 1 - 지진관측소 1에 느린 전파속도의 지각을 통과한 지진파가 먼저 도착

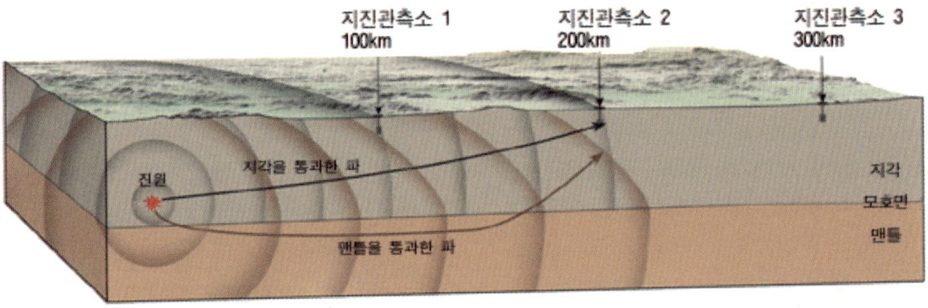

시간 2 - 지진관측소 2에 느린 전파속도의 지각을 통과한 지진파가 먼저 도착

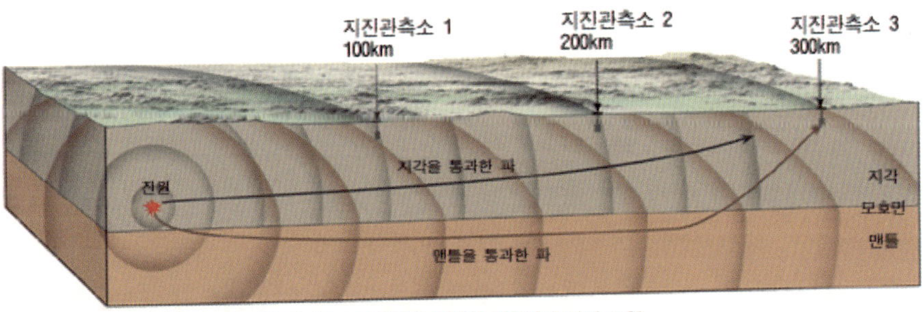

시간 3 - 지진관측소 3에 빠른 전파속도의 **맨틀을** 통과한 지진파가 먼저 도착

【그림 4-4】 모호로비치치가 지각과 맨틀의 경계면을 발견하게 된 상황을 설명하는 그림. 이 경계면은 발견자의 이름을 따서 모호로비치치 불연속면이라고 부른다.

하게 나타나는 것으로 보아 구텐베르크 불연속면은 중요한 밀도차의 경계면이라고 확신할 수 있다. 지구의 평균 밀도와 핵을 통과하는 지진파의 속도, 그리고 운석의 화학성분 등을 고려할 때, 핵은 대부분 철 성분으로 이루어졌음을 짐작하게 한다. 철은 맨틀의 구성물인 규산염 광물보다 밀도가 크므로 구텐베르크

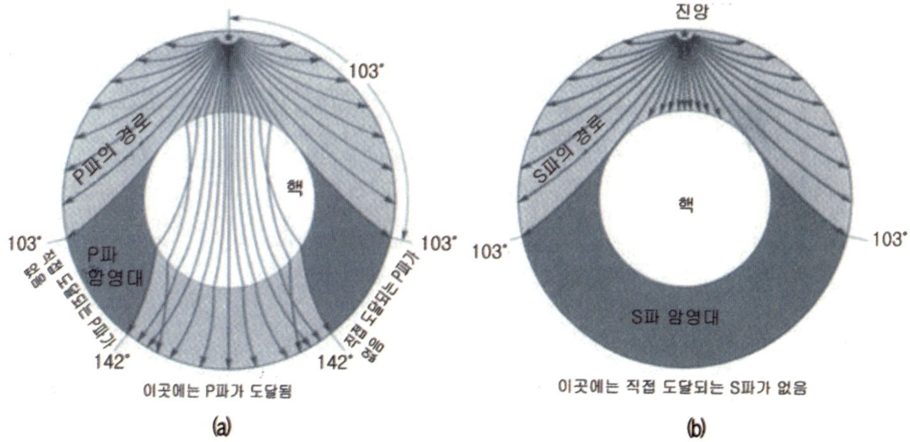

【그림 4-5】 지구의 핵과 구텐베르크 불연속면의 발견. (a) 핵의 존재로 인하여 진앙으로부터 각거리 103°로부터 142° 사이의 지역에는 P파가 직접 도달되지 않는 암영대(P-wave shadow zone)가 형성되고 있다. (b) 외핵이 액체인 관계로 S파의 암영대는 보다 더 넓게 나타난다.

불연속면은 중요한 밀도 불연속면이다. 한편, 지표에 노출된 암석의 밀도는 2,700～3,000kgm^{-3}인 데 반하여 지구의 평균밀도는 5,500kgm^{-3}에 달한다. 따라서 핵의 밀도는 최소한 10,000kgm^{-3}이 되어야 한다. 태양계에 풍부하게 존재하는 원소들 중 이러한 밀도를 가진 것은 철이다. 그러나 순수한 철만으로는 핵의 밀도가 너무 높아지는 점, 그리고 운석의 성분 등을 참조할 때 핵에는 약간의 니켈이 포함된 것으로 추정된다.

한편, S파의 암영대는 더욱 넓게 나타난다(그림 4-5b). 이로부터 우리는 S파가 핵을 통과하지 못하며, 따라서 핵은 액체로 되어 있음을 알 수 있다. 이 액체 상태의 핵은 지구의 자기장(磁氣場)을 형성시키는 것으로 알려져 있다.

1936년 덴마크의 여성 지진학자 레만(I. Lehmann)은 P파 암영대에 약하게 들어오는 지진파가 있음을 발견하고 이것이 핵 내에 존재하는 또 다른 경계면으로부터 반사된 것이라고 해석하였다. 이는 핵 내의 알맹이 즉 내핵의 존재를 증명한 것으로서 그 경계면을 레만 불연속면(Lehmann discontinuity)이라고 부른다. 그 후 내핵에서는 S파가 통과되며 내핵을 통과한 P파가 외핵을 통과한 P파보다 속도가 더 빠르다는 사실로부터 내핵이 고체임을 알게 되었다. 따라서 내핵은 고체이며 외핵은 액체이다.

(1) 고체의 내핵과 액체의 외핵

앞에서 설명한 바와 같이 지구의 핵은 철과 니켈로 이루어져 있다. 내핵은 고온이지만 이 철과 니켈은 지구 자체의 높은 압력으로 인하여 용융되지 않고 고체로 머물러 있다. 이는 압력밥솥 내부가 높은 압력인 까닭에 고온에도 불구하고 물이 끓어 수증기가 되지 않는 것과 같은 원리이다. 이와 반대로, 높은 산에서는 기압이 낮아 쌀이 미처 익기도 전에 물이 끓어 밥이 설게 되는 것을 여러분은 경험한 바 있을 것이다.

외핵에서는 압력이 내핵에서보다 낮기 때문에 철과 니켈은 액체상태가 된다. 이 유체상태의 철과 니켈은 수 $kmyr^{-1}$의 속도로 유동하면서 전기의 흐름을 생성시키고 이로 인하여 지구의 자기장이 생겨난다. 지구 자기장의 세기와 방향은 시간에 따라 변화하며, 때로는 소멸되어 반대방향으로 형성되기도 한다. 이렇게 되면 지구 자기의 남극과 북극이 바뀌어지는데 이를 지구 자기장의 역전(逆轉)이라 한다. 이는 지구 외핵의 흐름방향이 전체적으로 볼 때 반대로 바뀐 데에 기인하는 것이다.

(2) 맨틀

지구의 핵을 둘러싸고 있는 것은 맨틀이다. 맨틀의 두께는 약 2,900km이며 구성물질은 철 성분이 풍부한 규산염 암석, 즉 초고철질암이다. 맨틀 암석은 유동성(流動性)을 가져서 비록 느리기는 하나 액체처럼 흐를 수 있는 성질을 띠고 있다. 따라서 열대류가 가능하다.

2) 유동학적 층상구조

앞에서 설명한 바와 같이 지구의 내부구조를 구명하는 데 있어서 지진학은 오랫동안 많은 공헌을 하여 왔다. 그러나 근년에 들어 판구조론(板構造論)이라는 새로운 이론이 확립됨에 따라 지구의 층상구조를 유동학적(流動學的) 견지에서

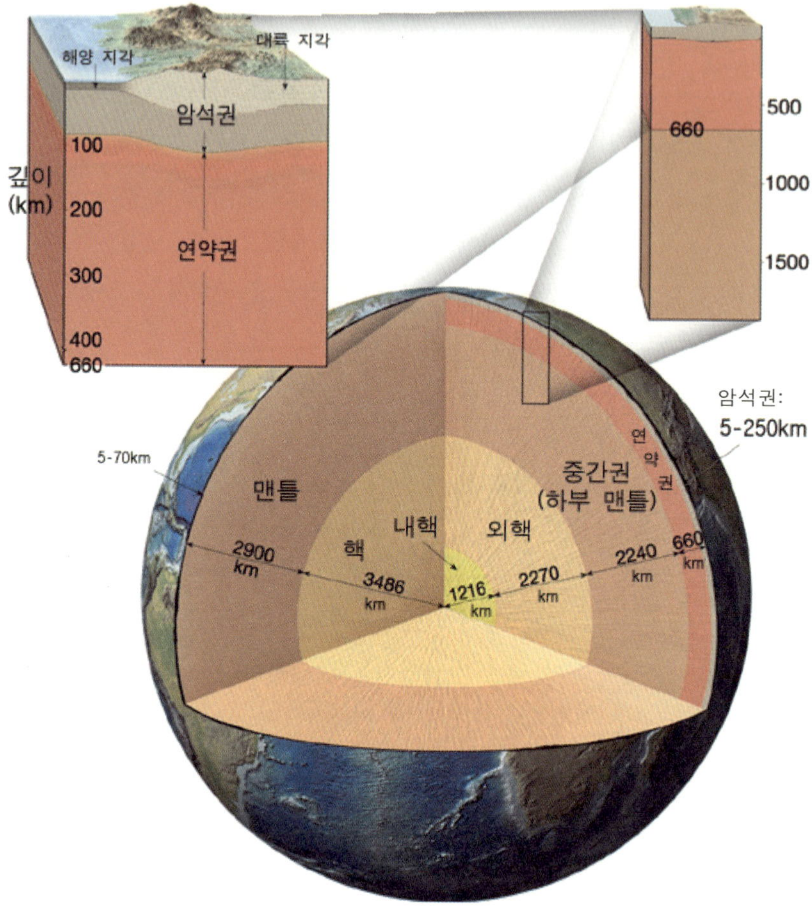

【그림 4-6】 지구의 유동학적 층상구조. 지각과 맨틀 부분은 강도에 따라 암석권, 연약권, 중간권으로 분류된다.

바라보는 견해가 대두되게 되었다. 유동학적 관점에서는 지각과 상부 맨틀 부분을 합한 암석권, 그 아래의 연약권, 그리고 하부 맨틀로 재분류한다(그림 4-6).

암석권은 두께 약 100km의 지구 최외각의 단단한 부분이다. 이는 지각과 맨틀의 상부부분으로 이루어져 있다. 따라서 지각과 맨틀의 경계인 모호면은 유동학적 분류에서는 별 의미를 갖지 못한다.

연약권은 암석권 바로 아래에서부터 깊이 약 670km에 이르는 상부 맨틀의 일부이다. 연약권은 맨틀의 다른 부분보다 훨씬 높은 유동성을 가지는데 이 연약권 내의 유동은 지표의 여러 지질작용에 중요한 영향을 미친다.

연약권과 달리 암석권은 보다 단단하며 부서지기 쉬운 성질을 가지고 있으며, 물 위의 뗏목과 같이 연약권 위에 떠서 연약권의 움직임에 따라 이동되고 있다. 연약권의 유동은 매우 느리지만 대륙을 이동시키고 지표의 형상을 변화시킬 만큼 강하다. 연약권의 유동방향은 전 지구에 걸쳐 균일하지 않다. 따라서 부서지기 쉬운 성질의 암석권은 여러 개의 조각으로 나뉘어져 각기 다른 운동을 하고 있다. 암석권이 갈라져 생긴 두께 약 100km의 조각을 판(板)이라고 한다. 다음 장에서 설명하겠지만 이러한 판들의 운동에 의하여 지진이나 화산 작용이 일어나며, 나아가서는 알프스 산맥과 히말라야 산맥 같은 커다란 습곡산맥이 만들어지는 조산운동이 일어난다.

3) 해양 지각과 대륙 지각

우리가 이미 알고 있는 바와 같이 모호면 위의 암석권 최상부를 지각이라 한다. 대륙을 이루는 지각과 해양을 이루는 지각은 서로 성분과 밀도, 그리고 두께가 다르다. 대륙 지각(大陸 地殼)은 보다 낮은 밀도의 중간 내지 규장질의 암석으로 이루어져 있고 그 두께는 지역에 따라 20~60km에 이른다. 반면에 해양 지각(海洋 地殼)은 약 10km의 비교적 균일한 두께를 가지며 높은 밀도의 고철질 암석으로 이루어져 있다.

대륙 지각은 해양 지각보다 두꺼운데 어떻게 더 높이 솟아 있을 수 있을까? 이에 대한 답은 밀도 차이와 부력에 있다. 대륙 지각은 부피가 크지만 밀도가 낮아 해양 지각보다 항상 더 높이 솟아 있을 수 있다. 또한 대륙 지각은 더 깊은 뿌리를 가지고 있는데 이 뿌리 부분이 부력을 생성시킨다. 이와 같이 가벼운 대륙 지각이 더 깊은 뿌리를 가지면서 높이 솟아 있는 현상을 지각평형(地殼平衡)이라고 한다(그림 4-7).

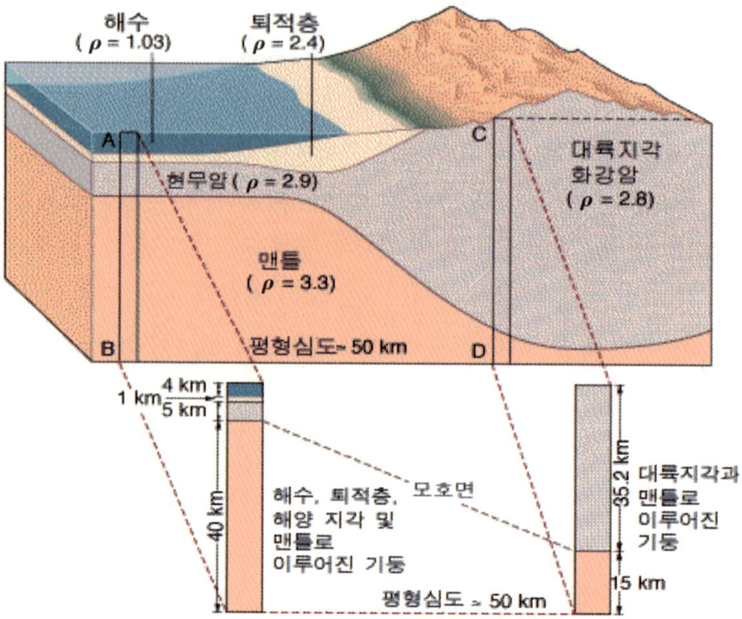

【그림 4-7】 지각평형의 원리. 대륙 지각은 밀도가 낮아 해양 지각보다 더 높이 솟아 있을 수 있다. 그림의 아래 부분에 표시된 바와 같이 약 50km의 깊이(평형심도)에서는 대륙지각과 해양지각이 누르는 압력이 동일하다.

3. 단층과 지진

1) 단층

서서히 움직이는 맨틀은 그 위 암석권의 판에 응력(応力)을 작용시켜 판이 이동하도록 한다. 암석권에 작용하는 응력이 암석의 강도보다 커지면 암석은 깨어지고 변위(変位)를 일으키게 된다. 이와 같이 암석에 변위가 일어나는 경계면이 단층(斷層)이다. 수직단면에서 단층면의 위쪽을 상반(上盤), 아래쪽을 하반(下盤)이라 한다.

인장응력의 작용으로 생겨난 단층의 경우에는 상반이 미끄러져 내려오게 되

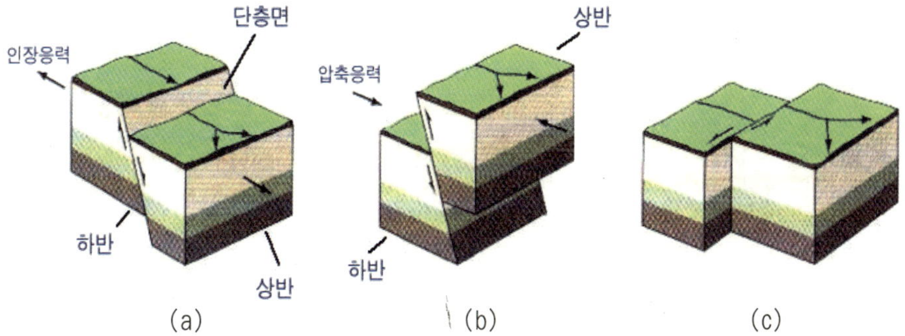

【그림 4-8】 단층의 종류. (a) 정단층; (b) 역단층; (c) 주향이동 단층

는데, 이러한 성격의 단층은 정단층(正斷層)이라고 한다(그림 4-8a). 정단층은 동아프리카 열곡(East African Rift Valley)이나 북해 유전지대 등의 인장응력 지대에서 흔히 관찰된다. 우리나라의 경우, 이러한 종류의 단층은 포항분지, 어일분지 등 동해안의 신생대 제3기 분지 지역에 잘 발달되어 있다.

압축응력에 의해서 단층이 생기게 되면 상반이 하반위로 미끄러져 올라가게 되는데 이러한 단층을 역단층(逆斷層)이라 한다(그림 4-8b). 역단층은 보통 히말라야 산맥이나 알프스 산맥처럼 판이 충돌한 지역에서 흔히 나타난다. 우리나라에서는 경상분지 북변의 안동단층이나 일월산 단층이 역단층의 예이다. 그러나 이 두 단층은 판의 충돌로 일어난 것으로 보기는 어렵다.

정단층이나 역단층에서는 상반이 올라가거나 내려앉는 상대적 상하 변위를 갖는다. 그러나 이와 달리 상대적 수평 변위만을 갖는 단층들이 있는데, 이러한 단층을 주향이동 단층(走向移動 斷層)이라 부른다(그림 4-8c). 주향이동이라는 명칭은 단층면의 주향방향으로 지괴변위가 일어났다는 사실에서 유래한 것이다. 지진으로 유명한 미국 캘리포니아 주의 산 안드레아스 단층(San Andreas Fault)이 그 대표적 예이며, 우리나라의 예로서는 경주-부산간의 경부고속도로를 따라 발달한 양산단층이 있다(그림 5-22).

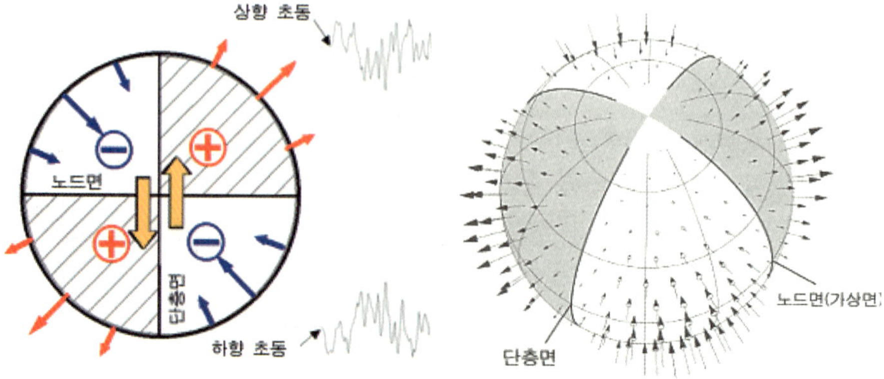

【그림 4-9】 지진 초기진동 해석법의 원리를 나타내는 그림. 여기서는 좌수향 주향이동단층의 예로 설명하기로 한다. 좌수향이란 단층선 건너편 지반이 좌측으로 이동됨을 뜻한다. 노란 화살표 방향의 갑작스런 단층운동이 일어나는 순간을 생각해보자. +로 표시한 부분에서는 지반이 갑작스럽게 위로 솟구치는 초기 진동이 일어날 것이며, 반면에 −로 표시한 부분에서는 지반이 아래로 가라앉는 초기 진동이 감지될 것이다. 이러한 진동은 전 지구로 퍼져 나간다. 그림의 큰 원은 지구를 표시하며 그 옆에는 지진 기록이 초기진동과 함께 그려져 있다. 전 지구상에 설치된 지진 관측소의 초기진동 방향을 분석하면 그림과 같이 지구를 4개의 상한으로 나눌 수 있게 되고, 따라서 단층면의 주향과 그 양측 지반의 이동방향을 알 수 있게 된다. 이러한 연구방법을 진원 메커니즘 연구 혹은 단층면 해법이라고도 부른다.

2) 지진

앞에서 설명한 3가지 유형의 단층작용은 지진을 동반하고, 지진의 진동은 모든 방향으로 퍼져 나간다. 지구상의 여러 관측소에 기록된 지진의 초기진동 방향을 관측하여 분석하면 그 지진을 유발시킨 단층의 종류와 변위감각, 즉 단층면 양편 지괴의 상대적 변위방향을 알 수 있다. 이러한 연구방법을 지진 초기진동 해석법(seismic first-motion study), 진원 메커니즘 연구(focal mechanism study) 혹은 단층면 해법(fault-plane solution) 등의 여러 이름으로 부른다. 그림 4-9에 이 원리를 설명하였으며, 그림 4-10에는 이 방법의 적용 예를 소개하였다. 이 방법을 통하여 해저 중앙해령을 수직으로 자르는 단층들이(그림 5-19) 단순한 주향이동단층이 아니라 변환단층임을 알 수 있다. 변환단층은 바로 해저가 확장되고 있음을 증명해 주는 중요한 단서이다. 왜 그런가?

또한 지진 초기진동 해석법은 지하 핵실험을 탐지하는 방법으로도 이용된다. 즉, 자연 지진들은 단층작용으로 발생되는 것이기에 밀치는 초기진동과 당기는 초기진동 모두가 발생되는 반면, 핵폭발에 의한 진동은 오직 밀치는 초기진동만이 사방팔방으로 방출되기 때문이다.

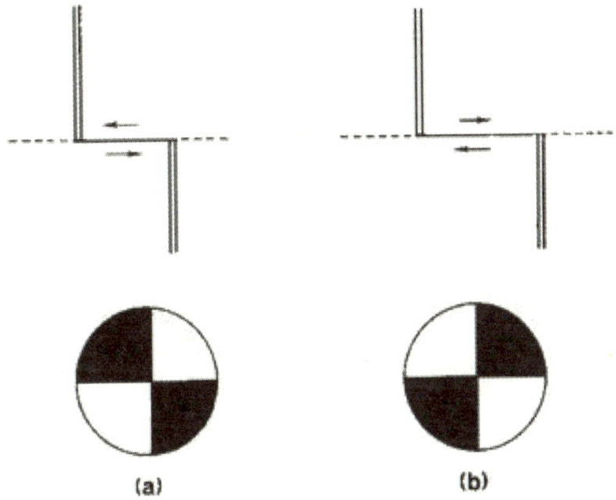

【그림 4-10】 지진 초기진동 해석법의 응용 예: 일반 주향이동단층(a)과 변환단층(b)의 구별. b와 같은 단층은 해저의 중앙해령에서 나타나는데 일반적으로 알려진 주향이동단층과는 변위방향 등에서 다르다. 그림 5-19를 참조하라.

3) 지진의 크기: 메르칼리 진도와 리히터 지진규모

지진의 크기는 진도(震度)와 규모(規模)로 표현한다. 진도는 로마숫자로 표시하는데 해당 지역에서 사람에 의하여 느껴지는 정도와 구조물에 대한 지진의 효과에 기준한 것이다. 진도를 나타내는 척도(scale)로는 일본 기상청(JMA)의 척도를 위시하여 여러 가시가 있으나 메르칼리 진도(Mercalli intensity)가 국제적으로 널리 알려져 있다. 가장 낮은 메르칼리 진도 I은 겨우 인지될 정도의 크기를 말하고 최대 크기의 메르칼리 진도인 XII는 완전한 파괴를 나타낸다(표 4-1).

메르칼리 진도는 (1) 그 지역이 진원으로부터 얼마나 떨어져 있는지, (2) 그 지역 지하 암반의 성격, 즉 지하 암반이 단단한 암석인가 또는 비고결 퇴적층인가 등에 따라 달리 나타나게 된다. 따라서 메르칼리 진도는 관찰에 입각하여 지진의 강도를 평가하는 편리한 척도일 수는 있으나 지진의 크기를 정밀하게 판단하는 기준이 되지는 못한다.

이러한 연유로 미국의 지진학자 리히터(C. F. Richter)는 지진의 크기를 보다 정밀하게 평가하는 방법을 고안해냈는데 그것이 바로 리히터 지진규모(Richter magnitude)이다. 이는 지반 흔들림의 정도를 표준 지진계로 측정함으로써 지진의

〈표 4-1〉 메르칼리 진도

진도	그 효과
I	특별히 감지되기 쉬운 상황에 있는 극소수의 사람만 느낌
II	휴식중인 몇몇 사람들만 느낌 (특히 건물의 높은 층에서)
III	실내에서 잘 느껴지나 (특히 건물의 높은 층에서), 많은 사람들은 이것이 지진인줄 잘 모름
IV	실내에서는 대부분의 사람들이, 야외에서는 일부 사람들이 느낌. 접시나 창문, 방문 등이 진동함
V	대부분의 사람이 느낌. 나무, 깃대 등의 키 큰 물질들이 흔들림
VI	모든 사람이 느끼며, 많은 사람들이 집밖으로 뛰어 나옴. 무거운 가구들이 움직임. 벽이나 굴뚝이 무너지기도 하나 피해는 크지 않음
VII	모든 사람들이 집밖으로 뛰어 나옴. 잘 지어진 건물에는 피해가 없거나 경미하지만, 그렇지 않은 건물에는 상당한 피해가 일어남
VIII	잘 설계된 건물에는 경미한 피해만 일어나나 일반 건물에는 상당한 피해가 생기며 일부 붕괴되기도 함 (굴뚝, 기둥, 기념 건조물, 벽, 등)
IX	특수 설계된 건물도 상당한 피해를 입음. 건물이 축대로부터 벗어남. 지면에 금이 감
X	일부 건물이 붕괴 됨. 대부분의 축조물이나 건물의 틀들이 뒤틀림. 지면이 심하게 갈라짐
XI	온전히 서있는 건물이 거의 없음. 교량이 파괴되며, 지면에 넓은 균열이 발생됨
XII	완전한 붕괴가 일어남. 지면이 꿈틀거리는 것이 보임. 물체가 하늘로 튀어 오름

강도를 객관적으로 평가하는 방법이다. 즉, 지진계에 기록된 표면파의 최대진폭을 A㎛, 이때의 주기를 T초라 할 때, 리히터 지진규모 M은 다음식 $M= \log \frac{A}{T} +1.66\log\varDelta+3.3$ 으로부터 산출된다. 여기서 $\varDelta$는 진앙과 관측점 사이의 각거리(°)인데 이것이 들어있는 항은 관측점이 진앙으로부터 멀어질수록 진폭이 작아지는 것을 보정하기 위한 것이다. 지진규모는 아라비아 숫자로 소숫점 첫 자리까지 표시한다. 표 4-2는 리히터 지진규모와 메르칼리 진도를 비교한 것이다. 다시 한번 강조하건대 동일한 지진에 대해서도 지역에 따라 메르칼리 진도가 달라지기 때문에 이 비교표를 절대적인 것으로 생각해서는 안된다.

위의 지진규모 식에서 볼 수 있는 바와 같이 리히터 지진규모 척도는 대수적(代數的)이다. 즉, 리히터 지진규모 1의 증가는 지반 흔들림의 10배 증가를 의미

<표 4-2> 리히터 지진규모와 메르칼리 진도의 비교

리히터 규모	연간 최대 발생수	메르칼리 진도	특징적 효과
< 3.4	800,000	I	지진계로만 인지됨
3.4 - 4.4	30,000	II, III	오직 몇 사람만 인식
4.4 - 4.8	4,800	IV	많은 사람이 인식
4.8 - 5.4	1,400	V	모든 사람이 인식
5.4 - 6.0	500	VI, VII	경미한 건물 손상
6.0 - 7.0	100	VIII, IX	상당한 건물 손상
7.0 - 7.4	15	X	심각한 손상, 담이 갈라지고 교량이 뒤틀림
7.4 - 8.0	4	XI	대규모 손상, 건물이 무너짐
> 8.0	5-10년에 한번	XII	완전한 손상, 지면의 요동이 보임, 물체들이 하늘로 튀어오름

한다. 그러므로 규모 8.5이었던 1985년 멕시코시티의 지진은(표 4-3) 규모 7.5이었던 1908년 이태리 메시나 지진보다 10배 더 심하게 지반을 흔들었으며, 규모 6.5이었던 1971년도 미국 캘리포니아의 산 페르난도 지진보다 100배나 더 크게 지반을 흔들었던 것이다.

한편, 지진으로 방출된 에너지 E(joules)는 지진규모 M으로부터 $\log E = 5.24 + 1.44M$의 식에 의하여 산출된다. 이 식에서 알 수 있는 비와 같이 지진규모 1의 증가는 에너지의 $28(=10^{1.44})$배 증가를 의미하며, 지진규모 2의 증가는 에너지의 $760(=10^{2.88})$배 증가를 의미한다. 참고로 1톤의 TNT는 4.2×10^{9} 주울의 에너지를 방출한다. 히로시마에 투하된 11 킬로톤의 원자폭탄은 지진규모 5의 에너지에 해당하며, 1 메가톤의 핵폭탄 에너지는 지진규모 7.2의 에너지를 방출한다.

4. 세계의 주요 지진

전 세계적으로 볼 때, 매년 수십만 건의 지진이 일어나고 있다. 이들 중 대부분은 크기가 작아 인지되지 않고 지나쳐지고 있으나 커다란 지진의 위험은 항상 존재한다. 지진 다발지역에서는 매 50-100년에 한번씩 큰 규모의 지진이 일어난다.

【그림 4-11】 지진에 의한 피해

세계의 대지진은 주로 주향이동 단층지역이나 판이 수렴하는 역단층 지역에서 일어난다. 1906년의 샌프란시스코 지진은 리히터 규모 8.3의 지진이었는데 700여 명의 사망자와 화재피해를 기록하였다. 1989년의 캘리포니아 산타크루즈(Santa Cruz) 인근 로마 프리에타(Loma Prieta) 지진은 리히터 규모 7.1의 지진으로서 62명의 사망자와 60억 불 이상의 재산손실을 가져왔다(그림 4-11). 1999년에 일어난 리히터 규모 7.6의 터키 지진 때에는 1만 7천 여 명의 사망자가 발생하였다. 이 세 지진은 모두 주향이동 단층지역에서 발생한 것이다.

판이 수렴 및 충돌하는 역단층 지역에서는 보다 큰 피해를 주는 지진이 일어나는데, 1964년의 알래스카 앵커리지(Anchorage) 지진이 그 예이다. 앵커리지 지진은 리히터 규모 8.5이었으며 131명의 사망자와 3억불 이상의 피해를 입혔다. 그런데 이 지진의 대부분 사망자는 지진에 의한 해일(海溢), 즉 쓰나미(tsunami)에 의해 발생되었다. 쓰나미는 지진 이외에 해저 사태, 수중 화산분출 등으로도 일어난다. 인도에서 일어난 2001년의 지진은 리히터 규모 7.9이었는데 5만 명 이상의 사망자를 발생시켰다. 단층작용은 이렇게 지진을 일으키며 많은 인명과

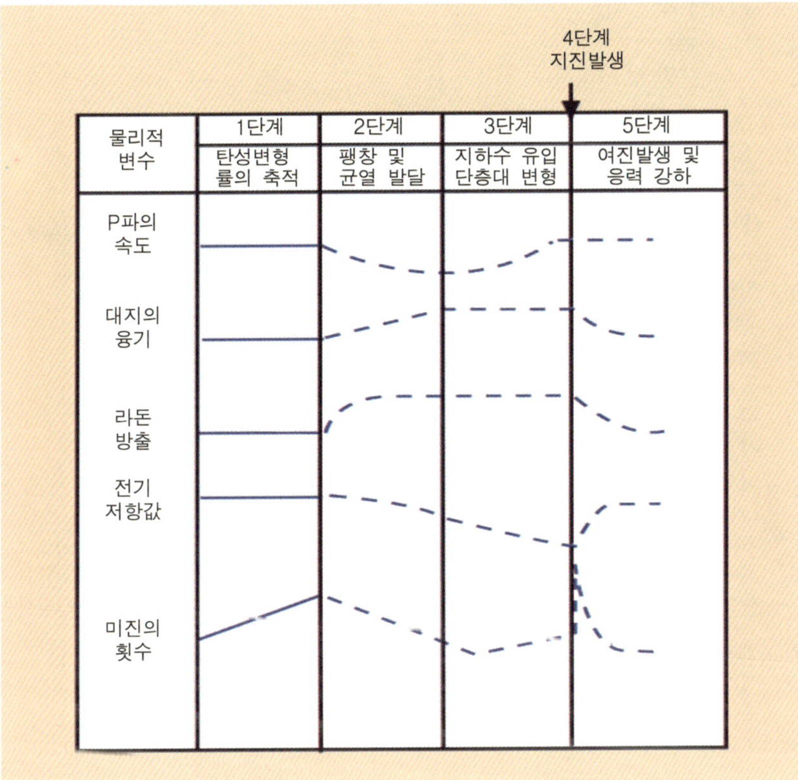

【그림 4-12】 지진예보

재산의 피해를 초래하기 때문에 단층작용에 대한 정확하고 자세한 연구는 국가적, 사회적으로 매우 중요하다. 그러나 지진이 단층작용에 의하여 유발된다는 것은 잘 알려진 사실이면서도, 언제, 어디서, 어느 규모의 지진이 발생할지 그 예보는 매우 어렵다. 중국에서는 연못이나 우물물의 수위변화와 거품이나 냄새의 발생 여부, 그리고 닭이나 쥐, 뱀, 물고기 등 여러 동물들의 기이한 행동을 지진의 예보수단으로 사용하는 노력을 하고 있다. 보다 과학적인 방법으로서 라돈가스 검출, 레이저 측량 등을 이용한 지반운동 측정(그림 5-11, 5-12), 지진파 전파 속도나 전기 전도도의 변화, 지진에 앞선 미진(微震) 활동량의 변화 등을 이용하려는 노력이 여러 나라에서 기울여지고 있다(그림 4-12).

표 4-3에는 세계에서 발생된 주요지진이 열거되어 있다.

〈표 4-3〉 세계의 주요 지진

발생 연도	발 생 위 치	지진 규모	추정 사망자수	비 고
1556	중국 산서(Shensei)성		830,000	최대의 자연재해
1811	미국 미주리주 뉴 마드리드(New Madrid)		소수	
1906	/미국 캘리포니아주 산프란시스코	8.3	700	화재가 큰 피해를 초래
1908	이태리 메시나(Messina)	7.5	120,000	
1920	중국 관서(Kansu)성	8.5	180,000	
1923	일본 동경	8.2	143,000	화재가 큰 붕괴를 초래
1960	칠레 남부	8.7	5,700	기록상 가장 큰 지진
1964	미국 알라스카주 앵커리지(Anchorage)	8.5	131	3억불 이상의 손실, 쓰나미
1970	페루	7.8	66,000	대규모 암석사태
1971	미국 캘리포니아주 산 페르난도(San Fernando)	6.5	65	50억불 이상의 손실
1975	중국 료녕(Liaoning)성 하이쳉(Heicheng)	7.4	약 300	최초로 예보된 대지진
1976	중국 탕샨(Tangshan)	7.8	243,000	예보하지 못함
1985	멕시코 멕시코 시티(Mexico City)	8.5	9,500	
1989	미국 캘리포니아주 로마 프리에타(Loma Prieta)	7.1	62	60억불 이상의 손실
1994	미국 캘리포니아주 노스리지(Northridge)	6.7	57	250억불 이상의 손실
1995	일본 고베(新戶)	7.2	6,430	950 내지 1,470억불 이상의 손실
1999	터키 이즈미트(Izmit)	7.6	17,000	
2001	인도 구자라트(Gujarat)	7.9	55,000	
2004	이란 밤(Bam)	6.7	> 20,000	도시의 초토화
2004	인도네시아 수마트라	9.0	220,000	막대한 쓰나미(지진해일)피해
2005	인도네시아 수마트라	8.7	900	
2005	파키스탄 북부 및 카슈미르	7.6	86,000	
2006	인도네시아 욕자카르타	6.3	6,000	
2008	중국 쓰촨성(四川省)	8.0	80,000	학교붕괴, 도처에 언색호 발생, 250,000명 이상의 이재민
2011	일본 센다이	9.0	수만 명	대형 쓰나미가 발생하여, 원자력 발전소와 가옥을 파괴시킴

단 원 요 약

1. 지진이란 갑작스런 단층 운동에 의해 축적된 탄성에너지가 방출되면서 발생하는 지구의 진동이다.
2. 진원이란 지진이 발생하는 지점이며, 진앙은 진원에서 수직으로 올린 선이 지표와 만나는 지점이다.
3. 진원에서 방출되는 에너지는 지진파의 형태로 외부로 퍼져나가며, 지진파에는 실체파인 P파와 S파, 그리고 표면파인 레일리파와 러브파가 있다.
4. 지진 에너지 양은 리히터 지진 규모 척도를 이용하여 나타낼 수 있으며, 지진 규모의 계산은 실체파 혹은 표면파의 지진기록을 통해서 이루어진다.
5. 리히터 지진 규모가 1 증가하면 진동 폭은 10배 증가하고, 지진 에너지는 약 30배 증가한다.
6. 지구상에서 발생하는 지진의 대부분은 환태평양 지진대(80%)와 지중해-히말라야 지진대(15%)에서 발생한다. 나머지 5%는 해저산맥과 그 밖의 넓은 지역에서 발생한다.
7. 지진대는 판의 경계를 나타내며 지진파의 초기운동으로부터 판 경계부에서 일어나는 상대운동의 방향을 알 수 있다.
8. 지각의 하부는 모호면이라고 부르는 뚜렷한 지진학적 불연속면이 존재한다. 지각의 두께는 육지에서 20-60km(평균 35km)에 달하며, 바다에서는 10km 미만이다.
9. 지구는 층상으로 되어 있으며, 중심에는 철이 풍부한 핵이 존재한다. 이 핵은 외핵과 내핵으로 구분되며, 맨틀은 핵을 둘러싸고 있다. 맨틀 위에는 대륙 지각과 해양 지각이 분포한다.
10. 핵은 밀도가 매우 높으며 철과 소량의 니켈과 기타 원소로 이루어진 것으로 추정된다. 외핵은 S파가 통과하지 못하는 것으로 보아 액체 상태임이 분명하며, 내핵은 고체 상태이다. 맨틀을 이루는 암석은 초고철질 암석인 페리도타이트로 여겨진다.
11. 지표로부터 100-350km 깊이에는 지진파의 저속도층이 분포하며, 이 층은 연약권과 일치한다. 지각과 맨틀은 유동학적(물리적 특성)으로 암석권, 연약권 및 하부 맨틀로 구분될 수 있다.

중 요 용 어

지진, 진원, 진앙, 지진파, 실체파, 표면파, 지진규모, 진도, 메르칼리 진도, 리히터 지진규모, 암영대, 음영대, 지각, 맨틀, 외핵, 내핵, 모호로비치치 불연속면, 구텐베르크 불연속면, 레만 불연속면, 암석권, 연약권, 판, 해양 지각, 대륙 지각, 지각평형, 지각균형, 정단층, 역단층, 주향이동 단층, 단층면 해법.

연 습 문 제

가. 다음 물음에 가장 적합한 답을 고르시오.

1. 다음 중 가장 많은 지진피해를 주는 파는?
   ① 레일리파 ② P파 ③ S파 ④ 직접파
2. 다음 중 맨틀과 핵의 경계면은?
   ① 레만 불연속면 ② 모호 불연속면
   ③ 구텐베르크 불연속면 ④ M 불연속면
3. 지구의 자기장이 일어나는 곳은?
   ① 지각 ② 맨틀 ③ 외핵 ④ 내핵
4. 내핵의 존재를 발견한 사람은?
   ① 레만 ② 모호로비치치 ③ 구텐베르크 ④ 레일리
5. 외핵이 액체라는 증거가 되지 <u>못하는</u> 것은?
   ① 지구자기장 ② 고온 ③ S파 불통과 ④ 내핵보다 느린 P파 속도
6. 다음에서 초고철질암으로 이루어진 부분은?
   ① 지각 ② 맨틀 ③ 외핵 ④ 내핵
7. 대륙지각이 해양지각보다 더 높이 솟아 있을 수 있는 이유가 <u>아닌</u> 것은?
   ① 지각평형 ② 오랜 연령 ③ 깊은 뿌리 ④ 낮은 밀도
8. 동아프리카 열곡에서 기대되는 단층은?
   ① 정단층 ② 역단층 ③ 충상단층 ④ 주향이동단층
9. 다음에서 역단층이 <u>아닌</u> 것은?
   ① 히말라야의 주 단층 ② 알프스의 주 단층

③ 일월산 단층 ④ 산 안드레아스 단층

10. 다음에서 주향이동단층이 아닌 것은?
① 양산 단층 ② 변환단층 ③ 안동 단층 ④ 산 안드레아스 단층

11. 자연지진과 핵실험에 의한 진동을 구분하는 데 이용되는 것은?
① 표면파 ② 레일리파 ③ 지진 초기진동 해법 ④ 변환단층

12. 지진의 크기 결정과 관계 없는 것은?
① 메르칼리 ② 표면파 ③ 지진 초기진동 해법 ④ 리히터

나. 다음 설명이 옳으면 ○표를, 틀리면 ×를 하고 틀린 부분에 밑줄을 긋고 바르게 고치시오.

1. 실체파보다 표면파의 전달속도가 빠르다. ( )
2. 종파=S파, 횡파=P파의 관계는 옳다. ( )
3. 레일리파와 러브파는 표면파이다. ( )
4. P파의 암영대가 S파의 암영대보다 넓다. ( )
5. 지구의 핵은 순수한 철 물질로 되어 있다. ( )
6. 구텐베르크 불연속면에서는 P파와 S파 모두가 반사와 굴절을 일으킨다. ( )
7. 맨틀은 물처럼 흐를 수 있는 성질을 가지고 있다. ( )
8. 모호면은 연약권 내에 위치한다. ( )
9. 판과 암석권은 같은 것을 지칭한다. ( )
10. 해양지각의 밀도는 대륙지각의 밀도보다 높다. ( )
11. 역단층 지역이나 주향이동단층 지역보다 정단층 지역에서 일어나는 지진의 규모가 더 크다. ( )
12. 우물물의 수위변화나 동물들의 기이한 행동들도 지진예보에 이용될 수 있다. ( )

다. 다음 ( )안에 적당한 말을 써넣으시오.

1. 지진이 인류에게 주는 이점은 ( )이다.
2. 지진파의 전파속도는 물체의 ( )에 의해 달라진다.
3. 진원은 ( )이며 진앙은 ( )이다.
4. 실체파의 종류에는 ( )와 ( )가 있다.
5. 표면파의 종류에는 ( )와 ( )가 있다.
6. 암영대를 통하여 알 수 있는 것은 ( )이다.
7. P파 암영대의 각거리는 ( )이다.
8. 암석권은 ( )와 ( )로 이루어져 있다.

9. 해양 지각의 두께는 약 (   )km이다.
10. 대륙 지각의 두께는 약 (   )km이다.
11. 단층의 종류와 변위 감각을 알아낼 수 있는 기법은 (   )이다.
12. 지진의 크기는 (   )와 (   )로 나타낸다.
13. 지진규모 7의 지진은 지진규모 6의 지진보다 지반의 흔들림이 (   )배 크다.

라. 다음 질문에 대하여 답하시오.

1. 지진파의 종류를 분류하고 그 운동 특성과 이용성을 설명하라.
2. 지구의 층상구조를 설명하고 각 층의 특성을 기술하라. 이 층상구조는 어떠한 방법을 통해서 알아내게 되었는가?
3. 왜 P파 암영대와 S파 암영대의 범위가 다르게 나타날까?
4. 지구의 외핵은 액체인 반면 내핵은 고체이다. 그 이유는 무엇인가? 또 그것을 어떻게 알아낼 수 있었는가?
5. 철의 용융온도는 1,535℃이며 지구 내핵의 온도는 약 4,300℃에 이른다. 그런데 철은 내핵에서 고체상태이다. 왜 녹지 않는 것일까?
6. 대륙 지각과 해양 지각의 차이점을 기술하라.
7. 지각평형이란 무엇인가?
8. 단층의 종류를 분류하고, 각 단층의 생성 메커니즘을 설명하라.
9. 지진 초기진동 해석법 (혹은 단층면 해법)이란 무엇인가? 이 기법은 어디에 이용되는가?
10. 일반 주향이동단층과 변환단층의 차이점을 설명하라.
11. 해저의 중앙해령을 수직으로 자르는 단층이 변환단층이라는 증거는 무엇인가?
12. 해저의 중앙해령을 수직으로 자르는 단층이 변환단층이라는 사실은 해저확장을 증명하는 사실이라고 한다. 왜 그런가?
13. 초기진동 해석법으로 자연 지진과 지하 핵실험을 구분하는 방법을 설명하라.
14. 지진의 크기는 어떻게 결정되는가?
15. 세계 주요 지진의 사례를 몇 가지 들고 설명하라.
16. 건물을 지을 때 지진의 피해를 줄일 수 있는 방법을 설명하라.
17. 지진성 해일(쓰나미)의 발생과정을 설명하라.

5 판구조운동론

우리의 지구는 살아있는 생명체처럼 매우 역동적인 행성이다. 달이나 화성과 달리 지구는 열을 가지고 있어서 맨틀에서는 열대류가 일어난다. 이에 따라 해저가 확장되고 대륙이 갈라지며 서로 멀어지는 판구조운동이 일어난다. 이 장에서는 우선 암석의 잔류자기를 연구하는 고자기학(古磁氣學)에 대하여 알아보고, 나아가서 지구성 산맥의 분포와 성인, 지진과 화산의 발생 장소와 원인, 그리고 여러 암석들의 성인 등 주요 지질작용들 모두가 판구조운동과 연관되어 있음을 고찰하기로 한다.

1. 대륙이동설

20세기 초까지만 해도 지구과학자들은 대륙과 해양이 움직이지 않고 고정되어 있는 것으로 믿어왔다. 지구는 탄생 이래 냉각되면서 부피가 줄고(지구수축설) 지구표면은 마른 사과처럼 쭈글쭈글해져 산맥과 바다가 생기게 되었다는 것이 당시까지의 생각이었다.

그러나 독일의 지구과학자 베게너(Alfred Wegener, 1880-1930)는 남아메리카의 동해안과 아프리카의 서해안이 너무나 잘 들어맞게 생겨있음에 착안하여 과거에는

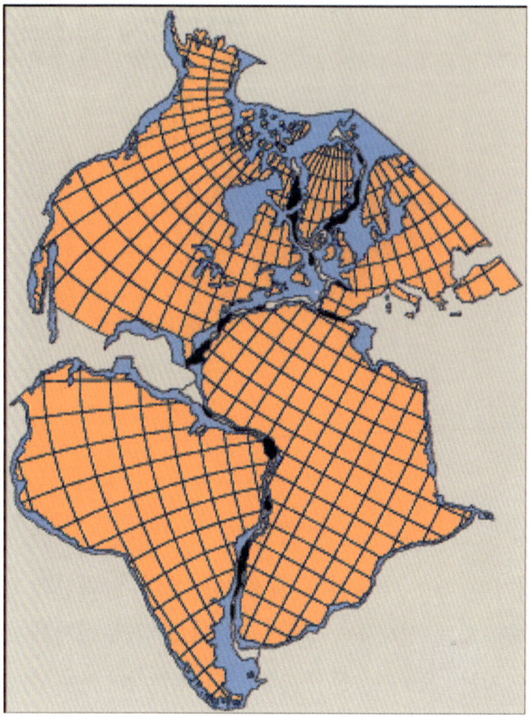

【그림 5-1】 베게너의 초대륙을 컴퓨터로 복원해 본 그림. 파란 부분은 대륙붕이며 검은 부분은 겹치는 부분이다. 겹치는 부분은 대륙분열시 지각이 늘어난 부분이거나 나이제르(Niger) 삼각주 등 분열 이후에 대륙이 성장된 부분이다.

이 두 대륙이 한 덩어리를 이루고 있었는데 서로 분리, 이동되어 오늘날과 같이 멀리 떨어지게 되었다는 생각을 하게 되었다(대륙이동설, continental drift hypothesis). 베게너는 현재의 해안선보다 대륙붕의 경계를 맞추면 대륙 복원이 더 잘 들어맞는다고 하였다(그림 5-1).

또한 베게너는 화석이나 암석의 종류 등 여러 가지 다양한 증거들을 제시하며 고생대 후기에서 중생대 초기까지 지구상의 모든 대륙들이 합쳐져서 초대륙(supercontinent)인 팡게아(Pangaea)를 형성하고 있었다고 주장하였다. 그는 암석의 종류나 산맥과 같은 지질구조들이 대서양 넘어 양쪽 연안의 대륙으로 잘 연속되는 점, 그리고 남아메리카, 인도, 오스트레일리아, 남극에서 발견되는 육상 동식물 화석의 분포 등이 초대륙의 상태에서 보다 합리적으로 설명됨을 지적하였다(그림 5-2).

베게너가 제시한 보다 극적인 증거는 고기후학적 자료에 있었다고 할 수 있다. 빙하작용에 의해 생성된 빙퇴석(氷堆石)의 분포를 조사해보면 지금으로부터 3억 년 전인 석탄기에는 남아메리카, 아프리카 남부, 인도, 오스트레일리아 남부를 덮는 광대한 빙하가 발달되어 있었던 것으로 나타난다. 만약 대륙의 분포가 지금과 같다면 이 빙하는 남반구 전역을 덮음은 물론, 적도를 넘어 북반구 지역까지 발달되어 있었던 셈이 된다(그림 5-3a). 따라서 당시의 지구는 빙하기에 들

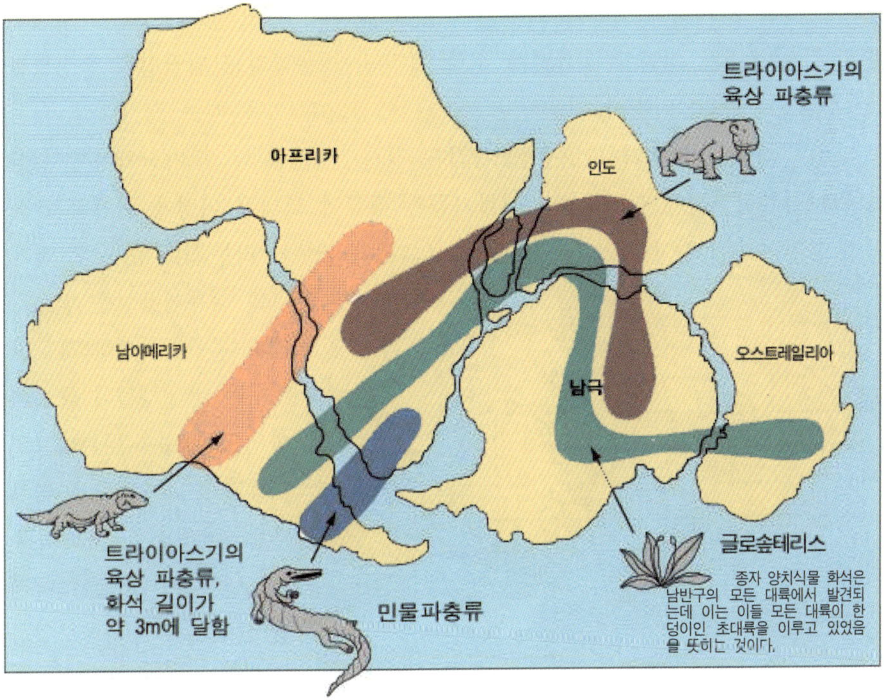

【그림 5-2】 석탄기부터 트라이아스기까지의 육상 동식물 화석의 분포. 각 색은 해당 동식물의 화석이 발견된 지역을 표시함. 현재의 대륙 배열보다는 이 그림에서처럼 대륙들을 합쳐 놓았을 때 동식물의 화석분포가 보다 합리적으로 설명된다.

어가 있었던 것으로 여겨지는 것이다. 그러나 북반구 지층에서는 빙하의 흔적이 발견되지 않으며 오히려 아열대 삼림이 우거져 석탄이 형성되고 있었다. 그래서 오늘날 우리는 3억 년 전의 이 시기를 석탄기라고 부르고 있지 않는가! 한편, 암반 표면에 남아있는 찰흔을 근거로 빙하의 이동방향을 추정해보면 남반구 모든 지역에서 빙하는 바다에서 육지쪽으로 운반된 것으로 나타난다. 어떻게 낮은 바다로부터 높은 육지로 빙하가 이동될 수 있다는 말인가? 베게너는 이러한 불합리한 고기후학적 증거들을 초대륙 팡게아를 통하여 합리적으로 설명하였다. 즉, 남아메리카, 아프리카, 인도, 오스트레일리아 등이 남극과 함께 초대륙 팡게아로 뭉쳐져 있었다고 본다면 불합리한 빙하의 분포 양상과 이동 방향이 합리적으로 설명되는 것이다(그림 5-3b). 대륙들을 이렇게 복원하면 빙하지역은 남극을 중심으로 한 하나의 덩어리가 되고 석탄층을 함유한 북반구의 대륙들은 열대우림이 우거진 적도 부근에 위치하게 된다. 빙하의 이동방향도 남극점을 중심으로 방사상으로 펼쳐지게 된다.

그러나 베게너의 이러한 훌륭한 생각은 당시로서는 너무 획기적이어서 쉽사리 받아들여지지 않았다. 당시의 과학자들은 대륙이 도대체 어떻게 단단한 맨틀위를 쟁기질하듯 갈아 재끼며 이동할 수 있다는 말인가? 라는 의문을 갖고 베게너의 대륙이동설을 믿으려 하지 않았다. 불행히도 베게너는 반대자들이 줄기차게 요구하는 대륙이동의 원동력과 메커니즘을 명확하게 설명하지 못하였다. 1930년 나이 50살이던 베게너는 그의 대륙이동설을 인정받지 못한 채 그가 보람으로 삼던 그린랜드 탐험을 떠난 후 영영 돌아오지 못하고 말았다.

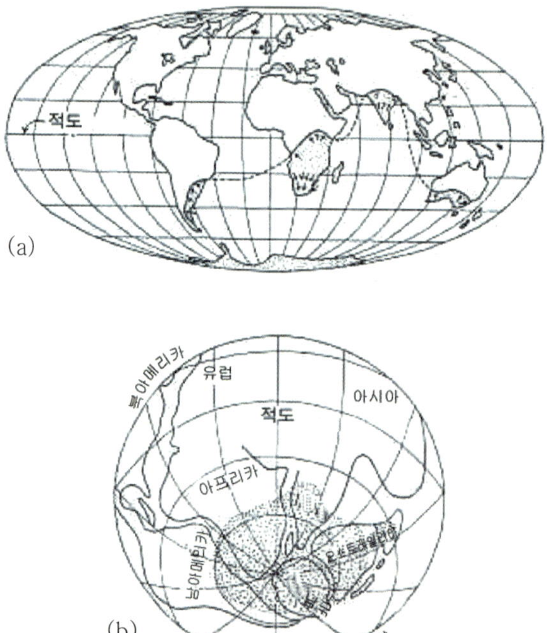

【그림 5-3】 석탄-페름기의 빙하 분포. (a) 대륙이 지금과 같이 배열되어 있으면 빙하의 분포범위가 너무 넓다. 또 적도너머까지 빙하가 분포되어 있는데 그렇다면 당시의 지구는 빙하기에 들어있었다는 말인가? 그러나 아팔래치아나 중국의 같은 시대의 지층에서는 열대우림을 지시하는 석탄이 대규모로 나오고 있으니 이는 무슨 모순인가! 또한 빙하의 긁힌 자국을 연구하면 바다로부터 육지위로 빙하가 기어올라온 것으로 나타난다. (b) 위의 모든 모순은 그림과 같이 대륙을 하나로 합쳤을 때 일거에 해결된다. 화살표는 빙하의 이동방향.

그러나 다음에서 보는 바와 같이 1950년대 이후 여러 가지 새로운 지구물리학적 증거들은 베게너의 가설을 입증하고 지질과학의 발전을 혁명적으로 가속시키게 되었다. 최근에는 인공위성을 통하여 지구 표면의 특징과 지구상에서 일어나는 지각변동을 직접 관찰할 수 있게 됨으

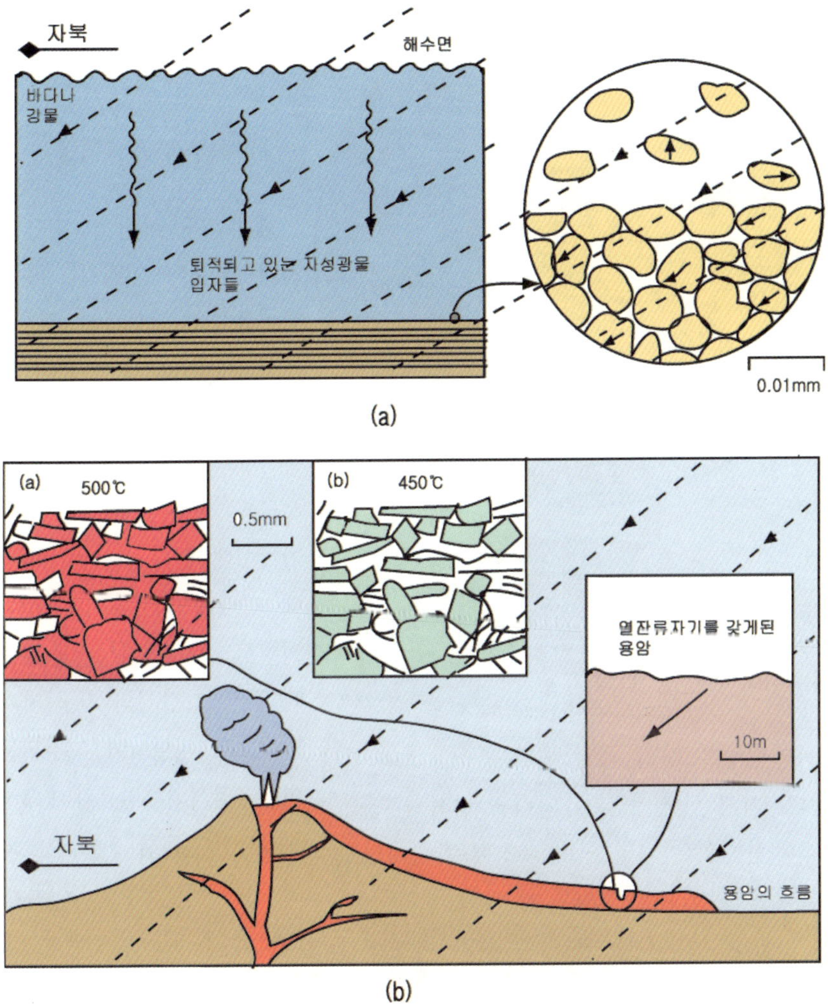

【그림 5-4】 어떻게 암석에 잔류자기가 생성되는가를 보여주는 그림. (a) 퇴적암에서는 퇴적물과 함께 운반된 미세한 자철석이나 적철석 등의 자성광물 입자들이 퇴적과정 중 당시의 지구 자기장 방향(비스듬한 점선 화살표 방향)으로 정렬됨으로써 퇴적잔류자기가 생성된다. (b) 용암과 같이 뜨거운 화성암은 자성을 가질 수 없으나 냉각되는 과정에서 자성을 획득하게 되는데 이를 열잔류자기라고 한다. 이 잔류자기의 방향은 당시의 지구 자기장 방향이다.

로써 대륙의 이동은 더욱 확실한 사실로 밝혀졌다.

1) 지구과학의 혁명

베게너가 세상을 떠난 후, 사람들로부터 잊혀져 가는 대륙이동설을 부활시킨 것은 지구 자기장(地球 磁氣場)의 변화 역사에 대한 연구이었다. 지구는 마치 커다란 자석과 같으며 북극과 남극은 지구의 회전축 가까이에 있다. 암석이 생성될 때 암석에 함유된 자철석이나 적철석과 같은 자성광물(磁性鉱物)들은 그 당시의 지구 자기장 방향으로 정렬되어 고정되는데 이를 암석의 잔류자기(殘溜磁氣)라 한다(그림 5-4). 이 고정된 잔류자기 방향은 오랜 지질시대를 거치는 동안에도 변함없이 암석이나 지층 내에 보존되는 경우가 많다. 따라서 지질

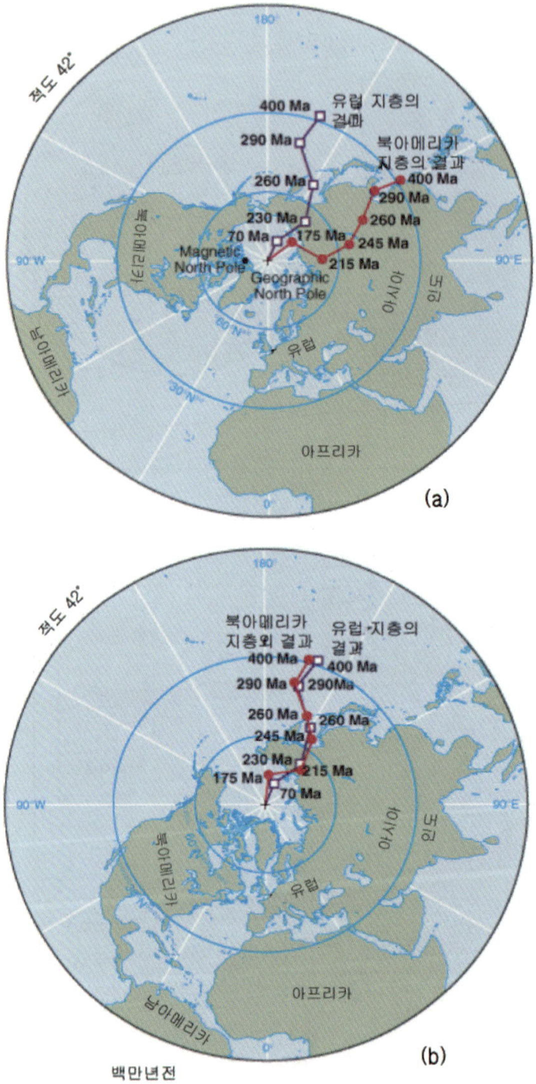

【그림 5-5】 각 지질시대별 자북 위치의 변화. (a) 각 시대별 지층의 잔류자기를 측정해보면 시대에 따라 북극의 위치가 달라졌음을 알 수 있다. 여기에 나타난 빨간 선과 보라 선은 각각 북아메리카 지층과 유럽 지층의 겉보기 자극이동 경로이다. 숫자는 지층의 연령을 백만년 단위로 나타낸다. 북아메리카와 유럽의 겉보기 자극이동 경로를 비교해보면 같은 시기에 두 개의 북극이 있었던 것처럼 보인다. 과연 같은 시기에 북극이 두 개가 될 수 있는가? (b) 그러나 그림에 표시된 바와 같이 대서양을 좁히면서 북아메리카와 유럽을 하나의 대륙으로 합치면 두 개의 겉보기 자극이동 경로는 같아지고 각 지질시대의 북극은 하나가 되어 이러한 모순은 해소된다. 이는 대륙이 이동하였음을 지시해주는 증거이다.

시대별 암석에 기록된 잔류자기를 연구하면 지구 자북의 변화역사와 대륙의 운동(즉 이동과 회전) 역사를 알 수 있는 것이다. 암석의 잔류자기를 연구하는 지구물리학의 이러한 연구 분야를 고자기학(古磁氣學) 혹은 고지자기학(古地磁氣學)이라 한다.

고자기학적 연구를 통하여 다음과 같은 세 가지 사실을 알아낼 수 있다. (1) 연구 대상 암석이 생성된 곳으로부터 어느 방향에 당시의 북극이 놓여 있었는지 (2) 그 암석이 생성되었던 위도, 즉 고위도(古緯度), 그리고 (3) 그 암석 생성 당시의 지구 자기장의 극성(極性), 즉 그 암석이 지시하는 북극(磁北)이 현재의 지리적 북극 쪽인지 아니면 반대로 지리적 남극 쪽인지를 알아낼 수 있다. 만약 후자의 경우라면 그 암석이 생성되던 당시 지구의 자기장은 역전(逆轉), 즉 자북과 자남이 서로 뒤바뀐 상태였던 것이다. (1)과 (2)로부터 그 암석 생성당시의 자북의 위치를 알 수 있다.

1950년대에 고자기 연구가 태동되면서 각 지질시대별 자북의 위치를 조사한 결과 과거 5억 년이 흐르는 동안 자북의 위치가 지금과 상당히 달랐던 것으로 밝혀졌다(그림 5-5). 그림 5-5의 곡선을 겉보기 자극이동 경로(apparent polar wandering path, APWP)라고 하는데, 이는 자극이 실제로 이동한 것으로 해석될 수도 있고 또는 반대로 자극은 고정된 채 대륙이 이동한 결과로 해석될 수도 있다. 그러나 연구가 차차 진행됨에 따라 대륙마다의 겉보기 자극이동의 경로가 서로 다르다는 것이 밝혀지게 되어 후자인 대륙이동으로 해석하는 것이 옳다는 결론에 도달되었다. 이로써 베게너의 대륙이동설이 증명된 것이다. 고자기 연구는 각 대륙의 이동 시기와 방향, 그리고 이동 속도를 정량적으로 밝혀준다. 그러나 어떻게 대륙이 이동할 수 있었는지 그 메커니즘에 대한 설명은 이루어지지 않은 채 계속 남아 있었다.

그 후 2차 세계대전을 계기로 해저에 대한 연구가 활발해졌는데 그 결과 대서양의 중앙에서 남북으로 달리는 장대한 해저산맥이 있음이 발견되었다. 이를 대서양 중앙해령(大西洋 中央海嶺)이라고 부른다. 해저에 대한 연구가 계속됨에 따라 이 해령이 태평양과 인도양으로도 계속 이어진다는 것이 밝혀졌다. 또한 해령에서는 화산활동이 활발하게 일어나고 있으며, 따라서 방출되는 지각열류량(地殼熱流量)도 높다는 것이 드러났다. 해양지각의 두께는 해령의 꼭대기에서 가장 얇으며 그 양편으로 멀어짐에 따라 두꺼워지는 것도 밝혀졌다. 해양지각 위에 쌓인 퇴적물의 두께도 마찬가지였다. 한편, 바다의 제일 깊은 곳, 즉 해구(海溝)는 대양의 중

(a)

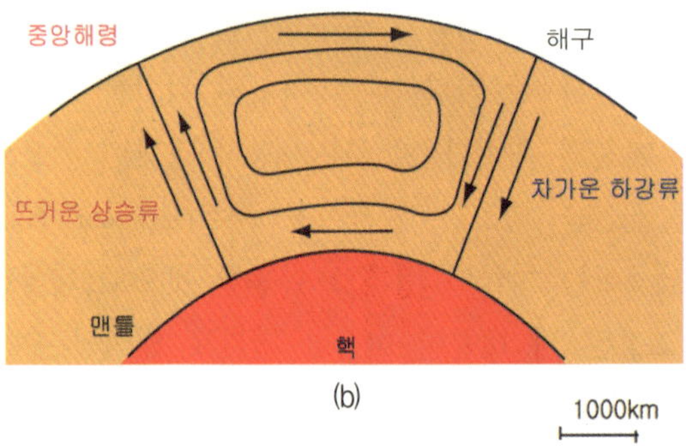

(b)

【그림 5-6】 헤스(H. H. Hess)(a)와 해저확장설(b). 맨틀의 열 대류로 뜨거운 마그마가 상승되어 새로운 해양지각을 만드는 곳이 중앙해령이며, 차거워진 해저가 맨틀로 섭입되어 소멸되는 곳이 해구이다.

앙에 위치하는 것이 아니라 환태평양 화산대와 같이 대륙의 연변에 접하여 있다는 것도 밝혀졌다.

미국 프린스턴대학교 교수인 헤스(H. H. Hess)는 이러한 일련의 새로운 사실들에 근거하여 해저확장설(海底擴張說)을 제창하였다. 헤스 교수는 해저 지각은 영구하지 않고 계속 생성 및 소멸된다고 설명하였다. 즉, 이 가설에 따르면 해저산맥, 즉 중앙해령(mid-oceanic ridge)은 맨틀대류에 의하여 뜨거운 물질이 올라와 새로운 해양 지각이 생성되는 부분이며, 대륙 연변부의 깊은 해구는 오래되고 차거워진 해양 지각이 맨틀로 섭입되어 소멸되는 곳이다(그림 5-6).

초기에는 이 헤스의 해저확장설도 지지보다는 반대에 부딪혔다. 그러나 이를 강력하게 뒷받침 해주는 증거가 곧 해양지각의 고자기연구 자료로부터 나왔다. 해저가 확장된다는 가설에 의하면 중앙해령에서는 현무암이 분출되어 새로운 해양 지각이 생성되고 확장되며, 이때에 현무암내의 자성광물들은 당시의 지구 자기장 방향으로 자화(磁化)된다. 그 후 지구 자기장은 역전되고, 중앙해령에서 새로이 분출되는 현무암 내의 자성광물들은 앞서와 반대의 방향으로 자화된다. 지난 지질시대에 지구의 자기장은 여러 번 역전되었는데, 이 역전의 시간적 기록은 계속 확장되며 새로 생겨난 해양 지각에 보존되는 것이다. 과학자들은 해양탐사선으로 중앙해

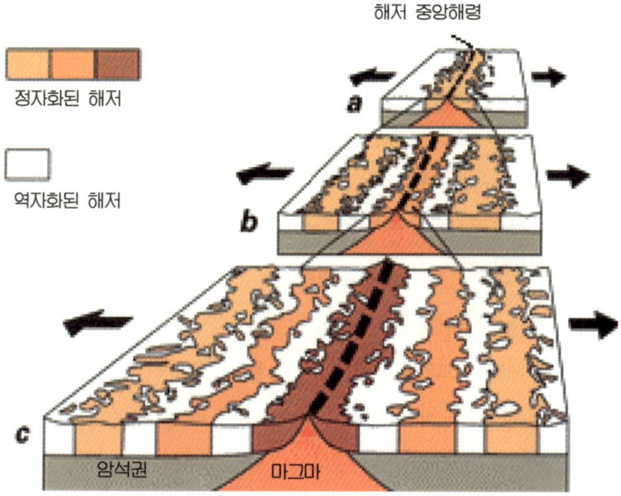

【그림 5-7】 해저확장설이 증명되는 것을 보여주는 그림. 중앙해령에서 현무암질 마그마가 분출되면서 해저가 a→b→c의 순서로 확장되고 그 동안 지구의 자기장은 여러 차례 역전된다. 이에 따라 해저는 중앙해령을 중심으로 정자화와 역자화가 좌우 대칭으로 순차적으로 출현하게 자화된다. 이와 같은 지구자기의 정자화, 역자화 현상과 대칭 양상은 해양탐사선으로 중앙해령을 가로지르면서 자기장의 강도를 측정하면 확인할 수 있다. 즉, 측정점 아래의 해저가 정자화된 곳에서는 해저 현무암의 정자화 자기장과 현재 지구 자기장이 합하여져서 측정값이 크게 나타나며, 해저가 역자화된 곳에서는 해저 현무암의 역자화 자기장과 현재의 지구 자기장이 서로 상쇄효과를 일으켜서 측정값이 작게 나타난다. 이러한 측정 자기장의 강약 기록은 중앙해령을 중심으로 대칭적인 모습을 하고 있음도 드러났다.

령을 가로지르며 자기장의 세기를 측정한 결과, 해양 지각이 정자화(正磁化)된 곳(즉, 현재 지구자장방향과 같은 방향으로 자화된 곳)에서는 자기장이 강하게 측정되고, 해양 지각이 역자화(逆磁化)된 곳(즉, 현재 지구자장방향과 반대되는 방향으로 자화된 곳)에서는 약하게 측정됨을 확인하였다. 나아가서 이러한 강약의 자기장기록이 중앙해령을 중심으로 대칭되는 모습을 하고 있음도 드러났다(그림 5-7). 이로써 헤스가 주창한 해저확장설이 증명된 것이다. 지구자기장의 역전이 일어났던 시간들은 이미 육상 암석에 대한 방사능 연령측정과 고자기 연구를 통해 잘 알려진 바 있기 때문에 해양 자력탐사를 통하여 해저의 정자화와 역자화의 패턴과 그 간격을 측정하면 해양 지각의 연령과 확장속도를 알 수 있다.

이로써 해저확장은 가설이 아닌 사실로 판명되었으며, 이는 대륙이동의 메커니즘을 설명하고 아울러 지질과학의 혁명을 예고하는 것이었다. 해저가 확장되어 가면 그 양편 대륙이 점점 멀어지는 것이 당연한 결과이기에, 해저확장설의 증명은 바로 대륙이동설의 증명이 되는 것이다. 구체적으로, 대륙은 맨틀을 쟁기질하듯 갈아 재끼며 이동하는 것이 아니고 맨틀의 대류에 따라 마치 컨베어 벨트 위에 실려 가는 물건처럼 연약권 위에 실려서 운반되는 것이다.

지구과학자들에 의하면 후기 원생대에 모든 대륙들이 하나로 뭉쳐져 로디니아(Rodinia)란 초대륙을 형성하였다. 이와 같이 지구의 암석권은 고정되어 있는 것이 아니라, 맨틀 대류에 의해 여러 번에 걸쳐 갈라지고 합쳐짐을 반복했던 것이다.

2. 판구조론

베게너의 대륙이동설은 해저확장설을 거쳐서 보다 큰 의미의 판구조론(板構造論)으로 발전되었다. 판구조론은 지구의 외각 껍데기인 암석권이 7개의 큰 판(板)과 기타 여러 개의 작은 판으로 나뉘어져 있으며, 이들 판은 맨틀 대류에 의해 여러 방향으로 이동하면서(그림 5-8) 대륙과 해양의 탄생, 대산맥의 형성, 지진과 화산대의 성인과 분포 등 지표상의 여러 가지 대규모의 지질과학적 현상들을 일으키고, 아울러 다양한 종류의 특징적 암석들을 생성시킨다는 이론이다. 암석권으로 이루어진 판은 유동성을 가진 연약권 위에 놓여 있다. 각 판들은 하나의 독립개체로 움직이기 때문에 그 내부는 지질학적으로 안정되어 있으며, 판들 사이의 상호작용은 모두 판의 경계에서 일어난다. 따라서 대부분의 지진이나 화산작용, 그리고 조산작용은 판의 경계에서 일어난다. 그림 5-9는 판의 경계에서 일어나는 암석권의 탄생과 소멸을 나타낸다.

또한 암석권 판의 분리와 충돌은 해류의 방향을 바뀌게 하며, 해류의 흐름의 방향이 바뀌면 기후가 변하게 된다. 그리고 기후가 달라지면 결국 서식하는 생물이 달라져 생물상이 변하게 된다.

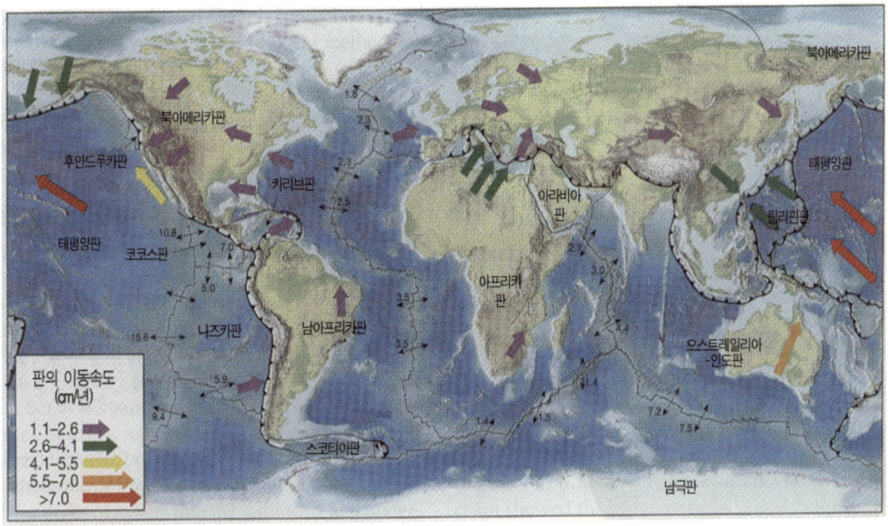

【그림 5-8】 지구의 겉껍데기인 암석권은 7개의 큰 판과 여러 개의 작은 판으로 나뉘어져 있다. 화살표는 판의 이동 속도와 방향을 나타낸다.

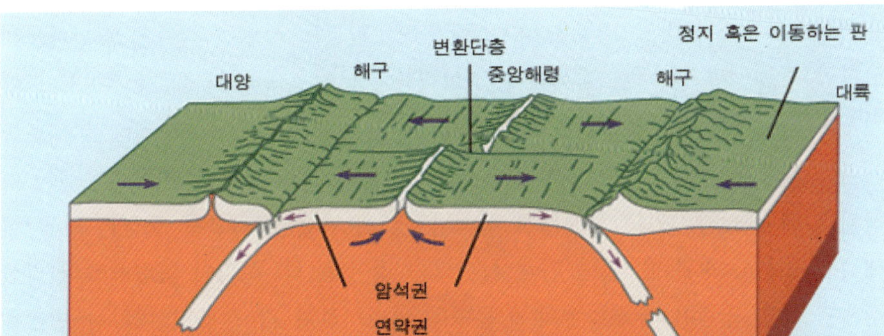

【그림 5-9】 판의 경계에서 일어나는 지각의 탄생과 소멸

1) 열점과 레이저 - 판운동의 측정

우리가 무엇이 움직인다고 말하는 것은 어떤 기준에 대한 상대적 이동을 말하는 것이다. 그렇다면 모든 판이 움직이고 있는 상황에서 각 판의 운동은 어떻게 기술하여야 하는가? 다시 말해서 이동의 기준으로 우리는 무엇을 선택해야

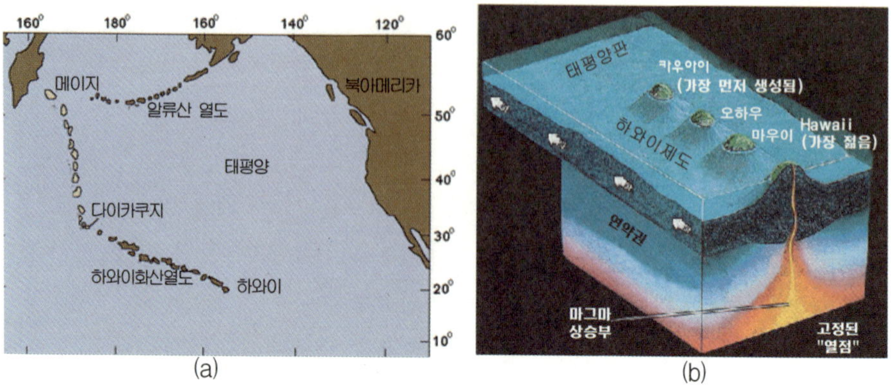

【그림 5-10】 하와이-엠페러 화산열도(Hawaiian-Emperor seamonts). (a) 하와이 제도와 해산, 그리고 엠페러 해산은 특이한 선형배열을 이루고 있다. 이는 (b)와 같이 맨틀 깊은 곳에 정지된 마그마 발원지로부터 올라온 용암이 지표에 도달하는 지점, 즉 열점(hot spot)의 위로 판이 이동됨으로써 생성된 것이다. 따라서 이 화산열도는 판의 이동방향과 속도를 결정하는 중요한 역할을 한다. 화살표는 태평양판의 이동방향을 나타낸다.

하는가?

캐나다의 지구물리학자 윌슨(J. T. Wilson)은 일렬로 정렬된 하와이 화산제도의 모양이 태평양판의 이동 때문에 생겨났다는 생각을 내놓았다(그림 5-10). 그에 의하면 지구내부로부터 뜨거운 마그마가 한 점으로 솟아오르는 곳을 열점(熱点)이라고 하는데, 이 열점은 고정되어 있고 그 위로 태평양판이 움직이기 때문에 일렬로 배열된 하와이 화산제도가 생겨났다는 것이다. 그러므로 열점은 판의 절대적 운동을 측정할 수 있는 기준이 된다는 것이다. 즉, 하와이 화산제도의 화산섬들의 배열 방향은 태평양판의 이동방향을 지시하며 각 섬들의 방사능 연령을 구하면 태평양판의 이동속도를 알 수 있다는 것이다. 훗날 실제로 방사능 연령 측정을 실시한 결과 하와이섬으로부터 멀어질수록 화산섬의 연령이 체계적으로 증가되는 것으로 나타났다. 지구상에는 이러한 열점이 대략 100개 정도 존재하는 것으로 알려지고 있다.

열점이 정말 정지되어 있는가에 대해서는 논란이 있다. 보다 확실하고 정교한 판운동의 측정 방법으로는 위치를 알고 있는 외계의 기준 "거울", 예를 들어서 인공위성에 레이저 빔(laser beam)을 쏘아서 반사되어 돌아오는 시간을 측정하는 방법이 있다. 즉, 판경계 양쪽 기지국에서 발사한 레이저 빔이 기준 "거울"로부터 반사되어 돌아오는 시간을 측정하면 두 기지국의 정확한 위치가 나온다. 후에 기지국이 다소라도 이동되면 레이저 빔의 왕복시간에 변화가 나타나는 것이다(그림 5-11). 국지적 단층운동을 측정하려면 단층선 너머 양편에 관측점을 선정하고 레이저 반사경을 설치하면 된다.

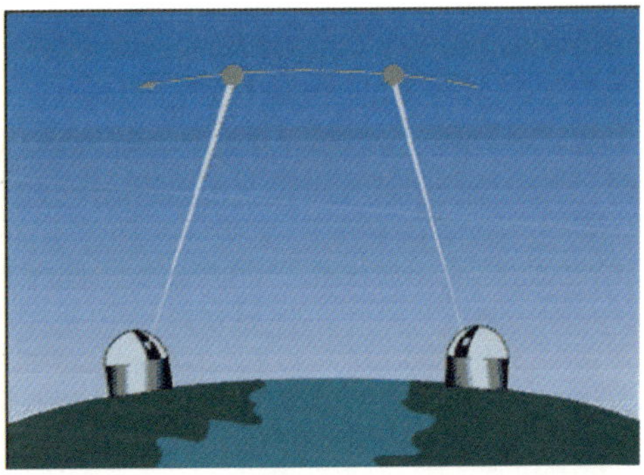

【그림 5-11】 레이저를 이용한 판의 이동 측정. 지상의 두 관측소에서 인공위성을 향하여 레이저 빔을 쏘아 거리를 측정함으로써 각 관측소의 위치와 기지국간의 거리를 알아낼 수 있다. 이와 같은 관측작업을 주기적으로 계속 실시하면 관측소간의 거리 변화, 즉 단층운동이나 판운동의 크기와 속도를 알아낼 수 있다.

레이저 빔 대신에 라디오 신호를 이용하는 방법도 있다. 퀘이사(quasar)나 인공위성들은 끊임없이 라디오 신호를 발사하고 있는데 그들의 위치가 정확히 알려져 있다. 지구상의 여러 기점에서 이들에 라디오 망원경을 맞추어 신호가 도착되는 시간의 차이를 측정하면 기점들간의 상대적 위치를 알 수 있다. 각기 다른 판 위에 기지국을 설치한 다음 이러한 측정을 반복적으로 시행하면 기지국의 상대적 위치 변화, 즉 판운동의 방향과 크기가 파악된다.

정밀도는 떨어지지만 보다 저렴하고 간편한 방법은 GPS(Global Positioning System) 수신기를 이용하는 방법이다. 현재 지구 상공 약 25,000km 높이에 24개의 GPS용 인공위성이 자신의 위치정보를 송신하며 돌고 있는데 GPS 수신기로 그 신호를 받으면 지상 어느 곳에서나 수신기의 위치가 파악된다. 그림 5-12는 비교적 정교한 측지작업용 수신기로서 단층운동이나 판운동을 측정하기 위한 용도의 것이다. 한편, 오늘날 일상생활에서는 보다 작고 저렴한 차량용 혹은 휴대용 GPS 수신기가 널리 사용되고 있는 추세이다.

2) 판운동의 원동력

판운동의 원동력은 지구 내부로부터 방출되는 열이다. 지표로 방출되는 열의

【그림 5-12】 GPS 수신기를 이용한 지반운동 측정. 지구를 선회하며 송신하는 24개 GPS위성의 위치정보를 수신기로 수신함으로써 수신기의 위치를 알아낼 수 있다. 단층운동은 단층의 양편에 GPS수신국을 설치하고 이 수신국간의 상대적 위치변화를 주기적으로 측정함으로써 알아낼 수 있다.

약 80%는 ^{238}U, ^{235}U, ^{232}Th, ^{40}K와 같은 방사성 동위원소의 붕괴로 생산된 것이며, 나머지 약 20%는 지구의 냉각으로 방출되는 열이다. 이러한 지구 내부기원의 열에 의하여 맨틀에서는 열대류가 일어난다. 열대류의 뜨거운 상승류는 중앙해령 때로는 열점을 형성시키고, 차가운 하강류는 섭입대를 이루면서 다시 맨틀 속으로 침강하게 된다. 상승류의 냉각된 껍질부분은 암석권을 이룬다.

통계적 고찰에 의하면 태평양판과 같이 해구 즉 섭입대 부분을 많이 가진 판들은 비례적으로 빠른 이동속도를 가진 것으로 나타났다. 이는 맨틀대류에서 상승류보다는 하강류가 판운동에서 중요한 영향을 미친다는 것을 의미한다. 즉, 하강류가 맨틀대류의 주도권을 가지는 반면, 상승류는 하강류에 수반된 수동적 현상에 불과한 것이다. 또한 상승류의 위치 역시 대륙분포의 영향을 받으며 수동적으로 결정된다. 판의 수렴경계의 지표상 위치는 쉽게 변화되지 않으나 발산경계의 위치는 시간에 따라 변화될 수 있다.

3. 판 경계의 종류

움직이는 판들은 경계부에서 서로에게 영향을 미치며 상호작용을 한다. 판 경계의 종류에는 새로운 판(암석권)이 생성되는 발산경계, 판이 소멸되는 수렴경계, 그리고 판이 생성되지도 소멸되지도 않고 보존되는 변환단층경계의 세 가지 유형이 있다.

1) 발산 경계

그림 5-13에 나타난 바와 같이 인장응력이 작용하면 두 판은 서로 멀어지고 연약권으로부터 고온의 마그마가 상승하여 그 틈을 메우게 된다. 이러한 판경계부는 암석권의 확장축에 위치하는데 상승되는 마그마의 온도와 그에 따른 팽창으로 인하여 암석권의 밀도가 낮고 두께가 얇다. 새로 생겨난 암석권이 이러한 확장축으로부터 멀어지면 차차 냉각되어 밀도가 증가되고 두께도 두꺼워진다. 중앙해령부의 해양판은 갓 생겨나서 젊고 얇으며, 중앙해령에서 멀어짐에 따라 해양판의 연령과 두께는 차차 증가된다.

대서양 복판의 해저산맥, 즉 중앙해령은 발산경계인 해저확장축이다. 이 중앙해령은 약 1억 6천만 년 전부터 인장응력에 의하여 확장되면서 대서양 해저를 만들어내었다. 이곳에서는 인장응력 때문에 계속하여 지진이 일어나고 있다. 그러나 그 세기가 작고 인간에게 피해를 가져오지 않아 크게 인식되지 않고 있다. 대서양 해저의 확장속도는 손톱의 성장속도와 유사한 연간 2cm 정도이다. 따라서 대서양 해저는 지난 1억 6천만 년 동안 3,200km나 생겨났는데 이것이 비로

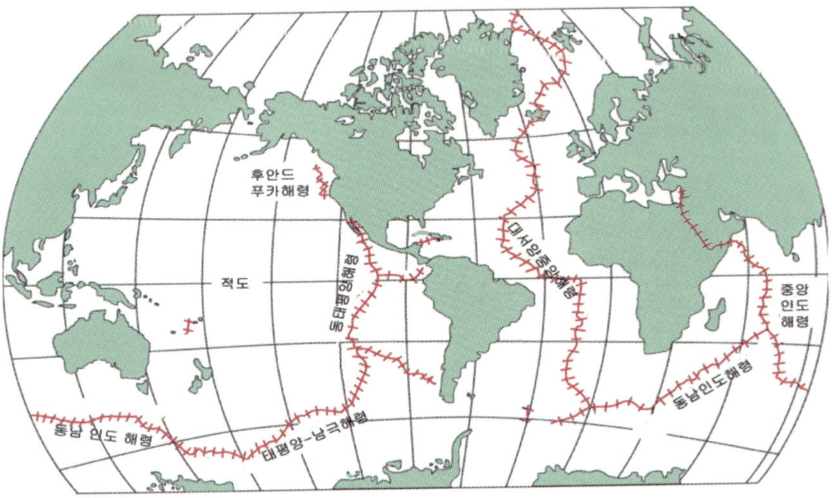

【그림 5-13】 발산 판경계. 발산 판경계는 인장응력이 작용되어 두 판이 벌어지는 곳이다. 연약권으로부터 마그마가 상승되어 벌어진 틈을 메움으로써 판의 성장이 일어난다.

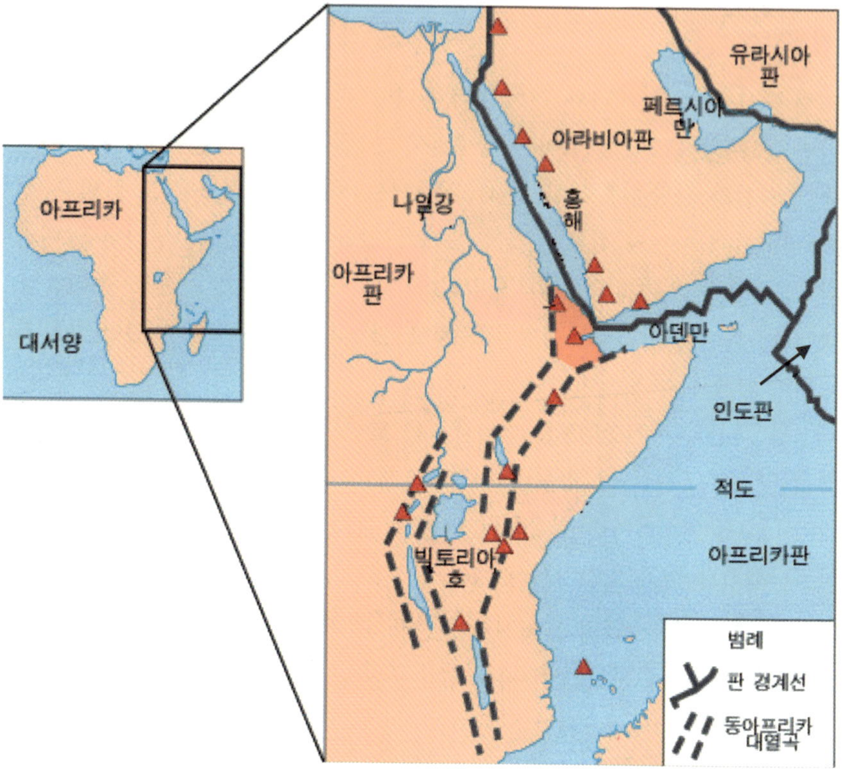

【그림 5-14】 인장응력으로 판이 확장되는 장소는 해양에만 국한되는 것이 아니라 동아프리카 대열곡과 같이 육지에 발달되기도 한다. 이러한 열곡이 계속 확장되면 홍해와 같은 바다로 발전한다.

현재의 대서양 너비인 것이다.

확장축은 해양에만 국한되는 것이 아니며 육지에 발달되기도 한다. 지구 내부로부터 상승하는 고온의 마그마는 대륙을 분리시켜 열곡(裂谷)을 형성한다. 맨틀 대류에 의해 열곡에는 인장응력이 작용하여 대규모의 정단층이 발달한다(그림 5-14). 동아프리카의 대열곡(East African Rift Valley)은 바로 대륙내에 발달된 열곡이다. 대륙내 열곡의 확장이 계속되면 새로운 바다가 생겨나게 되는데 홍해(Red Sea)와 아덴만(Bay of Aden)이 바로 그 예이다. 열곡의 중앙에 새로운 해양지각이 생겨나고 확장이 계속되면 그 양편의 대륙은 서로 점차 멀어지면서 대륙이동이 일어난다. 현재의 대서양은 바로 이 단계에 있다.

2) 수렴 경계

수렴 경계는 두 판이 서로 모여드는 곳이다. 맨틀대류가 두 판을 수렴하게 하면 다음 두 가지 중 하나의 경우가 발생된다. 즉, 이 경계면에 작용되는 압축응력에 의하여 하나의 판이 다른 판 아래로 밀려들어 가거나, 또는 두 판이 정면으로 충돌하여 습곡과 단층작용이 일어난다. 이러한 충돌지역을 조산운동(造山運動) 지역 혹은 조산대(造山帶)라고 부른다.

판의 수렴경계에는 다음의 3가지 유형이 있다(그림 5-15). 즉, (1) 충돌하는 두 판 모두가 해양 암석권만으로 이루어진 경우, (2) 한쪽 판은 해양 암석권으로 되어 있으나 다른 한쪽 판은 대륙 암석권으로 이루어진 경우, (3) 두 판 모두가 대륙 암석권으로 이루어진 경우이다.

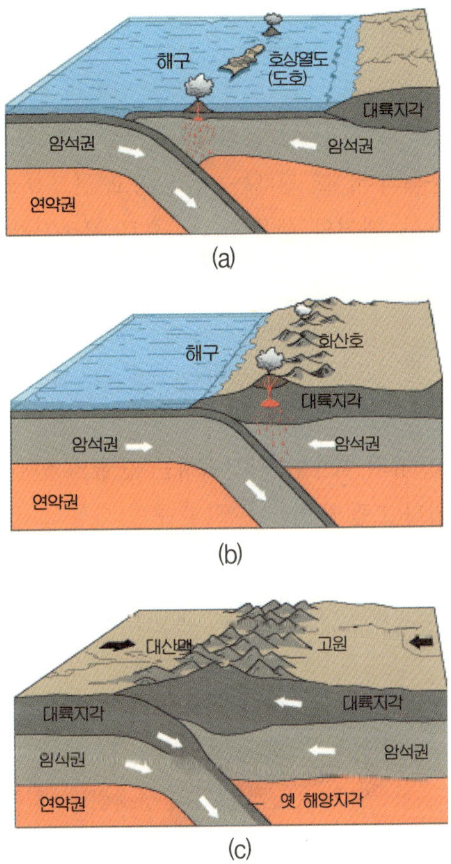

【그림 5-15】 수렴경계의 3가지 유형. (a) 해양판과 해양판의 수렴; (b) 해양판과 대륙판의 수렴; (c) 대륙판과 대륙판의 수렴.

(1) 두 해양판의 수렴

두 해양판이 수렴, 즉 충돌하면 그 중 하나의 판은 다른 판 밑으로 밀려들어 가게 된다. 이러한 작용을 섭입(攝入)이라고 하며 이러한 현상이 일어나는 곳을 섭입대(攝入帶)라고 부른다. 대양의 가장 깊은 해구(海溝)는 하나의 판이 맨틀 속으로 빨려 들어가는 섭입대의 입구이다. 가장 깊은 해구는 서태평양의 마리아나 해구(Marianas Trench) 이며, 그 깊이는 약 11km에 달하여 에베레스트산의 높이보다 더 깊다.

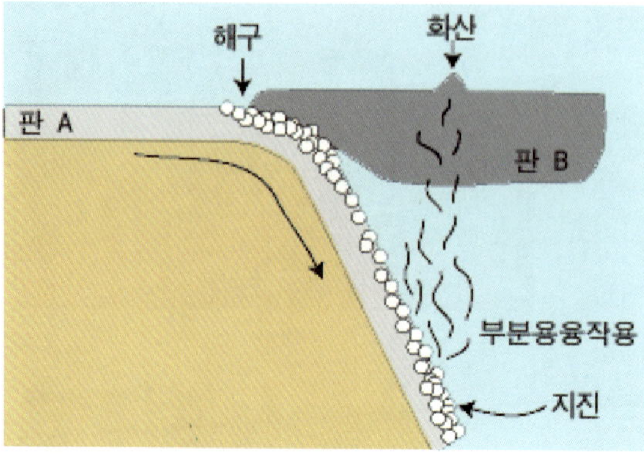

【그림 5-16】 베니오프대

아래로 섭입되는 판은 그 상부의 판이나 맨틀과 마찰을 일으키기 때문에 섭입대를 따라 지진이 발생한다. 이 지진대는 최초로 발견한 사람의 이름을 따서 베니오프대(Benioff zone)라고 한다(그림 5-16). 베니오프대는 평균 45° 기울어져서 판의 섭입 방향으로 점점 깊어지는데 최고 700km의 깊이까지 섭입된다. 700km 이상의 깊이에서는 차가웠던 섭입판의 온도가 주변 맨틀의 온도와 같아지게 된다. 베니오프대의 기울기는 섭입되는 판의 연령에 연관되는데 섭입판의 연령이 많을수록 밀도가 커서 경사각이 90° 가까이까지 증가된다.

한편, 섭입된 해양판이 맨틀 속 약 100km의 깊이에 도달하면 물이 방출되어 상부에 놓인 맨틀에서 부분용융이 일어나 안산암질 마그마가 생성된다. 밀도 및 온도차에 의한 부력으로 이 마그마는 상승하여 다른 해양판 위에 분출되면서 일련의 화산열도(火山列島)를 형성시킨다. 하늘에서 내려다 볼 때 이 화산열도는 호(弧) 모양의 배열을 하고 있어 호상열도(弧狀列島) 또는 도호(島弧)라 불린다(그림 5-15a, 5-17). 이러한 호상열도의 예로서는 알류산(Aleutian) 열도, 일본 열도, 마리아나(Mariana) 열도, 필리핀 제도, 통가 제도(Tonga Islands) 등이 있다.

(2) 해양판과 대륙판의 수렴

해양판과 대륙판이 수렴되면 밀도가 큰 해양판은 밀도가 낮은 대륙판 아래로 섭입되고 대륙연변에 해구가 형성된다. 아래로 섭입되는 해양판내 지각의 구성물질은 해양성 현무암과 퇴적물이다. 앞서 해양판끼리의 충돌의 경우와 마찬가지로 해양 지각물질이 섭입되면서 판 위쪽 맨틀이 부분용융되면 안산암질 마그마가 생성된다. 이 마그마의 일부는 상승도중 화강암으로 굳어지고 다른 일부는 상부에 위치한 대륙판의 지표에 화산열(火山列, 火山弧)을 이룬다(그림 5-15b). 남아

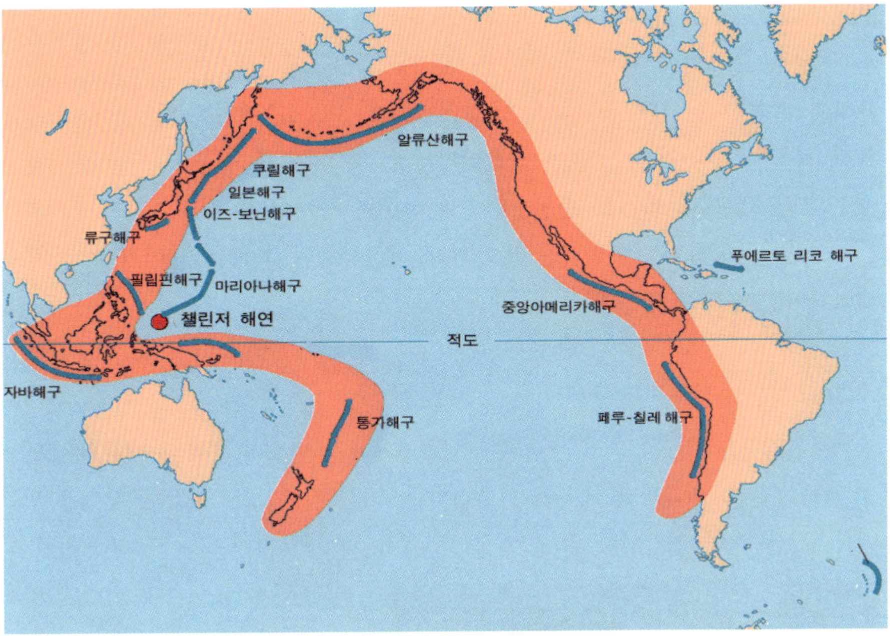

【그림 5-17】 호상열도. 아시아와 오스트레일리아 대륙연변부는 해구(굵은 파란선)함께 활 모양 배열의 섬들을 가진 것이 특징이다. 이러한 섬들의 배열을 호상열도 혹은 도호라고 한다. 이는 아시아판과 오스트레일리아판 아래로 섭입되는 태평양판이 맨틀의 부분 용융을 일으키며 화산활동을 야기시킨 결과이다(그림 5-16 참조). 이러한 화산활동은 때로는 심한 폭발을 일으켜 많은 피해를 주기도 한다.

메리카의 안데스 산맥은 이러한 과정으로 생성되었다. 지금처럼 나즈카판(Nazca Plate)이 남아메리카판 아래로 계속 섭입되는 한, 안데스 산맥의 높이는 계속 높아질 것이다. 나즈카판이 섭입될 때 판 위의 퇴적물들은 긁혀 떼어내어져 남아메리카판의 하부에 달라붙게 된다. 이러한 작용은 안데스 산맥의 두께를 증가시키는 동시에 부력을 제공해 산맥의 높이를 증가시킨다. 이에 의한 융기속도는 안데스 산맥이 비나 바람에 의해 침식되는 속도보다도 빠르다.

북아메리카 서부의 시에라 네바다(Sierra Nevada) 산맥은 이러한 화성작용의 과거의 예이며, 캐스케이드 산맥(Cascade Range)은 현재의 예이다. 시에라 네바다 산맥은 과거 파랄론판(Farallon Plate)이 북아메리카판 아래로 섭입된 산물이다. 시에라 네바다 산맥의 저반은 화산활동지의 잔존물이며 캘리포니아 해안산맥

(California Coast Range)은 해구 퇴적물의 잔존물이다. 캐스케이드 산맥은 파랄론 판의 일부 조각인 후안 드 푸카(Juan de Fuca)판이 북아메리카판 아래로 섭입됨으로써 생겨난 것이다. 레이니어(Rainier), 샤스타(Shasta), 세인트 헬렌스(St. Helens) 등의 화산들도 이러한 작용의 산물이다. 최근의 세인트 헬렌스 화산의 폭발은 캐스케이드 산맥이 아직도 활동성임을 보여주는 증거이다.

해양판과 대륙판이 수렴되는 곳에서의 지진활동의 특성은 위에서 기술한 두 해양판이 수렴되는 경우와 동일하다.

(3) 대륙판과 대륙판의 수렴

대륙지각을 가진 두 판이 수렴되면 최종단계에는 반드시 대륙과 대륙의 충돌이 일어나게 된다. 대륙판과 대륙판이 수렴되는 경우, 작은 밀도 때문에 부력을 받는 대륙지각은 거의 섭입되지 않고, 결국 두 대륙 사이의 정면충돌이 불가피하게 된다(그림 5-15c). 이때 발생된 압축응력으로 습곡, 그리고 지층이 서로 올라타는 충상단층 작용이 일어나 지각은 매우 두꺼워진다. 이렇게 대륙지각으로 이루어진 두 판이 충돌되어 심한 압축이 일어난 곳에는 변성작용(變成作用)도 수반되기 마련이다.

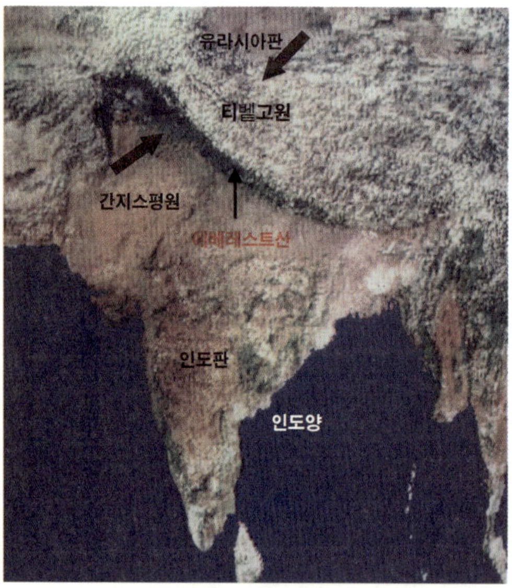

【그림 5-18】 대륙과 대륙의 충돌. 세계의 유명한 산맥들은 대륙과 대륙의 충돌로 생겨난 것이다(그림 5-21 참조). 세계의 지붕 히말라야는 그 가장 좋은 예로서 약 5천만 년 전에 아시아 대륙과 인도 대륙이 충돌하여 생성된 산맥이다.

대륙판과 대륙판이 수렴되는 곳에서의 지진작용은 상기한 두 해양판의 수렴이나 대륙판-해양판의 수렴의 경우와 다르게 대지진이 넓은 지역에 걸쳐 분산되어 발생하는 특징을 보인다. 그러나 화산작용은 거의 일어나지 않는다.

세계의 유명한 산맥들은 대륙과 대륙의 충돌로 생겨난 것이다. 그 가장 좋은 예는 눈덮힌 세계의 지붕 히말라야 산맥이다(그림 5-18). 히말라야 산맥은 약 5천만 년 전 인도대륙이 아시아대륙과 충돌함으로써 생겨났다. 인도대륙은 아직도 아시아대륙을 밀어 붙이고 있기 때문에 히말라야 산맥의 높이는 계속 높아지고 있다. 이와 마찬가지로 알프스 산맥 역시 약 8천만 년 전에 아프리카판과 유라시아판이 충돌하여 생겨나게 되었다. 이 두 판 사이에 작용하는 엄청난 압력은 지금도 계속되어 지중해를 서서히 닫히게 하고 있다. 북아메리카 동부의 아팔래치아 산맥은 전기 고생대에 북아메리카 대륙과 유럽 대륙의 충돌에 의해 탄생된 것이다. 우랄 산맥은 고생대말 팡게아가 생성되면서 유럽과 아시아 대륙이 충돌하여 생성된 산맥이다.

3) 변환단층 경계

변환단층(変換斷層) 경계란 두 판이 서로 수렴하지도 발산하지도 않는 판의 경계부를 일컫는 말이다. "변환(変換)"이라는 단어는 한 해령부분에서의 이동이 다른 해령부분에서의 이동으로 변환되는 데에서 유래한 것이다. 이러한 변환은 해령과 해령 사이에서뿐만 아니라 해령과 해구, 해구와 해구 사이에서도 일어난다. 변환단층 경계에서는 두 판 사이에 인장응력도 압축응력도 작용되지 않기 때문에 판의 생성이나 소멸이 일어나지 않는다. 따라서 때로는 보존경계라고 부르기도 한다. 이곳에서는 판이 침강하거나 올라타는 일이 없이 수평으로 서로 엇갈리며 미끌어진다(그림 5-19). 따라서 변환단층에서의 상대적 이동은 주향이동단층(走向移動斷層)에서와 같다.

미국 서부의 산 안드레아스 단층(San Andreas Fault)은 세계에서 가장 유명한 변환단층 경계이다(그림 5-20). 이 단층은 캘리포니아 북부의 멘도시노 곶(Cape Mendocino)으로부터 남쪽으로 캘리포니아 만의 동태평양 해령(East Pacific Rise)까지 연장 1,500km에 이른다. 북아메리카판을 기준으로 볼 때, 태평양판은 연간 약 5.0cm의 속도로 북서 방향으로 이동하고 있는데, 산 안드레아스 단층은 이 운동의 70%에 이르는 연간 약 3.5cm의 변위를 수용하고 있다. 나머지 변위는 헤이워드 단층(Hayward Fault) 등 인근의 다른 단층들이 수용한다. 두 판이 상대적 운동을 할

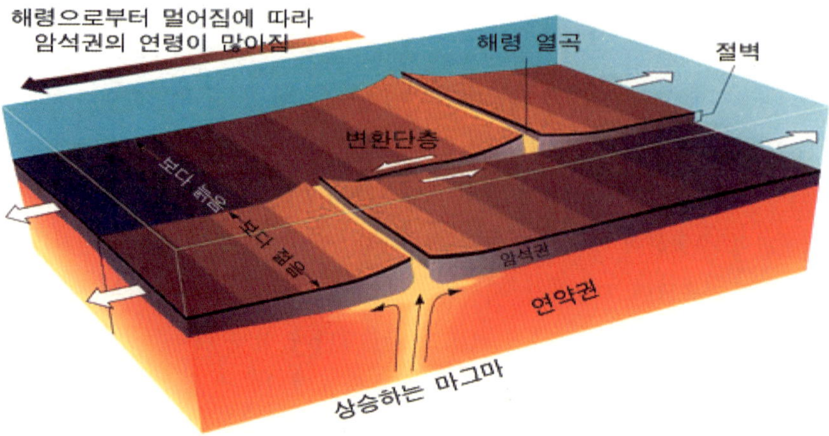

【그림 5-19】 해저 중앙해령을 수직으로 자르는 파쇄대중 판의 이동방향이 다른 부분이 변환단층이다. 변환단층은 중앙해령에서 해저확장이 일어나기 때문에 나타나는 특징이다. 변환단층 양편의 해양 암석권의 생성연령은 서로 다르다. 오래된 암석권은 더 차가워서 보다 깊이 침강하기 때문에 변환단층선에는 절벽이 형성된다.

때 그 경계인 단층선에 위치한 암석은 서로 갈리고 파쇄된다. 두 판 사이의 상대적 운동이 엇물려 정지되면 응력이 계속 쌓이게 되는데, 이 응력은 결국 지진으로 해소되어야 한다. 이러한 응력이 해소되는 과정에서 1906년 4월 18일에는 산 안드레아스 단층선을 따르는 434km 지역에 결쳐서 태평양판이 북서방향으로 약 6m 갑작스러운 변위를 일으켰는데 이것이 유명한 샌프란시스코 지진이다(표 4-3).

4. 많은 것을 설명해주는 판구조론

판구조론이 제시되기 전에는 조산작용, 습곡과 단층, 지진과 화산 등의 원인을 분명하게 설명하기가 쉽지 않았다. 그러나 판구조론은 이들을 포함하는 여러 가지 지질학적 사건들이 일어나는 이유와 위치를 쉽고 명확하게 설명할 수 있게 해준다.

히말라야 산맥이나 알프스 산맥은 왜 그리고 어떻게 그곳에 생겨나 있는가?

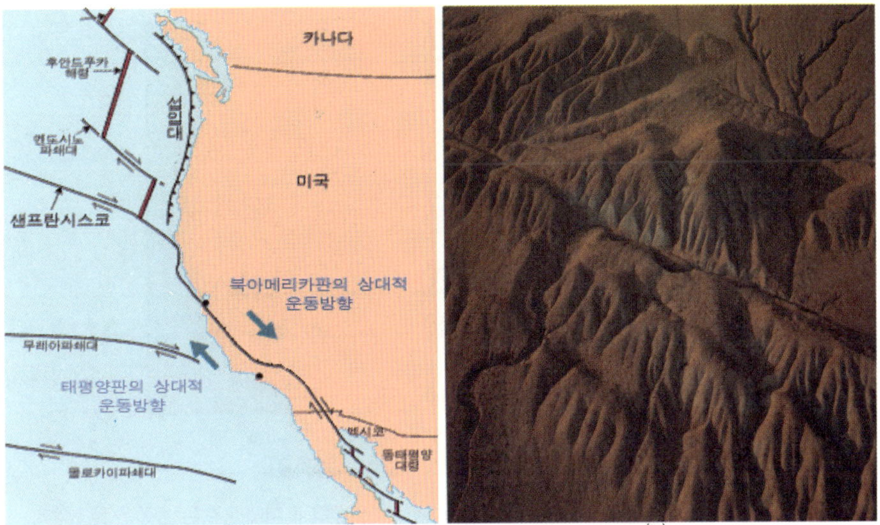

【그림 5-20】 변환단층 경계로서의 산안드레아스 단층. 이 단층은 장대한 주향이동단층으로서 북아메리카판과 태평양판의 경계를 이루고 있다. 따라서 많은 지진피해가 일어나는 곳으로 유명하다. (a) 북아메리카판과 태평양판 사이의 경계로서의 산안드레아스 단층. 판구조론적 견지에서 볼 때, 미국 로스앤젤레스는 태평양판에 속한다. 멕시코만에서 일어나는 해저확장으로 인하여 로스앤젤레스가 속한 태평양판의 육지부는 북서쪽으로 이동한다. (b) 항공사진으로 본 산안드레아스 단층. 단층선 서측(좌측)부가 북서쪽으로 이동하여 원경의 갈줄기가 어긋나 있음을 볼 수 있다.

북아메리카의 아팔래치아와 시에라 네바다 산맥은? 일본열도와 캄차카 반도를 포함하는 환태평양 지역에서는 왜 화산과 지진이 자주 일어날까? 판구조론은 이러한 물음에 대한 해답을 제공한다. 즉, 모든 조산작용과 많은 화산과 지진 활동은 판의 수렴 판경계에서 일어나는 것이다(그림 5-15c, 5-21).

암석에는 기본적으로 화성암, 퇴적암 그리고 변성암의 세 종류가 있는데 이들의 성인(成因)도 판구조론에 연관되어 설명된다. 즉, 아래에 설명하는 바와 같이 모든 암석들은 이러저러하게 판의 이동과 연관되어 생성되는 것이다.

우선 해양 지각을 이루는 현무암의 예를 보자. 판구조론적 견지에서 현무암질 마그마의 성인은 판의 발산에 있다. 중앙해령과 같이 두 판이 발산되는 경계에서는 압력의 감소로 인하여 맨틀 암석이 부분용융을 일으키며 상승되어 해양지

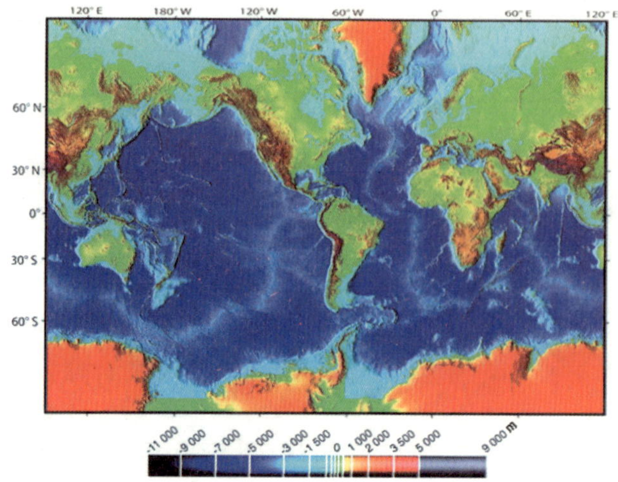

【그림 5-21】 세계 지형 기복도. 세계의 유명 산맥과 고지들은 판 충돌의 산물이다. 알프스나 히말라야 산맥, 그리고 안데스나 로키 산맥과 같은 험준한 산맥들은 비교적 최근인 신생대에 생겨났으며, 아팔래치아나 스칸디나비아 산맥 그리고 우랄 산맥과 같이 다소 평탄하게 보이는 산맥들은 보다 오래 전인 고생대에 생성되어 상당한 침식을 받은 것이다.

각을 생성시키게 되는데 이것이 바로 현무암이다.

다음의 예로서 안산암을 보자. 해양판은 섭입되면서 가열되고 약 100km 깊이에서 물을 발생시켜서 그 위 맨틀의 암석을 부분용융시킨다. 맨틀 암석이 부분용융되면 액체 부분은 고체 부분보다 많은 규소성분을 가지게 된다. 이러한 연유로 섭입 판경계 근처에서는 상부 맨틀로부터 안산암질 마그마가 생성되는 것이다. 안데스 산맥이나 캐스케이드 산맥의 안산암으로 이루어진 순상화산(楯狀火山)들은 바로 이러한 작용의 산물이다. 우리나라의 경우는 경상분지 동부에 안산암이 널리 분포되어 있다(그림 5-22).

또한 우리나라 경상분지의 동부에는 불국사화강암이라고 일컫는 화강암 저반이 널리 분포되어 있다(그림 5-22). 이들은 어떻게 생성된 것인가? 앞에서 설명한 바와 같이 해양 암석권이 섭입되면서 판 위에 놓인 맨틀 물질이 용융되면 방대한 양의 안산암질 마그마가 생성된다. 이 마그마는 한꺼번에 바로 분출되지 않고 상당량이 지각 내에 축적된다. 이 축적된 마그마가 냉각되면 원래보다 규산 성분이 풍부한 액체부분을 남기며 정출작용이 진행된다. 경상분지에서 규산 성분이 많은 마그마가 지하 깊은 곳에서 굳어진 것이 화강암이다. 이 경상분지의 거대한 화강암 저반은 섭입작용의 결과로 생성된 안산암질 화산대의 뿌리부분에 해당된다. 이 화강암과 안산암은 백악기 후기에 유라시아판 밑으로 쿨라판(Kula Plate)이 섭입되면서 그 위 맨틀에서 용융작용이 일어나 생성된 산물이다. 그 후 쿨라판은 대륙 밑으로 완전히 사라져 버렸다. 북아메리카 서부의 시에라네바다 화강암 저반 및 그와 짝을 이루는 안산암도 이와 같은 작용의 산물이다.

그러면 퇴적암들은 어떻게 기원되는가? 판의 충돌로 산맥이 생성되고 성장되면 풍화작용과 침식작용을 받게 된다. 이렇게 풍화와 침식으로 생성된 쇄설성 퇴적물들이 낮은 지대로 운반되어 쌓이고 그 후 고화된 것이 퇴적암이다.

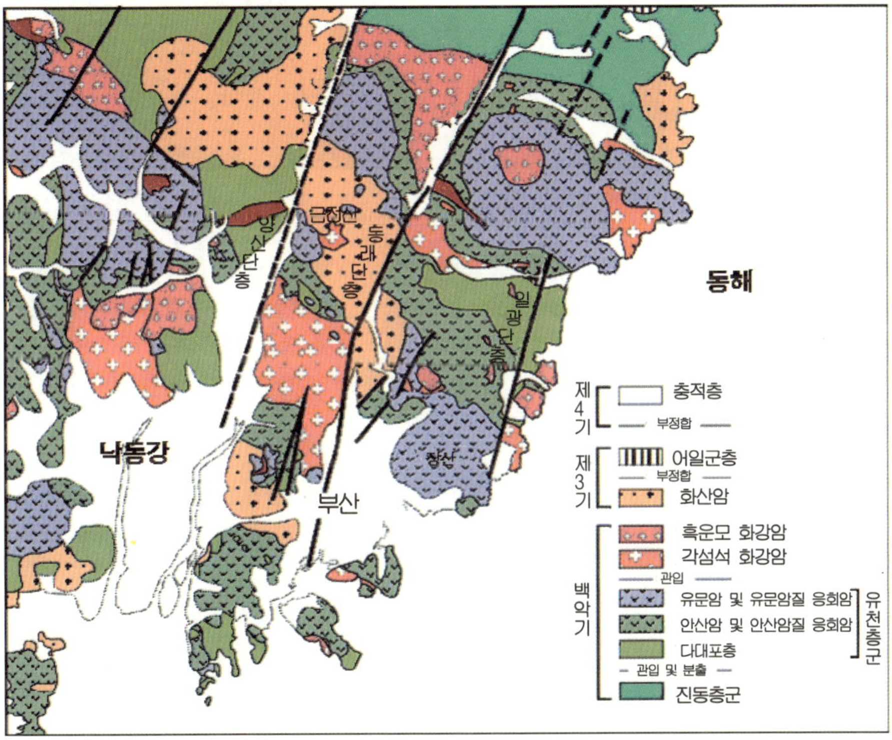

【그림 5-22】 우리나라 동남부의 화강암 저반과 안산암, 그리고 양산단층군. 그림에 제시된 지역은 백악기의 경상분지라고 불리는 지역의 일부이다. 지금은 사라지고 없는 쿨라판(Kula Plate)이 백악기에 섭입되면서 이곳에는 안산암과 화강암의 분출 및 관입이 일어났으며 아울러 양산단층, 동래단층, 일광단층 등으로 이루어진 주향이동성 양산단층군이 생성되었다.

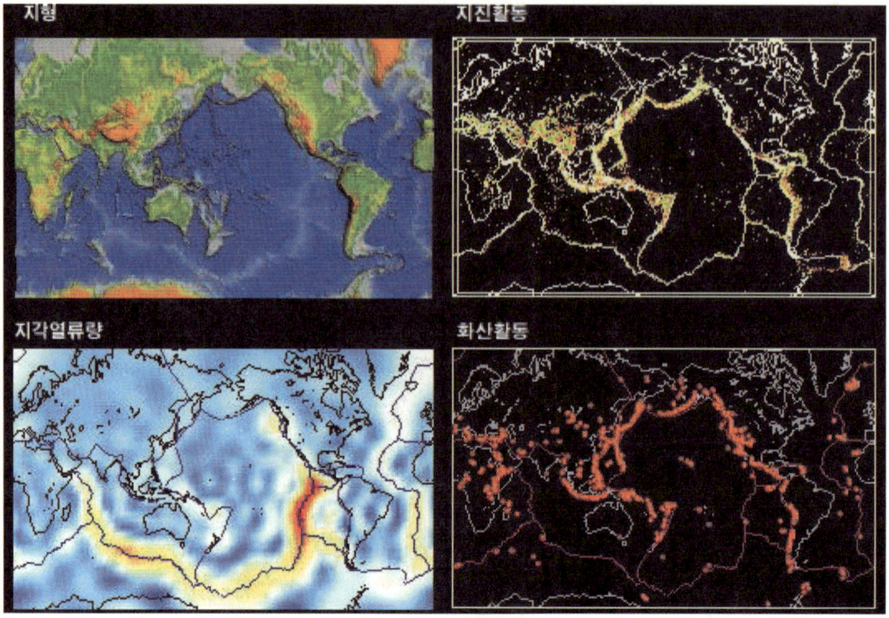

【그림 5-23】 지표면의 굴곡, 지진이나 화산 작용과 같이 지구상의 주요 사건들은 대부분 판의 경계부에 집중되어 있다. 이러한 사건들은 모두 수렴, 발산, 엇갈림 등 판사이의 상대적 운동에 기인한다. 지진활동은 모든 종류의 판의 경계에서 일어나고, 화산작용은 판의 수렴이나 발산지역에 집중되어 있다. 또한 세계의 주요 산맥들은 판의 충돌부에서 생성되었으며, 판이 발산되는 곳은 마그마가 생성되는 곳으로서 높은 지각열류량을 보인다. 따라서 판구조론을 이해하는 것은 지구상의 다양한 지질사건들을 체계적으로 이해하는 것이 된다.

판의 섭입이나 대륙충돌로 발생되는 엄청난 압력과 열은 기존의 암석을 변성시키기도 한다. 이러한 변성작용을 광역변성작용이라고 한다. 이를 통하여 녹색암, 점판암, 편암, 편마암 등의 다양한 변성암들이 생성된다.

이상에서 우리는 판의 상호작용이 판의 경계에서 일어나며, 산맥의 형성, 해양 지각의 탄생과 소멸, 주요 암석들의 성인, 지진과 화산의 원인과 세계적 분포상 등이 판구조이론을 통하여 잘 설명된다는 것을 이해하게 되었다. 특히, 판구조 활동은 거의 판의 경계부에 집중되는데 화산작용은 판의 수렴이나 발산 경계지역에서 일어나고 지진활동은 모든 종류의 판의 경계에서 일어난다(그림 5-23).

다음 장에서는 판구조론적 상호작용이 시간의 흐름에 따라 어떻게 변천해왔는지를 고찰한다. 지구과학은 오늘날 일어나고 있는 일로부터 과거의 일을 이해하려는 학문이다. 흔히 이러한 개념을 "현재는 과거의 열쇠 (The present is the key to the past)"라는 말로 표현한다. 그러나 과거에 일어난 지구과학적 사건에 근거하여 미래에 일어날 일들을 예측할 수도 있는 것이다. 팡게아와 같은 초대륙이 미래에도 나타날 수 있을까? 팡게아의 이전에도 또 다른 초대륙이 있었던 것일까? 지구는 실로 생동하는 역동적 행성이다.

단원요약

1. 지구의 암석권은 7개의 대규모 판과 20여 개의 작은 판들로 이루어져 있다. 판의 두께는 약 100km 정도이며, 하부의 연약권의 움직임에 따라 서서히 이동한다.
2. 판구조론은 지구과학에 있어 통합 이론이다. 판의 이동은 암석권, 수권, 대기권 및 생물권의 각 소시스템에 영향을 미치기 때문에 지구를 하나의 시스템으로 이해하는데 판구조론이 매우 중요하다.
3. 알프레트 베게너는 대륙 윤곽의 유사성, 화석 및 빙하퇴적물의 분포에 근거하여 고생대 말에 하나로 뭉쳐져 있었던 초대륙(팡게아)이 여러 개의 판으로 쪼개져 현재의 위치로 이동하였다는 대륙이동설을 주창하였다.
4. 판과 판 사이의 경계는 3 종류가 있다: 발산 경계(또는 확장 경계)에서는 새로운 지각이 생성되며, 판은 이 경계를 중심으로 서로 반대의 방향으로 이동해 간다. 수렴 경계에서는 판들 사이에 압축응력이 작용하며, 해양 암석권은 대륙 암석권 밑으로 섭입되어 맨틀 속으로 들어가게 된다. 변환단층 경계에서는 두 판이 단층을 경계로 서로 미끄러지며 스쳐가는 상대운동을 한다.
5. 해양 지각은 해저 산맥에서 생성된 후 이동하여 해구에서 소멸됨으로 해양 지각의 연령은 대륙 지각 연령보다 젊다.
6. 충돌경계에서는 습곡과 역단층이 수반된 산맥이 형성된다.
7. 판구조론은 화산 활동과 지진 및 조산운동을 설명하는데 매우 유익할 뿐만 아니라 지구의 변천과정을 이해하는 데 매우 유익하다.
8. 판을 움직이게 하는 메커니즘은 아직 확실하게 밝혀지지 않았으나 맨틀 대류와

기타 판의 밀어내기, 끌기, 또는 미끄러짐 등의 현상이 복합적으로 작용한 결과로 여겨진다.

9. 겉보기 지구 자기극의 이동은 지구 자기극이 이동한 것 보다는 대륙이 이동하기 때문에 나타난 현상이다.
10. 판구조운동은 암석의 생성 과정에 큰 영향을 미친다. 우리나라에 분포하는 중생대의 화강암은 해양판이 유라시아 대륙 밑으로 섭입되는 과정에서 생성되었다.
11. 판구조운동은 판을 분리시키거나 연결시켜 해류의 흐름을 바뀌게 하며, 그 결과 기후가 달라지고 식생이 변화하게 된다.

중 요 용 어

대륙이동설, 초대륙, 팡게아, 잔류자기, 고자기학, 겉보기 자극이동경로, 지구자기장의 역전, 중앙해령, 해구, 해저확장설, 열점, 판, 판구조론, 섭입, 섭입대, 베니오프대, 발산 경계, 수렴 경계, 변환단층 경계, 도호, 호상열도, 산 안드레아스 단층, 현무암, 안산암, 화강암, 쇄설성 퇴적물, 광역변성작용, 조산작용

연 습 문 제

가. 다음 물음에 가장 적합한 답을 고르시오.

1. 대륙이동설을 제창한 사람은 누구인가?

① 레일리 ② 윌슨 ③ 베게너 ④ 헤스

2. 고대륙의 복원에 사용되는 자료가 <u>아닌</u> 것은?

① 화석 ② 지질구조 ③ 지진파 ④ 고기후

3. 대륙의 이동을 증명할 수 있는 자료가 <u>아닌</u> 것은?

① 지질구조 ② 잔류자기 ③ 지진파 ④ 고기후

4. 해양지각이 가장 얇은 곳은?
   ① 중앙해령　② 심해저 분지　③ 해구　④ 변환단층
5. 지각열류량이 가장 높은 곳은?
   ① 중앙해령　② 해분　③ 해구　④ 변환단층
6. 판구조론의 성립에서 공헌도가 가장 <u>낮은</u> 것은?
   ① 고자기학　② 지열탐사　③ 자력탐사　④ 중력탐사
7. 판운동의 절대량을 측정하는 데 이용되지 <u>않는</u> 것은?
   ① 해양 자기장　② 열점　③ GPS　④ 퀘이사
8. 다음 사항 중에서 관련이 <u>없는</u> 한 가지는?
   ① 열점　② 윌슨　③ 변환단층　④ GPS
9. 판운동의 원동력으로서 가장 중요한 것은?
   ① 중앙해령　② 변환단층　③ 섭입대　④ 열점
10. 해저확장의 속도는 대략 얼마인가?
   ① 연간 수 mm　② 연간 수 cm　③ 연간 수 m　④ 연간 수 km
11. 지진발생의 최고 심도는 얼마나 되나?
   ① 10km　② 70km　③ 700km　④ 2,900km
12. 안산암의 기원은 무엇인가?
   ① 화강암　② 해양지각　③ 대륙지각　④ 상부맨틀
13. 판구조론으로 설명할 수 <u>없는</u> 암석은?
   ① 화강암　② 퇴적암　③ 변성암　④ 풍성암
14. 다음 사항 중에서 관련이 <u>없는</u> 한 가지는?
   ① 알프스 산맥　② 히말라야 산맥
   ③ 시에라 네바다 산맥　④ 아팔래치아 산맥

나. 다음 설명이 옳으면 ○표를, 틀리면 ×를 하고 틀린 부분에 밑줄을 긋고 바르게 고치시오.

1. 대륙 복원은 해안선을 맞추는 것이다. (　　)
2. 팡게아는 중생대 말기의 초대륙이다. (　　)
3. 지구의 남극과 북극은 뒤바뀔 수 있다. (　　)
4. 해안선에서 대양 안쪽을 향하여 수심은 점차 깊어져 대양의 복판에서 가장 깊다. (　　)
5. 겉보기 자북이동 경로는 지질시대동안 자북의 위치가 어떻게 변화되었는지를 보여주는 자료이다. (　　)
6. 중앙해령은 대서양에서만 나타나는 특징이다. (　　)

7. 단층운동의 측정에 쾌이사가 이용될 수 있다. ( )
8. 변환단층은 정단층의 일종이다. ( )
9. 열곡이란 섭입대에서 발견되는 구조이다. ( )
10. 조산작용은 맨틀대류가 상승됨으로써 일어나는 것이다. ( )
12. 대륙주변의 호상열도를 구성하는 암석은 안산암이다. ( )
13. 안산암은 해양지각이 용융되어 상승한 것이다. ( )
14. 판구조론은 미래의 대륙분포도 예언해준다. ( )

다. 다음 ( ) 안에 적당한 말을 써넣으시오.

1. 빙하작용에 의하여 생성된 퇴적암을 ( )이라 한다.
2. 진원은 ( )이며 진앙은 ( )이다.
3. 암석의 잔류자기를 연구하는 학문분야를 ( )이라고 부른다.
4. 역자화란 ( )을 의미한다.
5. 해양지각을 구성하는 암석은 ( )이다.
6. 암석권의 판 아래의 맨틀부분을 ( )이라고 부른다.
7. 판운동의 원동력은 ( )에 있다.
8. 세 가지 종류의 판경계는 ( ), ( ), ( )이다.
9. 섭입대를 따르는 지진대를 ( )라고 부른다.
10. 열점을 구성하는 암석은 ( )이다.
11. 변환단층에서의 상대적 이동은 ( )단층의 이동과 가장 유사하다.
12. 우리나라 동남부지역에 많이 분포된 화강암은 ( )판경계의 산물이다.
13. 판구조론의 가장 훌륭한 점은 ( )이다.

라. 다음 질문에 대하여 답하시오.

1. 베게너(Wegener)가 주장한 초대륙 팡게아(Pangaea)의 증거들은 무엇이었나? 이들을 비판해보라.
2. 베게너의 주장은 궁극적으로 어떠한 연구방법에 의하여 어떻게 입증되었나?
3. 베게너의 초대륙설처럼 초기에 지지를 받지 못하던 해저확장설은 훗날 어떻게 입증되었나?
4. 대륙은 어떻게 이동되는가?
5. 해저 해양지각의 연령을 알아낼 수 있는 방법을 설명하라.
6. 해저는 왜 확장되는가?
7. 해저 확장속도를 알아낼 수 있는 방법을 설명하라.

8. 대륙이동의 속도와 방향을 알아낼 수 있는 방법을 설명하라.
9. 판구조론(plate tectonics)이란 무엇인가?
10. 판의 운동을 결정하는 방법들을 설명하라.
11. 발산 경계의 특징과 예를 들어라. 이곳에서는 어떠한 지각변동이 일어나는가?
12. 수렴 경계의 특징과 예를 들어라. 이곳에서는 어떠한 지각변동이 일어나는가?
13. 변환단층 판경계의 특징과 예를 들어라. 이곳에서는 어떠한 지질작용이 일어나는가?
14. 산 안드레아스 단층을 경계로 로스안젤레스는 태평양판에 위치하고 있으며 산 프란시스코는 북아메리카판에 위치하고 있다. 이 두 도시간의 거리는 현재 약 600km이다. 얼마의 시간이 지나면 이 두 도시는 하나의 도시가 될까? 단, 태평양판과 북아메리카판 사이의 상대속도는 3.5cm/yr이다.
15. 암석은 화성암, 퇴적암, 변성암으로 분류된다. 이들의 성인은 판구조운동과 어떠한 관계를 가지는가?
16. 지진작용과 화산작용은 판구조운동과 어떠한 관계가 있는가?
17. 팡게아와 같은 초대륙이 보다 이전의 지질시대에도 존재하였을까? 또한 미래에도 초대륙은 탄생할 수 있을까?

6 화석과 지질시대 생물

지구과학과 우주과학에서 시간의 개념은 매우 중요하다. 지구는 46억 년 전 태양계의 여러 천체들과 함께 생성되었다. 지구생성 이후 지구의 지각과 지구상에 사는 생물들은 오늘날까지 끊임없이 변화하여 왔으며, 앞으로도 이러한 변화는 계속 일어날 것이다. 지구상에서 일어난 여러 가지 변화와 그 과정은 암석과 화석에 보존되어 있다. 따라서 암석과 화석을 자세히 연구하면 지구의 변천과정을 이해할 수 있다.

1. 지구과학과 시간

지구의 역사는 46억 년으로 매우 긴 반면에 인류의 수명 — 평균 수명은 70세에서 80세 — 은 비교적 짧아 우리들이 일상생활에서 사용하는 시간 개념으로 지질시대의 시간 개념을 이해하기가 쉽지 않다. 따라서 지질시대의 시간 개념을 보다 쉽게 이해하기 위해 지구의 나이 46억 년을 24시간으로 간주하면(그림 6-1) 1분은 약 319만 년에 해당된다. 지구는 46억 년 전에 생성되었지만 지구상에서 발견된 가장 오래된 암석의 나이는 39억 6천만 년이다. 즉 가장 오래된 암

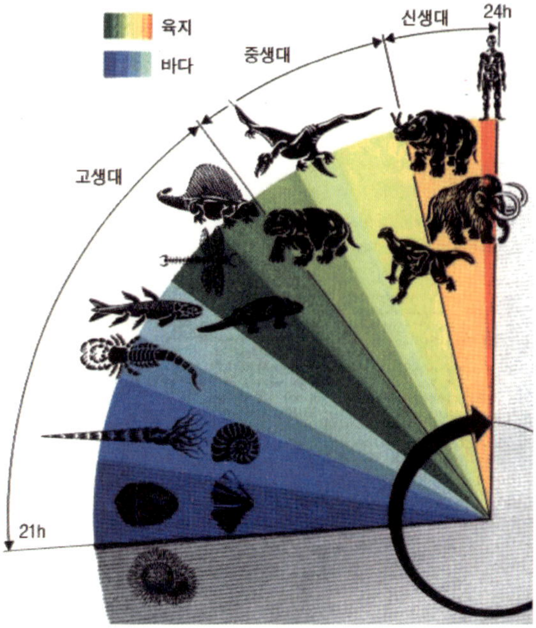

【그림 6-1】 지질 시계

석은 3시 18분경에 생성된 셈이다. 선캄브리아 시대 중 46억 년에서 40억 년까지를 하디안 시대(Hadean eon)라 한다. 이 기간은 하루 중 자정에서 4시 12분에 해당된다. 시생대(40억 년~25억 년)는 3시 8분에서 11시에 해당되며, 이 시기에 지구상에는 최초의 생물이 출현하였다. 35억 년 전에 섬유상의 매우 작은 화석이 오스트레일리아와 아프리카에 분포하는 지층에서 발견되었는데 이는 5시 48분에 해당된다. 오전 11시에서 21시 12분까지는 원생대(25억 년~5억 4천 5백만 년)에 해당되며, 이 시대의 지구상에는 층상의 철층이 생성되었으며, 최초로 진핵생물이 출현하였다. 고생대는 21시 12분에서 23시 42분까지 약 2시간 30분 동안 계속되었으며, 이 시대의 바다에는 삼엽충, 산호, 두족류, 어류 등이 널리 살았으며, 육상에는 곤충, 양서류 및 양치식물이 번성하였다. 중생대는 약 23시 42분에 시작되었으며 공룡은 약 22시54분에 출현하였다. 신생대는 자정 약 18분 전에 시작되었으며, 인류 조상은 500만 년 전에 출현하였으며, 이는 하루 중 자정 1분 35초 전에 해당된다. 그리고 우리 현대인(*Homo sapiens*)의 시조는 약 15만 년 전에 출현하였는데 이는 하루가 끝나기 전 2.8초 전에 탄생한 셈이다. 약 5,000년간의 우리 인류의 역사시대는 약 0.1초로 지구 역사에 비하면 인류 역사는 찰나에 지나지 않는다.

2. 지질시대의 측정

우리는 지질시대와 암석, 지질학적인 사건을 상대 연령과 방사성 연령(절대 연령)으로 나타낸다. 상대 연령은 암석의 상대적 위치와 물리적 성질, 화석 및 기타 지질 현상에 근거하여 두 암석 중 어떤 암석의 나이가 많고 적은가를 결정하는 것이다. 이에 반해 방사성 연령은 암석 또는 지질학적 현상과 사건의 실제적인 생성 시기를 결정하는 것이다. 그러면 지구과학자들은 상대 연령과 방사성 연령을 어떻게 측정할까?

1) 상대 연령 측정

현재 지구상에서 일어나고 있는 변화는 지질시대 동안에도 동일하게 일어났을 것이므로 지질시대에 생성된 사물이나 일어난 사건을 해석할 때 현재 일어나고 있는 변화의 원리와 과정을 적용한다는 원리가 동일과정의 원리이며, 이 원리는 지구의 역사를 밝히는데 가장 기본적으로 적용되는 원리이다. 예를 들면, 과거의 지진, 화산, 생물들의 변화 등은 오늘날 일어나고 있는 이들과 동일한 방법으로 일어난다. 이 원리를 적용할 때 자연의 변화 속도와 강도는 시대와 장소에 따라 각각 다를 수 있다는 것을 유의하여야 한다.

【그림 6-2】 지층 누중의 원리(아래에 놓인 지층일수록 나이가 많다)

퇴적층이 형성될 때 먼저 쌓인 지층이 아래에 놓이고 나중에 쌓인 지층은 먼저 쌓인 지층 위에 놓인다는 원리가 지층누중의 원리이다. 즉 변형되지 않은 퇴적층에서 하부에 놓인 지층은 나이가 많고 상부에 놓인 지층의 나이는 적다(그림 6-2). 이 원리는 주로 퇴적암과 용암의 상대연령을 측정하는 데 주로 적용된다. 지층이 기울어져 있거나 역전되어 있을 때는 점이층리, 사층리, 건열 및 연흔에 근거하여 지층의 상하를 판단한 다음 이 원리를 적용하여 상대연령을 결정하여야 한다. 용암에서는 용암 표면에 발달된 기공을 이용하여 용암의 상부와 하부를 결정할 수 있다.

【그림 6-3】 화강암을 관입한 현무암

그림 6-3은 현무암질 용암이 화강암을 관입하여 생성된 암맥이다. 이와 같이 기존의 암석을 마그마가 관입하여 관입암이 생성될 때 관입당한 암석의 나이는 관입한 암석보다 나이가 많다는 원리가 절단의 원리(principle of cross-cutting relationship)이다. 이 원리는 암석 내에 발달된 단층이나 파쇄대에도 적용된다. 즉 단층은 단층이 발달된 암석보다 나중에 생긴 것이다.

【그림 6-4】 화강암 내에 포획된 포획암

포획의 원리는 어떤 암체 내에 포획되어 있는 암석 파편은 이를 둘러싸고 있는 암석보다 먼저 생성되었다는 원리이다. 예를 들면 역암 내에 들어 있는 자갈은 역암보다 먼저 생성된 것이다. 그림 6-4는 어두운 색의 포획암을 포함한 화강암으로 화강암의 생성 시기는 포획암보다 늦다.

생물들은 시간이 지남에 따라 새로운 환경에 적응하면서 변화, 발전하게 되며 이러한 생물들의 과정이 화석기록에도 반영된다. 따라서 보다 진화된 생물의 화석을 포함한 지층은 덜 진화된 화석 생물을 포함한 지층보다 나이가 적다. 이와 같이 지층에서 발견되는 화석의 진화정도에 근거하여 지층의 생성 시기를 밝히는 원리를 동물군 변화의 원리라 한다. 만약 멀리 떨어져 분포하는 지층에서 동일한 화석이 발견되면 이들 지층의 나이는 서로 같다.

2) 부정합

지구 내부 에너지와 태양 에너지에 의해 암석권의 암석은 꾸준히 순환하게 된다. 암석권의 구조적 순환에서 높이 솟아오른 산이 오랜 시간 동안 풍화작용과 침식작용을 받으면 지형이 낮아지고 지하 깊은 곳에 있는 암석이 노출되게 된다. 따라서 지구의 어느 곳도 전지질시대의 모든 암석을 포함한 지역은 없다. 퇴적암의 경우 대부분의 지역에서 지구 전체 퇴적암의 1 내지 5% 정도만이 남아 있다. 만약 침식면 위에 퇴적물이 쌓여 새로운 지층이 형성되면 침식면 아래에 놓인 암석과 그 위에 놓인 지층 사이에는 많은 시간차가 난다. 이와 같이 암석 또는 지층 사이에 존재하는 긴 시간 간격을 나타내는 침식면을 부정합이라 한다.

부정합에는 세 가지 형태가 있다. 퇴적암이 지각 변동을 받아 경사진 후 침식작용을 받아 생성된 침식면 위에 새로운 지층이 수평으로 쌓여 생성된 부정합을 사교부정합이라 한다. 제임스 허튼(James Hutton)은 스코틀랜드의 시카 포인드(Siccar Point)에 있는 사교부정합을 보고 최초로 부정합 개념을 도입하였다. 부정합 아래 놓인 지층과 그 위에 놓인 지층의 층리가 서로 평행하고 과거 침식면의 굴곡이 뚜렷할 때 평행 부정합이라 한다. 부정합을 경계로 상하 두 지층에서 산출되는 화석을 조사하면 보다 쉽게 준정합을 알아낼 수 있다. 강원도 태백시 장성지역에는 하부 고생대층과 상부 고생대층이 평행 부정합 경계를 이루고 있다. 화성암이나 변성암이 침식작용을 받은 후 그 위에 퇴적암이 쌓여 생성되는 경계를 난정합이라 한다.

【그림 6-5】 하부 고생대층(Od)과 상부 고생대층(Cm) 사이의 부정합

3) 방사성 연령 측정

상대 연령은 여러 측정 원리를 이용하여 지층과 암석의 생성 순서를 밝히는 것이다. 이에 반해 방사성 연령은 암석의 생성 시기를 '몇 년 전'으로 나타내는 것이다. 암석의 방사성 연령 측정에는 방사성 동위원소가 이용된다. 방사성 연대를 절대 연령이라고도 한다.

베크렐(1839)은 화학 원소 중 원자 번호는 같고 핵 내의 중성자수가 다른 동위원소가 있으며, 동위원소 중 핵이 스스로 붕괴하는 원소를 방사성 동위원소라 한다. 방사성 원소의 핵은 붕괴하면서 양성자, 중성자 및 전자를 방출하거나 받아들이는 핵반응을 한다. 붕괴하는 방사성 원소를 모원소(parent isotope)라 하며, 방사성 붕괴 후 생성된 원소를 자원소(daughter isotope)라 한다. 방사성 원소의 붕괴 방법에는 α 붕괴, β 붕괴, 전자포획, γ 붕괴가 있다. 방사성 원소가 α 붕괴를 하면 원자 번호가 2 감소하고 질량수는 4가 감소한다. 예를 들면, 원자번호가 92인 우라늄-238이 α 붕괴를 하면 양성자 2개와 중성자 2개를 방출하고 원자번호가 90인 토륨으로 변한다. 방사성 원소가 β 붕괴를 하면 전자를 1개 방출함으로써 원자번호는 1이 증가하며, 질량수에는 변화가 없다. 이에 반해 전자포획은 전자를 1개 받아들임으로써 원자번호가 1이 감소하며, 질량수의 변화는 없다(그림 6-6). 방사성 원소는 이와 같은 여러 붕괴 과정을 거쳐 최후 단계에서 안정된 핵을 가진 비방사성 원소가 된다. 방사성 원소의 붕괴율은 항상 일정하며 온도, 압력 변화 및 화학결합과 같은 외부 조건에 영향을 받지 않음이 특징이다. 방사성 원소의 절반이 붕괴하는 데 걸리는 시간을 반감기(half-life)라 하며, 이는 방사성 원소에 따라 항상 일정하다. 반감기가 한번 지나면 모원소의 양은 1/2로 줄고, 반감기가 2번, 3번 지나면 모원소의 양은 각각 1/4, 1/8로 줄어든다(그림 6-7). 따라서 광물 내에 포함되어 있는 방사성 원소의 모원소의 양과 자원소의 양을 알면 광물의 생성 시기를 알 수 있다.

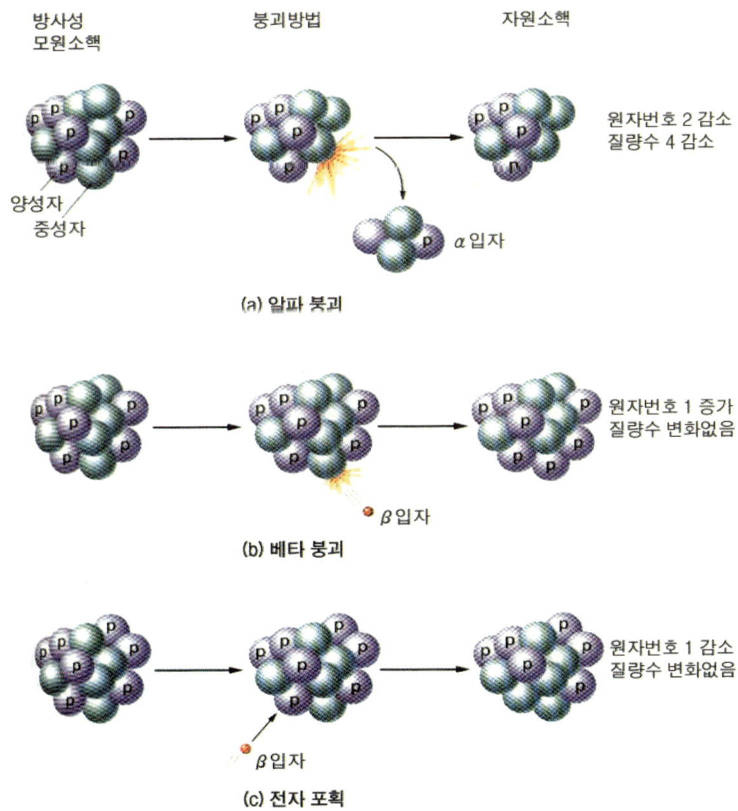

【그림 6-6】 방사성 원소의 붕괴 방법

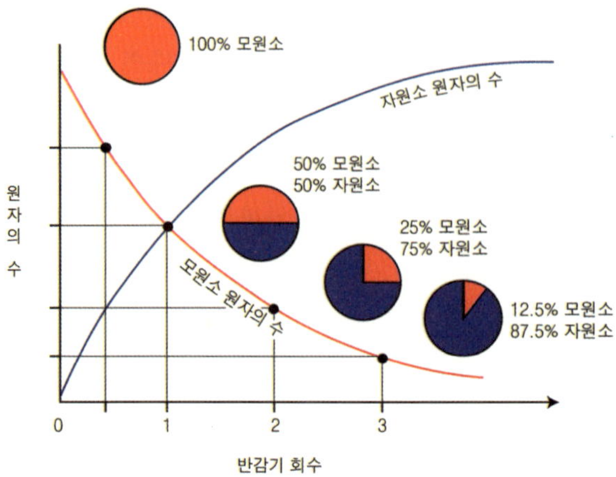

【그림 6-7】 방사성 원소의 붕괴 곡선

지구 지각을 이루는 암석 내에는 많은 종류의 방사성 원소가 포함되어 있으나 몇몇 원소만이 양이 풍부하며 방사성 연령 측정에 유용하다. 방사성 원소가 암석의 방사성 연령 측정에 부합하기 위해서는 조암 광물 내에 이들 원소가 포함되어야 하며, 모원소와 자원소가 쉽게 빠져 나가지 않고 광물 내에 모두 보존되어야 한다. 즉 광물이나 암석이 생성된 이후 방사성 붕괴 과정에서 생성된 자원소가 빠져 나가서는 안 되며, 또 외부로

<표 6-1> 방사성 연령 측정에 유용한 주요 방사성 원소

방 법	모원소	자원소	반감기	광 물	측정 범위
우라늄-238-납 법	U-238	Pb-206	45억 년	저어콘, 우라니나이트, 피치블렌드	1천만 년~46억 년
우라늄-235-납 법	U-235	Pb-207	7.13억 년	저어콘, 우라니나이트, 피치블렌드	1천만 년~46억 년
루비듐-스트론튬 법	Rb-87	Sr-87	470억 년	흑운모, 백운모, 정장석, 각섬석	1천만 년~46억 년
토륨-납 법	Th-232	Pb-208	141억 년	저어콘, 우라니나이트	1천만 년~46억 년
칼륨-아르곤 법	K-40	Ar-40	13억 년	휘석, 흑운모, 백운모, 정장석, 화산암	10만 년~46억 년
탄소-14 법	C-14	N-14	5730년	뼈, 나무 등 탄소를 포함한 유기물	1백 년~7만 년

부터 방사성 원소가 첨가되어서도 안 되는 닫힌계이어야 한다. 절대연령 측정에 가장 널리 사용되는 방사성 원소는 우라늄, 토륨, 루비듐, 칼륨, 방사성 탄소 등이다(표 6-1).

4) 탄소-14 방법

방사성 탄소-14는 질소-14가 대기권 상층에서 우주선(宇宙線)과 충돌하여 양성자를 1개 방출함으로써 생성된다. 탄소-14는 β붕괴를 하여 다시 질소로 되돌아간다. 탄소-14의 반감기는 5730년이다. 따라서 이 방법은 반감기가 짧아 우리 인류를 포함하여 최근에 살았던 생물들의 잔류물의 방사성 연령 측정에 적합하다. 탄소-14는 탄소-12와 함께 먹이 또는 직접 공기를 통해 살아 있는 생물의 세포 내에 들어가게 된다(그림 6-8). 생물이 죽게 되면, 더 이상 탄소-14는 생물의 체내로 공급되지 않으며, 탄소-14는 서서히 붕괴하면서 그 양이 줄어들게 된다. 과학자들은 시료 내에 포함된 탄소-12에 대한 탄소-14의 비값을 현대기 중에 들어있는 탄소-12에 대한 탄소-14의 비값(10^{12} : 1)과 비교하여 시료의

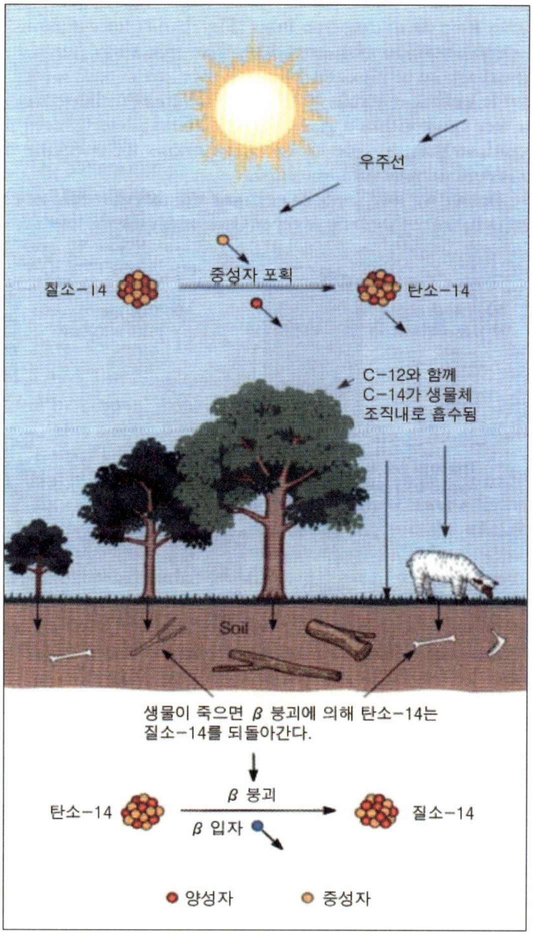

【그림 6-8】 탄소-14의 생성과 붕괴그림

방사성 연령을 측정한다. 이 방법은 지층 내에 포함된 뼈, 조개껍데기, 나무, 꽃가루 등 과거 생명체의 잔류물의 방사성 연령을 측정하는 데 이용된다.

3. 지질시대의 구분과 지구 나이

1) 지질시대 구분

지질시대는 지층 내에 포함된 화석 생물의 출현과 발달 과정과 암석의 상대 연령과 방사성 연령을 측정하여 암석과 지층의 생성 순서를 밝혀 구분한다. 생성 연대를 밝히고 현재 우리들이 사용하고 있는 지질시대 구분은 19세기 유럽에서 확립되었으며, 오늘날에도 계속 수정, 보완되고 있다(표 6-2).

하루가 시간, 분 및 초로 나누어지듯이 지질시대도 크게 누대(Eon)로 나뉘며, 누대는 다시 대(Era) 나뉜다. 대는 다시 기(Period)로 나뉘고, 기는 더 짧은 시간 단위인 세(Epoch)로 나뉜다. 지질시대 구분에 있어 가장 기본이 되는 단위는 기이다. 화석 기록에 의해 생물의 존재가 뚜렷한 지질시대를 현생누대(Phanerozoic Eon)라 하며, 생물의 존재가 뚜렷하지 않았던 시대를 은생누대(Cryptozoic Eon) 혹은 선캄브리아 시대(Precambrian)라 한다.

지구과학자들은 선캄브리아 시대를 크게 하디안 시대(Hadean Eon), 시생대(Archean Eon)와 원생대(Proterozoic Eon)로 나눈다. 이 구분은 구성 암석 종류와 조산운동의 형태에 근거하여 이루어졌다. 대부분의 선캄브리아 시대의 지층 내에서는 화석이 발견되지 않으므로 이 시대 암석의 연대측정과 대비는 방사성 연령 측정에 의해 이루어진다. 지구의 생성부터 시생대 이전까지의 시대를 하디안 누대라 하며, 이 시기는 어떤 지질학적인 기록도 남아 있지 않은 기간이다. 선캄브리아 시대는 전지질시대의 87% 이상을 차지한다.

현생누대는 생물들의 발달 과정에 따라 고생대, 중생대, 그리고 신생대로 구분된다. 고생대는 현생누대의 3/5 이상을 차지하며, 캄브리아기, 오르도비스기, 실루리아기, 데본기, 석탄기, 페름기로 나뉜다. 중생대는 트라이아스기, 주라기, 백악기로 나뉘고, 신생대는 제3기와 제4기로 나뉜다.

<표 6-2> 지질계통표

누대	대	기		세		비 고
현생누대	신생대	제4기		현세	0.01	포유류시대
				플라이스토세	1.8	
		제3기	신제3기	플라이오세	5	
				마이오세	24	
			고제3기	올리고세	38	
				에오세	58	
				팔레오세	65	
	중생대	백악기			142	파충류시대
		주라기			205	
		트라이아스기			250	
	고생대	페름기			292	양서류시대
		석탄기			354	
		데본기			417	물고기시대
		실루리아기			440	
		오르도비스기			495	해서무척추동물시대
		캄브리아기			545	
원생대	선캄브리아시대				2,500	단세포생물시대
시생대					4,000	
하디안					4,600	

* ×백만 년

2) 지구의 나이

지구상에서 가장 오래된 암석은 캐나다 북서 지역에 분포하는 39억 6천만 년 된 변성암이다. 그리고 가장 오래된 광물은 오스트레일리아에 분포하는 규암 내에 포함된 저어콘으로 그의 연령은 40억 내지 44억 년이다. 따라서 이 광물과 나이가 같은 암석이 지구 어딘가에 분포할 가능성은 크다. 그러나 지구가 형성될 때 생성된 지구의 최초 암석은 장기간의 순환 과정을 거치는 동안 침식작용, 변성작용 및 그 밖의 여러 작용을 받아 모두 제거되고 현재는 거의 존재하지 않는다. 따라서 우리는 지구의 연령을 직접 측정할 수 없다. 그렇다면 우리는 지구의 연령은 어떻게 알 수 있을까?

태양계 내 모든 천체들은 동시에 생성된 것으로 알려지고 있다. 따라서 우리는 태양계가 생성될 때 생성된 외계 천체의 연령을 측정함으로써 간접적으로 지구의 나이를 구할 수 있다. 첫 번째 우리는 달의 암석과 운석의 연령을 구함으로써 지구의 연령을 추정할 수 있다. 달에서 채취해온 암석의 방사성연령을 우라늄-납 방법과 칼륨-아르곤 방법으로 측정한 결과 약 46억 년으로 밝혀졌다. 또한 수많은 운석의 방사성 연령을 측정한 결과 달의 연령과 같은 46억 년으로 나타났다. 따라서 지구와 태양계의 나이는 약 46억 년으로 생각할 수 있다.

두 번째는 지구 지각을 이루는 암석의 광물 내에 포함된 납(Pb)의 동위원소 함량비를 구함으로써 지구의 나이를 추정할 수 있다. 납의 동위원소에는 납-204, 납-206, 납-207, 납-208이 있다. 앞에서 이미 언급한 바와 같이 납-206, 207 및 208은 우라늄과 토륨의 방사성 붕괴에 의해 생성된다. 따라서 시간이 경과함에 따라 이들의 양은 서서히 증가하게 된다. 이에 반해 납-204는 지구가 생성될 당시부터 지금까지 일정한 양으로 존재한다. 만약 지구가 생성될 당시에 존재했던 4 가지 납의 동위원소의 상대적인 함량을 알면 지구의 나이를 구할 수 있다. 즉 현재 암석 내에 포함된 납의 동위원소의 상대적 함량을 측정한 후 방사성 붕괴에 의해 생성된 납의 동위원소가 더해지는 데 걸리는 시간을 측정하면 지구의 나이를 구할 수 있다. 지구 지각에는 지구 생성 당시의 암석이 남아 있지 않으므로 운석을 이용하여 태양계 생성 당시의 납의 동위원소 상대적인 함량을 구할 수 있다. 납의 함량을 구하는 데 이용된 운석 내에는 납을 공급하는 우라늄과 그 밖의 방사성원소가 포함되어 있어서는 안 된다. 이와 같은 방법으로 현재 지구의 암석 내에 포함된 납의 동위원소들이 방사성 붕괴에 의해 축적되는 데 걸리는 시간을 계산해보니 약 46억 년으로 밝혀졌다. 달의 암석과 운석의 연령, 그리고 납의 동위원소를 이용하여 구한 지구의 암석의 연령이 46억 년으로 밝혀져 지구는 태양계와 함께 46억 년 전에 생성된 것으로 믿어진다.

4. 화석과 지질시대의 생물

1) 생명의 기원

우리 인류를 포함하여 지구상의 생명체가 언제, 어디서, 어떻게 출현하였는가는 모든 사람의 관심이며 그동안 많은 학자들에 의해 논의되고 연구되어 왔다. 지금까지 논의된 생명체의 기원은 다음과 같이 요약된다: 즉 (1) 자연발생설, (2) 외계 유래설, 그리고 (3) 생화학적 합성에 의해 지구상에 생명체가 출현하였다는 주장이다.

(1) 자연발생설

일반적으로 18세기와 19세기에는 썩은 쓰레기로부터 박테리아, 구더기, 파리, 쥐 등이 생겨난다는 생물의 자연발생설이 널리 받아들여졌다. 이러한 생각은 파스퇴르(1862)가 간단한 실험을 통해 부정하였다. 그는 또한 열로 완전히 소독된 죽은 생물체에서는 박테리아를 비롯하여 어떠한 다른 생물도 출현할 수 없음을 보여주었을 뿐만 아니라 생물은 반드시 다른 생물로부터 유래됨을 주장하였다. 파스퇴르 실험 후 생물의 자연발생설은 완전히 자취를 감췄다.

(2) 외계 유래설

생명체의 외계 유래설에 대해 많은 사람들이 여러 의견들을 제시하고 있다. 우주 내에는 태양과 비슷한 별이 10^{22}개나 있으며, 이 별들 중에는 지구와 유사한 환경을 가진 행성이 있을 가능성이 있어 우주 어느 행성에는 생명체가 존재할 것이다. 현재 과학자들은 여러 방법을 통해 외계생명체를 찾고 있을 뿐만 아니라 외계인과 교류를 시도하고 있다(그림 6-9와 6-10). 미국 항공우주국(NASA)에서 수행하고 있는 SETI(Search for Extraterrestrial Intelligence) 연구 과제는 외계의 생명체를 찾는 대표적인 연구 중의 하나이다.

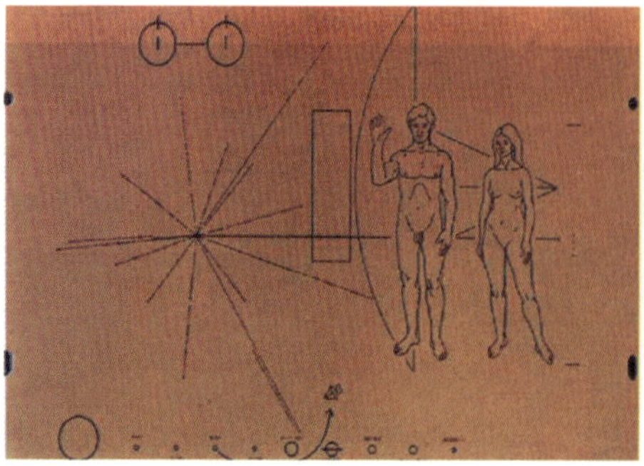

(a)

(b)

【그림 6-9】 지구인이 외계인에게 보내는 신호. a, 파이어니어우주선(1972년 발사)에 부착된 알루미늄판(15×23cm); b, 60개 나라의 언어가 저장된 CD

【그림 6-10】 외계에서 오는 신호를 받기 위해 뉴멕시코의 아레시보에 설치한 대형 전파망원경(직경이 305m임).

(3) 생화학적 합성 이론

지금까지 여러 실험과 화석의 연구를 통해 지구상의 생명체가 원시 대기의 합성에 의해 생성되었다는 가설이 가장 많이 지지를 받고 있다. 특히, 생물의 기원과 이들의 초기 상태 및 최초의 진화 과정에 관한 생각은 대부분의 생화학 실험에서 얻은 지식에 근거를 두고 있다. 1924년 러시아의 생화학자 오파린(Oparin)은 지구에 생명체가 이미 지구의 초기부터 존재하였음을 제시하였다. 그에 의하면, 지구의 초기 원시대기 중에는 산소가 없고 단지 암모니아(NH_3), 수소(H_3), 메탄(CH_4) 및 수증기(H_2O)와 같은 환원성 기체로 구성되어 있었다. 이러한 기체들은 태양 에너지와 번개가 발생할 때 생기는 에너지에 의하여 생물체의 구성에 기본이 되는 아미노산과 같은 유기물로 합성되었다(그림 6-11). 특히, 작은 분자들은 커다란 분자들로 결합시키는 데 필요한 주에너지의 근원은 태양의 자외선이었을

【그림 6-11】 원시 대기의 합성에 의해 아미노산이 생성됨을 보여주는 상상도

것으로 여겨진다. 원시대기 중에는 오존(O_3)이 없어서 오늘날보다 훨씬 강한 자외선이 지표면까지 도달되었을 가능성이 컸다. 일단 형성된 유기물들은 계속해서 서로 뭉쳐 원시 형태의 세포를 만들게 된다. 이와 같이 합성된 유기분자들은 '수프(soup)'를 원시 바다에서 형성하였으며, 이 수프 안에서 세포 비슷한 원시적인 집합체들은 차차 번식하고, 유전하는 물질을 만들어 내는 등 생물의 본질적인 특성을 습득하기 시작하였을 것으로 생각된다. 이러한 단계가 바로 생명의 시초인 것이다.

오파린으로부터 약 30년 후 미국 시카고 대학의 밀러(Miller, 1953)는 초창기 지구에서 생명체가 어떻게 만들어질 수 있는지를 보여 주는 실험 장치를 고안했다(그림 6-12).

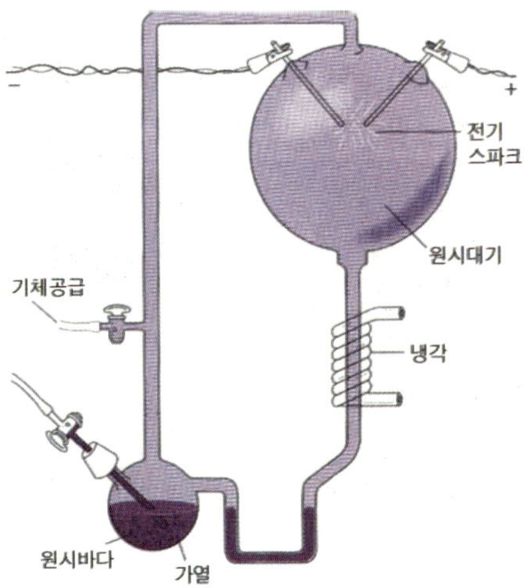

【그림 6-12】 밀러의 실험 장치

그는 유리 시험관 안에 수증기, 암모니아, 메탄, 수소의 혼합기체를 넣고 오랫동안 전기를 강하게 방전시킨 결과 많은 아미노산이 생성됨을 확인할 수 있었다. 밀러의 실험 이후 생명의 기원에 과한 연구는 지질학, 생물학, 생화학 및 천문학

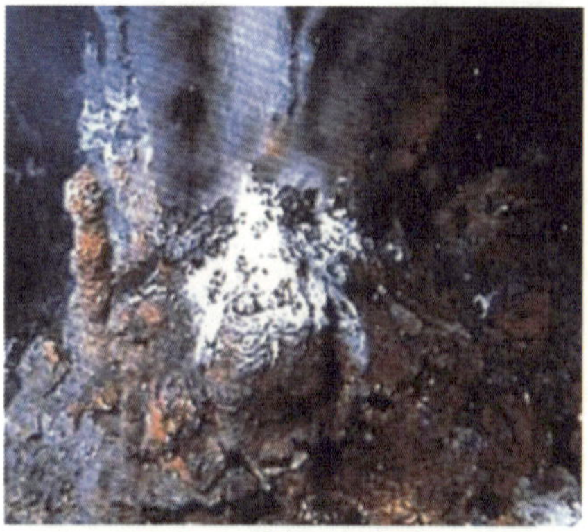
(a)

(b)

(c)

【그림 6-13】 해저 열곡 흑색 열수구(a)와 해저 열곡에 사는 관벌레(b) 및 조개(c)

들이 서로 밀접히 관련되어 활발히 추진되고 있다. 특히, 지구상에 기록된 생물의 변천과정과 대기 성분의 조성 변화는 생명체가 지구 초창기에 생성되었음을 증명해준다.

최근 해저 열곡 탐사 결과 이 곳에 그림 6-13과 같은 생물들이 풍부하게 살고 있음이 밝혀졌다. 특히 해저 열곡의 해수 온도는 380℃ 이상으로 매우 독특한 환경이다. 이와 같이 빛이 들어오지 않고 온도가 매우 높은 열악한 환경에서 생물이 살 수 있음이 확인된 후 지구상의 최초의 생물들도 이와 같은 환경에서 출현하였을 것으로 여겨지고 있다.

2) 화석과 화석화 작용

(1) 화석

화석이란 지질시대에 살았던 식물과 동물의 유해나 생물의 활동 흔적이 암석 내에 자연적으로 보존된 것이다(그림 6-14). 고대 사람들은, 화석(fossil)이란 땅 속에서 발견되는 희귀한 물질이란 뜻으로 사용하였으며, 동식물의 유해뿐만 아니라 암석, 광물, 골동품까지도 포함시켰다. 오늘날의 개념과 비슷한 화석의 개념은 18세기에 이르러 사용되기 시작하였다. 화석은 대부분 퇴적암, 특히 셰일과 석회암, 사암에서 산출되며, 아주 드물게는 변성도가 낮은 퇴적 기원의 변성암에서도 발견된다.

지질시대에 살았던 생물을 연구하는 학문을 생물학과 구분하여 고생물학이라 하며, 고생물학적인 연구는 화석에 그 바탕을 두고 있다. 따라서 고생물학은 지질학과 생물학의 교량 역할을 하면서 양자를 보완해 주고 있다. 고생물학은 지질과학 분야에 지난 6억 년 동안 쌓인 퇴적암의 생성과 지질 계통의 확립에 관한 깊은 지식을 제공해 주었으며, 생물학 분야에는 시간이란 차원을 고려하게 하였다.

(2) 화석화 작용

지질시대에 살았던 생물이라도 화석으로 보존되기 위해서는 우선 화석화작용을 받아야 한다. 화석화작용이란, 생물권에 살던 생물체가 암석권으로 옮아가는 모든 과정을 의미한다. 이 작용에는, 첫째, 생물의 자연사를 포함한 질식사, 매몰사 등 여러 가지 죽음과 죽음의 원인을 다루는 사망 과정, 둘째, 생물이 죽은 후 부패, 분해, 또는 파쇄되거나 운반되어 퇴적물 내에 묻힐 때까지의 여러 과정을 연구하는 화석퇴적론, 그리고 일단 퇴적물에 묻힌 생물잔해의 화학성분과 조직이 압력과 온도의 영향을 받아 어떻게 달라지는지를 밝히는 화석속성작용이 포함된다. 퇴적물 내에 묻힌 죽은 생물이 화석으로 남기 위해서는 생물체를 이루

(a) 삼엽충

(b) 식물화석

(c) 공룡 발자국

【그림 6-14】 화석의 종류

는 불안정한 성분은 안정한 성분으로 재결정되거나 치환작용을 받아야 한다. 또 공룡의 뼈나 식물의 줄기와 같은 다공질 부분은 규산(SiO_2)이나 탄산칼슘($CaCO_3$)으로 채워져 단단한 암석으로 변하게 된다. 식물의 잎과 같은 부분은 탈수 작용과 탄화 작용을 받아 화석으로 남는다. 일부 생물의 단단한 부분은 지하수에 의해 용해되어, 그 잔해는 남지 않고 몰드(mold)와 캐스트(cast) 형태로 남기도 한다. 따라서, 과거의 생물이 화석으로 보존되기 위해서는 생물체는 단단한 부분을 가져야 하며, 죽은 후 가능한 한 빨리 퇴적물 내에 묻혀서 운반 작용이나 파괴 작용을 받지 않아야 한다.

화석으로 잘 보존되는 부분은, 생물들의 단단한 부분인 뼈나 치아, 껍데기와 셀룰로오스 등을 들 수 있다. 그러나 시베리아의 동토 지대나 호박, 아스팔트, 그 밖의 특수한 환경에서는 생물의 연한 조직까지도 화석으로 잘 보존된 경우가 있다(그림 6-15).

본질적으로 지질시대에 살았던 모든 생물은 화석으로 보존될 수 있으나, 앞에서 설명한 복잡한 화석화작용 때문에 생물들이 모두 암석 내에 화석으로 보존될 가능성은 극히 희박하다. 따라서, 화석으로 기록된 생물은 과거 생물의 일부에 지나지 않는다. 현재 지구상에는 약 450만 종의 생물이 살고 있는 데 반하여, 지금까지 보고된 화석의 종수는 약 25만 종에 불과하다. 앞으로 화석 연구가 계속되면 그 수는 증가될 것이다.

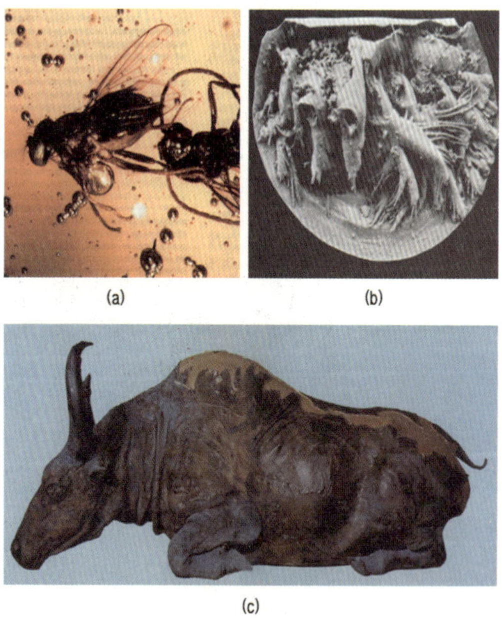

【그림 6-15】 특수한 환경에서 생성된 화석. (a) 호박내 곤충 (b) 개형충(캄브리아기) (c) 들소(제4기)

(3) 화석의 가치

우리는 화석에 관한 연구를

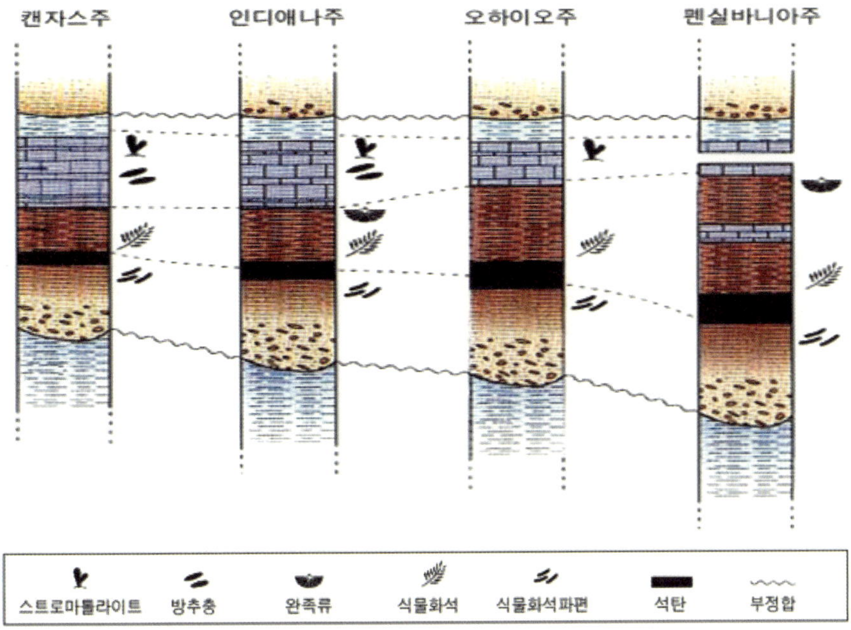

【그림 6-16】 화석을 이용한 지층의 대비

통하여 무엇을 알 수 있는가? 생물은 시대가 경과함에 따라 변화, 발전하기 때문에 암석 내에 보존된 화석은 일정한 순서로 산출된다. 따라서 우리는 화석 연구를 통해 지층의 지질시대를 명확히 밝힐 수 있다. 또한 화석을 통해 멀리 떨어져 분포하는 지층의 생성 시기를 쉽게 대비할 수 있다(그림 6-16). 지질시대 결정과 지층 대비에 유용한 화석을 표준화석이라 한다. 이상적인 표준화석이 되기 위해서는 다음과 같은 조건을 갖추어야 한다: 1) 화석 생물의 생존 기간이 짧고, 2) 지리적으로 넓게 분포하며, 3) 식별이 쉽고, 4) 개체 수가 많아야 한다. 대표적인 표준화석으로는 삼엽충, 필석류, 코노돈트, 유공충, 암모나이트 등이 있다.

지층의 시대 결정에 유용한 표준화석에 대하여 화석생물이 살았던 당시의 환경을 잘 지시해 주는 화석을 시상화석이라 한다. 시상화석의 좋은 예는 산호, 고사리, 매머드 등이다. 이 밖에도 화석은 지질시대의 기후와 해륙의 분포를 재구성하는 데 좋은 자료를 제공해 주고 있다. 또, 화석과 화석의 연구 결과는 석유,

석탄, 천연가스 등 지하자원을 탐사, 개발하는 데 널리 이용되고 있다.

화석은 또한 지질시대에 살았던 생물들의 종류와 생물의 진화 과정에 대해 많은 정보를 제공한다. 즉 화석 연구를 통해 선캄브리아 시대에서 고생대, 중생대, 신생대를 거쳐 오늘에 이르기까지 지구상에 살았던 생물들의 종류와 발달 과정을 알 수 있다(그림 6-17). 예를 들면, 식물은 간단한 단세포 식물에서 출발하여 조류(藻類), 양치식물, 겉씨식물을 거쳐 꽃씨식물로 발달하였으며, 동물의 세계에서는 원생동물에서 시작하여 어류, 양서류, 파충류를 차례로 거쳐 마지막으로 포유동물로 발전하였다. 이러한 사실로부터 우리는 지구상의 생물이 꾸준히 진화해 왔음을 알 수 있다. 데본기의 익티오스테가(*Ichthyostega*), 주라기의 시조새, 제 3기의 말발굽 뼈와 치아, 인류의 두개골 화석 등은 진화 현상을 가장 잘 보여 주는 좋은 예이다.

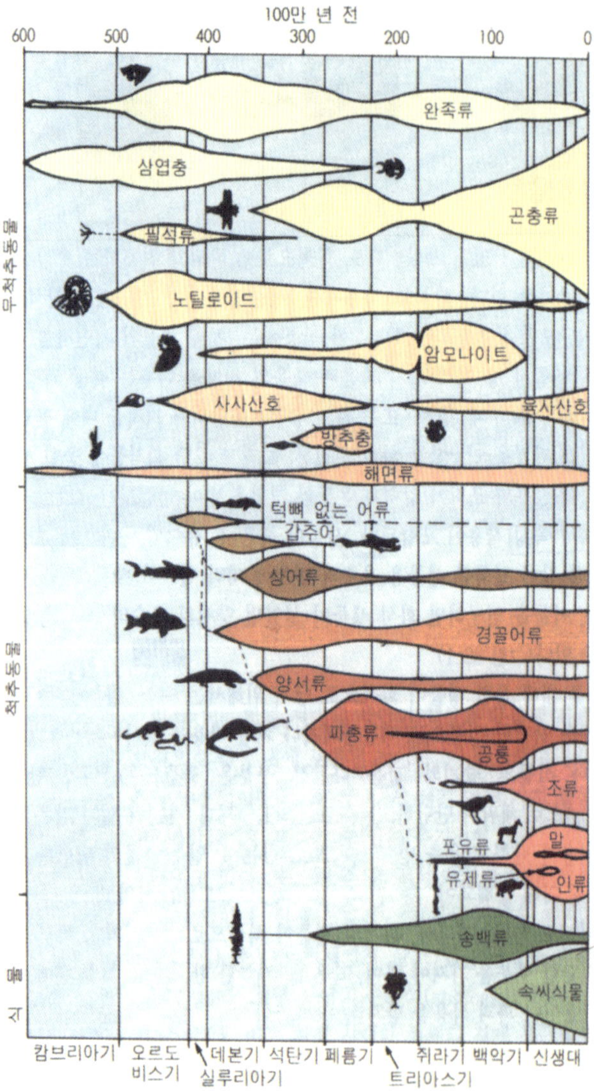

【그림 6-17】 지질시대의 생물

3) 지질시대의 생물

(1) 선캄브리아 시대의 생물

선캄브리아 시대의 암석 내에는 화석이 매우 드물기 때문에 이 시대에 살았던 생물과 이들의 발달 과정을 추적하기가 쉽지 않다. 지금까지 발견된 선캄브리아 시대의 화석 중 가장 오래된 것은 서부 오스트레일리아에 분포하는 35억 년 된 전기 시생대의 퇴적암 내에 들어 있는 쳐트에서 발견된 시아노박테리아(cyanobacteria) 화석이다. 이 화석은 섬유상의 매우 작은 화석으로서 세포들이 사슬처럼 연결되어 있다(그림 6-18). 또한 이 지역에 분포하는 같은 시대의 다른 지층에서는 스트로마톨라이트(stromatolite)가 발견된다. 스트로마톨라이트는 시아노박테리아가 얕은 바다에서 얇은 매트 모양으로 반복하여 쌓여 마운드 모양의 층상 구조를 이룬 석회암이다. 물론 이들 화석보다 더 오래된 유기물이 그린랜드의 38억 년 된 지층에서 발견되었으나 이들이 생물 기원인지에 대해서는 현재 논쟁 중이다. 다만 이 유기물의 ^{12}C에 대한 ^{13}C의 비값이 광합성에 의해 생성된 현생 생물의 이들 비값과 같기 때문에 광합성을 할 수 있는 생물이 시생대 초기에 존재했을 가능성이 높다.

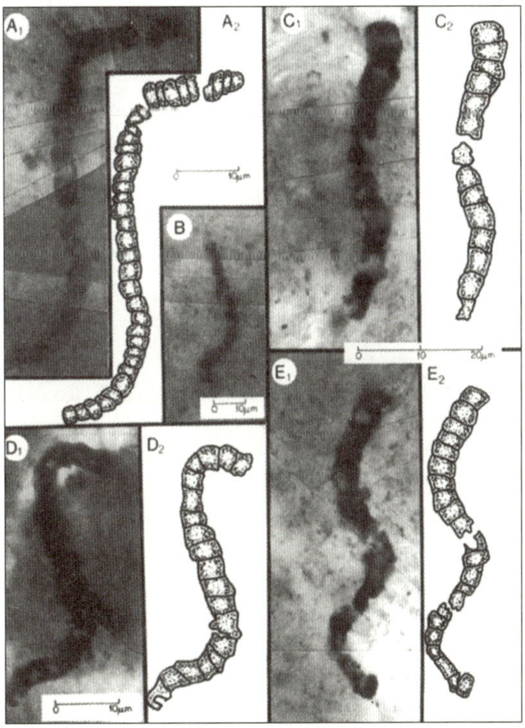

【그림 6-18】 오스트레일리아에 분포하는 35억 년 전 지층에서 발견된 화석

스트로마톨라이트는 시생대의 대표적인 화석이며 중기 원생대까지 계속 수가 늘어났다. 특히 이 시대의 스트로마톨라이트를 형성한 시아노박테리아는 광합성을 통해 대기

중에 산소를 공급하는 데 중요한 역할을 하였다(그림 6-19). 대기 중에 산소의 함량이 증가함에 따라 원생대 중기에는 진핵생물이 출현하였다. 진핵생물은 감수분열을 통해 번식을 함으로 생물의 다양성을 높일 수 있다.

후기 원생대에는 지구상에 최초로 다세포 동물이 출현하였다. 이들 화석은 오스트레일리아의 에디아카라 언덕에 분포하는 사암에서 처음 발견되었으며, 발견 장소의 지명을 따서 이들 화석을 에디아카라 동물군(Ediacara fauna)라 부른다. 이들 화석은 해파리, 산호 등의 선조로 여겨지며, 이들은 단단한 골격이나 껍데기가 없고 모두 흔적화석으로 보존되어 있다(그림 6-20). 그후 에디아카라 동물군

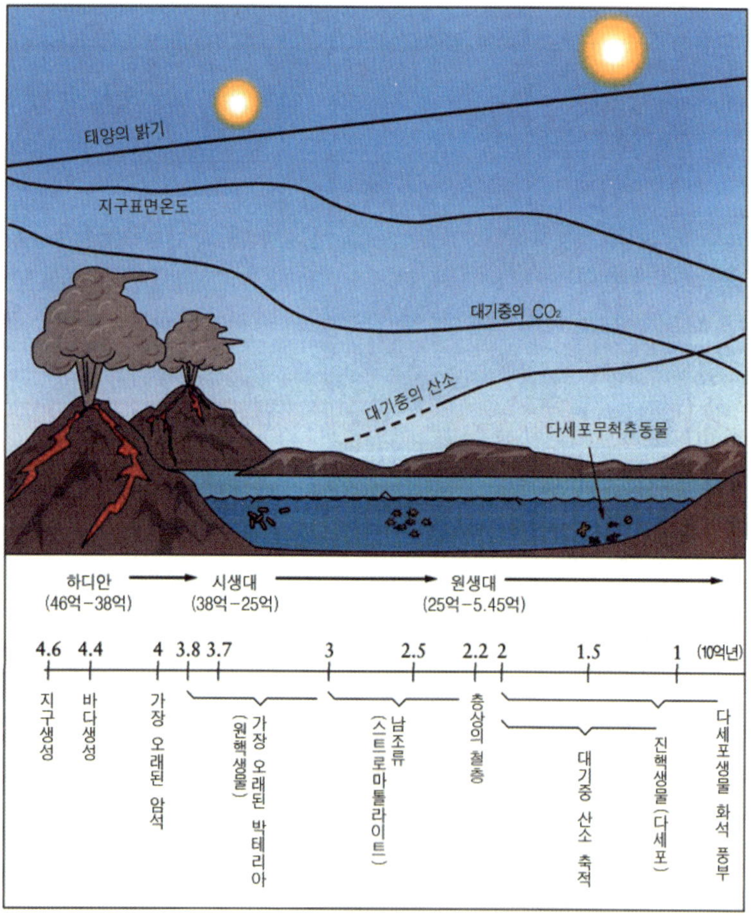

【그림 6-19】 선캄브리아 시대의 대기 성분 변화

【그림 6-20】 에디아카라 동물군 화석과 복원도

과 같은 다세포 동물 화석들이 아프리카, 시베리아, 러시아 등 세계 여러 곳에 분포하는 후기 원생대 지층에서 발견되었다. 에디아카라 동물군이 살았던 시기는 7억 년에서 5억 4천만 년 전 사이이다.

원생대 말의 퇴적암 내에서는 먹이를 섭취하는 과정에서 형성된 흔적 화석이 많이 발견되는데 이는 당시 동물들이 먹이를 찾아 활발하게 활동하였음을 알 수 있다. 선캄브리아 시대의 생물 변화 중 또 다른 큰 변화는 원생대 말에 단단한 껍데기를 가진 생물들이 출현한 점이다. 이들 화석은 크기가 매우 작아 수 mm에 불과하며, 껍데기 성분은 대부분 방해석으로 이루어져 있다. 원생대 말에 단단한 껍데기를 가진 동물이 출현할 수 있었던 것은 당시 바다가 따뜻하였으며, 대기 중의 산소가 어느 정도 포함되어 있었기 때문인 것으로 생각된다. 원생대 말의 대기 중 산소의 함량은 현 대기 중의 산소 함량의 약 6~10% 정도인 것으로 알려졌다.

(2) 고생대의 생물

고생대는 5억 4천 5백만 년 전에 시작하여 약 3억 년 동안 지속되었다. 고생대 동안에는 해침과 해퇴가 수차례에 걸쳐 일어났으며, 얕은 바다가 넓게 발달되어 바다 생물이 번성하였다. 특히 해수면의 변동은 생물들의 발달과 다양성을 가능하게 하였다. 그 결과 고생대에는 다양한 무척추동물과 어류, 양서류 및 파충류가 출현하였다.

고생대 시작과 함께 바다에 많은 생물들이 폭발적으로 급속도로 증가하였다. 특히 주목할 만한 사건은 캄브리아기에 살았던 많은 생물들이 탄산칼슘이나 인산칼슘을 분비하여 껍데기나 외골격을 형성하였던 점이 자외선으로부터 몸을 보호해주어 생물들이 얕은 바다에도 살 수 있었다. 캄브리아기에는 삼엽충이 가장 많이 살았으며, 완족류, 매우 작은 패각류, 원시어류 등이 살았다. 오르도비스기에는 바다 생물들이 크게 번성하였으며(그림 6-21), 삼엽충, 완족류, 두족류, 필석류, 복족류, 갑주어 등이 널리 서식하였다. 우리나라의 태백과 영월지역의 하부 고생대층에서는 이들 확석이 풍부하게 발견된다. 오르도비스기 말에 삼엽충, 완족류, 산호 등의 많은 생물이 멸종하였다(그림 6-22). 이들 생물 멸종 현상은 당시 남반구에 넓게 발달된 빙하 때문에 해수면이 낮아져 생물들의 서식처가 크게 감소하고 기후가 한랭해져 일어났던 것으로 여겨진다.

실루리아기가 시작되면서 바다 생물들의 수는 다시 늘어났으며 이 중 필석류, 산호, 완족류, 갑주어, 바다전갈이 번성하였으며, 육상에는 육상식물(관수식물)이 출현하여 큰 변화가 일어났다. 또한 육상에는 전갈, 노래기와 같은 동물들이 살았다. 데본기는 어류시대라 할만큼 물고기가 크게 번성하였다. 이 시대에는 연골

【그림 6-21】 전기 고생대의 바다에 살았던 생물들의 복원도

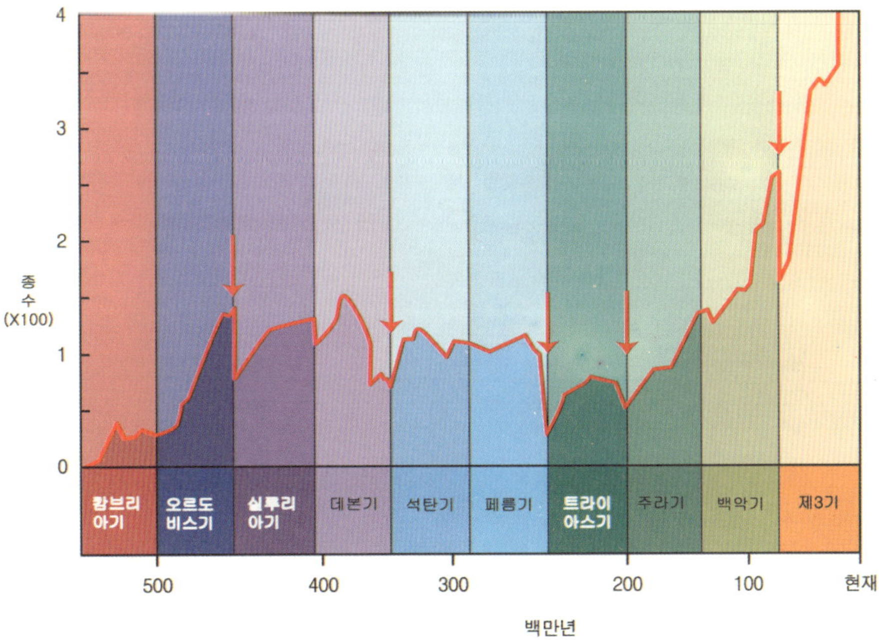

【그림 6-22】 지질시대 동안 일어난 생물의 대량 멸종

어류와 경골어류가 출현하였으며, 새로운 물고기들이 출현하여 종류도 매우 많아졌다. 공기로 숨을 쉴 수 있는 허파물고기와 지느러미 속에 뼈가 발달되어 짧은 거리의 땅 위를 걸어 다닐 수 있는 엽상어류가 이 시대에 출현하였다. 특히 데본기 말에는 엽상어류의 일종으로부터 원시 양서류(*Ichtyostega*)가 출현하였다(그림 6-23). 물고기 외에도 데본기 바다에는 산호, 두족류 등이 널리 서식하였다.

(a) (b) (c) (d)

【그림 6-23】 엽상어류와 *Ichtyostega*의 화석과 복원도
(a) 엽상어류 골격 (b) *Ichtyostega* 골격 (c) 엽상어류복원도 (d) *Ichtyostega* 복원도

【그림 6-24】 후기 고생대의 육상 생물의 생물상

데본기의 육상에는 육상식물이 넓게 분포하였으며, 일부 지역에서는 숲을 이루기도 하였다. 후기 데본기에는 종자양치식물이 출현하였다. 또한 데본기에는 곤충이 최초로 출현하였다. 데본기 말에 산호, 완족류, 삼엽충, 갑주어 등 많은 생물이 멸종하였는데 이들 생물들의 멸종 원인은 아직 명확하게 밝혀지지 않았다.

석탄기와 페름기 육상에는 양치식물과 종자양치식물이 크게 번성하여 큰 숲을 이루었으며, 이들이 쌓여 석탄층을 형성하였다. 또한 이 시기에는 석탄기 말에 출현한 하루살이, 바퀴벌레 등과 함께 많은 곤충과 양서류가 크게 번성하였다. 석탄-페름기에는 지구상에 식물구가 뚜렷하게 형성되었다. 중기 석탄기 초에는 파충류가 출현하여 생물상이 더욱 다양해졌다. 페름기에 살았던 코르다이테스라는 송백류의 키는 무려 50m에 달하였으며, 잠자리는 한쪽 날개 길이가 70cm나 되는 것도 있었다(그림 6-24). 페름기에는 다양한 파충류가 널리 분포하였으며, 등에 돛과 같은 골판이 발달된 독특한 파충류들이 있었다. 또한 페름기에는 포유동물과 비슷한 포유동물형 파충류가 널리 번성하였다. 이들 포유동물형 파충류는 털을 가졌으며, 항온 동물로 새끼를 낳아 젖으로 길렀다. 이들은 중생대 초에도 널리 서식하였으며 후기 트라이아스기에 포유동물로 진화하였다.

석탄기와 페름기 바다에는 유공충, 산호, 두족류, 완족류 등이 널리 서식하였다. 특히 석탄-페름기의 표준화석인 방추충(유공충의 일종)이 크게 번성하였다.

고생대말에는 규모가 가장 큰 생물의 멸종 현상이 일어났다. 바다 생물 종(species)의 90% 이상이 멸종하였으며, 육상에 살았던 척추동물 과(family)의 70% 이상이 멸종하였다(그림 6-22). 이 때 지구상에서 완전히 사라졌던 생물은 삼엽충, 방추충, 사사산호, 판상산호, 바다전갈, 글로솝테리스 등이다. 페름기 말에 있었던 생물의 대량 멸종의 원인은 팡게아 형성, 빙하의 발달, 소행성 충돌설, 화산 활동, 기후 변화 등 여러 가지로 논의되고 있다.

(3) 중생대의 생물

중생대는 파충류의 시대라 할 만큼 파충류가 널리 번성하였다. 고생대 말의 멸종 위기를 넘긴 포유동물형 파충류와 조치류(thecodont)가 중생대 초에 서식하였다. 이 중 포유동물형 파충류는 트라이아스기에 서서히 감퇴하였다. 이에 반해 조치류는 다양하게 발달하였으며, 이로부터 후기 트라이아스기에 공룡, 익룡이 진화되어 나왔다. 공룡은 골반구조에 따라 새궁둥이형 공룡(조반목)과 도마뱀궁둥이형 공룡(용반목)으로 나뉘며, 이들은 후기 트라이아스기에 같은 조상으로부터 갈라져 나왔다. 도마뱀궁둥이형 공룡은 다시 육식공룡(therapods)와 초식공룡(sauropods)로 나뉜다(그림 6-25). 중생대 육상에는 소나무, 은행류, 소철류 등의 겉씨식물이 널리 발달하였다. 또한 이 시대의 바다에는 암모나이트, 이매패, 성게, 어룡 등이 크게 번성하였으며, 하늘에는 익룡이 날아다녔다(그림 6-26). 후기 트라이아스기에 포유동물형 파충류부터 포유동물이 진화되어 나왔다. 최초의 포유류는 들쥐 정도의 크기이며 몸은 털로 덮여 있었다. 대부분의 중생대 포유류는 크기가 작은 식충동물이었으며, 이들은 아마 야행성이었을 것으로 믿어진다.

트라이아스기 말에는 생물의 멸종 현상이 일어나 바다에 살던 생물 과(family)의 20% 이상이 멸종하였다(그림 6-22). 이 때 완족류, 이매패, 암모나이트, 어룡 등과 같은 바다 생물들의 일부가 멸종하였으며, 육상 생물 중에서는 대형 양서류, 포유동물형 파충류 등이 멸종하였다. 트라이아스기 말의 생물들의 멸종 현상에 대한 원인은 기후의 건조화, 대규모의 화산 분출, 캐나다에 떨어진 소행성의 충돌 등에 의한 기후 변동으로 여겨지고 있다. 트라이아스기 말에 많은 생물

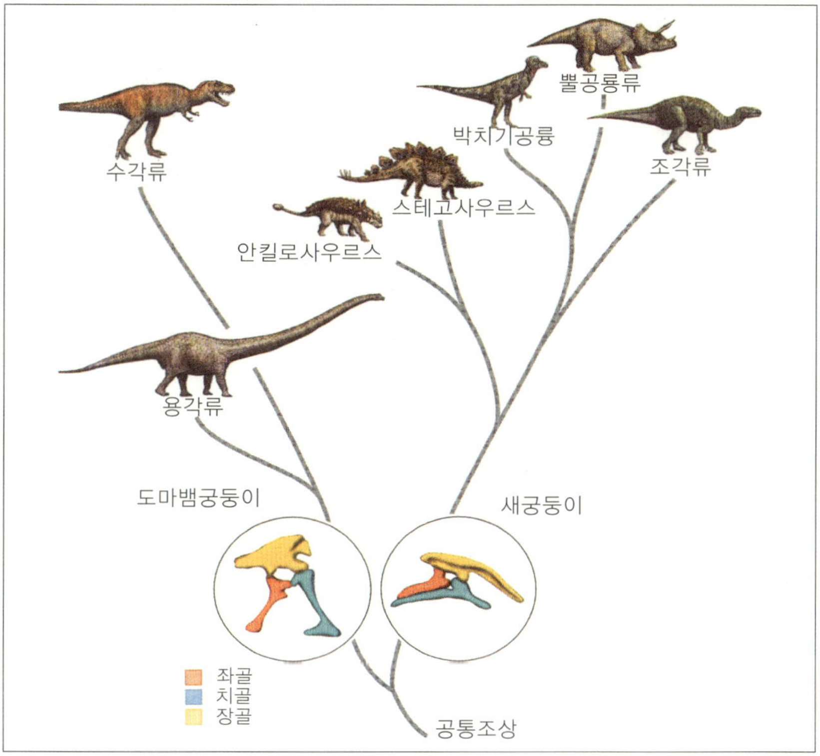

【그림 6-25】 공룡의 진화 과정

【그림 6-26】 중생대 생물의 생물상

(a) (b)

【그림 6-27】 시조새의 화석(a)과 복원도(b)

들이 멸종됨에 따라 경쟁자가 없어진 새로운 환경에서 공룡은 더욱 번성하게 되었다.

후기 주라기에 시조새(Archaeopteryx)가 출현하였다(그림 6-27). 이 화석은 남부 독일의 졸른호펜(Solnhofen) 지역에 분포하는 세립의 석회암에서 발견되었다. 이 시조새 화석은 까마귀 정도의 크기이며, 이빨, 4개의 다리, 꼬리뼈, 그리고 깃털을 가지고 있다. 특히 시조새와 작은 육식공룡(theropod)은 골격구조에 있어 매우 유사하다. 따라서 시조새는 파충류에서 새로 진화해가는 중간단계의 생물로 여겨진다. 백악기 바다에는 부유성 유공충과 코코리스를 가진 단세포 조류가 널리 서식하였으며, 이들은 백악을 형성하는 데 크게 기여하였다.

백악기 말에 생물의 대량 멸종 현상이 일어났으며, 이 규모는 페름기 말의 멸종 규모에 이어 두 번째로 크다. 이 사건이 백악기와 제3기 사이에 일어났기 때문에 이 경계를 흔히 K-T 경계라 부른다. 이 생물 멸종 사건에 의해 바다 생물 종(species)의 80 내지 90%가 멸종하였으며, 육상 생물 속(genus)의 50% 이상이 멸종하였다(그림 6-22). 이 때 멸종된 바다 생물에는 암모나이트, 벨렘나이트,

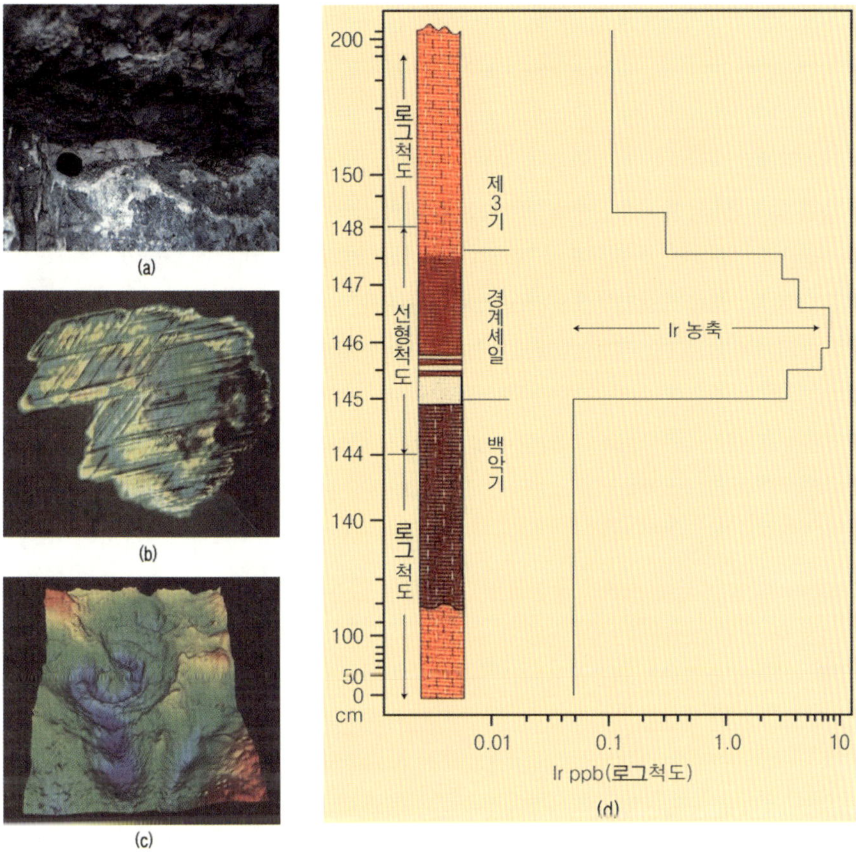

【그림 6-28】 K-T 경계에 발달된 Ir이 풍부한 셰일(a), 충격 석영(b), 운석구(c) 및 Ir의 이상분포(d)

어룡, 부유성 유공충 등이 있으며, 육상에서는 공룡, 익룡 등이 영원히 사라졌다. 이들 생물의 대량 멸종의 원인으로는 질병의 창궐, 기후의 급변, 서식처의 감소, 초신성의 폭발, 소행성의 충돌 등이 거론되고 있다. 최근 세계 여러 지역의 K-T 경계에 분포하는 셰일층에서 많은 이리듐과 충격 받은 석영(coesite)이 발견되면서 소행성 충돌설이 더 많은 지지를 받고 있다(그림 6-28). 이리듐은 소행성 내에 풍부한 원소이다. 또한 K-T 경계에 발달된 셰일층에서는 세립의 다이아몬드 입자와 소형의 구형 유리질 입자들이 발견된다. 유리질 입자는 소행성 충돌시 대기 중으로 분출되었던 암석의 용융 물질들이 냉각되어 생성된 것으로 여겨진다. 이 때 지구와 충돌한 소행성의 크기는 약 10km 정도이며, 멕시코의 유카탄 반도에 떨어져 직경이 약 100km나 되는 운석구를 형성하였다.

(4) 신생대 생물

포유동물은 공룡과 동시에 후기 트라이아스기에 출현하였으나 중생대 동안에는 공룡의 그늘에 가려 크게 발전하지 못하였다. 그러나 신생대가 시작되면서 포유동물은 폭발적으로 발전하였으며, 형태가 다양해졌고, 종의 수도 많아졌으며, 지리적으로도 넓게 분포하게 되었다. 신생대 초에 10개 과(family) 정도의 포유동물이 존재하였으며, 전기 에오세에는 약 100개 과로 늘어났고, 현생 포유동물의 대부분은 에오세에 출현하였다. 신생대 동물군 중에서 가장 큰 비중을 차지하는 것은 유태반류(Eutheria)이다. 포유동물 중 가장 고등으로 발달한 영장류(Primates)는 식충동물로부터 유래된 것으로 여겨지며, 가장 원시적인 원원류(Prosimiae)는 신생대 초에 출현하였다. 꼬리 없는 원숭이와 성성이류(Pongidae)는 올리고세에 출현한 것으로 밝혀졌다.

또한 신생대에는 조류(鳥類)도 크게 번성하였다. 매와 올빼미 같은 맹금류는 제3기 초기에 출현하였다. 에오세 때 북아메리카에는 키가 2m나 되며 날지 못하는 대형의 새가 살았다(그림 6-29a). 그래서 신생대를 포유동물의 시대, 또는 조류 시대라고 한다. 이와 같이 신생대에 포유동물이 빠르게 발전하게 된 동기는 백악기 말에 공룡들이 멸종함으로써 경쟁자가 없어졌기 때문이다. 한편 신생

(a)

(b)

【그림 6-29】 신생대의 생물. (a) 제3기의 날지 못하는 새(*Diatryma*) (b) 제4기의 매머드

대 제3기 중기에 북아메리카와 남아메리카가 파나마 지협으로 연결되면서 양 대륙 간에 많은 동물들의 이동이 있었다. 특히 북아메리카에서 이동해온 많은 육식동물들에 의해 남아메리카의 유대류 및 날지 못하는 많은 새들이 넓은 범위에 걸쳐 사라졌다. 이 때 주머니쥐와 아르마딜로 같은 소수의 동물이 남아메리카에서 북아메리카로 이주하였다. 뉴질랜드와 마다가스카르 섬과 같이 고립된 지역에도 날지 못하는 대형 새들이 플라이스토세까지 살았으나 이 지역에 인류가 도착하면서 완전히 사라졌다.

신생대에는 꽃씨식물과 침엽수가 크게 번성하였다. 제3기 팔레오세까지 식물상은 백악기 후기 생물상과 비슷하였으며, 에오세 이후의 식물구성은 오늘날의 식물상과 거의 같다. 제3기에는 기후에 따라 스텝, 툰드라, 타이가 등과 같은 지리적 식물구가 형성되었다. 가장 뚜렷한 식물상의 변화는 풀(초본식물)의 출현이다. 풀은 마이오세에 기후가 보다 한랭하고 건조해짐에 따라 더욱 번성하여 넓은 초원을 이루었다. 특히 풀은 동물들이 뜯어 먹어도 바로 되자라는 성질 때문에 넓게 분포할 수 있었다. 이들 풀의 뛰어난 적응력은 이들을 먹고 사는 동물들의 진화, 발전에 큰 영향을 미쳤다.

플라이스토세 북반구에는 체구가 큰 다양한 포유동물들이 살았다. 당시 북아메리카에는 매머드, 마스토돈, 대형 비버, 낙타, 말 등이 배회하며 돌아다녔다(그림 6-29b). 그러나 8천 년에서 1만 2천 년 전에 이들이 모두 사라졌다. 특히 몸무게가 40kg 이상 되는 동물들이 북아메리카와 남아메리카에서 75% 이상 사라졌다. 이와 함께 플라이스토세에 살았던 날지 못하는 대형 새들도 같은 운명을 겪었다. 이와 같은 대형 동물들의 멸종은 인류에 의한 지나친 사냥(overkill)에 기인한 것으로 여겨지고 있다.

(5) 인류의 기원과 진화

화석 기록에 의하면 최초의 영장류는 백악기 말에 식충동물로부터 진화되었다. 영장류는 크게 원원류와 유인원류로 구분된다. 원원류의 화석은 북아메리카와 아시아의 에오세와 올리고세 지층에서 발견된다. 최초의 유인원 화석(*Aegyptophitecus*)은 이집트 카이로 부근에 분포하는 올리고세 지층에서 발견되었다. 이 유인원은

(a) (b)

【그림 6-30】 오스트랄로피테쿠스 아파렌시스의 발자국 화석(a)과 복원도(b)

나무 위에서 살았으며 눈은 얼굴 정면에 발달되었다. 후기 제3기의 기후는 건조하고 한랭했으며, 이러한 새로운 기후 하에서 *Dryopithecus*가 전기 마이오세에 출현하였다. *Dryopithecus*는 인류와 성성이과의 공통 조상으로 여겨지고 있다.

후기 마이오세와 초기 플라이오세 사이의 지층에서 유인원과 인류 화석이 산출되지 않아 인류의 진화 과정을 밝히기가 쉽지 않다. 사람과 침팬지의 DNA의 차이를 연구한 생물학자들은 유전자 진화 속도에 근거하여 400만에서 600만 년 전 사이에 인류와 유인원이 분리되었음을 보고하였다. 최근 이디오피아 북부 지역에 분포하는 440만 년 된 지층에서 최초의 인류로 여겨지는 화석(*Ardripithecus*)이 발견되었다. 이 화석은 사람과 유인원의 혼합된 모습을 가지고 있어 실제로 이들이 직립 보행을 하였는지는 확실하지 않다.

약 420만 년 전 지층에서 인류 화석으로 여겨지는 *Australopithecus*가 발견되었다. 이 인류 화석은 현대인에 비해 키가 훨씬 작았으며, 두개골은 침팬지 두개골보다는 컸으나 현대인의 두개골에 비해 1/3 정도였다. 루시(Lucy)라고 알려진 인류 화석은 390만 년 전에서 300만 전 년까지 살았던 *Australopithecus afarensis*이다. *A. afarensis*가 남긴 발자국 화석이 아프리카에 분포하는 350만년 전 화산재층에서 발견되었다(그림 6-30). 사람 속(genus)인 호모(*Homo*)는 240만 년 전에 처음 출현하였다. *Homo* 인류는 *Australopithecus* 인류보다 두개골의 용량은 크고 턱뼈와 이빨은 작았다(그림 6-31). 이들의 골반 뼈와 긴 다리뼈는 이들이 주로 땅 위에서 생활을 하였음을 보여준다. 이는 후기 플라이오세에 북아메리카 지역에 빙하기가 시작되면서 아프리카의 기후가 건조하고 한랭해짐에 따라 대부분의 숲의 환경이 사반나의 초원 환경으로 바뀌었기 때문인 것으로 여겨진다. *Homo habilis*(솜씨 좋은 사람)는 최초의 호모 인류로 크기 당시 함께 살았던 *Australpithecus*보다 크지 않았으나 두개골은 훨씬 컸다. 이들의 두개골은 현대인의 절반 정도였다. *Homo erectus*는 180만 년 전에서 25만 년 전까지 살았던 인류이다. 이들 인류는 최초로 아프리카를 떠나 전기 플라이스토세에는 유럽과 아시아를 거쳐 인도네시아와 중국까지 진출하였다. 이들의 키와 두개골은 *Homo habilis*보다 컸다.

*Homo erectus*는 잘 다듬어진 석기를 만들어 사냥하는 데 사용하고 불을 사용할 줄 알았다. 자바, 중국 베이징 및 독일의 하이델베르크에서 발견된 인류는 *H. erectus*에 속한다. 30만 년 전에서 20만 년 전 사이에 유럽과 중동 지역에는 두개골이 크고 근육이 많이 발달된 육중한 네안데르탈인(*Homo neander-thalensis*)이 살았다. 네안데르탈인은 동

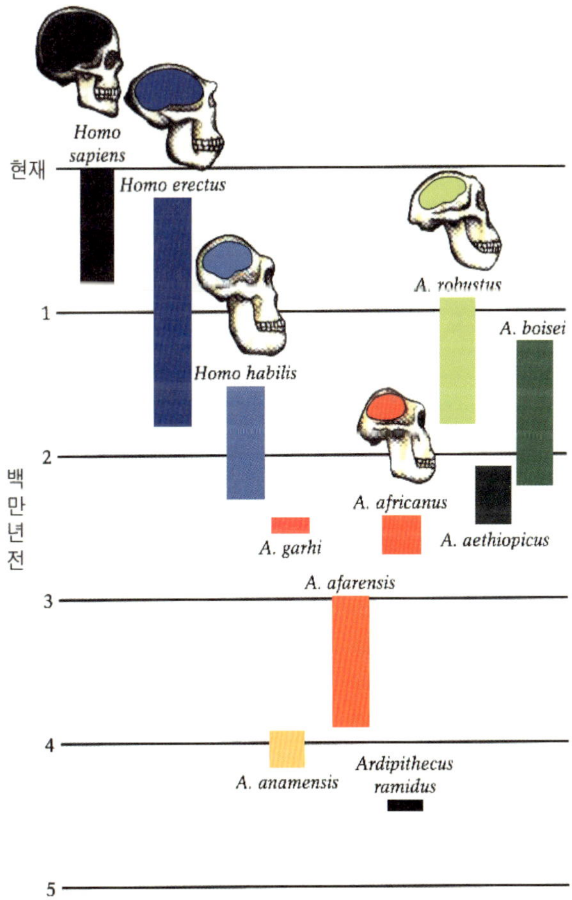

【그림 6-31】 인류 화석의 변화 과정. 진화함에 따라 인류의 두개골의 크기가 크게 증가하였다.

【그림 6-32】 크로마뇽인 그린 벽화

굴에 살았지만 조잡한 집도 지었으며, 창을 사용하여 사냥을 하였다. 이들은 죽은 시체를 매장했던 점으로 미루어 원시신앙과 제례의식을 가졌을 것으로 여겨진다. 일부 학자들은 네안데르탈인을 현대인(*Homo sapiens*)의 아종으로 여기고 있으나 이들의 DNA 분석 결과 현대인과 네안데르탈인은 서로 다른 종으로 확인되었다. 이러한 DNA 차이에 근거할 때 현대인과 네안데르탈인은 약 5만 년 전에 서로 갈라졌던 것으로 믿어진다. *Homo sapiens*의 기원에 대해서는 2가지 학설이 있다: 첫 째는 *Homo erectus*로부터 다양한 지역에서 *Homo sapiens*가 동시에 출현하였다는 학설이며, 둘째는 30만에서 10만 년 전에 아프리카에서 *Homo sapiens*가 출현한 후 다른 대륙으로 이주하였다는 주장이다. 최근 미토콘드리아와 Y 염색체의 DNA 돌연변이률을 조사한 결과 *Homo sapiens*는 아프리카에서 출현하였다 한다. Homo sapiens는 10만 년 전에 아프리카를 떠났으며 네안데르탈인에 막혀 중동 지역에 상당 기간 머물렀었다. 이들은 4 내지 5만 년 전에 비로소 아프리카를 떠나 아시아를 거쳐 전 세계로 퍼져나갔다. 인류의 두개골의 크기와 진화 과정은 그림 6-29와 같다.

몸이 가볍고 이마가 수직이며 턱이 뚜렷하게 발달된 현대인은 약 35,000년 전에 유럽까지 진출하였으며, 독특한 크로마뇽 문명을 남겼다. 이들은 돌, 나무, 뼈를 이용하여 도구를 만들었으며, 조개껍데기와 상아로 장신구를 만들었다. 이들은 악기를 만들어 불고, 시체를 매장하였으며, 아름다운 동굴벽화를 남겼다(그림 6-32).

단 원 요 약

1. 지질시대는 매우 길어 일상생활의 시간 개념으로는 이해하기가 쉽지 않다.
2. 지질연대는 상대연령과 방사성 연령(절대 연대) 구분하여 나타낸다.
3. 지층의 상대연령은 지층누중의 원리, 절단의 원리, 동물군 변화의 원리, 포획의 원리를 적용하여 측정한다.
4. 광물과 암석의 방사성 연령은 U-235, U-237, K-40, C-14 등의 방사성 동위원소를 이용하여 측정한다.
5. 방사성 원소가 붕괴하여 처음 양의 절반이 되는데 걸리는 시간을 반감기라 한다.
6. 지질시대는 선캄브리아 시대, 고생대, 중생대 및 신생대로 구분된다.
7. 지구상에서 가장 오래된 암석은 캐나다에 분포하는 39억 6천만 년 된 편마암이다.
8. 지구상의 생명체는 생화학적인 합성에 의해 생성된 후 지금까지 꾸준히 진화하여 왔다.
   - 화석화작용은 생물의 죽는 과정, 사후운반 및 파괴작용, 그리고 화석속성과정을 포함한다.
   - 화석은 이용도에 따라 표준화석과 시상화석으로 구분된다.
9. 지구상에서 가장 오래된 화석은 35억 년 된 스트로마톨라이트 내에서 발견되었다.
10. 진핵생물은 원생대 중기에 출현하였으며, 다세포 동물 화석은 원생대 말의 지층에서 발견된다.
11. 척추동물은 후기 캄브리아기에 출현하였으며, 양서류는 후기 데본기에, 파충류는 중기 석탄기 초에 각각 출현하였다.
12. 포유동물과 공룡은 트라이아스기 말에 출현하였다.
13. 최초의 육상식물은 실루리아기에 출현하였으며, 겉씨식물은 후기 고생대에, 그리고 꽃씨식물은 전기 백악기 말에 출현하였다.
14. 영장류는 백악기 말에 출현하였다.
15. 인류의 조상은 약 500만 년 전에 아프리카에서 출현하였다.
16. 지질시대 동안 5회에 걸쳐 생물들의 대량 멸종 현상이 일어났으며, 고생대 말에 있었던 생물의 멸종 현상의 규모가 가장 컸다.
17. 백악기 말의 생물멸종은 지구에 커다란 운석이 떨어져 일어났다.

중 요 용 어

상대연령, 절대연령, 방사성 원소, 대비, 동일과정의 원리, 지층누중의 원리, 절단의 원리, 포획의 원리, 부정합, 동물군 변화의 원리, 선캄브리아 누대, 현생누대, 고생대, 중생대, 신생대, 하디안, 원생대, 화석, 화석화작용, 캄브리아기, 오르도비스기, 실루리아기, 데본기, 석탄기, 페름기, 트라이아스기, 주라기, 백악기, 제4기, 제3기, 영장류, 생물 멸종, K-T 경계

연 습 문 제

가. 다음 물음에 가장 적합한 답을 고르시오.

1. 선캄브리아누대의 대표적인 화석은?
   ① 스트로마톨라이트 ② 삼엽충 ③ 소형 패각류 ④ 필석류
2. 탄소-14의 반감기는?
   ① 45억 년 ② 130억 년 ③ 5730 년 ④ 80,000 년
3. 방사성 붕괴시 원자 번호 1이 감소하는 붕괴 방법은?
   ① α 붕괴 ② β 붕괴 ③ γ 붕괴 ④ 전자포획
4. 암석의 침식면 위에 새로운 퇴적물이 쌓여 생성된 경계는?
   ① 관입 ② 단층 ③ 부정합 ④ 정합
5. 시조새가 출현한 지질시대는?
   ① 페름기 ② 트라이아스기 ③ 주라기 ④ 백악기
6. 탄소-14를 이용하여 측정할 수 있는 연령의 범위는?
   ① 50,000 ~ 200,000 년 ② 70,000 ~ 150,000 년
   ③ 1백만 ~ 45억 년 ④ 100 ~ 80,000 년
7. 지질시대를 구분하는 데 가장 기본이 되는 단위는?
   ① 누대 ② 대 ③ 기 ④ 세
8. 멀리 떨어져 있는 지층의 생성 시기가 같은가를 비교하는 것은?
   ① 동일과정의 원리 ② 지층누중의 원리 ③ 동물군 변화의 원리 ④ 대비

나. 다음 설명이 옳으면 ○표를, 틀리면 ×를 하고 틀린 부분에 밑줄을 긋고 바르게 고치시오.

1. 생물이 화석으로 보존되기 위해서 서서히 묻혀야 한다. (　　)
2. C-14 연대 측정에서 자원소의 양을 측정하여야 한다. (　　)
3. 방사성 원소는 에너지가 주어져야 붕괴한다. (　　)
4. 파충류는 체구의 크기에 비해 두개골의 용량이 작다. (　　)
5. 지질시대 중 길이가 가장 길었던 시대는 고생대이다. (　　)
6. 해저 열곡에서 해수의 온도는 약 4~5℃이다. (　　)
7. 시상화석은 지질시대를 결정하는 데 유용한 화석이다. (　　)
8. 생물멸종현상 중 규모가 가장 컸던 것은 백악기 말의 멸종이다. (　　)
9. 태양의 밝기는 태양 생성 초기에 가장 밝았다. (　　)
10. 우리나라의 신생대층에서는 암모나이트 화석이 풍부하게 산출된다. (　　)

다. 다음 (　　) 속에 적당한 말을 써넣으시오

1. 최초의 양서류가 출현한 시기는 (　　　)이다.
2. 지느러미 속에 뼈가 발달되어 있는 어류를 (　　　)라 한다.
3. 최초로 출현한 다세포 동물 화석을 (　　　)이라 한다.
4. 화석 중 지질시대 결정과 지층 대비에 유용한 화석을 (　　　)이라 한다.
5. 최초의 인류 화석은 (　　　)에서 출현하였다.
6. 화석을 이용하여 지층의 상대연령을 결정하는 원리를 (　　　　)(이)라 한다.
7. 층상의 철광층이 생성된 시대는 (　　　　)이다.
8. 여러 번에 걸쳐 일어난 생물의 대량멸종 중 그 규모가 가장 컸던 때는 (　　　)이다.
9. 지질시대 구분 단위 중 기본 단위는 (　　)이다.
10. 현재와 같은 우리나라 모습이 갖춰진 시대는 (　　　)이다.

라. 다음 질문에 대하여 답하시오.

1. 동일과정의 원리를 설명하라.
2. 동물군 변화의 원리를 설명하라.
3. 방사성 연대 측정 원리를 설명하라.
4. 현대기의 탄소-14와 탄소-12의 비값은 10^{-12}이다. 지층 속에서 발견된 뼈의 탄소-14와 탄소-12의 비값이 $0.25x10^{-12}$로 나타났다. 이 뼈의 절대연령은 얼마인가?

5. 지구의 연령은 얼마인가?
6. 반감기란 무엇인가?
7. 방사성 원소를 이용하여 퇴적암의 방사성 연령을 직접 측정할 수 없는 까닭은?
8. 생물의 진화 요인을 설명하라.
9. 인류 화석의 진화과정을 설명하라.
10. 백악기 말의 생물의 멸종 현상을 설명하라.
11. 탄소-14의 방사성 연대의 측정 방법을 설명하라.
12. 캄브리아기 초에 생물들이 폭발적으로 발달한 원인을 설명하라.
13. 판의 운동이 생물의 진화에 어떻게 영향을 미치는지 설명하라.
14. 화석화 작용을 설명하라.
15. 표준화석에 대하여 설명하라.
16. 생물의 기원에 대하여 설명하라.
17. 선캄브리아 시대, 고생대, 중생대 및 신생대 생물에 대하여 설명하라.

대기의 특징

우리는 신문과 TV 등 대중매체를 통해 날씨에 관한 정보를 매일 보고 듣는다. 과연 기상학자들은 날씨의 변화를 어떻게 예보할 수 있는 것일까? 또한 공기는 어떻게 이동하며 날씨의 변화는 왜 일어날까? 이 장에서는 날씨에 관한 위와 같은 물음에 대해 알아보고자 한다.

1. 지구 대기의 성분

지구는 공기의 얇은 막으로 둘러싸여 있는데 이 공기의 막을 대기라 한다. 지구의 대기는 여러 종류의 기체와 매우 적은 양의 부유물로 이루어진다. 지구 대기는 지상 약 700km까지 존재하고, 그 이상의 높이에서는 공기가 거의 없는 진공상태이다. 지구 대기의 99%는 지상 약 32km 이하에 존재한다. 그리고 대기권 하부의 대기는 끊임없이 혼합되어 주요 기체의 상대적인 함량은 지표로부터 80km까지 거의 일정하다. 이와 같이 대기의 성분 함량이 비슷한 대기권의 하부층을 동질권이라 한다.

1) 대기의 기원

지구 대기는 지구 생성이후 지금까지 꾸준히 변하여 왔다. 아마 지구의 초기 대기는 우주에서 가장 풍부한 수소와 헬륨으로 이루어졌으며, 소량의 암모니아와 메탄을 포함하였을 것이다. 태양이 완전한 별로 발달함에 따라 태양으로부터 부는 강한 태양풍에 의해 지구 초기 대기는 대부분 쓸려 나가고 현 지구대기는 2차적으로 생성된 기체들이다.

지구 내부의 마그마 챔버의 온도가 내려감에 따라 광물이 정출되면 수증기, 이산화탄소, 질소와 같은 휘발성분의 양은 증가하게 된다. 지구의 초기 대기의 진화는 화산가스의 분출에 크게 영향을 받았다. 마그마 챔버에 갇혀있던 휘발성 기체들의 양이 증가하여 압력이 커지면 이 기체들은 지표의 암석을 뚫고 대기 중으로 분출하게 된다(그림 7-1). 지구 초기에 분출된 화산 가스는 오늘날 화산 분출가스와 비슷하게 약 85%의 수증기, 10%의 이산화탄소, 그리고 5%의 질소로 구성되었을 것이다. 지구의 초기 대기 중에는 산소가 존재하지 않았다. 지구 대기의 자유 산소는 남조류와 녹조류와 같은 원시 식물이 출현하여 광합성을 함으로써 서서히 생성되기 시작하였으며, 대기권에 자유 산소의 양이 증가함에 따라 지구 대기권의 성층권에는 오존층이 형성되었다. 그리고 이 오존층이 지구에 도달하는 자외선을 차단해 줌으로써 생명체들이 지구 표면에서 살 수 있게 되었다.

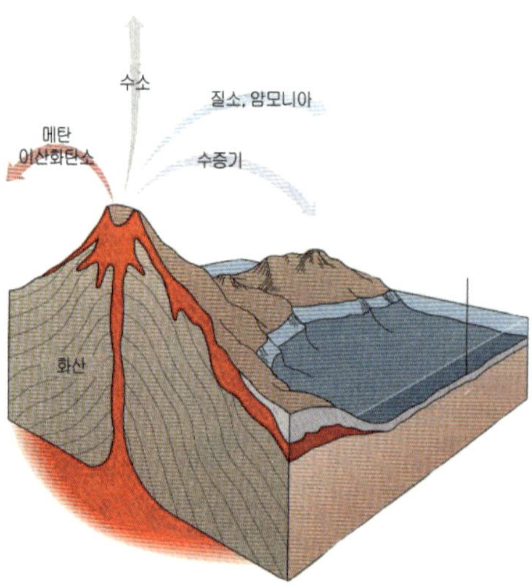

【그림 7-1】 화산활동에 의한 가스분출

2) 대기의 성분

지구 대기를 이루는 공기는 크게 두 그룹으로 나뉜다(표 7-1). 영구기체(permanent gas)는 대기 중에서 일정한 성분비를 가진다. 영구 기체는 질소, 산소, 아르곤, 네

<표 7-1> 지구 대기의 성분과 함량

영구 기체			변량 기체			
기 체	기호	백분비(부피)	기 체	기 호	백분비(부피)	PPM
질 소	N_2	78.08	수증기	H_2O	0~4	
산소	O_2	20.95	이산화탄소	CO_2	0.035	355
아르곤	Ar	0.93	메탄	CH_4	0.00017	1.7
네온	Ne	0.0018	이산화질소	N_2O	0.00003	0.3
헬륨	He	0.0005	오존	O_3	0.000004	0.04
수소	H_2	0.00006	미립자		0.000001	0.01
세논	Xe	0.000009	프레온 가스		0.00000001	0.0001

온, 헬륨, 수소, 세논 등으로 이루어져 있다. 이중 질소는 대기의 약 78%를 이루며, 산소는 약 21%를 차지한다.

변량 기체(variable gas)란 대기 중에서 함량비가 변하는 기체다. 수증기, 이산화탄소, 프레온 가스 등이다. 이들 변량 기체 양의 변화는 지구환경을 변화시키는 특징이 있다. 수증기는 기체 상태의 물로서, 대기 중에 포함된 양은 지역에 따라 크게 다르다. 예를 들면, 습윤한 열대지역에서 수증기는 약 4%까지 포함되나 건

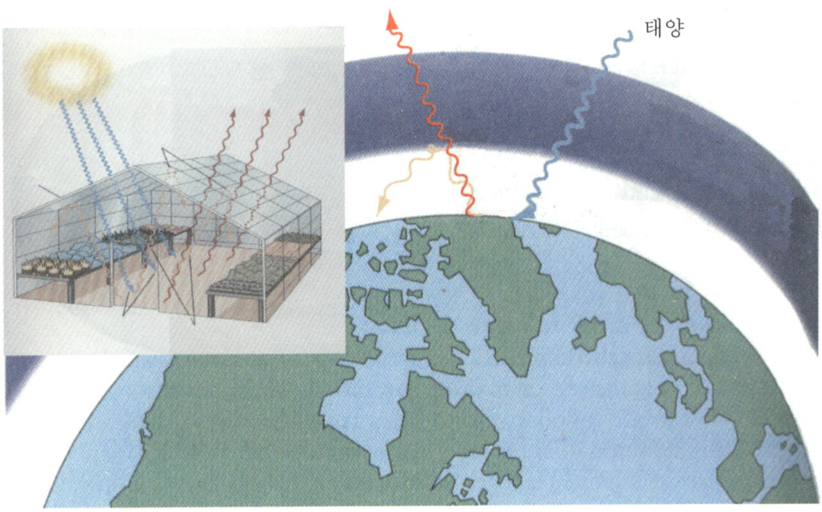

【그림 7-2】 온실효과

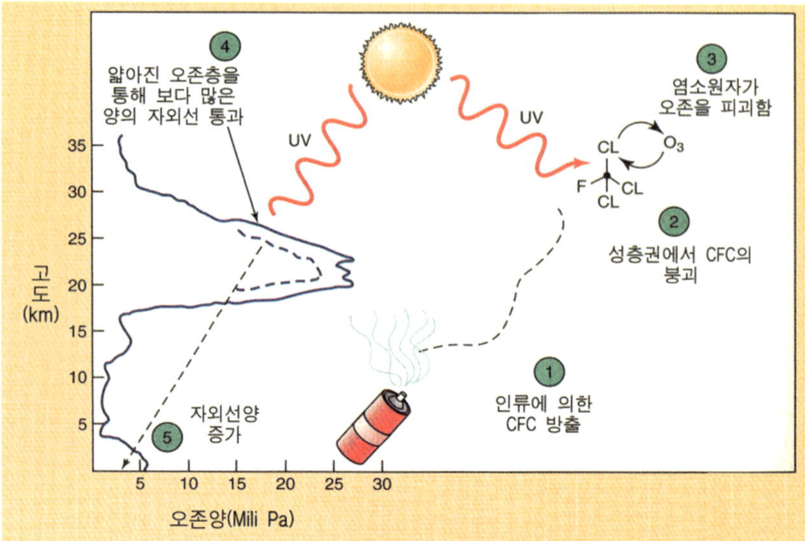

【그림 7-3】 오존층의 파괴 원리(①~⑤)

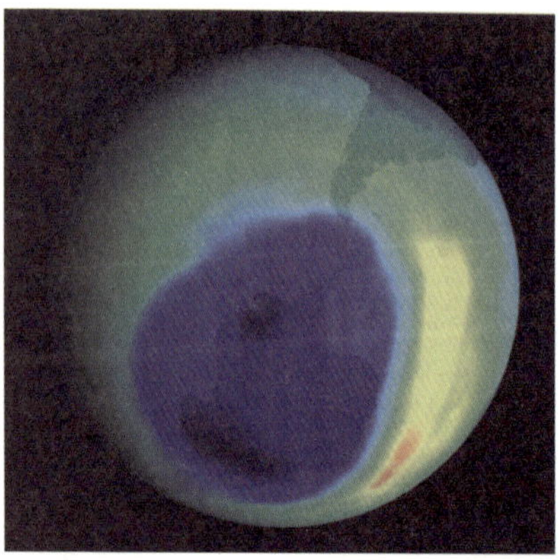

【그림 7-4】 오존 구멍

조한 극지방에서는 약 0.5%밖에 포함하지 않는다. 대기 중의 수증기 함량은 매일 달라지며 날씨 변화를 일으키는 중요한 요소이다. 대기 중의 이산화탄소 양은 0.035%로 매우 낮다. 그러나 18세기 산업혁명 이후 화석연료의 사용이 크게 늘어나면서 대기 중의 이산화탄소의 양이 서서히 증가하고 있다. 이산화탄소의 양은 적지만 수증기, 메탄 등과 함께 지구의 장파복사를 차단하여 지구 대기의 온도를 상승시키는 온실효과를 일으킨다(그림 7-2). 온실효과는 전 지구적으로 대기의 온도를 상승시키는 중요한 역할을 한다. 메탄은 산소가 부족한 조건에서 유기물이 분해될 때 생성된다. 지구 대기의 메탄은 주로 가축과 쌀 경작지에 사는 분해 박테리아에서 생성된다.

대기 중의 SO_2 양은 0.000001%로 매우 작은 양이지만 질소산화물과 함께 대기 상층에서 수증기와 만나 H_2SO_4와 HNO_3와 같은 산성 물질을 형성하게 된다. 이들이 빗물과 함께 내리면 산성비가 된다. 일반적으로 산성비의 pH는 5.6 이하이다. 최근 화석연료의 사용량이 크게 늘어나면서 삼림이 파괴되고 토양이 산성화되는 등 산성비에 의해 그 피해가 더욱 심해지고 있다.

또한 변량 기체 중 매우 적은 양으로 존재하면서 지구환경변화에 중요한 역학을 하는 기체는 프레온 가스(Freon gas)이다. 프레온 가스는 인공으로 만든 염화플루오르탄소(CFCs)이다. 이 기체는 안정하고 인체에 해가 없어 발포제, 냉매제, 스프레이 등에 널리 사용되었다. 그러나 프레온 가스가 성층권으로 올라가면 자외선에 의해 염소원자가 프레온 가스로 분리되며, 이 염소 원소가 오존층을 파괴하게 된다(그림 7-3). 오존 구멍(Ozone hole)이란 오존이 파괴되어 오존층의 두께가 얇아진 곳을 말한다(그림 7-4).

2. 대기권의 수직구조

대기권은 기온 분포에 따라 대류권, 성층권, 중간권 및 열권으로 나뉘며, 각 층들은 뚜렷한 특성을 가지고 있다(그림 7-5). 가장 하부 층은 기상현상이 일어나는 대류권이다. 대류권의 높이는 적도에서는 16km, 극지방에서는 8km 높이이다. 제트 기류는 대개 일기의 요란으로 인해 악기류가 있는 대류권의 상층에 생긴다.

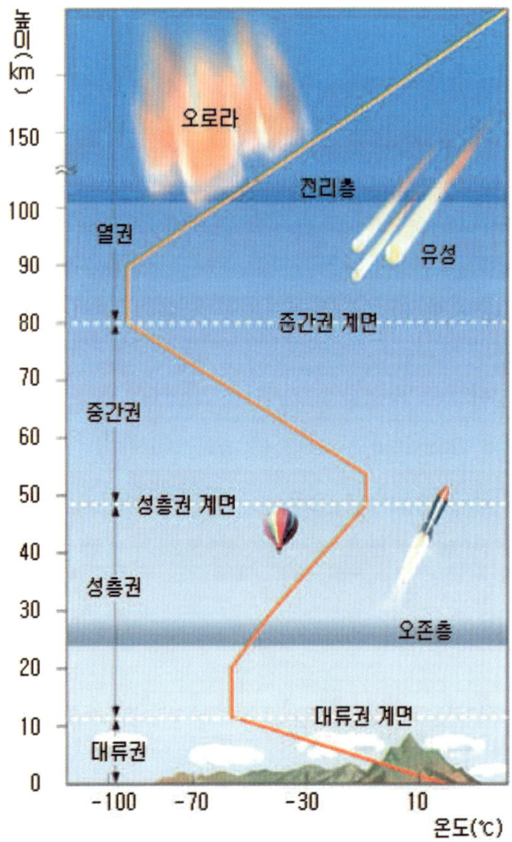

【그림 7-5】 대기권의 수직구조

대류권은 대기권 중에서 가장 얇은 층이다. 대류권은 대부분의 수증기와 구름을 포함하며 대기질량의 90%를 차지한다. 대류권 최상층의 평균온도는 약 -50℃로 매우 낮다.

대류권계면에서 높이 50km까지에는 성층권이 발달되어 있다. 태양에서 방출되는 자외선은 성층권 내의 오존층에 의해 흡수된다. 이로 인해 성층권의 온도는 -50℃(하부)에서 0℃(상부)까지 상승한다.

중간권은 성층권 위부터 약 80㎞까지이다. 중간권을 구성하고 있는 가스들은 매우 적은 양의 태양 복사를 흡수한다. 따라서 중간권의 온도는 하층에서는 0℃이지만 상층에서는 -90℃로 상부로 갈수록 감소한다. 열권은 중간권의 위층으로 약 500㎞에 이른다. 이 층은 공기가 희박하기 때문에 온도 변화는 크게 나타나지 않는다.

전리층은 열권과 중간권 사이의 이온이 풍부한 층이다. 이 층의 이온들은 대기 중의 공기와 태양복사 사이의 잦은 상호작용으로 생성된다. 이 층에 입사한 태양광선은 대기의 질소와 산소로부터 전자를 방출시켜 자유 전자와 양전하 이온의 큰 집단을 형성한다. 전리층의 이온화 정도는 공기 밀도와 태양 복사의 총량에 달려있다. 이온화는 공기의 밀도가 낮고 태양복사가 높은 전리층의 상위 부분에서 가장 크다. 희미한 빛을 발하는 전리층의 이온들은 밤이 어둡게 되는 것을 막아준다.

지구의 극지방에서는 태양풍(태양에 의해 방출된 고속의 하전 입자들)이 전리층을 뒤섞음으로써 발생하는 화려한 빛의 오로라가 나타난다. 이 오로라는 태양 표면이 폭발하는 동안에 특히 장관이다(그림 7-6). 마지막으로 500㎞ 이상의 외기권에서는 얇은 대기는 점차 사라지고 복사대와 우주공간(행성간 공간)의 자장들이 그 자리를 차지한다.

3. 열과 온도

열과 온도는 서로 밀접하게 관련된 개념이다. 온도는 일반적으로 열의 측정

【그림 7-6】 알래스카의 극광(오로라)은 전하된 입자들이 상층대기에서 충돌하여 생성된 것이다

으로 표현되며 온도측정에는 수은 온도계(최근에는 온도 센서)가 널리 사용된다. 온도는 물질의 상대적인 뜨거운 정도와 차가운 정도를 기술하는데 편리하다. 열(heat)은 물질을 이루는 모든 원자 또는 분자 에너지의 총합이다. 그러나 물질을 이루는 개개의 원자와 분자는 모두 동일한 속도로 움직이지 않는다. 온도는 물질을 이루는 개개 원자나 분자 운동의 평균 운동 에너지에 비례한다. 온도가 높은 물질은 평균 운동에너지가 높은 분자나 원자를 갖는다. 따라서 열은 운동에너지의 총합이므로 어떤 물질의 열의 양은 그 물질의 부피에 따라 달라진다. 이에 반해 온도는 평균 운동에너지이며 부피와 무관하다. 열은 에너지 형태이며 주울(joule) 단위로 측정된다. 1g의 물을 1℃ 올리는 데 필요한 열은 4.2주울이다.

1) 열의 전달

열은 항상 온도가 높은 곳에서 낮은 곳으로 이동된다. 지구-대기권 시스템에서 지구에 흡수된 태양에너지는 전도, 대류, 및 복사에 의해 대기로 전달된다. 전도는 물질을 통해 열에너지가 직접 전달된다. 따뜻한 지구 표면과 접한 공기

〈표 7-2〉 우리 주변 물질의 열전도도

물질	열전도도
구리	0.92
알루미늄	0.50
철	0.16
얼음(0°C)	0.0054
석회암	0.0048
콘크리트	0.0022
물(10°C)	0.0014
모래(건조)	0.0013
공기(20°C)	0.000061
공기(0°C)	0.000058

는 지표에서 멀리 떨어진 공기보다 더 많은 열이 전달되어 온도가 더 높다. 그러나 공기, 토양 및 물은 열의 전도도가 매우 낮다. 따라서 전도에 의한 대기, 바다 및 육지의 가열은 크지 않다.

일반적으로 금속은 열을 잘 전달한다. 이에 반해 나무, 종이, 플라스틱 등은 열전도가 낮다. 열전도도가 낮은 물질을 절연체라고 한다. 여러 물질 중에서 공기의 열전도도는 매우 낮다(표 7-2).

대류는 액체와 기체 내에서 이들 자체의 이동에 의해 열이 전달되는 현상이다. 고체, 액체 및 기체 내에서 일어나는 전도와 달리 대류는 기체와 액체에 한정된다. 지구 맨틀의 대류는 고체 상태에서 일어나는 유일한 대류이다. 지구 표면 가까운 곳의 공기가 가열되면 밀도가 낮아져 상승하며, 상승한 공기가 냉각되면 밀도가 커져 하강한다. 이와 같이 따뜻한 기체는 상승하고 차가운 공기가 하강함으로써 대기가 이동하는 과정을 대류라 한다. 대류는 지구 대기의 부등가열에 의해 발생한다. 지구 대기 대부분의 열에너지는 대류 형태로 전달된다.

복사는 열에너지를 빛과 같은 전자기파의 형태로 전달한다. 복사에 의해 전달되는 열을 복사열이라 한다. 복사에 의한 열의 전달은 전도나 대류와 달리 열전달 매개체를 필요로 하지 않는다. 따라서 복사는 진공이나 빈 공간을 통과할 수 있다. 태양에너지는 복사의 형태로 지구에 도달되어 흡수된다. 복사는 또한 지구의 열이 우주 공간으로 방출되는 수단이 되기도 한다.

2) 열의 전달과 비열

여름철 해변의 백사장을 맨발로 걷다보면 바닷물 보다 백사장 모래가 훨씬 뜨거움을 느낄 수 있다. 왜 바닷물과 모래의 온도가 크게 다를까? 이는 바닷물과 모래가 열에너지를 저장하는 능력, 즉 비열이 서로 다르기 때문이다. 비열은 1g의 물질의 온도를 1℃ 올리는데 필요한 열의 양이다. 모든 물질의 비열은 각각 다르다(표 7-3). 비열은 열의 관성으로 설명된다. 운동하는 물질에 작용하는 뉴턴의 관성법칙과 같이 모든 물질은 온도의 변화에 저항하려는 특성을 갖는다. 물은 다른 모든 물질보다 열에너지를 저장하는 능력이 훨씬 크다. 즉 물의 온도를 올리기 위해서는 많은 열에너지가 필요하다. 물의 높은 비열은 세계의 기후를 변화시킨다. 우리나라와 동남아시아의 경우 계절풍이 부는 것도 대륙과 해양의 분포와 이들의 비열이 각각 다르기 때문일 것으로 생각된다.

<표 7-3> 우리 주변 물질의 비열

물질	비열(cal / g · °C)
물	1.000
젖은 진흙	0.600
얼음(0°C)	0.478
나무	0.420
젖은 모래	0.240
알루미늄	0.214
벽돌	0.200
화강암	0.192
건조한 모래	0.188
건조한 공기	0.171
구리	0.093
은	0.056
금	0.031

4. 대기 중의 물

우리가 알다시피 물은 지구상의 생명체에게 절대적으로 필요하다. 이 물은 또한 지구 표면의 형태와 날씨를 결정하는 데 매우 중요한 역할을 한다.

공기 중에는 약간의 수증기가 있다. 습도는 공기 중에서 물방울의 양을 재는 것이다. 명확히 말하면, 습도는 공기의 부피에 대한 물의 질량이다. 일반적으로 우리들이 습도를 설명할 때는 대체로 상대습도를 사용한다. 상대습도는 공기가 어떤 온도에서 가질 수 있는 최대 수증기량에 대한 수증기 총량의 비율이다. 예를 들면, 상대습도 50%는 주어진 온도에서 대기가 가질 수 있는 최대 수증기양의 절반을 포함하고 있음을 의미한다.

대기가 가능한 한 많은 수증기를 포함했을 때나 대기의 온도가 떨어졌을 때,

포화가 일어나고 대기 중의 수증기는 물방울의 형태로 응결하기 시작한다. 느리게 움직이는 입자는 공기의 온도를 떨어뜨리는 특성이 있기 때문에 따뜻한 공기에서보다 차가운 공기에서 포화와 응결이 일어나기 쉽다. 상승하는 대기는 기압이 낮은 곳으로 이동하기 때문에 팽창이 일어나고, 팽창한 공기는 차가워진다. 차가운 공기에서 물분자는 더 느리게 움직여 응결한다.

상대습도는 사람들이 편안함을 느끼는 척도이기도 하다. 대부분의 사람들에게는 20℃의 온도와 50-60%의 상대습도일 때가 이상적이다. 상대습도가 아주 높을 때 습한 공기가 땀의 증발을 방해하므로 사람들은 무덥게 느끼게 된다. 차가운 공기에서 상대습도가 높을 때는 같은 온도의 건조한 공기보다 더 차게 느끼는데 이는 몸으로부터의 열전도가 더 잘되기 때문이다. 상대습도가 높을 때 더운 날씨에서는 더 덥게 느끼고, 추운 날씨에서는 더 춥게 느끼게 되는 것이다.

만약 공기에서 크고 느리게 움직이는 입자나 이온들이 있다면 수증기는 이 입자들에 붙어서 응결한다. 그리고 이들은 구름을 형성한다. 구름을 이루는 작은 물방울들은 성장하여 비가 된다. 비는 강수의 한 형태이며, 안개, 우박, 눈, 그리고 진눈깨비는 일반적인 강수의 또 다른 형태이다. 강수는 공기 중의 수증기들이 땅으로 내려오는 것이다. 응결된 수증기는 구름을 만들고 액체상태의 물 또는 얼음 상태로 낙하한다.

공기 중의 수증기는 지면 가까이에서 잘 응결한다. 서늘하고 맑은 날 밤 지표면 가까이의 물체들은 주변의 공기보다 더 빠르게 차가워진다. 어느 정도의 온도 이하로 공기가 차가워졌을 때 더 이상의 수증기를 포함할 수 없게 된다. 이때의 온도를 이슬점 온도라고 부른다. 공기가 이슬점 온도에 도달했을 때 상대습도는 100%에 가까워진다. 지표 부근의 공기 중에서 수증기의 응결이 일어날 때, 우리는 이것을 이슬 또는 안개라고 부른다. 포화된 공기로부터 응결한 물은 나무의 잔가지, 풀잎이나 자동차의 유리 표면에서 볼 수 있다(그림 7-7). 온도가 이슬점 온도 또는 어는점 온도 이하로 더욱 내려가면 응결된 수증기는 얼어서 서리가 된다.

【그림 7-7】 나무의 잔가지 및 거미줄에 맺힌 이슬.

5. 기단 – 운동과 온도변화

기압, 온도, 밀도는 날씨를 지배하는 세 가지 기상 요소이다. 날씨를 이해하고 예보하기 위해서는 우리는 이 세 가지를 이해하여야 한다.

우선 기압에 대해 알아보자. 공기는 자유롭게 움직이며 당구공처럼 서로 충돌하는 분자의 혼합으로 되어 있다. 분자가 어떤 물질과 부딪칠 때 무엇인가를 치게 되면서 약간의 미는 힘을 가하게 된다. 압력으로서 가해진 이 미는 힘은 면적에 작용하게 된다. 이 면적에 작용하는 힘을 압력이라고 한다. 공기 분자가 힘을 가하는 경우에 우리는 기압이라는 표현을 사용한다.

공기분자가 빨리 움직일수록 동역학 에너지는 더욱 커진다. 동역학 에너지가 커지면 분자 충돌은 더욱 활발해지고 기압은 더욱 높아진다. 빨리 움직이는 공기 분자는 천천히 움직이는 공기보다 더 높은 기압을 가진다. 온도를 제외하고 기압에 영향을 미치는 또 다른 요인으로는 밀도가 있다. 공기가 보다 많이 밀집되면 더 많은 충돌이 일어나고 기압은 더 높아진다.

1) 공기에서의 단열 과정

공기의 열 교환 개념은 기압, 온도, 밀도가 서로 밀접한 관계가 있음을 보여준다. 기단에서 열이 증가할 때 온도와 기압 모두 증가하게 된다. 태양복사, 수증기의 응결, 따뜻한 지면과 접하게 되면 열은 증가할 수 있다. 기단에서 열이 감소할 때 온도 또는 기압은 낮아진다. 또한 우주로의 복사, 수증기의 응결, 차가운 지면과 접하게 되면 공기는 열을 빼앗길 수 있다.

그러나 대기의 변화 과정에서 항상 현저한 열 교환이 포함되어 있는 것은 아니다. 열의 교환이 없을 때, 혹은 거의 없을 때를 대기의 단열 과정이라고 부른다. 예를 들면, 공기가 갑자기 압축되거나, 팽창되면 기압이 변한 만큼 온도도 변한다. 열 교환이 일어나지 않았는데도 공기가 따뜻해지거나 차가워진 것이다.

대기의 대부분은 단열 과정을 한다. 공기 덩어리들이 어떻게 움직이는지 설명하기 위해 매우 얇은 막에 에워싸여 있는 공기 덩어리를 상상해 보자. 공기 덩어리는 자유롭게 떠다니는 풍선처럼 외부 공기와의 열 교환 없이 자유롭게 팽창과 수축을 할 수 있다. 고도가 증가하면 기압은 항상 감소한다. 그래서 공기 덩어리가 산사면을 따라 상승하면 기압은 낮아진다(그림 7-8a). 이 때 공기 덩어리는 열의 교환이 전혀 없이 팽창하거나 냉각된다. 상승에 따른 단열팽창을 하면 건조공기 덩어리의 온도는 km당 약 10℃ 감소한다. 건조공기가 냉각되는 비율

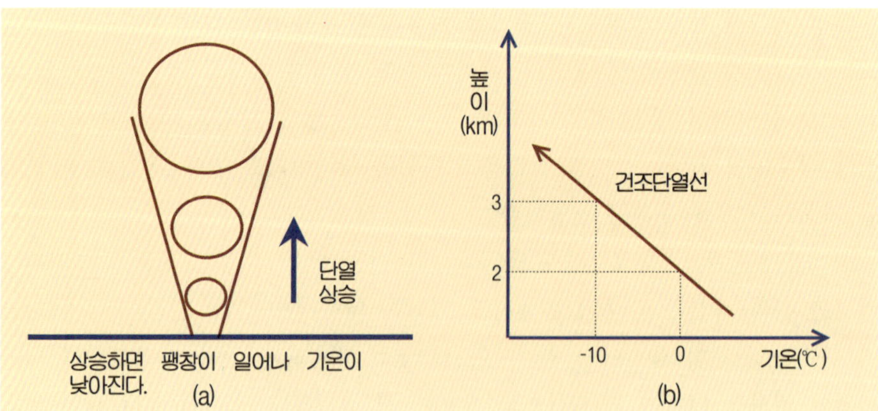

【그림 7-8】 단열팽창에 따른 온도 감소.

을 건조단열감률이라고 한다(그림 7-8b).

단열 과정은 건조공기에 한정되지는 않는다. 상승한 공기는 냉각되고 공기 중에 포함된 수증기 양은 감소하게 되어 공기의 상대습도는 공기가 상승하게 되면서 증가하게 된다. 만약에 차가워진 공기가 이슬점 온도에 다다르면 수증기는 응결되고 구름이 된다. 수증기가 응결하면 열을 방출하기 때문에 주위의 공기는 따뜻해진다. 팽창 때문에 냉각된 공기는 열을 방출하기 때문에 온도 감소가 건조단열감률 보다는 작아진다. 이것을 습윤단열감률이라 하며, 습윤단열감률은 온도와 수분에 따라서 변하기는 하지만 상승하는 습윤공기덩이는 평균적으로 ㎞당 6℃ 감소한다.

6. 구름과 구름의 종류

구름은 수적과 빙정이 대기 중에 부유하고 있는 혼합물이다. 일반적으로 구름은 따뜻하고 습윤한 공기가 상승할 때 만들어진다. 따뜻한 공기가 상승하면, 상승한 공기는 차가워져서 수증기를 더 이상 가질 수 없게 된다. 이 때 수증기는 작은 물방울로 응결되어 구름을 형성하게 된다.

구름은 일반적으로 높이와 모양에 따라서 분류된다. 구름에는 10가지의 중요한 종류가 있고, 각각의 구름은 4개의 주요한 그룹(표 7-4, 그림 7-9) 중 하나에 속한다.

〈표 7-4〉 주요 구름의 분류

구분	하층운	중층운	고층운	연직 성장하고 있는 구름
높이	2,000m 이하	2,000~6,000m	6,000m 이상	·
종류	층적운	고적운	권 운	적 운
	층 운	고층운	권층운	적난운
	난층운		권적운	·

【그림 7-9】 구름의 높이와 종류

1) 고층운

고층운은 6,000m 이상의 높이에서 생성된 구름들이다. 높은 구름들은 접두사 권(券, cirro-)을 붙여 표기한다. 이 높이의 공기는 매우 차고 건조하다. 그리고 이 높이의 구름들은 거의 대부분 빙정(얼음 알갱이)으로만 형성되어 있다. 고층운은 권운, 권층운 및 권적운으로 구분된다.

【그림 7-10】 고층운인 권운

가장 흔한 고층운은 얇고, 희미한 권운이다(그림 7-10). 권운은 말의 꼬리 모양이고, 대체로 맑은 날씨의 징조이다. 또한 이 구름은 접근하고 있는 비의 징조이기도 하다. 권적운의 구름들은 백색으로 둥글고 부푼 모양이다. 잔물결과 파도치는 모양, 또는 물고기의 비늘과 같이 보이기도 한다. 그러므로 권적운을 종종 고등어 모양이라고 말하기도 한다.

권층운은 얇고 넓은 종이 같으며, 종종 하늘 전체를 덮는다. 이 구름의 빙정들은 빛을 굴절시켜 태양 또는 달의 주위에 해무리나 달무리를 만든다. 권층운이 두꺼워지면, 하늘에 희고, 눈부신 모양의 구름을 만든다. 이 구름은 다가오고 있는 비 또는 눈의 징조이다.

2) 중층운

중층운은 대기 중 2,000~6,000m 높이에 발달된 구름이다. 중층운은 접두사 고(高, alto-)를 붙여 표기한다. 이 구름들은 작은 물방울과 빙정으로 만들어진다. 중층운은 고층운과 고적운으로 구분된다.

고층운은 회색에서 청회색의 빛을 띠고 하늘을 넓게 덮는다. 고층운은 가끔 매우 두꺼워서, 지표면의 물체가 그림자를 만들지 못할 정도까지 햇빛을 차단시킨다. 이 구름은 대개 폭풍 전에 나타난다. 만약 여러분이 여행 계획을 세울 때 여러분의 그림자가 땅바닥에 나타나지 않으면 많은 비가 내릴 가능성이 있으므

【그림 7-11】 중층운인 고적운

로 여행계획을 취소하여야 한다.

고적운은 평행한 파도 또는 줄무늬의 부풀어 오른 회색 덩어리들처럼 나타난다(그림 7-11). 각각의 부풀어 오른 덩어리들은 권적운보다 크며, 색 또한 어둡다. 온난다습한 여름 아침에 출현한 고적운은 오후 늦게까지 뇌우를 일으킬 수 있다.

3) 하층운

하층운은 2,000m 이하에 발달되는 구름으로 층운, 층적운, 난층운으로 구분한다. 층운은 지표에서 2,000m 사이에 줄지어 늘어서 있는 하층운이다(그림 7-12). 층운은 거의 대부분 작은 물방울들로 구성되어 있다. 그러나 추운 날씨의 하층운은 빙정과 눈도 포함할 수 있다. 층운은 하나같이 회색이고 종종 모든 하늘을 덮는다. 층운은 겨울에 흐릿하고 회색빛을 띠는 것이 일반적이며, 땅과 접촉하지 않는 높은 안개와 비슷하다. 층운은 직접적으로 비를 내리지 않으나, 때때로 가벼운 이슬비나 안개를 생기게 한다.

층적운은 낮고, 덩어리진 평평한 층, 혹은 약한 상승운동을 하는 둥그런 덩어리들의 형태로 대체로 어두운 회색이다. 고적운과 층적운의 차이점을 알기 위해 손을 멀리하여 문제의 구름을 향하여 가리켜 보자. 고적운은 일반적으로 당신의

【그림 7-12】 하층운인 난층운

엄지손톱 정도의 크기로 보이나, 층적운은 당신의 주먹 정도의 크기로 보인다. 층적운은 비와 눈을 내리지 않는다.

난층운은 암회색을 띠며 비가 올 징조를 나타낸다. 이 구름은 보통 하늘 전체를 덮으며, 두꺼워서 태양을 가린다. 비 또는 눈을 동반하므로 구름의 밑 부분은 혼란된 형태를 하고 있다(그림 7-12). 이 구름의 입자는 대체로 수적과 빙정으로 되어 있으나, 우적 또는 설편을 포함하는 경우도 많다.

4) 수직으로 발달하는 구름

상승하는 공기의 흐름은 수직운을 발생시킨다. 수직운 중에서도 자주 볼 수 있는 구름은 적운이다(그림 7-13). 적운은 솜조각 모양을 나타내기도 하며, 선명한 테두리와 평평한 밑바닥을 가진다. 그것은 연한 회색과 백색이고 일반적으로 땅위 약 1,000m 정도의 높이에서 발생한다. 적운의 꼭대기는 종종 상승공기의 한계를 나타내는 탑 모양을 이루기도 한다. 적운이 어둡게 변하고 강수가 수반될 때 적란운이라 한다. 이런 경우 적란운은 폭풍의 징조가 되기도 한다. 적란운은 종종 뇌적운으로 발달된다.

【그림 7-13】 수직으로 발달한 적운

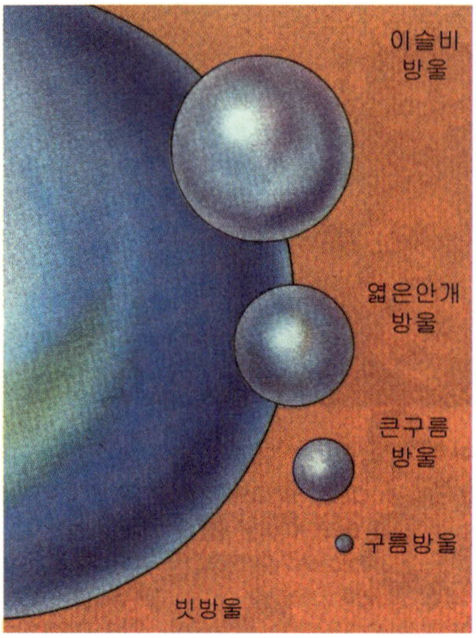

【그림 7-14】 응결핵, 구름입자 및 강우입자의 상대적 크기

구름에 있는 수적들은 왜 땅으로 떨어지지 않는가? 이에 대한 답은 상승기류가 있기 때문이다. 상승기류는 위로 향하는 공기의 운동으로 전형적인 층적운에서는 초속 1m의 속도로 상승하는데 이것은 작은 물방울이 낙하하는 속도보다 빠르다. 그래서 작은 물방울들은 위쪽으로 상승하는 기류에 의해 떠받쳐지게 된다.

상승 기류가 없을 때, 작은 물방울들은 구름의 하부에서 느리게 표류한다. 그리고 매우 빠르게 증발하는 물방울은 땅에 떨어질 기회가 없다. 반면에 빗방울들은 전형적인 구름의 물방울들과 비교해서 상당히 크다(그림 7-14). 이들은 상승기류 보다 더 빨리 떨어진다. 떨어지는 중간에 증발하여 없어지는 양이 상대적으로 적기 때문에 남은 양이 비가 되어 땅에 떨어지게 된다.

7. 기단, 전선, 폭풍

대기중에서 온도와 습도의 성질이 동일한 거대한 공기덩어리를 기단(air mass)이라고 한다. 넓은 육지나 해양에 공기가 오랫동안 정체하면 수평방향으로 같은 성질을 갖는 기단이 형성된다.

기단은 보통의 공기 덩어리 보다 체적이 훨씬 크다. 성질이 다른 각각의 기단은 지구 표면을 넓게 덮고 있으며 고유의 특성을 가지고 있다. 예를 들면, 열대지방의 바다 위에서 형성된 기단과 극지방의 육지 위에서 형성된 기단의 성질은 다르다. 기단의 성질은 육지나 해양, 그리고 어느 위도에서 발생하느냐에 따라 다르다(표 7-5).

<표 7-5> 우리나라 주변기단의 분류와 특성

기 단	분류	기호	특 성
시베리아 기단	대륙성, 극지방	cP	한랭건조, 혹한, 겨울 계절풍, 삼한사온
오호츠크해 기단	해양성, 극지방	mP	한냉다습, 초여름 장마
북태평양 기단	해양성, 열대지방	mT	고온다습, 적운 · 적란운 발생
양쯔강 기단	대륙성, 열대지방	cT	온난건조, 이동성고기압

기단은 형성되는 지역에 따라 해양과 대륙(해양은 m, 대륙은c), 기후에 따라 극지방, 한대지방, 열대지방으로 구별한다(극지방은 A, 한대지방은 P, 열대지방은 T).

각각의 기단은 고유한 특성을 가진다. 대륙성 한대기단(cP, 시베리아 기단)과 대륙성 극기단(cA)은 보통 겨울에 매우 차갑고 건조한 날씨를 만들고, 여름에는 쾌적하고 서늘한 날씨를 만든다. 해양성 한대기단(mP, 오호츠크해 기단)과 해양성 극기단(mA)은 대양을 건너오는 동안에 수증기를 수집해서 서늘하고 습윤한 날씨를 가지고 온다. 해양성 열대기단(mT, 북태평양 기단)은 여름철 날씨에 큰 영향을 미치며, 고온다습한 성질을 가지고 있다. 대륙성 열대기단(cT, 양쯔강 기단)은 주로 봄, 가을에 온난하고 건조한 날씨를 초래한다. 서로 다른 두 기단이 만났을 때는 다양한 날씨를 만든다. 우리나라 주변에 발달된 기단은 그림 7-15와 같다.

1) 상승하는 공기는 구름을 만든다

구름은 날씨의 큰 지표이다. 구름이 형성되기 위해서는 공기가 상승해야 한다. 공기에는 대류에 의한 상승, 산사면에 의한 상승, 전선에 의한 상승의 세 가지 주된 상승 역학이 있다.

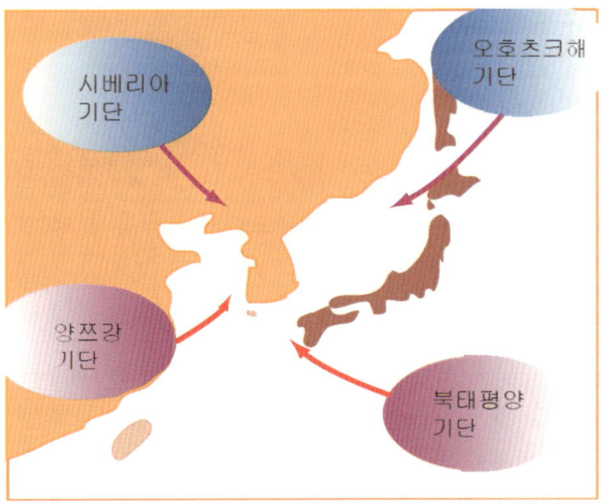

【그림 7-15】 우리나라 주변 기단

(1) 대류에 의한 상승

지구의 표면은 해륙의 분포, 구성 암석, 식생 등에 따라 부등 가열된다. 어떤 지역은 태양복사를 다른 지역보다 더 잘 흡수하므로 이들 지역은 보다 빨리 가열된다. 태양 복사를 보다 잘 흡수하는 지역 즉, 비열이 낮은 물질로 이루어진 지역의 공기는 주위의 공기보다 더 따뜻한 열점(hot spots)과 접하게 된다. 이와 같이 가열된 공기가 상승하여 팽창하면 공기가 냉각되어 온도는 하강한다. 상승되는 공기는 위쪽에 차가운 공기의 하강을 동반한다. 이 순환운동을 대류에 의한 상승이라고 한다.

만약 공기가 냉각되어 포화에 도달하면, 응결된 수증기는 적운을 형성한다. 적운 내부에서 따뜻한 공기는 상승하고, 차가운 공기는 하강한다. 이 때 하강하는 차가운 공기가 밑에 있는 따뜻한 공기의 팽창을 억제하기 때문에, 작은 적운들의 차가운 공기들 사이로 푸른 하늘을 볼 수 있다.

적운들은 한 자리에서 자주 흩어지거나 형태를 바꾸어 성장하는 과정에서 지표면에 그늘을 만든다. 이 그늘은 지표면의 가열을 더디게 하고 따뜻한 공기의 상승을 억제한다. 상승공기의 연속적인 공급이 없다면, 구름은 흩어지기 시작한다. 구름이 사라지면, 지면은 다시 가열되고, 데워진 공기가 위로 상승한다. 이런 식으로 대류에 의한 상승이 다시 시작되고, 또 다른 적운이 같은 장소에 생기기 시작한다.

(2) 산사면에 의한 상승

산과 같은 장애물을 넘을 때 기단은 상승하게 된다. 상승하는 공기는 차가워진다. 만약 차가워진 공기가 포화되면 구름이 생긴다. 구름의 유형은 공기의 안정과 수분의 함유량에 따라 좌우된다. 공기가 안정하다면 층운과 같은 구름이 형성되며, 공기가 불안정하면 적운이 형성된다. 기단이 산을 넘어 반대쪽으로 내려가면 단열적으로 데워진다. 대기 중 수증기의 대부분은 산의 앞쪽에서 구름과 강수로 제거되기 때문에 하강하는 공기는 건조하고 따뜻한 바람이 된다. 이러한 것을 푄현상이라 하며, 이때 만들어진 고온 건조한 바람을 높새바람이라 한다. 우리나라에서는 태백산맥을 중심으로 영서지방에서 높새바람이 나타난다.

(3) 전선면에 의한 상승

일기예보에서 우리는 종종 전선이란 말을 듣는다. 전선면은 두 개의 서로 다른 기단이 만나는 면이다. 두 개의 기단이 맞닿았을 때 온도, 습도, 압력의 차이는 한 기단이 다른 기단을 타고 오르게 하는 원인이 될 수 있다. 이러한 원인으로 공기의 상승이 일어날 때를 전선면에 의한 상승이라 한다.

차가운 기단이 정체된 더운 기단지역쪽으로 이동하여 생성된 접촉면을 한랭전선이라 하고(그림 7-16a), 반대로 더운 기단이 정체된 차가운 기단지역쪽으로 이동하여 생성된 접촉면을 온난전선이라고 부른다(그림 7-16b). 만약 기단이 움직이지 않는다면, 그 접한 지역을 정체전선이라고 한다. 전선은 보통 바람, 구름, 비 그리고 폭풍우를 수반한다.

권운이 관찰되거나 풍향이 바뀌고, 기온과 기압이 하락하면 한랭전선이 다가옴을 알 수 있다. 한랭 기단이 온난 기단을 만났을 때 한랭전선이 형성되고 온난 기단은 상승압력을 받는다. 따뜻한 공기는 상승하면서, 차가워지고 수증기는 응결되어 적란운이 된다. 전선에서 이동하는 구름은 강한 폭우와 바람을 동반한

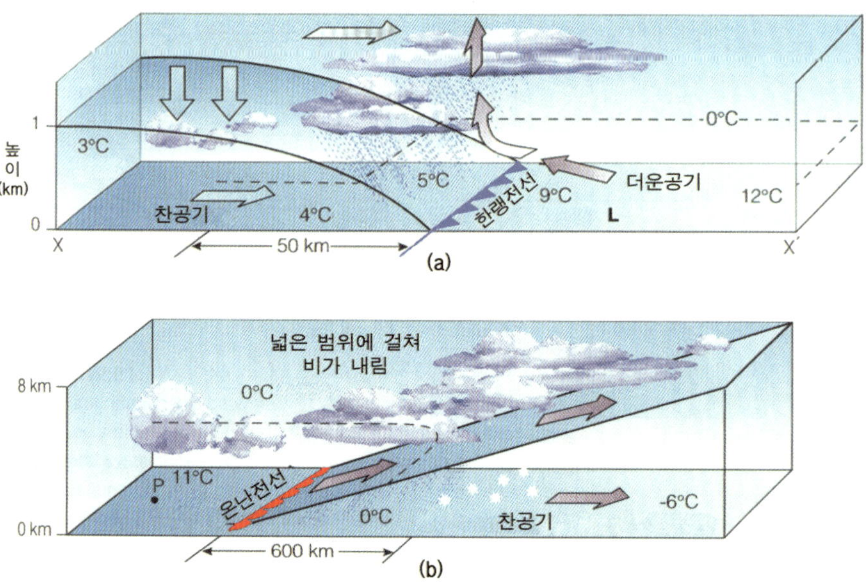

【그림 7-16】 한랭전선과 온난전선

폭풍으로 발전한다. 한랭전선이 지나간 후 공기는 차가워져서 가라앉고 압력이 상승하며, 비는 그친다. 폭풍우가 지나간 후 하늘은 맑아지고, 날씨는 평온해진다.

온난 기단이 한랭 기단과 만나면 온난 전선이 형성되고 밀도가 작은 온난 기단(따뜻한 공기)이 밀도가 큰 한랭 기단(차가운 공기)을 타고 점차 위로 올라간다. 비록 한랭 전선이 다가올 때보다 덜 확실하고 보다 느린 속도이지만 권운은 온난 전선이 다가옴을 나타낸다(그림 7-10).

온난전선의 앞에서 권운은 하강하고 두꺼워져서 하늘을 흐리게 만드는 고적운과 고층운으로 변한다. 온난전선이 더욱 가까워지면 약한 비나 눈이 내리고 바람이 강해진다. 전선에서 공기는 점차 따뜻해지고 비나 눈은 이슬비가 된다. 온난전선 뒤의 공기는 따뜻하고 구름은 흩어진다.

8. 격렬한 날씨 변화

다양한 일기 상태를 초래하는 공기의 강제 상승에는 세 가지 형태가 있다. 기단 접촉부의 날씨는 그들의 근원지 상태에 따라 결정된다. 날씨 변화는 느리게 또는 매우 빠르게 발생할 수 있다. 대부분의 빠르고 격렬한 날씨 변화는 폭풍의 3가지 주요 형태(뇌우, 태풍, 토네이도)로 발생한다.

1) 뇌우

뇌우는 적운에서 습윤한 공기의 상승, 냉각, 압축과 함께 발생한다. 적운은 아래로부터 상승하는 따뜻한 공기의 상승기류에 의해 생성되어, 위를 향해서 자란다. 상승공기가 더 이상 이들 입자들을 떠받치지 못하여 결국 구름 입자들이 떨어지기 시작한다. 이때 구름 주변의 건조한 공기의 흡입으로 빗방울의 일부가 증발하여 공기는 냉각된다. 주변 공기보다 차갑고 무거워진 공기는 하강기류가 되어 내려가기 시작한다. 하강하는 빗방울이 주변 대기를 끌고 내려가 하강기류가 강화된다. 상승하는 따뜻한 기류와 하강하는 차가운 기류가 구름 내부에서 폭풍세포(storm cell)를 만든다. 폭풍세포가 더욱 커지고 성장하면 뇌운이 된다.

【그림 7-17】 성숙기의 뇌운은 약 12km에 달하는 적란운으로 성장하는 것처럼 보인다. 강한 수평바람과 얼음이 생길 정도의 차가운 온도가 넓게 퍼진 특징적인 모루형의 구름 상층부

적운은 일반적으로 직경이 수 km이고, 높이가 12km까지 우뚝 솟는 것이 보통이다. 높은 곳(12km)에서는 수평적인 바람과 낮은 온도 때문에 평탄해져서 적란운의 최상부는 평평하게 뻗친 것처럼 된다. 적란운이 지나간 후에는 이전에 그것이 존재했었다는 것을 상기시켜주는 모루형 적운이 남는다(그림 7-17).

지구의 대기 속에는 약 1800개의 뇌우가 항상 있다. 뇌우가 발생하는 곳에는 번개와 천둥이 동반된다. 구름 속에 있는 수적이 다른 수적에게 부딪히고, 마찰할 때 그 구름은 전하를 띠게 된다. 일반적으로 구름의 상부는 양 전하를 띠고, 하부는 음전하를 띠게 된다. 전기적 힘이 상반된 전하 부분 사이에서 만들어 질 때, 전하에서 전기적 에너지가 방출되고, 상반되는 전하의 다른 위치(종종 지면을 의미한다)로 전달되어질 만큼 큰 전하를 띠게 된다. 구름으로부터 양전하를 띠고 있는 지구 표면으로 흐르는 전기적 에너지가 번개이다(그림 7-18). 번개가 한 번 칠 때 1억 볼트 이상의 방전이 일어나며, 이 때 주위의 공기는 고온으로 가열되어 3만℃에 달한다. 이 열에 의해 구름속의 차가운 공기는 폭발적으로 팽

【그림 7-18】 격렬한 뇌우 동안 구름에서 지표까지의 번개가 보이는 순간

창하며 큰 소리를 내는데 이 소리가 천둥이다. 번개는 매초 약 100번 정도 친다. 어떤 번개는 10억 볼트의 큰 전기적 에너지를 가지고 있다. 번개로 인해 해마다 수백 명 이상의 희생자가 발생한다.

2) 태풍

태풍은 열대 해역에서 발원하여 초속 33m 이상의 강한 바람을 동반하는 강력한 폭풍이다(그림 7-19, 7-20). 열대 해양에서 해수의 증발과 열전도에 의해 대기로의 열전달이 커져 기온과 수온이 거의 같게 된다. 이러한 지역에서의 대기의 높은 습도는 적운과 뇌우의 발달을 촉진한다. 발생 초기에 폭풍은 그다지 격렬하지 않다. 그러나 공기의 수증기 함유량과 온도가 증가하고 지면의 바람과 충돌하면 강한 연직 바람의 시어(shear)가 생겨서 소용돌이의 내부에서 따뜻하고 습한 공기가 상승하는 원인이 될 수 있다. 이 조건은 최대 풍속이 초속 33m까지 증가하는 격렬한 폭풍인 태풍(typhoon)이 형성된다. 한국과 일본에서는 최대

【그림 7-19】 태풍 매미의 위성사진(2003년 9월)

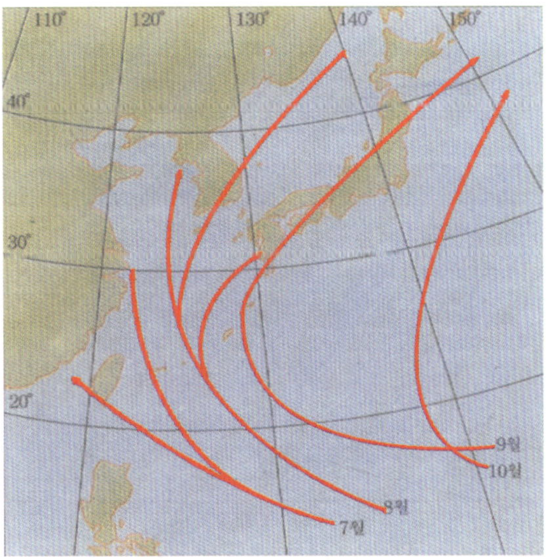

【그림 7-20】 월별 태풍 경로도

풍속이 초속 17m 이상인 열대 저기압을 태풍이라 한다. 태풍은 북반구에서는 반시계 방향으로 회전하며, 태풍의 평균직경은 약 500km이다. 태풍은 해수면의 온도가 27℃ 이상인 따뜻한 해역의 북위와 남위 5~20° 사이에서 주로 발생한다. 열대의 서태평양은 태풍이 가장 많이 발생하는 지역이다. 매년 이 지역에서 평균 26개의 태풍(최대 풍속 초속 17m 이상)이 발생하며, 이 중 2~3개의 태풍이 8월과 9월에 우리나라에 영향을 미친다. 해양의 열원으로부터 에너지를 얻는 태풍은 따뜻한 바다 위를 이동하는 도중에 공기가 상승함으로써 성장하게 된다. 속도가 증가된 바람은 태풍 중심부의 비교적 고요한 저기압 지역-태풍의 눈-의 주위를 회전한다. 태풍은 해수면의 온도가 낮은 해상에 도달하거나 육지에 상륙하게 되면 습한 수분 공급이 어려워지고 지표 마찰에 의해 세력이 약화되고 결국에 소멸하게 된다. 극동지역에서 태풍의 경로는 그림 7-20과 같이 월별로 큰 차이를 보인다. 이것은 계절에 따라 북태평양 고기압과 대기의 대순환에 따른 북동 무역풍과 편서풍의 발달과 관계가 있다.

태풍은 풍속이 15㎧ 이상인 범위 내에서 반경의 크기에 따라 소형(300㎞ 미만), 중형(300~ 500㎞), 대형(500~800㎞) 및 초대형(800㎞ 이상)으로 분류한다. 또한 태풍의 강도는 최대 풍속에 의해 약(7~25㎧), 중(25~33㎧), 강(33~44㎧), 매우 강(44㎧ 이상)으로 나뉜다.

3) 용오름(토네이도)

허공에 떠서 공처럼 회전하고 있는 물체는 회전축을 향해 회전 반경이 줄어들 때 그것의 각운동량이 보존되기 때문에 속도가 증가한다. 마찬가지로 광대한 대지 위에서 느리게 회전하는 바람은 회전 반지름이 감소할 때 속도가 증가한다. 이 속도의 증가가 용오름 또는 토네이도(Tonado)를 만들어낸다. 토네이도는 큰 적란운으로부터 아래를 향해 늘어져 지면과 접하는 깔때기 모양의 구름이다(그림 7-21).

토네이도의 바람은 반시계 방향으로 불며, 시속 800km를 넘는다(남반구에서는 시계방향). 또한 시속 45~95km의 속도로 이동하는 토네이도는 대륙을 가로 지르면서, 튀어 오르고 표면을 스쳐 지나가며, 지상으로부터 잠시 떠올랐다 다시 지상에 닿는다. 토네이도는 모든 것을 집어삼키는 거대한 진공청소기처럼 흡입한다. 토네이도는 흡입력뿐만 아니라 소용돌이 치는 바람의 파괴력으로 지상의 모든 것에 파멸적인 피해를 입힌다.

【그림 7-21】 거대한 진공청소기 같이 토네이도의 강한 바람은 지나가는 길목에서 모든 것을 집어삼키고 소멸시킬 수 있다.

토네이도는 세계 여러 곳에서 발생한다(그림 7-22). 미국에서 토네이도 지역은 북부 텍사스에서 오클라호마, 켄사스와 미주리에 있다. 이 지역에는 매년 300개가 넘는 토네이

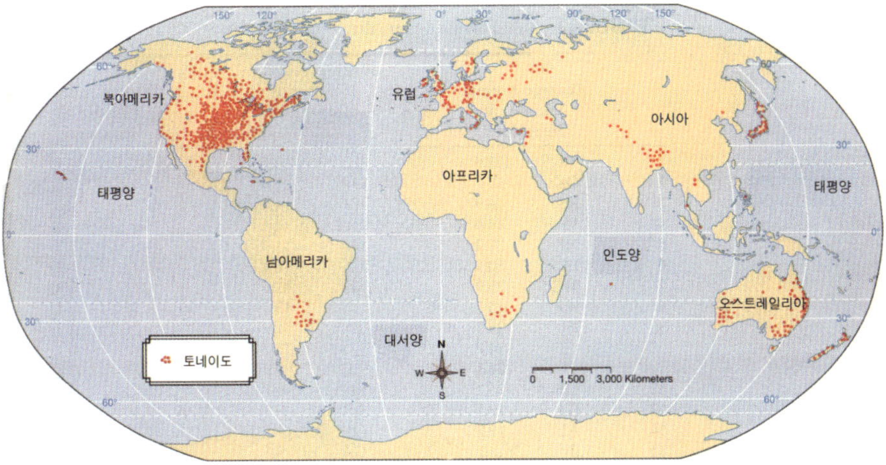

【그림 7-22】 전세계 토네이도 발생지역. 북아메리카 지역에 집중되어 토네이도가 발생하고 있다.

도가 지나간다. 그래서 이 지역은 토네이도 통로(Tonado Alley)라 불린다. 토네이도의 피해를 피하기 위해 일부 집들은 지하 방공호를 가지고 있다. 토네이도의 힘은 두렵고 파괴적이다(그림 7-23). 우리나라의 동해에서도 가끔 용오름이 발생한다.

【그림 7-23】 토네이도가 지나가기 전과 후의 모습

9. 대화의 주요 주제 – 일기

기상학자들의 최종 목표는 태풍과 폭풍들을 포함한 일기 변화를 정확히 예보하는 것이다. 일기예보의 일부는 기단의 특성을 결정하는 일과 그 특성이 왜, 어떻게 변화할지를 예상하며, 기단이 어떤 방향으로 이동할지를 예측하는 것이다. 태풍과 토네이도의 경우, 이러한 예보로 사람의 목숨을 구할 수도 있다. 기상학자들은 정확한 일기 예보를 통해 재산손실을 감소시키고 많은 목숨을 구하는 주목할 만한 역할을 한다.

일기예보는 전 세계의 광대한 양의 자료를 필요로 한다. 1960년대 이전에는, 이 자료의 대부분을 손으로 직접 수집하고, 분석하여 일기도를 작성하였다. 이는 수천 번의 계산과 수많은 노동력, 그리고 긴 시간을 필요로 하였다. 하지만 현재는 컴퓨터로 인해 전 세계로부터의 막대한 양의 자료를 수집하여 순식간에 처리할 수 있다.

컴퓨터는 단지 데이터를 수집하고 분석하는 것뿐만 아니라 날씨 변화를 예상하기도 한다. 또한 컴퓨터는 예상되는 날씨 상태를 일기도로 나타낼 수 있다. 그런 다음에 일기 예보관은 이러한 일기도를 일기예보의 가이드로 사용한다. 그러나 예기하지 못한 수많은 변수들이 날씨 변화에 관여함으로써 정확한 일기 예보를 어렵게 하고 있다.

2003년 9월 12일, 태풍 매미가 60m/s의 돌풍과 함께 한반도를 강타했다. 이 태풍은 130명의 사상자를 냈으며, 이재민 4,089세대, 4조 7,810억원의 재산피해를 가져다주었다(그림 7-24).

또한 2004년 3월 4~5일에 충청 지역에는 폭설이 내려 교통이 두절되고 많은 재산 피해를 입혔다(그림 7-25).

1) 일기도

일기 예보의 으뜸가는 수단은 일기도와 도표이다. 일기도는 본질적으로 지도

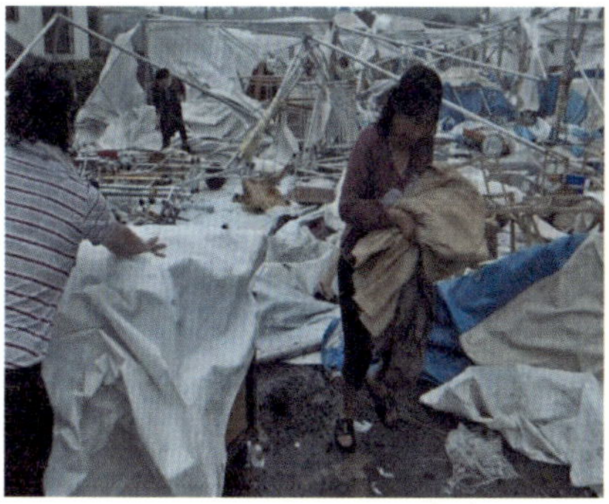 

【그림 7-24】 태풍 매미에 의한 피해(2003년 9월 12일)

【그림 7-25】 폭설에 의한 교통대란(2004년 3월 5일).

에 전선과 고기압, 저기압 시스템을 표시하는 것이다. 일기도에 표시된 기호들은 일기 요소의 관측 자료를 나타낸 전문기입 표시이다. 이 기호들을 기상 신호라 한다(그림 7-26, 그림 7-27).

그림 7-26은 지상 일기도의 기입 모형(a)과 각종 기호(b)를 나타낸 것으로 각 지역의 일기 상태를 나타낸 예이다. 기호의 중심에 있는 원은 하늘의 구름 양을 나타낸다. 원에서 밖으로 표시된 화살표는 바람을 나타내며, 화살표의 방향은 풍향을 나타내고, 꼬리의 깃은 풍속을 나타낸다.

일기도는 기압이 동일한 점을 연결하는 등압선으로 이루어져 있다. 공기는 고

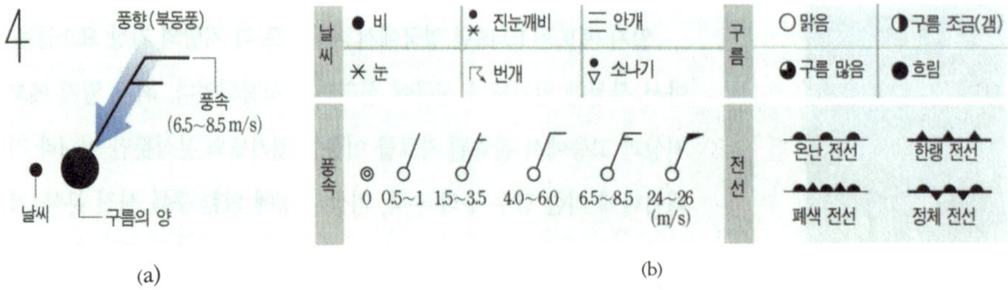

【그림 7-26】 지상 일기도의 기압 모형(a)과 각종 기호(b)

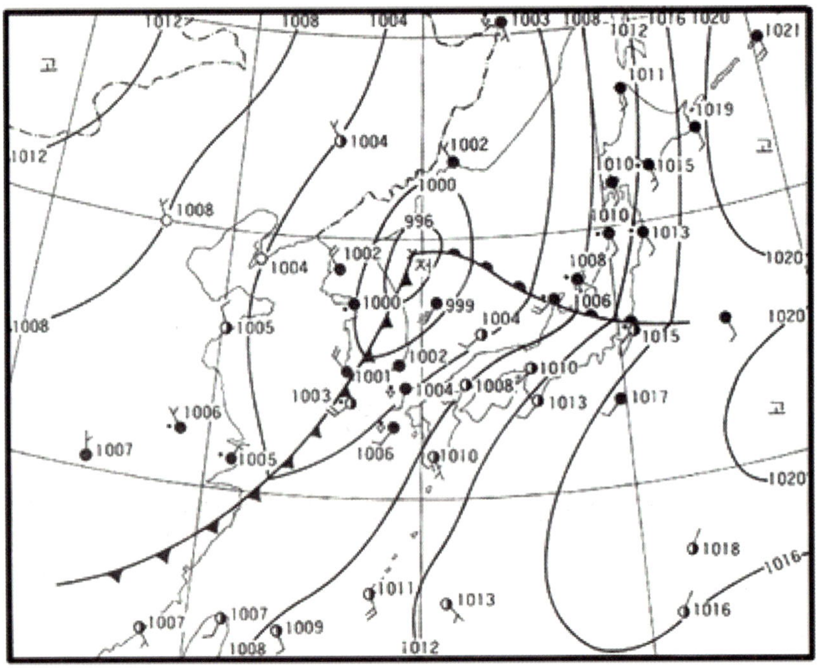

【그림 7-27】 일기도

기압 지역에서 저기압 지역으로 이동하여 상승, 냉각, 포화됨으로써 구름이 생성된다. 저기압 부근(일기도에서 저)에는 넓은 구름층이 나타나며, 고기압 부근(일기도에서 고)에서는 대체로 맑은 하늘이 나타난다. 고기압 지역에서 공기는 하강하고 단열적으로 가열된다. 따라서 하강하는 공기에서는 구름이 소멸되고 맑은 하늘과 갠 날씨가 나타난다. 일기도에서 두꺼운 선은 전선을 나타내며, 일반적으로 전선은 날씨의 변화를 의미하기 때문에 매우 중요하다.

10. 대기의 순환

대기의 순환 패턴은 지구 표면의 열의 재분배와 바람에 영향을 미친다(그림 7-28). 적도 지역에서 수평운동을 하는 따뜻한 공기는 상승하여 거대한 저압대를 만든다. 이 상승하는 운동은 잔잔하고, 따뜻하며 움직이지 않는 공기로 좁은 무풍대를 형성한다. 옛날에 선원들은 바람이 불지 않아서 배가 움직이지 않는 적도지역의 바다를 싫어하였고 그 지역을 '무풍대'라 불렀다. 무풍대로부터 습한 공기가 상승할 때 그 공기는 냉각되어 많은 비를 내린다. 이런 빈번한 비는 적도지역을 특징짓는 열대우림을 만든다.

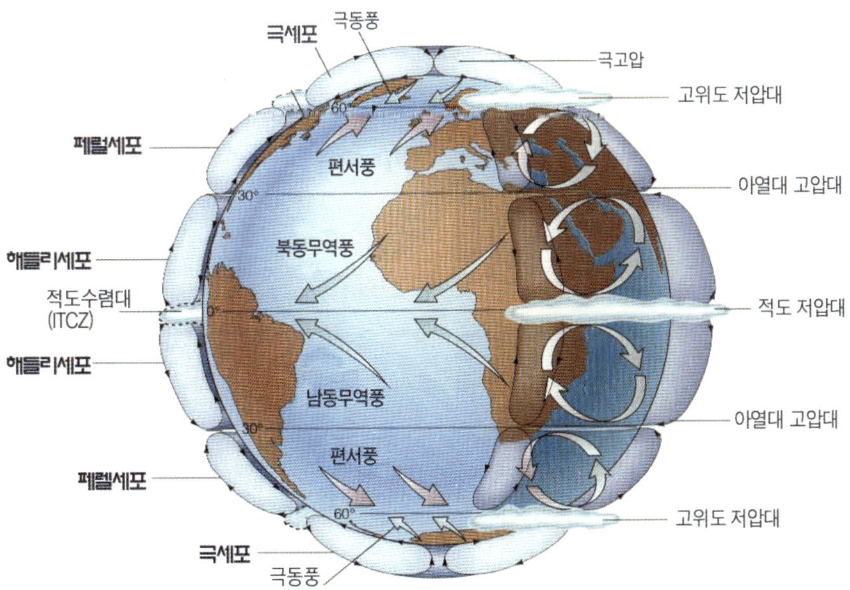

【그림 7-28】 지구의 바람은 지구표면의 불균등한 열에 의해 초래되는 몇 개의 세포순환 패턴과 지구자전의 영향에 의해 생긴다.

무풍대의 따뜻한 공기는 대류권과 성층권 경계까지 상승하여 두 부분으로 나뉘어 북쪽과 남쪽으로 퍼져 나간다. 이 공기가 북위 30°와 남위 30°에 도달하면 지구 표면으로 하강할 정도로 차가워진다. 하강하는 공기는 압축되어 따뜻해진다. 그 결과 지구에 고압대가 생기고, 따뜻하고 건조한 공기의 대(띠)를 형성한다. 이 고압대는 아프리카의 사하라 사막, 중동의 아라비아 사막, 미국 모하브 사막, 오스트레일리아의 거대한 빅토리아 사막을 형성한다. 바다에서는 하강하는 따뜻한 공기가 매우 약한 바람을 만든다. 전설에 의하면 초기 항해하는 배들은 종종 이 위도에서 북쪽과 남쪽으로 나아가지 못했다. 이 때 먹을 식량과 물이 부족하여 먹을 물을 아끼려고 배에 있는 말을 배 밖으로 던져 버리거나 잡아먹었다. 그래서 이 지역을 '말의 위도(horse latitude)'라 부른다.

적도지역에서 시작된 열대류 순환은 북반구의 무풍대로부터 남쪽으로 이동하는 공기와 남반구의 무풍대에서 북쪽으로 이동하는 공기는 서쪽으로 편향되어 무역풍을 만든다. 또한 북반구의 무풍대로부터 북쪽으로 흐르는 공기와 남반구의 무풍대에서 남쪽으로 흐르는 공기는 동쪽으로 편향되어 서풍을 만든다.

극지방에서 차가운 공기는 계속 하강하고, 표면 공기는 남쪽으로 밀려난다. 이 때 바람은 전향력에 의해 오른쪽으로 편향되어 극동풍이 된다. 차갑고 건조한 극지방의 공기는 북위 60°와 남위 60°에서 따뜻하고 습한 공기와 만난다. 이 경계를 극전선이라 부르고, 그곳은 여러 기단이 수렴하는 저압대로 종종 폭풍우를 일으킨다.

중위도의 날씨는 예측할 수 없을 정도로 변화가 심하다. 바람은 서풍이 일반적이지만, 강한 바람을 만들어내는 극전선과 아열대 사이의 온도와 압력이 변함에 따라 날씨는 자주 변한다. 또한 지구의 불규칙한 표면 형태가 바람에 영향을 미친다. 예를 들면, 산, 계곡, 사막, 숲, 그리고 거대한 해양과 호수의 분포는 바람의 방향에 부분적인 역할을 하고 있다.

1) 상층대기순환

상층 대류권에서 빠르게 움직이는 공기는 9~14㎞의 고도에서 지구 주위를 구불구불하게 이동한다. 이와 같이 빠른 속력의 바람을 제트류(jet stream)라고 한다(그림 7-29). 평균 시간당 95~190㎞의 풍속을 가지는 제트류는 적도에서 극지방으로 열을 이동하는 데 매우 중요한 역할을 한다.

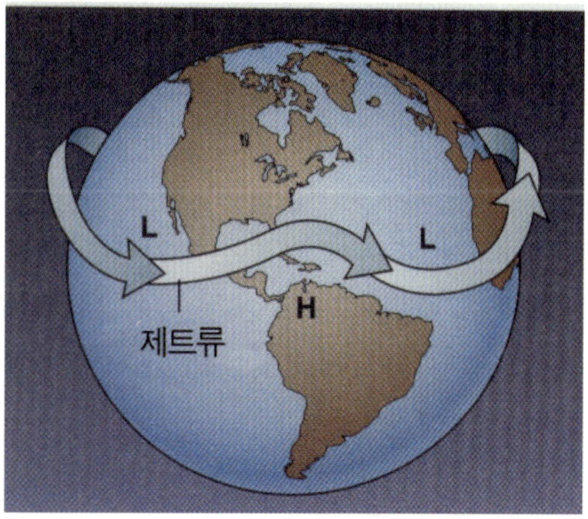

【그림 7-29】 북반구에서의 제트류

중요한 제트류는 북반구와 남반구에서 형성된 극제트류와 아열대 제트류이다. 극제트류의 형성은 극전선(북위 60°와 남위 60°, 차가운 극공기가 따뜻한 열대공기와 만나는 곳)에서 온도기울기 때문에 생긴 것이다. 이 온도기울기는 풍속을 증가시키는 강한 압력기울기의 원인이 된다. 겨울철에 극제트류는 저위도 지역으로 이동하면서 강해지고 넓어져서 우리나라 부근에서 강한 겨울 폭풍우와 눈보라를 가져온다. 여름철에 제트기류는 약해지고 고위도 지역으로 이동한다.

아열대 제트기류는 따뜻한 공기가 적도에서 극지방으로 이동할 때 발생하고 아열대전선(북위 30°와 남위 30°)을 따라 급격한 온도기울기를 만든다. 즉, 공기의 급격한 온도기울기에 의한 압력의 기울기는 강한 바람을 일으킨다. 동남아시아와 인도를 지나는 아열대 제트류는 특히 주목할 만하다.

2) 몬순

지구의 모든 지역은 날씨의 연변화를 나타내는 특정 형태의 기후로 특징된다. 비록 매일 매일의 날씨 예보는 불확실성을 내포하지만 이러한 불규칙성은 연간 기준에 근거하여 평준화될 수 있다. 이러한 예측 가능성은 그림 7-30에 표시된 전지구적 대기의 순환 패턴에서 찾아볼 수 있다. 전지구적 대기 순환 패턴과 관련된 가장 중요한 현상은 아마 동남아시아 대부분 지역에 영향을 미치는 몬순일 것이다. 몬순(monsoon)이란 말은 아라비아어로 계절을 뜻하는 “mausim”에서 유래되었다. 몬순 풍계(monsoon wind system)는 계절적으로 바람의 방향이 바뀌는 풍계이다. 몬순 풍계의 영향을 받는 지역은 날씨 패턴에 있어 매우 극심한 계절 변화를 나타낸다. 몬순 현상은 인도, 인도차이나 반도, 필리핀 등지에서 가장 뚜렷하게 나타난다. 몬순의 근본적인 원인은 전지구적 대기의 순환 패턴에 있다(그림 7-30). 몬순은 규모가 다를 뿐 어떤 점에서 해륙풍과 매우 유사하다.

겨울철에 아시아 대륙의 중앙에는 차고 건조한 공기에 의해 고기압 영역이 형성되며, 따뜻한 인도양에는 저기압이 형성된다. 그 결과 바람은 대륙쪽에서 히

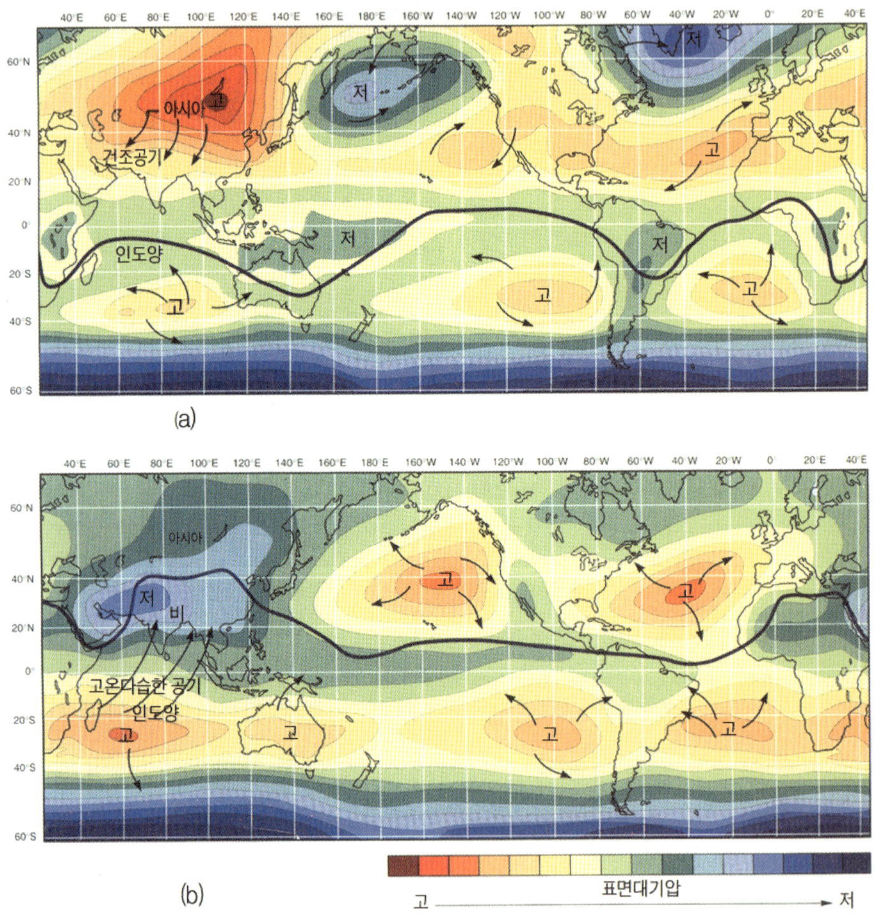

【그림 7-30】 지구의 표면의 평균기압과 분포와 바람의 방향
(a) 1월 북반구(겨울); (b) 7월 북반구(여름)

말라야 산맥을 넘어 바다 쪽으로 불게 된다(그림 7-31a). 겨울 몬순 때 고지대에서 저지대로 하강하는 공기는 압축되고 가열되어 인도와 동남아시아 대부분 지역에 건조한 기후를 초래하게 된다. 겨울철 우리나라에서는 한랭 건조한 북서 계절풍이 분다. 늦봄과 초여름이 되면 기압 배치가 겨울과 반대가 되어 인도양 지역에는 고기압이 발달되고 아시아 대륙의 내부에는 저기압이 형성된다. 그 결과 바람은 바다 쪽에서 육지 쪽으로 불게 된다(그림 7-31b). 초여름에 우리나라에는 고온다습한 남동 계절풍이 분다.

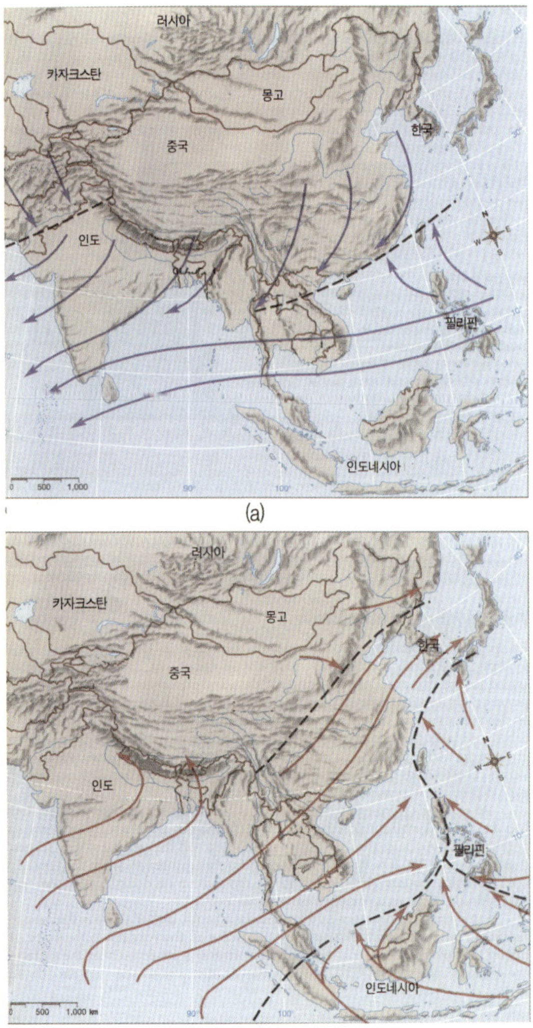

(a)
(b)

【그림 7-31】 동아시아 지역의 몬순. (a)겨울, (b)여름.

여름 몬순 때 바다에서 대륙 쪽으로 이동하는 인도양의 고온 다습하고 불안정한 공기는 지형적인 상승과 지면 가열에 의한 대류에 의해 상승하게 된다. 특히 인도양에서 이동해온 공기가 히말라야 산맥의 남쪽 사면을 따라 상승할 때는 매우 강한 지형 효과에 의해 구름의 생성이 더욱 강화된다. 이때 상승한 공기는 포화점까지 냉각되어 강한 소나기와 뇌우를 내린다. 이와 같이 여름 몬순은 동남아시아 지역에 많은 비를 내리는 우기를 형성하게 된다.

여름철에 습윤 공기가 강한 상승에 의해 높이 치솟아 오르면 상상할 수 없을 만큼 많은 양의 비가 내린다. 예를 들면, 인도의 체라푼지(Cherapunji) 지역의 초여름 강수량은 월평균 3,000mm에 달한다(연평균 강수량은 약 10,000mm임). 이에 반해 이 지역의 겨울철의 강수량은 매우 적은 편이다. 고고학자들에 의하면 파키스탄의 인두스 계곡(Indus Valley)에 살았던 하라판(Harrapan) 종족이 약 5000년 전에 갑자기 사라졌는데, 그 원인이 여름 몬순에 의한 홍수에 있는 것으로 생각된다.

단 원 요 약

1. 대류권은 대기질량의 90%를 차지한다.
2. 태양으로부터 오는 단파복사는 지구대기에 쉽게 투과되고, 지구로부터 나가는 장파복사는 쉽게 방출되지 못하여 지구대기의 온도가 높아지게 된다.
3. 지구의 대기는 화산활동에 의해 생성되었다.
4. 열은 온도가 높은 곳에서 낮은 곳으로 흐른다.
5. 열의 전달방법에는 전도, 대류, 복사가 있다.
6. 해수와 육지의 비열이 서로 달라 바다와 육지의 기압 분포가 달라진다.
7. 지구상의 물이 날씨변화에 중요한 역할을 한다.
8. 대부분의 대기는 단열적으로 하강 또는 상승한다.
9. 구름이 만들어지는 주된 과정은 대류, 산사면, 전선면에 의한 상승이다.
10. 날씨를 지배하는 기상 요소는 온도, 기압, 밀도이다.
11. 뇌우, 토네이도, 태풍은 격렬하고 빠른 날씨 변화를 가져온다.
12. 구름의 운형과 운고에 따라 날씨에 미치는 영향이 다르다.
13. 일기도는 일기예보에 있어서 기본이다.
14. 대기 대순환은 지구의 열평형을 이루게 한다.

중요용어

기단, 단열과정, 복사, 대류권, 성층권, 중간권, 열권, 전리층, 오존층, 오로라, 권운, 권적운, 권층운, 고층운, 고적운, 층운, 층적운, 난층운, 적운, 적난운, 기단, 전선, 폭풍, 대류, 뇌우, 전선, 토네이도, 태풍, 일기도, 대기순환, 여름몬순, 겨울몬순

연습문제

가. 다음 물음에 가장 적합한 답을 고르시오.

1. 오존층은 다음의 어느 층에 존재하는가?
   ① 대류권 ② 성층권 ③ 중간권 ④ 열권
2. 대부분의 비 또는 눈은 어떤 구름에서 내리는가?
   ① 권층운 ② 난층운 ③ 고적운 ④ 층적운
3. 지구의 대기권을 높이에 따라 4개의 층으로 나누는 기준은?
   ① 온도 ② 대기조성 ③ 습도 ④ 압력
4. 대기 중에서 가장 많은 양을 차지하는 기체는?
   ① 산소 ② 메탄 ③ 질소 ④ 수증기
5. 다음 중 날씨와 기후의 요소가 <u>아닌</u> 것은?
   ① 기온 ② 운량 ③ 습도 ④ 고도 ⑤ 기압
6. 다음 물질 중 열의 전도도가 가장 낮은 물질은?
   ① 공기 ② 철 ③ 구리 ④ 모래
7. 다음 물질 중 비열이 가장 큰 물질은?
   ① 물 ② 모래 ③ 철 ④ 암석
8. 다음 기체 중 초기 지구 대기에 없었을 것으로 생각되는 기체는?
   ① O_2 ② N_2 ③ CO_2 ④ CH_4
9. 태풍의 진행 방향에 대해 가장 위험한 곳은?
   ① 태풍의 전방 ② 태풍의 후방 ③ 태풍의 오른쪽 ④ 태풍의 왼쪽

나. 다음 설명이 옳으면 O표를, 틀리면 X를 하고 틀린 부분에 밑줄을 긋고 바르게 고치시오.

1. 수증기를 많이 포함한 공기는 건조 공기보다 가볍다. (　　)
2. 열을 전달하는 데 가장 효과적인 방법은 복사이다. (　　)
3. 난방장치는 높이 설치할수록 효과가 좋다. (　　)
4. 대기 중 수증기 함량은 온도가 높을수록 높다. (　　)
5. 한랭전선에 의해 생성된 구름의 키는 작다. (　　)
6. 사막은 주로 아열대 고압대 지역에서 발달된다. (　　)
7. 해양성 기단은 습도가 높다. (　　)
8. 대기중의 산소는 식물의 광합성에 의해서 생성된다. (　　)
9. 기후는 어떤 지역의 짧은 기간 동안의 대기 상태를 말한다. (　　)

다. 다음 (　　) 속에 적당한 말을 써넣으시오.

1. 지구의 대기는 (　　)에 의해 유래되었다.
2. 열의 전달방법에는 (　　), (　　), (　　)가 있다.
3. 우리나라의 장마전선은 (　　　　)과 (　　　　)이 많이 형성된다.
4. 제트류의 방향은 (　　)이다.
5. 산성비를 야기시키는 기체는 (　　)과 (　　)이다.
6. 대기권에서 날씨 현상이 일어나는 곳은 (　　)이다.
7. 1g의 물질의 온도를 1℃ 높이는 데 필요한 열량을 (　　)이라 한다.
8. 성층권에서 자외선을 차단하는 기체는 (　　)이다.
9. 번개와 천둥이 발생하는 구름은 (　　)이다.
10. 겨울철에 우리나라를 덮는 기단은 (　　)이다.

라. 다음 질문에 대하여 답하시오.

1. 대기운동의 중요한 세 가지 추진력은 무엇인가?
2. 만일 지구 표면의 모든 지역이 수평하게 가열된다면 폭풍이 일어날까?
3. 열대 무풍대의 특징적인 기후는 무엇인가? 이것은 왜 일어나는가?
4. 온난전선과 한랭전선을 구분하여 설명하라.
5. 일기 예보를 하기 위해서 꼭 알아야 할 정보는 무엇인가?
6. 바람이 있고 따뜻하며 건조한 여름에 물이 더 빨리 증발할 것이라 생각하는가? 혹은 온화하면서 차갑고 건조한 겨울에 더 빨리 증발할 것인가?
7. 태풍에 의해 방출되는 거대한 양의 에너지의 원천은 무엇인가?
8. 온난전선의 이동에 수반되는 강우량과 한랭전선의 이동에 수반되는 강우량의 차

이점은 무엇인가?

9. 해안에서 부는 해풍의 속도는 육풍의 속도보다 빠르다. 그 이유를 설명하라.
10. 열의 전달 방법을 설명하라.
11. 열과 온도의 차이점을 설명하라.
12. 번개와 천둥의 생성과정을 설명하라.
13. 번개 칠 때 주의해야 할 사항을 알아보라.
14. 기단이란 무엇인가?
15. 구름의 생성과정을 설명하라.
16. 상대습도에 대하여 설명하라.

8 해수의 특성과 순환

북유럽의 스코틀랜드, 스칸디나비아, 남부 그린랜드, 북아메리카의 알래스카 서부 해안은 북위 60° 부근에 위치하며, 남극대륙의 해안은 남위 60° 부근에 위치한다. 이들 지역은 연중 비슷한 일사량을 받고 있지만, 이들 각 지역의 기후는 매우 다르다. 이 중 스코틀랜드, 스칸디나비아와 알래스카 서부 해안은 기온이 온화하여 숲과 초원이 형성되고 인간들의 활동이 왕성한 반면에 남부 그린랜드와 남극대륙의 해안은 얼어붙고 황폐하여 생명체의 존재가 매우 적은 곳이다. 이러한 차이는 해양의 난류에 의해 일부 지역은 가열되고 다른 곳은 그렇지 못하기 때문이다.

해양과 대기 사이의 상호작용의 중요성은 한 쪽이 다른 쪽을 서로 구동시킨다는 것이다. 기상현상은 대기가 지구(대부분 해양)로부터 받은 열에 의해 야기된다. 반면에 대기 에너지중의 일부는 바람이 해수면의 해류를 발생시킬 때 해양으로 되돌아간다. 또한 기상현상은 밀도가 큰 해수를 만들어 심해층으로 가라앉게 만든다. 그러나 해양의 운동은 그 범위가 커서 안정적이기 때문에 대기의 운동보다 예측이 비교적 쉽다. 이 장에서는 해양의 지형, 해수의 특성과 순환에 대해서 알아본다.

1. 해수의 기원과 성분

우주 공간의 많은 물질이 모여서 지구가 탄생할 때, 무거운 물질은 지구 중심부에 가라앉고, 물같이 가벼운 물질은 지각위에 놓여졌을 것이다. 생성 초기의 지구는 충돌열에 의해 온도가 매우 높았기 때문에 지표의 수분은 대부분 증발하여 대기의 상층에서 두터운 구름을 형성하였다. 그 후 지구가 냉각됨에 따라서 구름은 비가 되어 원시 바다를 형성하였을 것이다.

원시 해양은 대기중에 존재하였던 염화수소를 다량 용해하고 있었기 때문에 강한 산성(pH 3-4)이었을 것으로 추정된다. 그것이 지표의 현무암과 반응하여 칼슘, 마그네슘, 나트륨, 칼륨 등을 생성하면서 중화되었다. 또한 대기중의 CO_2가 해수에 용해되어 칼슘과 반응하여 탄산칼슘이 되어 침전한 결과 해수의 pH는 7.3~8.4의 약 알칼리성을 띠게 된다. 이러한 반응은 적어도 지구 생성초기 10억년 이내에 일어났을 것이고, 그후 약 30억년 동안 해수의 성분은 거의 변화가 없었을 것으로 추정된다.

모든 바다의 해수는 순수한 물 96.5%와 염류가 3.5% 용해되어 있다. 해수의

<표 8-1> 해수 중에 녹아있는 주요 구성 원소

구성 원소	기 호	해수중의 g/kg	총 성분에 대한 비율(%)
염 소	Cl^-	19.353	55.07
나트륨	Na^+	10.760	30.62
황산염	SO_4^{2-}	2.712	7.72
마그네슘	Mg^{2+}	1.294	3.68
칼 슘	Ca^{2+}	0.413	1.17
칼 륨	K^+	0.387	1.10
탄화수소염	HCO_3^-	0.142	0.40
브 롬	Br^-	0.067	0.19
스트론튬	Sr^{2+}	0.008	0.02
붕 소	B^{3+}	0.004	0.01
플루오르	F^-	0.001	0.01
계		35.150	99.99

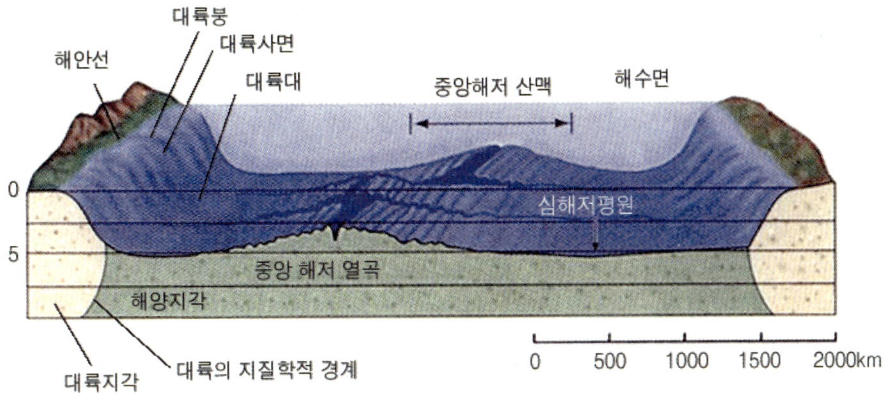

【그림 8-1】 해저 지형

염류 중에는 70여종의 원소가 용해되어 있으며, 이들은 지각으로부터 공급된 것이지만 지각의 구성 원소와는 큰 차이가 있다. 표 8-1은 주요 구성 원소의 양을 나타낸 것으로 전체 용존량의 99.99%를 차지한다.

또한 해수 1kg중에는 불과 수 mg의 적은 양이기는 하나 바다 미생물의 번식에 필요한 인산염, 질산염, 규산염, 탄산석회, 암모니아 등과 같은 영양염류가 포함되어 있다. 또 산소, 질소, 이산화탄소 등의 기체도 용해되어 있어서 해양 생물의 서식에 주요한 역할을 한다.

2. 해저지형

해저 지형은 해류의 방향을 지배하고 퇴적물의 분포를 결정하기 때문에 해저 지형에 대한 이해는 매우 중요하다. 특히 2차 세계 대전 동안 해저 지형에 대한 군사전략상의 중요성이 더욱 부각되었기 때문에 20세기 후반에 들어 보다 자세한 해저 지형의 특성이 밝혀졌다(그림 8-1).

옛날 사람들은 바다는 하나의 커다란 수조와 같은 것으로 생각하여 바다 밑바닥은 편평하고 그 중앙이 가장 깊을 것으로 믿었다. 그러나 1800년대 음파 탐

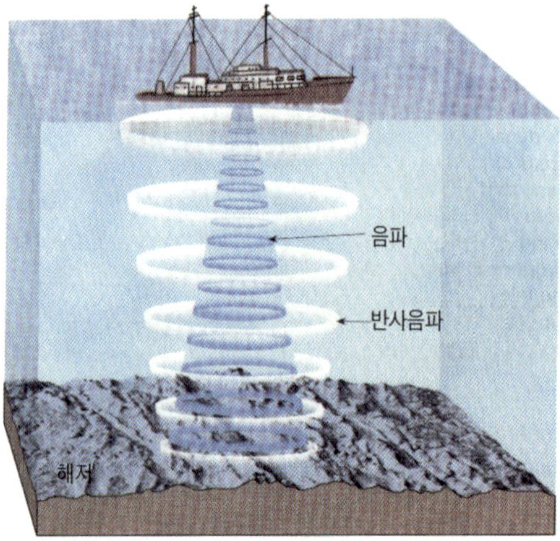

【그림 8-2】 음향측심법에 의한 수심측정

사가 시작되면서부터 해저지형에 대한 생각이 달라졌다. 특히 1870년대 챌린저 호의 탐사로 대서양 중앙에 길게 발달된 해저산맥이 발견되었다. 1910년에서 1960년 사이에 해저 지형에 대한 보다 많은 관측과 측정이 이루어져 수많은 자료가 축적되었으며, 이는 해저지형과 해저 확장설에 대한 기초를 제공하였다. 특히, 고성능의 음향 측심법이 개발되면서 해저지형의 조사는 더욱 자세하게 이루어졌다(그림 8-2).

고도로 발달된 인공위성과 원격 탐사의 현대 기술에 의해 넓은 지역에 걸친 해저지형에 대한 조사가 짧은 시간에 매우 정확하게 이루어지게 되었다. 오늘날 해저 지형 조사는 마치 바닷물을 모두 제거한 상태에서처럼 이루어지고 있다. 전 지구적 규모에 있어 해저지형과 대륙의 고도 차이는 해수면을 기준으로 매우 뚜렷하다(그림 8-3). 이 그림에서는 각 고도별 지구 지각의 백분비가 표시되어 있다. 이 그림을 보면 약 30%의 지각만이 해수면보다 높이 솟아있다. 지구 지각의 약 50%는 해수면과 심해저 평원(수심 약 4km)에 분포한다. 바다의 평균 수심은 3,790m이고 육지의 평균고도는 840m로 바다의 평균 깊이가 육지의 평균고도 보다 훨씬 큼을 알 수 있다.

해저지형은 수심과 특징에 따라 대륙연변부와 심해저분대로 구분된다. 대륙연변부는 대륙붕, 대륙사면 및 대륙대로 구분된다(그림 8-4). 대륙붕은 대륙 지각의 연장부와 해수에 잠긴 부분이다. 대륙붕의 폭은 해수면의 높이와 대륙 주변부가 수동형인지 또는 능동형인지에 따라 달라진다. 일반적으로 수동형 대륙 주변부에서는 대륙붕의 폭이 넓고 능동적인 대륙주변부에서는 폭이 좁다. 전자의 경우 대륙붕의 폭은 대체로 200km 이상이다. 이에 반해 후자의 경우 대륙 지각은 섭입대와 변환 단층에 의해 절단되어 대륙붕의 폭은 비교적 좁다.

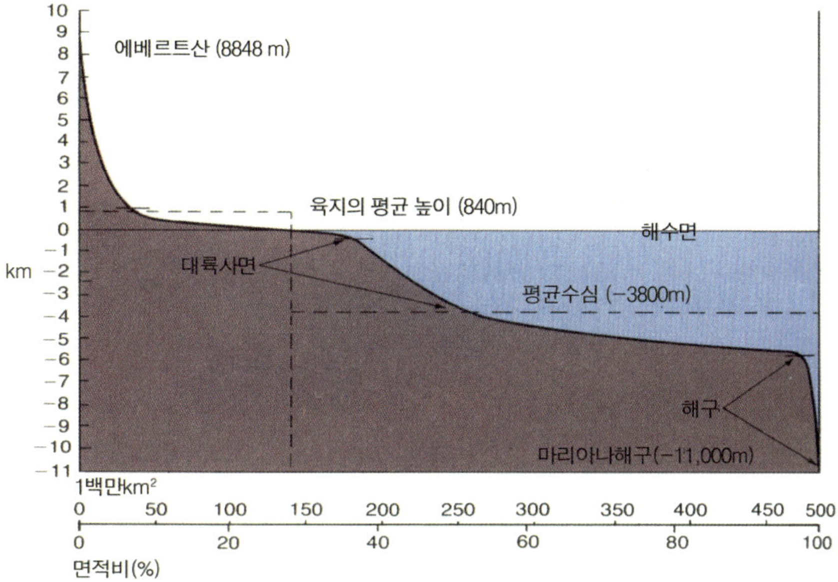

【그림 8-3】 고도별 지구지각의 백분비(%)

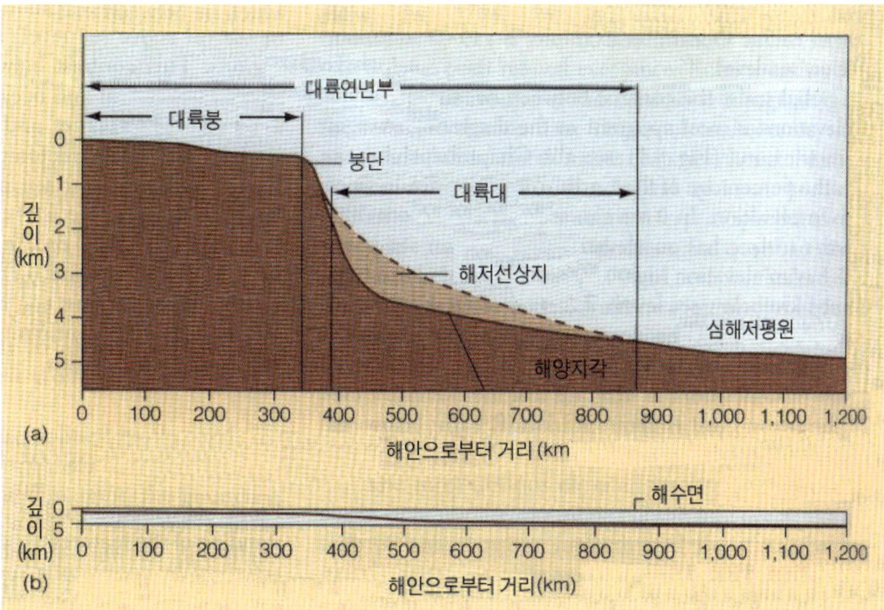

【그림 8-4】 해저 지형

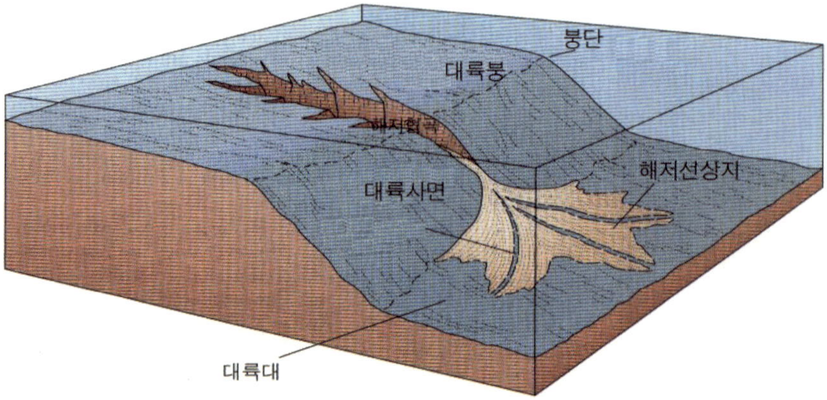

【그림 8-5】 대륙붕과 대륙사면의 지형

대륙붕의 경사는 1.7m/km로 매우 완만하다. 그러나 대륙붕 표면은 침수되면서 받은 다양한 변화에 의해 육지의 대륙지각처럼 울퉁불퉁하다. 대륙붕의 표면에는 심지어 V자 모양으로 좁고 깊게 패인 해저 협곡이 발달되기도 한다(그림 8-5). 대륙붕은 해양 면적의 7.4%를 차지하며, 평균 수심은 약 75m로 매우 낮다. 특히 대륙붕 내에는 석유와 천연가스 같은 지하자원이 풍부하게 매장되어 있기 때문에 경제적 가치가 매우 중요하다. 붕단은 대륙붕에서 대륙 사면으로 경사가 갑자기 변하는 점이지역이다. 붕단의 수심은 전 세계에서 약 140m로 거의 일정하다.

대륙 사면과 대륙대는 대륙붕과 심해 분지의 점이지역에 발달된다. 전형적인 대륙사면의 경사는 약 4°이지만 1°에서 25°까지 매우 다양하다. 일반적으로 대륙사면의 경사는 수동형 연변부에서 낮고 능동적 연변부에서 크다. 대륙사면은 경사가 좀더 완만한 대륙대와 만나게 된다. 대륙사면의 폭은 약 20km 정도이다. 이곳에는 많은 해저 협곡이 발달되어 있으며 대륙대로 퇴적물을 공급하는 중요한 통로 역할을 한다. 대륙대는 대륙 사면 기저부에 발달된 해양지각이 대륙붕에서 이동되어온 퇴적물로 덮여있는 경사가 매우 완만한(약 0.2°) 영역이다(그림 8-5). 대륙대를 형성하는 퇴적물은 저탁류에 의해 운반된다. 저탁류는 퇴적물과 물의 혼합체로 이루어져 있으므로 일반 해수에 비해 밀도가 높아 해저 경사면을 따라 심해저로 이동하는데 주로 해저 협곡을 따라 흐른다. 대륙대의 폭은 약 100~1,000km까지 다양하다. 저탁류는 대륙대에 해저 선상지를 형성하며, 이 해저 선상지는 대륙대의 대부분을 차지한다.

대부분 사람들은 해안선을 경계로 육지 부분만 대륙으로 생각하는 경우가 많다. 그러나 실질적인 지질학적 경계는 대륙지각이 해양지각과 만나는 대륙사면 하부에 위치한다. 따라서 대륙의 가장자리는 해수면 아래에 잠겨있는 셈이다.

1) 심해저 분지

대륙 연변부로부터 바다 쪽으로 평균 수심이 3,800m 이상인 심해저 분지의 암석은 현무암으로 이루어져 있으며, 5km 두께의 퇴적물로 덮여있다. 심해저 분지는 지구표면의 50% 이상을 차지한다. 심해저 분지에는 심해저 평원, 해저 산맥, 해구 등이 발달되어 있다.

2) 심해저 평원

심해저 평원은 대륙대의 기저로부터 바다 쪽으로 넓게 펼쳐진 광대하고 편평한 해저지형이다. 심해저 평원에는 1km 이상의 해산들이 발달되어 있기도 하지만 일반적으론 지구에서 가장 평탄하고 단조로운 지역이다. 심해저 평원에는 해산 외에도 수많은 평정해산과 해서 융기부(oceanic rise)가 발달되어 있다. 심해저 평원은 대부분 육지로부터 운반된 세립질 입자들로 덮여있다. 실제로 심해저 평원이 평탄한 이유는 본래 기복이 심한 해저 지형이 막대한 양의 퇴적물이 덮고 있기 때문이다. 일반적으로 능동적 대륙 연변에서는 대륙붕과 대륙사면으로부터 공급되는 퇴적물이 해구로 유입되기 때문에 심해저 평원의 발달이 어렵다.

3) 해저 산맥

해저 산맥은 폭이 2,000km 이상이며, 온도가 높기 때문에 주변 해저면보다 약 2.5km 정도 높게 솟아 있다. 해저 산맥의 중심축은 폭이 80~320km이며, 중심축에 대해 수직 방향으로 수많은 변환 단층이 발달되어 있다. 해저 산맥은 북극해로부터 대서양 중앙을 지나 남아프리카를 돌아서 인도양, 태평양까지 이어진다.

해저 산맥은 총길이가 65,000km 이상으로 육지의 어느 산맥보다 길게 연장되어 있다. 육지의 산맥은 대부분 압축응력에 의해 습곡 작용을 받아 형성되었으며 화강암 및 퇴적암으로 구성되어 있다. 이에 반해, 해저산맥은 대부분 현무암으로 구성되어 있으며, 대부분 인장응력에 의해 생성된 특징들을 보여준다. 또한, 해저 산맥 정상부에는 인장응력에 의해 생성된 해저 열곡이 발달된다. 이 열곡의 깊이는 1~2km이며 폭은 수 km에 이른다. 해저 열곡에서는 화산활동과 천발 지진이 자주 발생한다. 최근 이 곳에는 관벌레, 조개 등 다양한 생물들이 살고 있음이 밝혀졌다.

4) 해구

해구는 수심이 6,000~11,000m의 범위에 있는 대양에서 가장 깊은 곳이다. 해저에서 해구가 차지하는 지역은 별로 넓지는 않지만 이곳에서는 암석권의 판이 섭입되어 소멸되기 때문에 매우 중요하다. 해구의 경사는 급하며 V자 형태로 좁고 길게 나타난다. 해구의 폭은 대부분 40~120km이며, 길이는 수천 km에 달한다. 세계에서 가장 깊은 해구는 서태평양의 마리아나 해구로 그 깊이는 11,022km이다. 해구는 암석권의 판이 다른 판 밑으로 섭입하는 수렴형 경계부에 생성되므로 주로 태평양 연안을 따라 발달된다. 해구과 나란하게 대륙쪽으로 호상열도와 화산 열도가 분포하는 것이 특징이다.

5) 해저 퇴적물

일반적으로 해저 퇴적물은 특성, 성분, 총량 등에 따라 대륙 연변부 퇴적물과 심해 퇴적물로 나눌 수 있다. 대륙 연변부 퇴적물은 주로 쇄설성 퇴적물로 구성되며, 비교적 조립질인 반면 심해 퇴적물은 세립질 퇴적물로 이루어져 있다. 각 해저 지형에 분포하는 퇴적물의 분포비와 평균 두께는 표 8-2와 같다.

심해 퇴적물은 크게 심해 점토와 부유성 바다 미생물 기원의 퇴적물로 구성된다. 심해 퇴적물은 입자의 크기가 아주 작아 퇴적 속도가 매우 느린 것이 특징이다. 심해 점토의 대부분은 육성 기원과 화산 기원의 퇴적물이 해수 내에 녹

〈표 8-2〉 해양 퇴적물의 분포와 평균 두께

해저지형	해저 면적(%)	해양 퇴적물(%)	평균 두께(km)
대륙붕	9	15	2.5
대륙사면	6	41	9
대륙대	6	31	8
심해저 분지	78	13	0.6

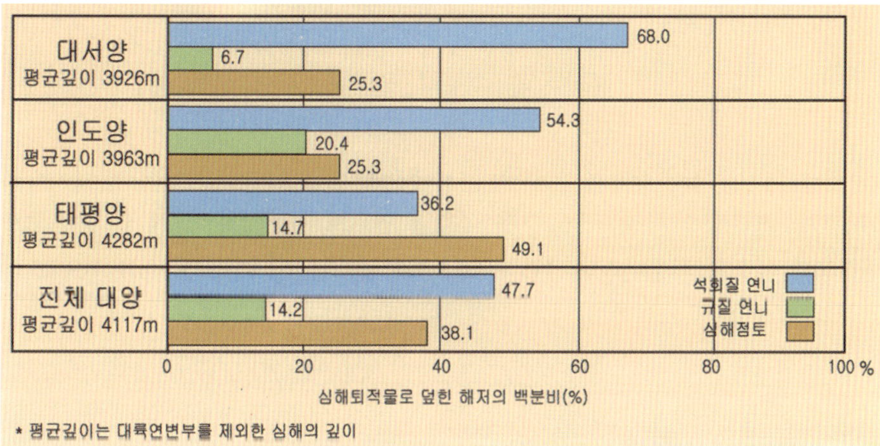

【그림 8-6】 심해퇴적물의 종류와 분포

아 있는 성분과 상호작용에 의해 생성된 몽모릴로나이트와 필립사이트로 구성된다. 심해 점토는 필립사이트와 산화철에 의해 적갈색 또는 담황색을 띤다. 심해 점토는 3개 대양 중 태평양에 가장 넓게 분포한다(그림 8-6). 이는 태평양이 다른 대양보다 깊고 바다 면적이 넓어 생물의 생산성이 낮기 때문이다. 태평양의 심해 점토는 주로 아시아 대륙으로부터 바람에 의해 공급된다.

생물 기원의 심해 퇴적물은 아주 작은 식물과 동물의 껍데기로 구성된다. 심해 퇴적물 중 생물 기원의 퇴적물이 무게로 30% 이상이면 연니(ooze)라 한다. 연니는 생물 껍데기의 성분에 따라 석회질 연니와 규질 연니로 구분된다. 석회질 연니는 유공충, 부유성 복족류, 코코리스로 구성된다. 석회질 연니의 분포 면적

(a) (b)

【그림 8-7】 심해퇴적물. (a) 생물기원의 퇴적물 (b) 망간단괴

은 바다 깊이가 깊어지면 감소한다. 그림 8-6을 보면 대서양은 68%가, 인도양은 54.3%가, 그리고 태평양은 36.2%가 석회질 연니로 덮여있다. 규질 연니는 주로 방산충과 규조로 이루어진다(그림 8-7a). 규질 연니는 단백석($SiO_2 \cdot nH_2O$)으로 이루어져 있어 육성 기원의 규산과 쉽게 구분된다.

심해 퇴적물에는 또한 망간단괴와 우주 기원의 퇴적물이 있다. 망간단괴는 수심 5000~6000m 사이의 심해저에 분포하며, 직경은 3~25cm 크기로 감자모양이다(그림 8-7b). 망간단괴는 퇴적물이나 상어 이빨 등을 핵으로 하여 마치 나무의 나이테처럼 동심원을 이루면서 100만년에 1~10mm씩 매우 느리게 성장한다. 망간 단괴의 성분은 망간(Mn), 철(Fe), 니켈(Ni), 구리(Cu), 아연(Zn), 코발트(Co) 등으로 이루어져 있다. 우리나라는 1983년 한국해양연구원을 중심으로 동태평양에서 망간단괴 탐사를 시작하였고, 2002년 유엔 국제해저기구(ISA)로부터 7만 5천 km^2의 단독 광구를 획득하였다.

심해 퇴적물 중 우주 기원의 퇴적물은 운석 충돌이나 소행성대에서 소행성들이 충돌할 때 생성된 것으로 여겨진다. 우주 기원의 퇴적물의 크기는 대부분 10-640㎛이다. 심해저 퇴적물 내에 존재하는 우주 기원의 퇴적물은 아주 적은 미량이다. 일부 과학자들은 지구에 떨어지는 우주 먼지의 양은 매년 약 4만 톤에 이를 것으로 추산하고 있다. 이 양은 심해 퇴적물 전체량과 비교하면 무시할 정도로 적은 양이다.

3. 표층수와 심층수

해수는 표층을 따라 흐르는 것과 그렇지 않은 것의 두 가지 종류로 나눌 수 있다. 종종 이 두 종류의 해수는 - 특히 심층수 - 다양한 수괴(water mass)로 세분될 수 있다. 각각의 수괴들은 해수의 온도, 염분, 밀도, 화학물질의 특성에 의해 분류된다. 대부분의 심층수는 고위도의 표층 가까이에서 형성되지만, 표층의 장소와 기상학적 환경에 따라서 서로 다른 특성을 보인다. 일단 심층수가 형성되면 표층 아래로 침강하여 표층으로부터 분리된다. 따라서 심층수는 긴 거리와 오랜 기간에 걸쳐 초기의 특성을 유지한다.

표층해류는 바람과 날씨의 영향을 받는 반면 심층류는 그렇지 않다. 표층해류는 비교적 빠르게 흐르지만 심층류는 대규모의 흐름으로 매우 느리다. 해수 중에서 밀도가 큰 해수는 가라앉거나 아래쪽으로 흐르고, 상대적으로 밀도가 작은 해수는 위쪽으로 흐른다. 이로 인해 표층에서 심층으로 갈수록 해수의 밀도는 커진다. 따라서 해수의 밀도에 영향을 미치는 요소에 대해 알아봄으로써 표층수와 심층수의 차이 그리고 다양한 심층수괴들의 움직임을 이해할 수 있다.

1) 해수의 밀도

해수의 밀도에 영향을 미치는 3가지 요소는 해수의 압력, 온도, 그리고 염분이다. 밀도는 압력과 염분이 증가하면 증가하지만, 온도가 증가하면 감소한다. 심층류의 연구를 위해서는 같은 압력상태에서 수괴들의 밀도를 알아야 한다. 예를 들어, 두개의 수괴가 각각 똑같은 깊이에서 만났을 때, 어느 것이 가라앉고 어느 것이 떠오를 것인가를 파악하기 위해서는 이들의 밀도를 알아야 한다.

압력이 비슷할 때 수괴들의 상대적인 밀도가 중요하기 때문에 우리는 같은 압력하에서 각 수괴의 밀도를 측정한다. 이를 위해 배 또는 실험실에서 해수의 밀도를 측정한다. 이러한 측정을 위해 사용하는 표준 압력이 대기압이다. 우리는 첨단장비(그림 8-8)을 사용하여 간단하게 심층수의 수심, 온도 및 염분을 측정하

【그림 8-8】 해양에서 수온, 염분 및 수압을 측정하는 장비.
윗부분은 채수통, 아랫부분이 측정장비(CTD)이다.

고 대기압에서의 밀도를 계산한다.

일반적으로 밀도는 1.024~1.028 g/㎤의 범위 내에 있다. 담수의 밀도는 1.0 g/㎤이다. 처음의 두 숫자가 언제나 같기 때문에 1을 무시하고 소수점을 3자리 뒤로 이동시킨다. 그 결과로 얻은 수를 σ 또는 시그마-T라 부른다. 예를 들면, 해수의 밀도가 1.0273 g/㎤이라면 σ는 27.3이다.

2) 밀도와 염분의 변화

물은 거의 압축이 되지 않으므로, 압력이 크게 변해도 밀도의 변화는 매우 작다. 수심 4,000m의 해저에서 받는 압력은 평방미터당 4,000톤으로 매우 크지만 해수의 밀도는 표층에서보다 약 2%만 더 클 뿐이다. 따라서 해수의 표본이 깊은 해저로부터 해수면으로 운반되었을 때, 해수는 조금만 팽창할 뿐이다. 이 팽창에 의해 해수는 0.1~0.2℃ 정도 냉각되게 된다. 따라서 배 위로 가져왔을 때의 해수 표본의 온도(온위)는 깊은 곳의 온도(현장 온도)보다 약간 더 낮다.

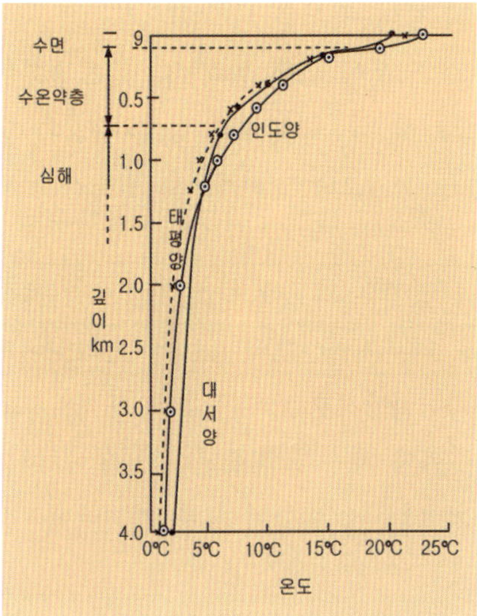

【그림 8-9】 열대지방과 아열대지방 각각을 평균한 3대양의 연직 온도자료

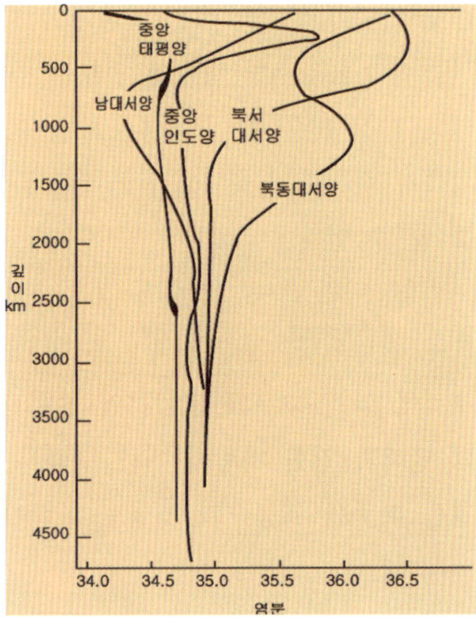

【그림 8-10】 5 지점에서 깊이에 따른 염분의 변화: 염분이 낮은 두 곳은 강수가 많은 적도 가까이에 있다. 북동대서양이 1,000~1,500m 깊이에서 염분이 증가한 것은 지중해의 따뜻하고 짠 해수가 흘러나오기 때문이다.

온도와 염분의 가장 큰 변화는 표층 가까이에서 일어난다(그림 8-9와 8-10). 그 원인은 태양에 의한 가열, 증발, 강수 그리고 얼음의 형성과 용융 때문이다. 해양내부 대부분의 수괴 특성은 초기에 이들이 표층에 있었을 때 형성된다. 따라서 해수의 다양한 온도와 염분은 처음에 형성되었던 영역과 환경을 반영한다.

3) 표층수

해양 표층수의 온도와 염분, 그리고 밀도는 그림 8-11에서와 같이 위도에 따라 변화한다. 열대지방의 표층수가 가장 따뜻하고, 따뜻한 해수일수록 밀도가 작다. 적도는 많은 강우량 때문에 염분이 낮고, 아열대는 증발량이 강수량보다 많아서 염분이 높다. 반면에 고위도의 해양은 많은 강우량과 낮은 증발률 때문에 염분이 낮다. 특히 온도가 같아도 남반구 고위도의 해수가 북반구 고위도의 해수보다도 밀도가 큰 데, 이는 남반구의 해수가 더 짜다는 것을 의미한다.

그림 8-11로부터 해수의 밀도는 일반적으로 염분에 의한 변화보다 온도변화에 더 민감한 것을 알 수 있다. 또한 왜 고위도에서 심층수괴들이 형성되고, 왜 남쪽에서 형성된 심층수괴들이 북쪽에서 형성된 수괴보다 일반적으로 밀도가 큰지를 알 수 있다.

가열, 냉각, 증발, 강수와 같은 표층에서의 영향은 파도에 의해 표층수 아래쪽으로 전달된다. 정확한 패턴은 위도에 따라 다르지만, 그림 8-12는 고위도에서 수심에 따른 수온의 전형적인 변화 양상이다. 일반적으로, 겨울철은 대기로부터의 냉각과 강한 바람에 의해 수심이 깊은 곳까지 해수가 혼합된다. 반면에 여름철은 따뜻한 표층수가 가볍고 바람이 약하기 때문에 혼합이 표층 가까이에서만 이루어진다.

표층수와 심층수의 경계는 이들의 혼합 때문에 뚜렷하지 않지만 얕은 곳은 경계가 100m, 깊은 곳은 수백 m의 깊이에 위치한다. 이 경계에서는 밀도가 급격히 변하기 때문에 밀도약층이라 불린다. 밀도약층에서는 수온과 염분도 급격

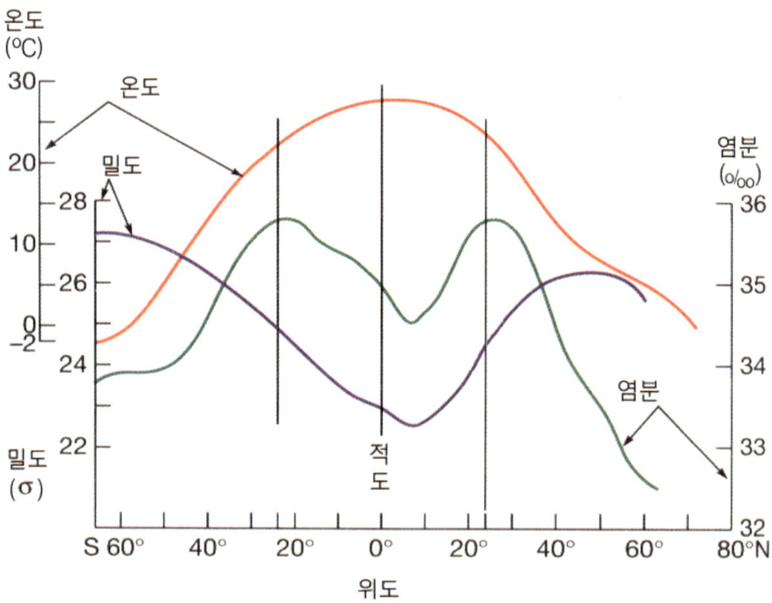

【그림 8-11】 위도에 따른 해양 표층수의 온도, 염분, 밀도의 분포

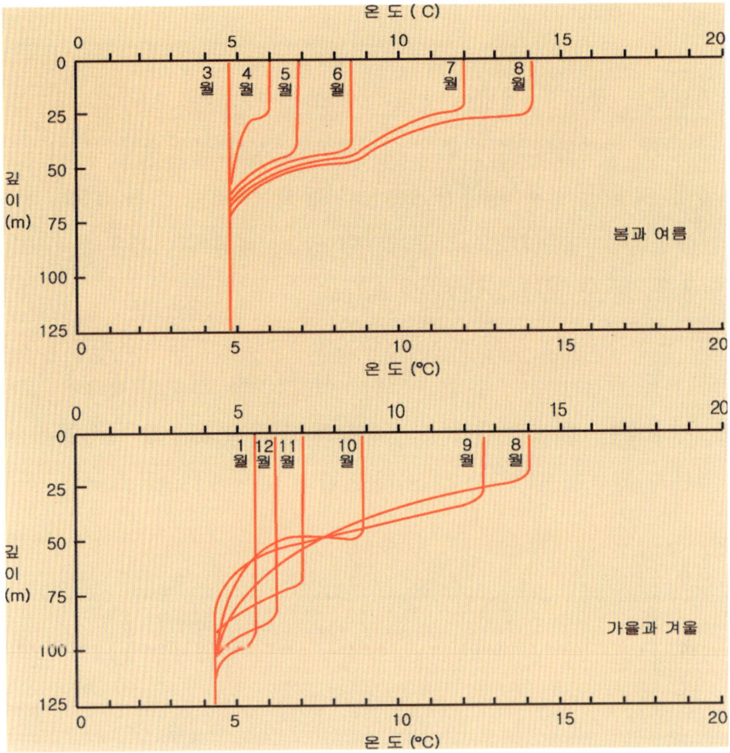

【그림 8-12】 고위도 바다에서 표층수온의 전형적인 계절변화. 파도에 의한 난류가 표층수를 균일하게 혼합한다. 여름의 작은 파도는 겨울의 큰 파도만큼 표층의 열을 깊게 혼합시키지 못한다.

히 변하기 때문에 수온약층 또는 염분약층이라 한다.

열대 지방과 온대지방에서는 상층에는 밀도가 작은 표층수가 있으며, 하층에는 밀도가 큰 심층수가 있어서 쉽게 구분된다. 그러나 고위도 지방에서는 계절적인 수직혼합이 있다. 가벼운 표층수는 여름에 나타난다. 이때 증가된 태양복사량과 빙하에서 녹은 물이 해수를 고온과 저염분으로 만든다. 그러나 겨울이 되면 가벼운 표층수는 사라진다. 해양에서 얼음이 얼 때는 소금을 방출하기 때문에 겨울의 표층수는 차고 짜게 된다. 이 해수는 밀도가 매우 크기 때문에 아래로 가라앉는다. 이것이 심층수가 형성되는 메커니즘이다.

4) 심층수

비록 저위도와 중위도 지방의 표층수가 따뜻할지라도, 해수의 대부분은 표층이 아닌 심층에 존재한다. 심층수의 대부분은 극지방 해역에서 형성된다. 열대지방과 아열대 지방에 걸쳐 평균한 3대양의 온도 구조는 그림 8-9와 같다. 표면 가까이의 해수면이 따뜻하다는 것을 볼 수 있고, 대양에서 해수의 온도는 0-3℃ 사이에 있음을 알 수 있다(그림 8-9와 8-13a).

심층수는 표층수보다 양이 훨씬 많기 때문에 온도나 염분분포도에서 매우 두껍게 나타난다. 그림 8-10에서 볼 수 있듯이 다양한 해수의 특성은 표층수에서 나타나며, 심층수는 매우 균질하다. 심층수의 수괴는 해수의 대부분을 차지하고 있으며, 염분의 범위는 34.5~35.0‰이다(그림 8-10과 8-13b).

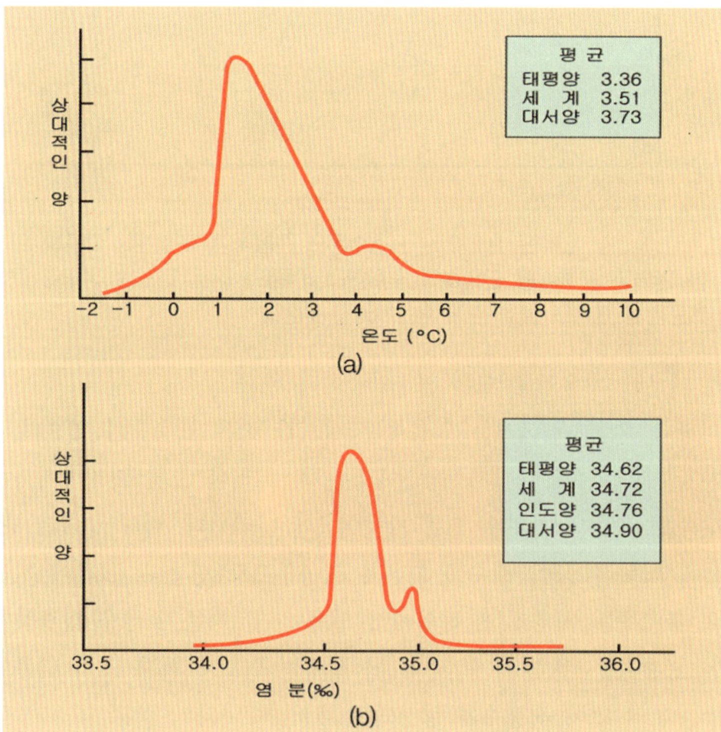

【그림 8-13】 수온(a)과 염분(b)에 따른 해수의 상대적인 양
해수의 대부분은 0-3℃ 와 34.5-35‰ 사이에 있다.

심층 수괴들은 고위도의 해수면 가까이에서 형성되고, 그 당시 획득한 특성도 함께 갖게 된다. 즉, 수심이 깊은 곳의 수괴들은 변덕스런 표면 환경으로부터 격리되기 때문에 표층에서 형성된 특성들이 꽤 많이 남아있다. 깊은 곳에서 심층수는 주변의 수괴들, 생물체의 호흡, 열수작용 또는 대양 하부에서 받은 열에 의해 서서히 혼합되어 약간씩 변한다. 그러나 심층수 전체적으로 볼 때 그 영향이 거의 없을 정도로 심층수의 부피는 매우 크다.

4. 해류를 일으키는 힘

해수의 표층류는 바람에 의해 움직이며, 심층류는 중력에 의해 움직인다. 밀도가 큰 해수는 아래쪽으로 이동하는 데, 해양의 바닥 혹은 밀도가 더 큰 해수를 만날 때까지 가라앉는다. 충분히 가라앉은 해수는 그 접촉면을 따라 흐르게 된다. 그러나 표층수와 심층수의 흐름은 해양과 육지와의 경계, 전향력, 압력구배에 의해 크게 영향을 받는다.

1) 선향력

대부분의 해류는 오랜 기간에 걸쳐 먼 거리를 이동하기 때문에 지구자전의 영향을 크게 받는다. 심층수가 깊은 해양 바닥을 따라 아래로 흐를 때, 오른쪽으로 휘는 경향을 보이고(북반구), 해양분지의 오른쪽 가장자리에 쌓이게 된다(그림 8-14). 해수가 해안의 만에 들어올

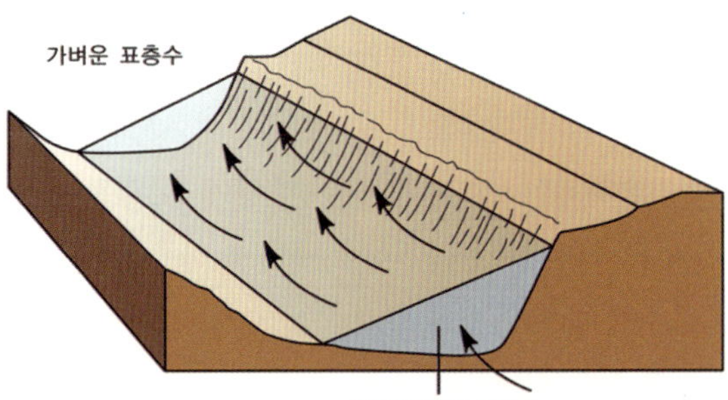

【그림 8-14】 심층수의 흐름은 매우 느리고 전향력에 의해 크게 영향을 받는다. 북반구에서는 심층수가 흐를 때 해양분지의 오른쪽 가장자리 쪽으로 쌓이게 된다.

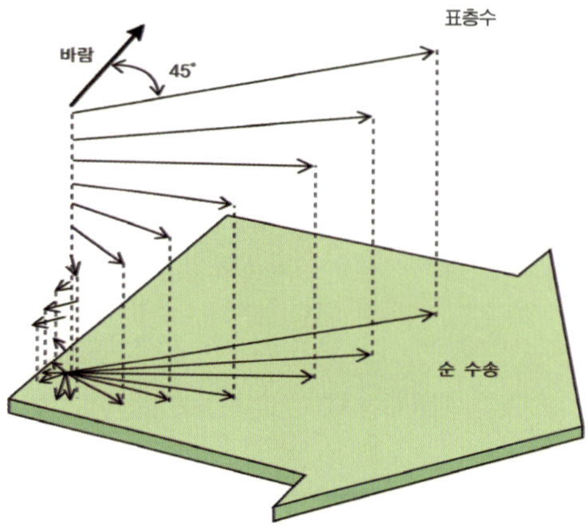

【그림 8-15】 북반구에서 에크만 나선. 해수는 전향력에 의해 바람 방향의 오른쪽으로 흐른다. 표층류는 바람 방향의 오른쪽 45°이고 수심이 깊어질수록 해수의 속도는 느리고 오른쪽으로 많이 휘어진다. 그러나 해수 전체의 이동은 바람 방향으로부터 90° 오른쪽이다.

때와 나갈 때 표층해수는 조석에 의해 각각 진행방향의 오른쪽에 쌓이게 된다.

바람에 의해 이동되는 표층류에서도 이와 비슷한 현상이 일어난다. 좀더 자세히 알아보기 위해 먼저 수심이 깊고 바람의 힘 외에는 어떤 힘도 작용하지 않는다고 가정하자. 바람에 의해 해수가 이동될 때 표면의 해수가 매우 빨리 이동되어, 깊은 곳의 해수는 위쪽의 해수를 따라 끌려갈 것이다. 북반구에서 표층수는 바람 방향의 오른쪽으로 흐르는 경향이 있다. 전향력은 해수가 오른쪽으로 더 많이 휘어 흐르도록 작용하고 바람은 자신의 방향으로 이끌려고 한다. 이는 표층수가 바람 방향의 오른쪽으로 45° 휘어짐으로써 평형 상태가 된다(그림 8-15).

표층 아래에서 각 층의 해수는 위 층의 해수에 의해 끌려간다. 아래층의 해수는 전향력에 의해 흘러가는 방향의 오른쪽으로 휘어진다. 그래서 깊은 곳의 해수는 위층보다 오른쪽으로 이동한다. 이런 흐름을 에크만 나선이라 한다(그림 8-15). 에크만 나선의 운동에서 하층 해수의 흐름은 상층 해수에 비해 더 느리며 오른쪽으로 더 많은 각을 이룬다. 즉 에크만 나선은 표면 아래에서 각층의 방향과 크기를 나타낸다.

전향력은 고위도일수록 증가하기 때문에 에크만 나선은 고위도 해역에 더욱 휘어진다. 예를 들어, 북위 35°에서 표층류의 방향과 반대방향(180°)의 흐름이 나타나는 깊이는 약 100m이며 이 수심에서 해수의 이동 속도는 표층의 약 4%이다. 표면에서 이수심까지의 층을 에크만의 마찰층(또는 경계층)이라 한다. 마찰층 내에서 해수의 평균 흐름은 바람방향과 90° 오른쪽으로 흐른다. 이 평균 흐름을 에크만 수송이라고 부른다. 수심이 얕은 바다에서는 에크만 나선의 밑바닥은 없어지고 해수의 순이동은 더 이상 오른쪽으로 휘지 않는다.

2) 등밀도선

그림 8-16은 북반구에서 표층류의 오른쪽에 밀도가 낮은 해수가 축적되는 결과를 보여주는 것이다. 오른쪽에 쌓인 표층수는 아래층의 해수를 더 내려가게

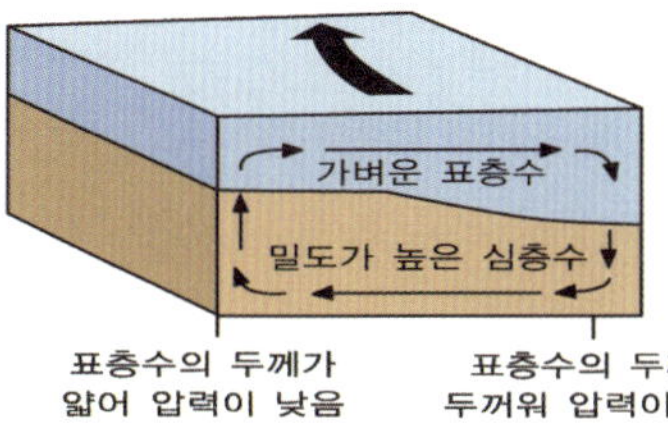

(a)

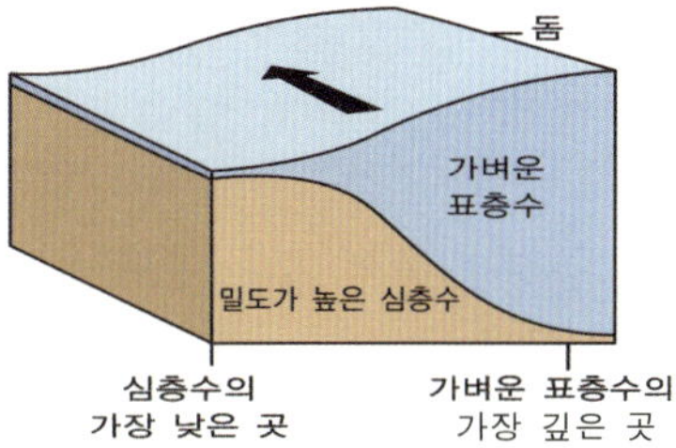

(b)

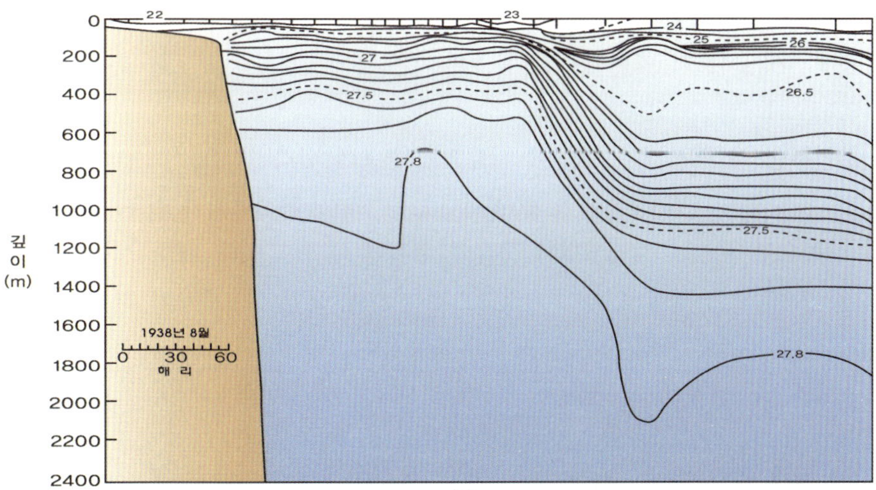

(C)

【그림 8-16】 표층수는 전향력으로 인해 오른쪽으로 모인다(북반구). 이때 오른쪽에서 빠져나가는 표층수를 채우기 위해 밀도가 큰 해수가 상승한다. 이로 인해 표층에 등밀도선의 경사가 생긴다. (a) 초기, (b) 균형의 도달 후, (c) 케이프곶(왼쪽)과 버뮤다(오른쪽) 사이의 멕시코 만류를 자른 단면의 등밀도선을 보여준다(숫자 27은 1.027g/cm^3, 27.5는 1.0275g/cm^3). 그림에서 밀도가 큰 해수는 북쪽(왼쪽)에, 밀도가 낮은 해수는 남쪽(오른쪽)에 위치한다(F. C. Fuglister, Woods Hole Oceannographic Institation).

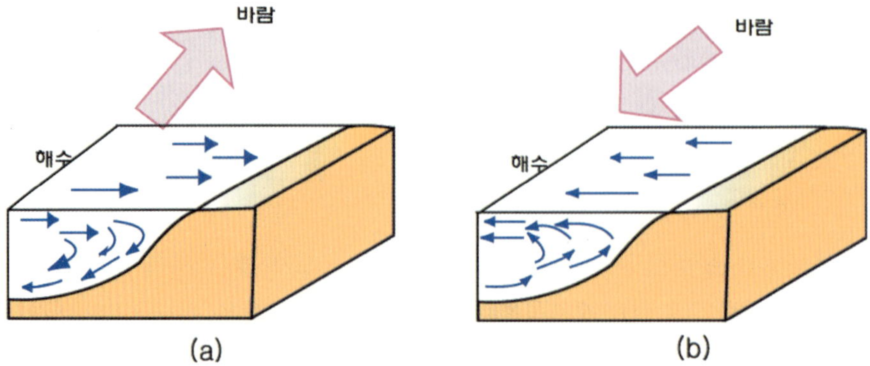

【그림 8-17】 북반구에서 연안 용승과 침강
(a) 해안이 바람의 오른쪽에 있을 때 전향력 때문에 해안쪽에서는 침강이 나타난다.
(b) 해안이 바람의 왼쪽에 있을 때는 전향력 때문에 해안을 따라서 용승이 일어난다.

하며, 반대로 왼쪽 깊은 곳의 해수는 상층으로 이동함을 의미한다. 즉 해수의 흐름의 오른쪽에서는 표층수가 하강하고 왼쪽에서는 심층수의 용승이 일어난다. 그림 8-16(c)은 표층수의 단면도에서 깊이에 따른 해수의 밀도를 보여 주는 것으로, 등밀도선의 기울기는 전향력의 크기에 따라 달라진다. 또한 전향력은 위도와 유속에 따라 다르기 때문에, 해류를 가로지른 등밀도선의 경사도를 측정하여 해류의 속도를 알 수 있다.

해안부근 해류의 경우, 해안이 해류의 오른쪽에 있다면 해안 하강이 있을 것이고, 왼쪽에 있다면 용승이 있을 것이다(그림 8-16). 북아메리카 서부 해안을 따라 남쪽으로 흐르는 캘리포니아 해류의 왼쪽에 해안이 있다. 또한 이곳에는 북풍이 지속적으로 불고 있다. 이 바람으로 인하여 해안의 표층수가 서쪽으로 이동하고 그 자리에는 심층의 찬 해수가 용승한다(그림 8-17). 그로 인하여 샌프란시스코와 로스앤젤레스는 냉방이 잘 된 도시라고 할 수 있다.

3) 돔과 압력경도

앞에서 언급한 바와 같이 바람에 의한 표층해수는 북반구에서는 바람의 오른쪽으로, 남반구에서는 바람의 왼쪽으로 비스듬하게 흐른다. 그러나 모든 해수가 이와 같이 흐르는 것은 아니다. 많은 표층류의 방향은 바람 방향과 평행하다. 왜 그런지 알아보자.

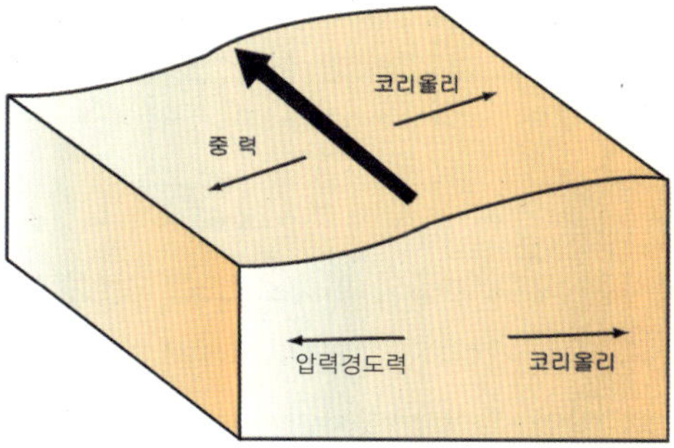

【그림 8-18】 평형상태가 되면 표층수는 바람과 같은 방향으로 돔의 옆으로 흐른다. 돔으로 향하는 해수에 대한 전향력은 실제 표면에서의 해수에 대한 중력 성분과 표면 밑에서는 해수에 대한 압력 경도력과 반대방향으로 평형을 이룬다.

에크만 나선은 전향력에 의해 일어나고, 바람 이외의 다른 힘이 없는 이상적인 상황에서 표층 해수의 흐름을 나타낸다. 그러나 실제 해양에서는 압력 경도력이라는 또 다른 힘과 해안경계라는 제약 조건들이 있다. 비록 전향력은 항상 존재하더라도 해수의 흐름은 다른 요인들에 의해 크게 변화된다. 쟁기로 논이나 밭의 흙을 한쪽으로 갈아내듯이 전향력의 영향으로 해수는 한쪽으로 모인다. 그 결과 해류의 한쪽으로 해수의 작은 언덕이나 돔이 생겨난다(그림 8-16a와 b).

경사 아래쪽으로 해수가 흘러가게 하는 중력과 해수를 계속 쌓이게 하는 전향력이 평형을 이루면 해수의 축적은 멈춘다. 전향력이 비탈진 경사 때문에 무력해진 순간부터 바람과 경계의 제약들에 의해 정해지는 방향으로 해수는 흐르게 된다. 이런 이유 때문에 대양에서 바람의 방향과 표층류의 방향은 마치 전향력이 없을 때와 비슷하다(그림 8-18).

깊이에 따라 압력이 증가하기 때문에 같은 깊이에서 돔의 밑쪽에서의 압력이 옆쪽에서보다 더 크다. 그러므로 표면 아래의 해수는 압력 경도력에 의해 돔의 밑으로부터 힘을 얻는 경향이 있다. 따라서 돔이 일단 발달되면 표층에서 전향력이 중력과 평형을 이루는 것과 마찬가지로 표층 아래에서 전향력은 압력 경도력과 평형을 이룬다. 즉 돔이 한번 형성되면 위나 아래의 해수는 바람 방향으로 돔을 따라 옆으로 흐르려고 한다. 전향력은 표층에서는 하향 중력 성분에 의해, 표층 아래에서는 압력 경도력에 의해 거의 무시된다(그림 8-18). 단지 돔의 존재와 표면 아래에서 등밀도선의 기울기로 전향력이 존재함을 알 수 있다.

전형적인 표층류는 폭이 50~1,000km이고, 돔의 상향 경사도는 1~2m에 불과하다. 그러므로 특별한 위성의 영상 기술을 제외하고는 돔을 알아보기 힘들기 때문에 그림의 돔은 상당히 과장된 것이다.

4) 지형류

바람이 멈추었다고 가정하면 표층에서는 해수가 돔의 아래로 흐를 것이고, 압력 경도력은 돔의 아래로부터 해수를 끌어낼 것이다. 그러나 돔에서 나와 흐르는 해수는 전향력에 의해 바람이 불 때 처럼 돔의 가장자리를 따라 옆으로 흐르게 된다. 이와 같이 압력 경도력과 전향력이 평형인 상태의 흐름을 지형류라고 한다(그림 8-18).

거의 대부분의 해양 표층류는 바람과 지구 자전에 의한 전향력의 조합으로 바람은 해류를 만드는 기본적인 힘이다. 그러나 전향력은 바람이 멈추었을 때에도 해류가 안정적으로 흐르도록 보장하는데, 이때 해양의 표층류는 바람이 구동하는 것보다도 훨씬 더 안정적이다.

5. 대규모의 표층류

1) 일반적인 특징

그림 8-19는 바람에 의해 이동되는 표층의 해수를 모식화한 것이다. 앞에서 배웠던 것처럼 전향력은 수백 km의 거리에 걸쳐 1~2m 정도 해수면의 높이를 상승시킨다. 북반구에서 해류의 오른쪽 부분은 등온선(또는 등밀도선)이 반구모양(돔)으로 나타나는데, 이곳에는 해수가 하강한다. 반대로 흐름의 왼쪽 부근은 등온선(또는 등밀도선)이 계곡모양(곡)으로 나타나고, 이곳에서는 용승이 일어난다. 예를 들면, 북태평양의 아열대 중심 지역에는 침강이 일어나고, 적도와 대륙의 가장자리를 따라서는 용승이 일어난다.

그림 8-20은 모식화된 해양의 표층수 순환 양상을 선명하게 보여준다. 적도 부근에서 무역풍은 적도 해류(equatorial currents)를 서쪽으로 흐르게 한다. 각 해양에서 서쪽으로 흐르는 해류는 육지에 막혀서 그 흐름이 나뉘어지게 된다. 어

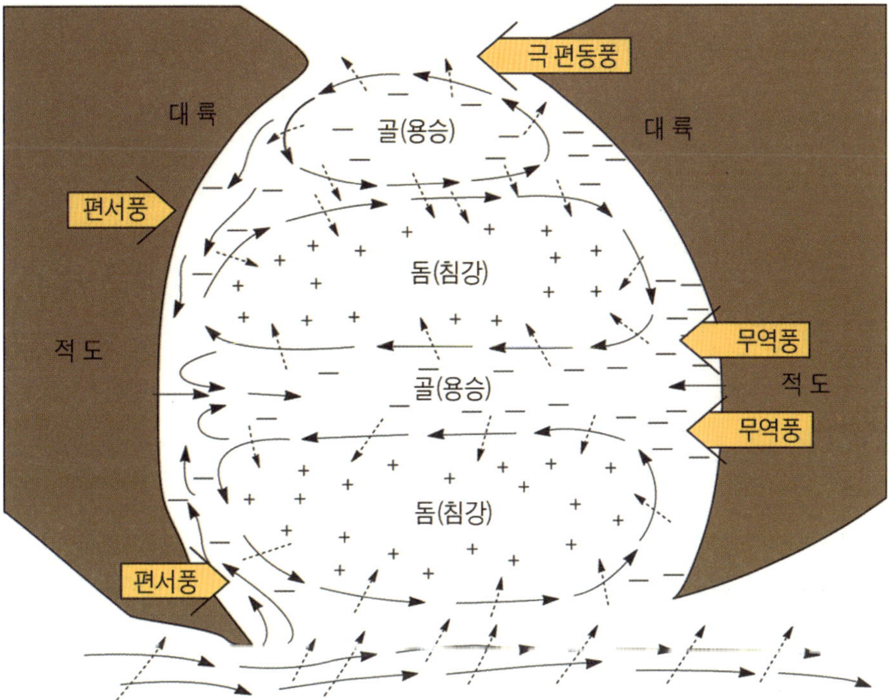

【그림 8-19】 모식화된 해양에서 바람에 의해 운반되는 표층류의 순환. 우세한 지표 바람의 방향(무역풍, 편서풍, 극 편동풍)은 노란색 화살표로 나타냈다. 해수면 흐름의 방향은 직선 화살표로 나타냈다. 전향력의 방향은 점으로 된 화살표로 나타냈다. 전향력 때문에 어느 지역에서 해수면이 축적해서 침강을 야기 시킨다. 이런 지역은 '+' 표시로 표시하였다. 해수가 다른 해역으로 빠져 나간 곳은 용승류를 야기 시킨다. 이런 지역은 '-'표시로 나타낸다.

떤 흐름은 북쪽으로, 그리고 어떤 흐름은 해양 서쪽의 가장자리를 따라 남쪽으로 흐른다.

중위도 지역에서는 편서풍이 표층수를 동쪽으로 움직이게 한다. 동쪽으로 향하는 가장 우세한 해류는 남반구의 남극 순환류(또는 서풍피류)이다. 이 해류는 전 지구 주위를 완전히 도는데, 그 이유는 북반구에 비해 남반구는 해류를 막는 육지가 없기 때문이다. 이런 해류에서 무역풍과 편서풍들은 열대 지역과 온대지역의 표층에서 큰 흐름의 소용돌이로서 해양의 주위로 흘러가도록 도와준다. 그 흐름의 순환은 북반구에서는 시계방향, 남반구에서는 반시계방향이다. 이런 큰

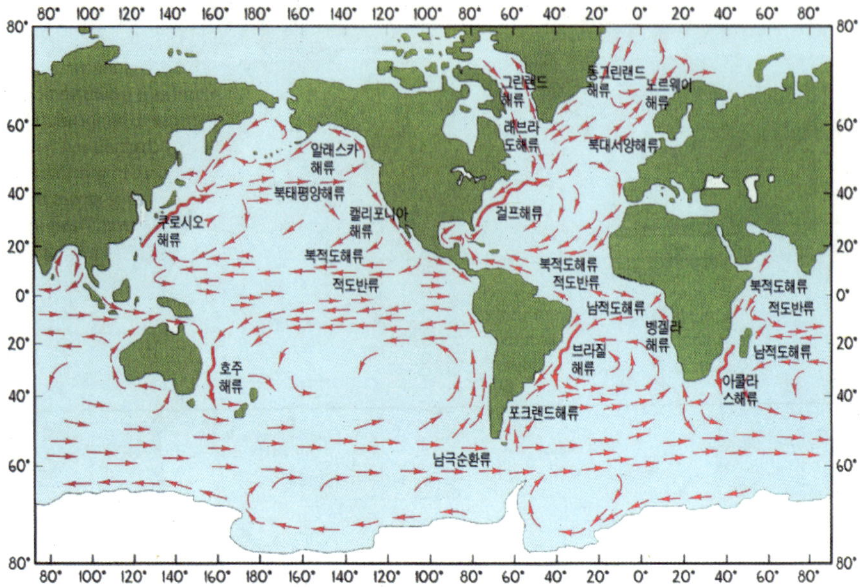

【그림 8-20】 대양의 해수면의 순환

흐름의 순환은 온대지역과 열대지역에서의 뚜렷한 특징이다.

이 해양순환의 중요한 역할은 적도지역에서부터 고위도지역까지 열을 수송해 준다는 것이다. 열대 지역 해수는 무역풍의 힘에 의해 대양을 가로질러 서쪽으로 이동하면서 따뜻해진다. 해수가 해양의 서쪽 경계에 도달하면 고위도지역으로 흘러간다. 그 곳에서 편서풍에 의해 해수는 다시 동쪽으로 이동한다. 이것은 알래스카와 유럽의 기후에 온난 효과를 가져다 준다. 북반구의 알래스카와 북유럽은 북쪽의 그린랜드, 남반구의 남극대륙 가장자리와 거의 같은 위도에 있지만 알래스카와 북유럽의 온도가 더 높다.

고위도에서 순환의 흐름은 저위도와는 반대 방향으로 흐르는 경향이 있다. 알래스카 서쪽의 소용돌이, 남극대륙 근처의 소용돌이 그리고 그린랜드 동쪽의 소용돌이가 좋은 예이다(그림 8-20). 다시 말하면 이런 지역에서는 지상 바람과 같은 방향의 해류가 존재한다. 극지방의 편동풍은 중위도의 편서풍에 의해 동쪽으로 운반된 해수를 다시 반대 방향으로 흐르도록 한다. 고위도에서의 이러한 소용돌이는 저위도에서의 소용돌이보다 훨씬 작다. 왜냐하면 대륙에 의한 방해와 고위도의 부분이 넓지 않기 때문이다. 그림 8-20처럼 지구를 펼친 투영은 이런 고위도 지역을 확대 해석하거나 과장하는 경향이 있다.

요약하면, 표층류의 주 특징은 표층부근 바람의 영향으로 형성된다는 것이다. 이런 바람 때문에 표층류는 적도와 극지방에서는 대양을 가로질러 서쪽으로 흐르며, 중위도 지역에서는 동쪽으로 흘러 대순환의 소용돌이를 형성한다(그림 8-20).

2) 수렴과 발산

해수의 흐름은 어떤 지역에서는 발산, 다른 지역에서는 수렴하는 표층수를 야기시킨다(그림 8-21). 표층수가 발산하는 지역은 이동하는 표층수의 빈자리를 메우기 위해서 수심이 깊은 곳의 해수가 해수면까지 상승한다. 이런 용승류는 표층수의 온도를 낮게 하고 미생물들이 넘쳐나게 해준다(그림 8-22a). 왜냐하면 심층수는 산소가 많고 영양분이 풍부하기 때문이다.

주요 발산해역은 열대 해양의 동쪽에 있으며, 그곳에서 무역풍이 표층수를 대륙으로부터 멀리 이동시킨다. 이런 해수들이 대양을 건너 서쪽으로 이동되어 적도의 일사에 의해 따뜻해지고, 해양 생물들에 의해 해수의 영양분이 소모된다. 따라서 동쪽 적도 해양의 표층수는 차고 영양분이 많은 반면에 서쪽 부근의 해수는 따뜻하고 영양분이 상대적으로 적다.

어떤 지역의 해류의 발산은 해수 표면에 작용하는 전향력에 의해 야기된다. 좋은 예로, 적도를 따라 일어나는 해류의 발산이 있다. 북반구에서 전향력은 오른쪽으로 작용한다. 이와 비슷하게 적도의 바로 남쪽에는 전향력은 왼쪽으로 작용한다. 따라서 전향력은 서쪽으로 이동하는 적도의 흐름을 적도를 기준으로 북쪽에서는 북쪽으로 편향시키고, 적도지역의 남쪽에서는 남쪽으로 편향시킨다. 이런 적도류의 흐름은 해수의 발산을 야기시킨다(그림 8-21).

표층류가 수렴하는 지역에서는 쌓인 해류는 침강한다(그림 8-22(b)). 이러한 수렴지역은 해양대순환의 중심 부근에 위치한다. 중요한 수렴 지역은 북대서양의 그린랜드 남쪽이다. 그곳에서 멕시코만류, 동그린랜드 해류와 서그린랜드 해류가

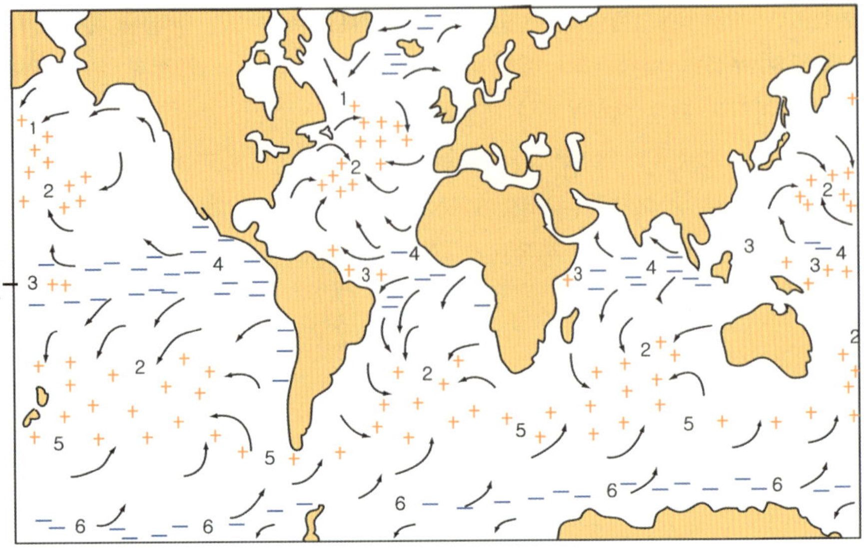

【그림 8-21】 해양표면에서 해류의 발산(-)과 수렴(+). 1, 북극의 수렴; 2, 아열대의 수렴; 3, 적도의 수렴; 4, 적도의 발산; 5, 남극의 수렴; 6, 남극의 발산

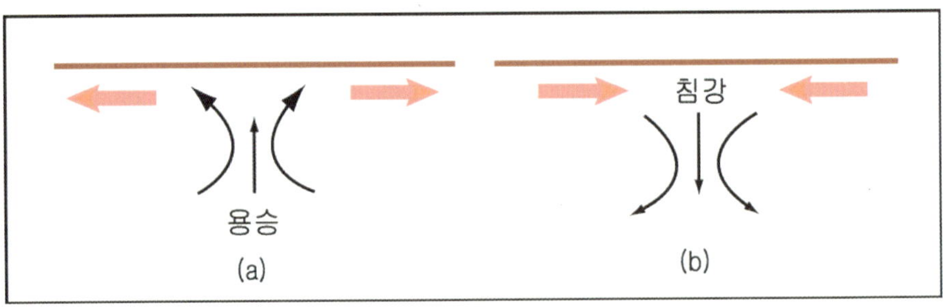

【그림 8-22】 용승과 침강

모여든다(그림 8-20). 그것들이 혼합되고 침강함에 따라 주요한 심층수괴 하나가 형성된다.

3) 적도의 역류

지구의 적도 부근을 흐르는 표층수에 대해 알아보자. 해양의 표층수는 바람에 의해 운반된다. 기상학의 적도는 태양의 열과 기후적인 관점에서 지구의 적도이다. 따라서 우리는 기상학의 적도를 우선적으로 고려한다. 왜냐하면 남반구와 북반구에서 육지와 해양의 분포가 같지 않고, 다른 부수적인 영향들 때문에 기상학적 적도의 평균위치는 지형학적 적도보다 약 5° 북쪽에 있기 때문이다.

무역풍은 적도의 남쪽과 북쪽에서 가장 세다. 적도 부근에서 상승하는 공기가 무풍대라 불리는 약한 지상풍의 지역을 만든다. 더구나 서쪽으로 흘러가는 적도해류는 기상학적인 적도의 남쪽과 북쪽에서 가장 강하지만, 발산이 일어나는 기상학적 적도상에서는 다소 약해진다. 이런 바람은 대양의 서쪽 경계 쪽으로 1,000km당 4cm의 기울기를 갖도록 해수를 쌓아 올린다. 전체적으로 태평양을 가로질러 해수는 50cm 정도 쌓이게 된다.

이렇게 쌓여진 해수의 일부는 다시 동쪽으로 되돌아간다. 이 해류를 적도반류(Equatorial Counter Current)라고 하는데, 바람이 약한 기상학적 적도를 따라 빠르고 좁은 폭을 따라서 활강하듯 흘러간다(그림 8-23b). 이렇게 되돌아가는 해수의

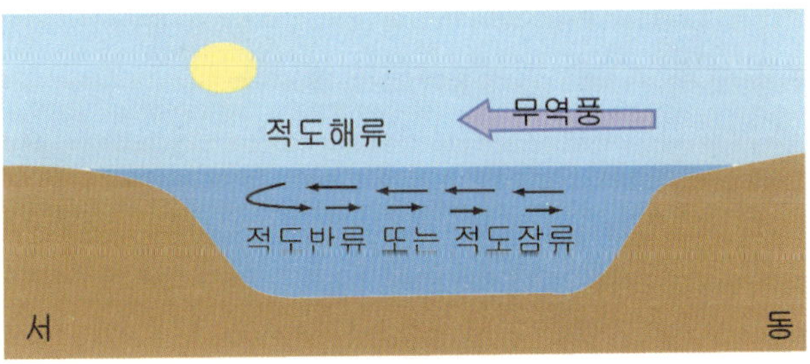

(a)

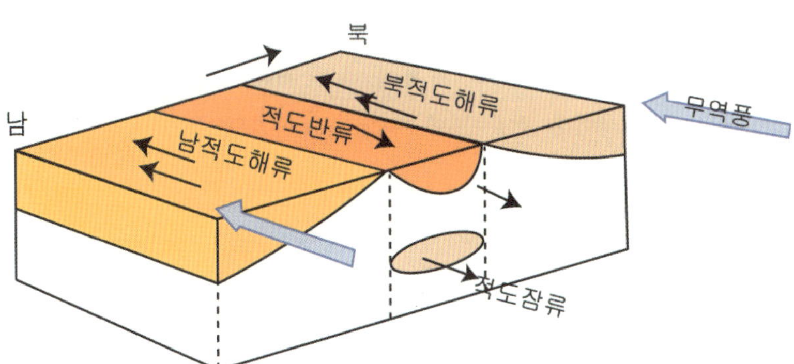

(b)

【그림 8-23】 적도반류(a)와 적도잠류(b)

일부는 적도 잠류의 상태로 해수면 밑에서도 흘러간다(그림 8-23a). 태평양에서 동쪽 방향으로 흐르는 크롬웰 해류(Cromwell Currents)가 해수면 밑 잠류의 좋은 예이다. 그것은 최대 유속이 수심 100m에서 나타나고, 이는 모든 해류들 중에서 가장 큰 수송량을 갖는 해류들 중 하나이다. 규모가 큰 적도해류와 적도반류가 가까운 곳에 위치하면서 서로 반대방향으로 흘러간다는 것은 놀랄 만한 것이다.

4) 서안강화류

저위도와 중위도에서의 주요 표층류들이 열대지방에서 해양을 가로질러 서쪽을 향해 부는 무역풍과 중위도에서 동쪽으로 부는 편서풍의 영향을 받고 있음을 앞에서 공부하였다. 그러나 해류들이 대양의 서쪽경계에서 매우 빠르고, 좁게 되는 이유는 명확하지 않다. 이러한 표층류의 서안강화를 가능하게 하는 원인은 무엇일까? 북대서양의 걸프해류(Gulf Stream, 멕시코만류), 북태평양의 쿠로시오 해류(Kuroshio)가 빠르고 좁게 흐르는 서안강화류의 예이다.

그림 8-20에서 남반구와 북반구의 모든 해양에서 서쪽 가장자리를 따라 흐르는 강한 경계류의 존재를 볼 수 있다. 바람만을 고려할 때 각각의 해류는 대양 절반의 폭을 가질 수 있다고 생각되나 실제로는 그렇지 않다. 그래서 우리는 왜 서쪽 해양 가장자리에서만 강한 해류가 발생하는지를 설명해야 하는 문제에 직면한다. 지구 자전과 대기순환의 산물인 폭이 좁고 빠른 서안강화류의 발생을 유도하는 3개의 연관된 과정이 있다.

첫 번째 과정은 적도의 표층류 흐름이 해양 서쪽 가장자리 대륙에 충돌하면, 바위를 때리는 시냇물이나 건물 벽에 뿌려지는 정원의 호스(hose)의 물처럼 강하고 빠르게 분출하는 것이다.

두 번째로 전향력은 고위도에서 커지기 때문이다. 고위도에서는 동쪽으로 향하는 도중에 해류가 남쪽으로 방향을 바꾸기도 한다(그림 8-20). 고위도에서 해수가 동쪽으로 흐를 때는 강한 전향력 때문에 도중에 해류의 방향이 남쪽으로 꺾인다. 반면에 저위도에서는 전향력이 약하기 때문에 해수가 서쪽으로 향하는 도중에 꺾임이 거의 없이 서쪽 경계까지 도달한다. 따라서 어떠한 해양 순환(그

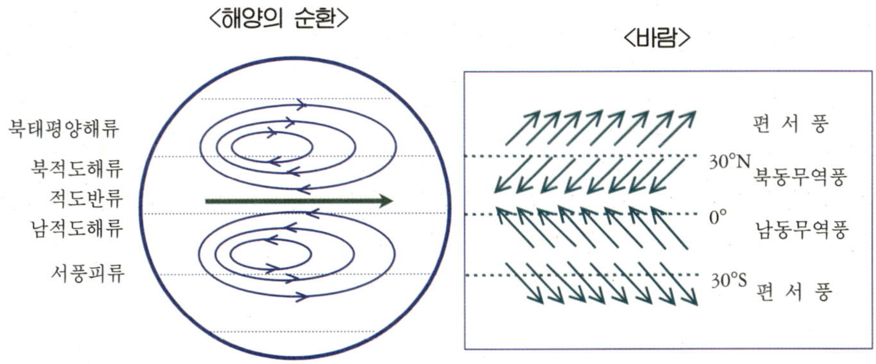

【그림 8-24】 이상적인 해양에서의 바람과 해양의 순환패턴. 전향력은 고위도에서 강해지기 때문에 동쪽으로 흐르는 해수는 적도로 향해 강하게 전향된다. 해양의 서쪽 가장자리를 제외하면, 표층해수는 적도를 향해 흐르는 경향이 있다. 따라서 해류의 순환은 서쪽으로 이동하며 서쪽 해안을 따라 대륙으로부터 분출하는 것처럼 흐른다.

림 8-24)에서도 해류는 동쪽보다는 서쪽으로 흐르기 쉽고, 해수의 순환은 해양을 가로질러 서쪽으로 이동하려고 한다. 이와 같이 서쪽으로 향하는 경향이 순환의 서쪽 가장자리 해류를 압축시키고 강화시킨다.

세 번째 원인은 지구자전과 관련이 있는데 지구표면을 따라 북쪽 또는 남쪽으로 움직이는 물체의 회전상태에서의 겉보기 변화를 통해 일 수 있다. 이 효과를 설명하기 위해서 적도에서 마찰 없는 베어링을 가지고 정지해 있는 상태에서 수평의 대형 자전거 바퀴를 상상하자(그림 8-25a). 우리가 매우 조심스럽게 바퀴를 건드리지 않고 받침대만 들고 이동하여 북극에 그것을 내려놓으면 그 자전거 바퀴는 전혀 회전이 없을 것이다. 즉 바퀴는 태양, 달, 별을 기준으로 볼 때는 정지된 채로 있을 것이다. 그러나 지구는 바퀴 밑에서 24시간에 한번 회전하고 있다. 우리가 지구 안에 있는 관찰자이기 때문에 바퀴가 정지하고 지구가 돌고 있다는 것보다 지구가 정지되어 있고, 바퀴가 돌고 있는 것으로 보일 것이다. 우리의 관점에서 볼 때, 자전거 바퀴는 24시간마다 시계방향으로 1회 회전한다.

기단이나 수괴가 지구의 표면을 따라 북쪽 또는 남쪽으로 움직일 때 같은 상황이 일어날 것이다. 지구의 회전 없이 적도를 출발한 수괴가 극 쪽으로 이동하

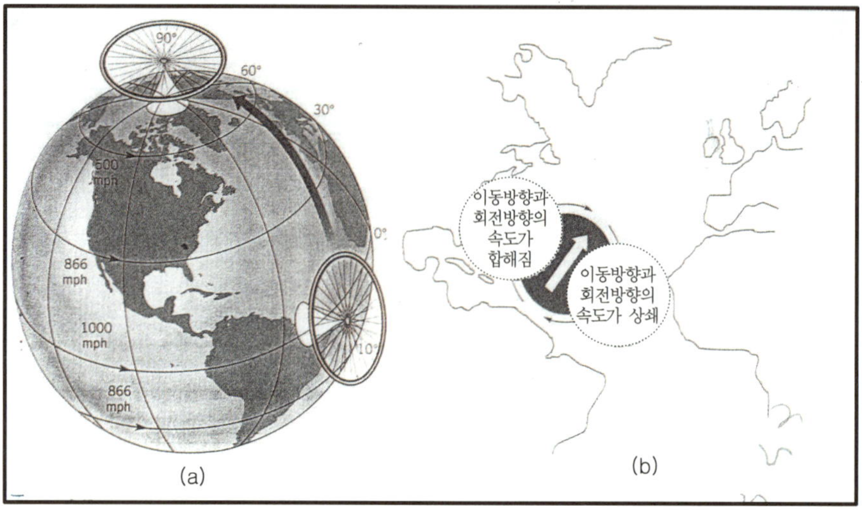

【그림 8-25】 만약 회전이 없는 자전거 바퀴가 적도에서 북극을 향해서 조심히 이동하면, 그것은 여전히 회전이 없다. 그러나 지구가 그 밑에서 회전하기 때문에, 지구 위의 관찰자에게는 바퀴가 시계방향으로 24시간에 1번 회전하고 있는 것처럼 보인다. 수괴는 서쪽 끝에서 지구에 대해 상대적으로 시계방향으로 회전하는 것처럼 보인다(왼쪽). 수괴의 서쪽 끝에서 지구의 회전에 의한 해류의 속도와 수괴의 이동에 의한 속도가 같은 방향이다. 그래서 그들의 속도가 합해져 매우 큰 속도가 만들어진다(오른쪽). 수괴의 동쪽 끝에서 작용하는 두 속도는 서로 반대 방향이다. 그래서 그들은 서로를 상쇄하여서 남는 속력이 거의 없다.

면서 회전을 얻어 극으로 갈수록 회전이 빨라지게 된다. 중위도 지방에서의 수괴는 하루에 1회전을 하지 못한다. 예를 들어, 폭이 1,000㎞인 수괴가 하루에 절반의 회전을 할 때 그것의 가장자리 경계 위에서 해수는 시간당 65㎞로 움직일 것이다. 바람에 의해 구동된 해양의 서쪽 표층수는 적도에서 떨어져 멀리 이동한다. 이들 수괴가 극을 향해 갈 때 적절한 회전(북반구에서는 오른쪽, 남반구에선 왼쪽)을 얻어서 그림 8-25b에 설명된 것과 같이 서쪽 끝에서 빠른 흐름이 생긴다.

5) 걸프해류(멕시코 만류)

서안 경계류로 알려진 대표적인 것 중 하나가 북대서양의 걸프해류(Gulf Stream)이다. 걸프해류는 약 50~70㎞의 넓이와 1.5~2㎞의 깊이를 가지며, 시간당 3~10㎞의 속도로 북동쪽으로 흐른다(그림 8-26). 또한 매일의 조석변동에 의해 걸프해류는 앞뒤로 1일에 약 6~8㎞정도 움직인다.

걸프해류의 서쪽 가장자리와 인접한 해수(북미 해안과 걸프해류 사이에 놓여져 있는)와는 뚜렷한 구분이 있다. 시각적으로도 이 경계를 구별할 수 있다. 걸프해류의 해수는 남쪽의 대서양으로부터 흘러오고, 이것의 대부분은 표층에서 오랫동안 머무른다. 그 결과, 걸프해류는 영양소와 부유 유기물질이 대부분 소비되어 생명활동이 거의 없는 진한 파란색을 띤다. 이 해류는 차갑고, 영양소가 풍부하고, 플랑크톤이 많은 인접한 대륙붕 사면의 초록색 해수와 완전히 대조적이다. 따뜻한 걸프해류는 접하고 있는 공기에 열을 공급하여 공기를 상승시켜 구름을 형성한다. 따라서 하늘을 봄으로써 걸프해류가 가까워지는 것을 알 수 있다.

걸프해류의 가장자리는 파동에 의해 인접한 대륙붕 사면의 해수와 구별된다. 빠르게 흘러가는 걸프해류 위에 있는 풍랑은 인접해 있는 대륙붕 사면의 풍랑과는 다르다. 그러나 걸프해류의 동남쪽에서는 뚜렷한 경계선이나 급격한 속도변화가 없기 때문에 시각적으로 구별이 없다.

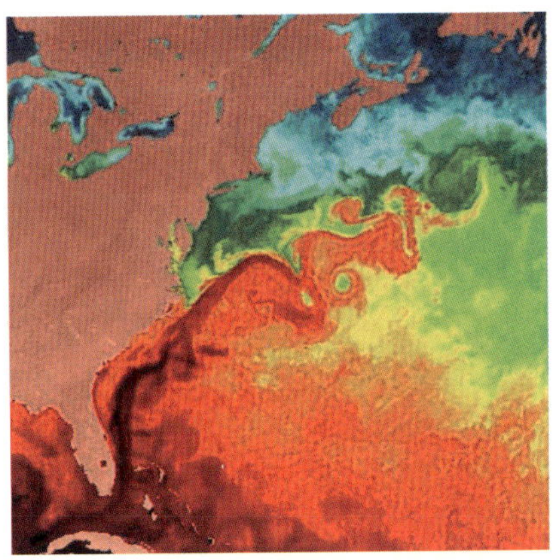

【그림 8-26】 걸프해류의 위성사진. 따뜻한 해수는 빨강이고, 차가운 해수는 초록색이다.

걸프해류 동쪽의 중앙 대서양 표층수는 따뜻하고, 서쪽의 대륙붕 해수는 차다. 또한 걸프해류의 주변에서는 해류의 사행으로 인해 소용돌이가 만들어진다. 이 소용돌이가 끊어질 때, 차가운 대륙붕 해수로 들어가는 소용돌이는 중앙 대서양의 난수괴를 가져가고, 따뜻한 중앙 대서양에 들어가는 소용돌이는 대륙붕의 냉수괴를 가지고 간다. 이 독립적인 소용돌이는 대개

1~2년 정도 지속하면서 차가운 대륙붕의 해수 속에 중앙 대서양의 온난수괴를 공급하고, 따뜻한 중앙 대서양 내부에는 대륙붕 기원의 차가운 해수를 공급한다.

6) 근해 수역

온대 지역에서 연안해역은 외해의 바다와는 다르다. 이는 해양 대순환에서 전향력 때문이다. 전향력의 영향으로 해수는 항상 연안으로부터 대순환의 중심을 향한다. 대양의 중심으로 이동된 표층수의 자리에는 다른 특성을 가진 해수로 채워진다. 예를 들면, 대륙의 동쪽해안을 따라서는 고위도의 찬 해수가 내려온다(그림 8-20). 북대서양에서 이 찬 해수는 래브라도반도(캐나다 동부의 큰 반도)와 그린랜드 주위의 지역에서 노스캐롤라이나까지 내려온다. 태평양에서는 베링해로부터의 출발한 찬 해수가 일본까지 연안을 따라 천천히 내려간다.

아메리카, 유럽, 아프리카 대륙의 서쪽 해안을 따라서는 대륙붕이 매우 좁다. 연안 표층수가 이동한 자리에는 인근의 해양 분지에서 용승된 차가운 심층수로 채워진다. 예를 들어, 캘리포니아, 멕시코, 칠레, 페루 등의 해안지역에는 용승된 차가운 해수로 인해 서늘한 기후가 유지된다.

엘리뇨 현상 동안에는 서태평양의 따뜻한 표층수가 페루 연안으로 흘러가 북쪽과 남쪽방향으로 퍼져 나가려는 경향이 있다. 이 해류는 페루 해안에서 빈자리를 보충하고, 용승을 억제한다. 비록 이 해류는 해안에서 수영하는 사람들에게 쾌적하고 따뜻한 해수를 공급해 주겠지만, 어부들에게는 반갑지 않다. 용승된 차가운 물은 영양염류가 풍부하여 좋은 어장을 제공해 주기 때문이다.

6. 심층류

1) 일반적인 특징

표층류는 바람에 의해 이동되고 심층류는 중력에 의해 야기된다. 고밀도의 해수는 바닥까지 가라앉고 대양저의 가장 깊은 부분을 따라 흐른다. 심층류는 밀도가 더 큰 해수와 만날 때까지 가라앉다가 고밀도의 해수와 만나면, 고밀도 해수의 위쪽을 따라 다른 곳으로 흐른다. 이런 경우, 심층수는 넓이에 비해 매우 얇은 층을 갖는다. 심층류는 매우 느리고 표층류에 비해 부피가 훨씬 크기 때문에, 우리가 대양의 층 구조를 그릴 때 수직적으로 상당히 과장한다.

심층수의 전형적인 흐름의 속도는 일년에 약 수십 km를 흘러 갈 정도이다. 이렇게 느린 속도를 갖는 것은 다양한 수괴들이 밀도 차이가 적고, 흐름의 경사가 매우 작기 때문이다. 심층류의 흐름은 매우 느리기 때문에 전향력에 의해 크게 영향을 받는다.

대부분의 심층류는 한랭한 고위도 지방의 표면에서 형성되어 가라앉고 적도 쪽으로 대양저를 따라 흐른다. 심층류는 이동하면서 남반구에서는 왼쪽으로, 북반구에서는 오른쪽으로 강하게 편향되어 해양의 서쪽 경계선과 충돌하게 된다. 그러므로 심층류도 표층류처럼 대양의 서쪽 경계 (서안 경계) 에서 강해지는 경향이 있지만 방향은 표층류와 반대이다.

2) 심해의 수괴

대양의 표층수는 우리에게 매우 친숙하고 통상, 어장, 기후에 직접적인 영향을 주는 반면에 심층수는 보다 안정적이고 부피가 크다. 해양분지는 표층부근까지 차갑고 밀도가 큰 수괴들로 채워져 있는데, 그 수괴들은 처음에는 고위도에서 형성된 것이다. 밀도가 매우 큰 주요 심층수는 겨울동안 남극 (주로 남대서양의 웨델해) 의 대륙붕 아래에서 형성된 것이다(그림 8-27). 이런 고밀도의 심해 수괴를 남극저층수라 한다(그림 8-28).

남극저층수는 아래로 가라앉아 다른 심층수괴 밑으로 대양의 바닥을 따라 저위도 쪽으로 흐른다. 대양 바닥의 모양을 대서양에 한정하면 느린 저층수는 적도를 넘어 북쪽으로 흐른다. 물론, 비슷한 일은 북반구의 겨울에 빙하 바로 밑에서도 일어나지만, 극저층수는 대륙과 천해로 둘러싸여 있기 때문에 주대양에는 나타나지 않는다.

남극 대륙 가까운 곳에서 형성된 다른 주요한 해수는 남극순환수이다. 강한

【그림 8-27】 밀도가 가장 크고, 가장 깊은 남극 저층수는 겨울 동안에 남극의 얼음아래에서 형성된다.

서풍에 의하여 남극 순환류는 동쪽으로 흐른다. 이 해류의 해수는 남극권 근처에서 항상 남극 대륙을 둘러싸고 있다. 이 남극순환수는 밑에 남극저층수가 있는 남대서양을 제외하면 표층부터 해저까지 뻗어있다.

모든 대양에서 심층수의 가장 풍부한 생산지는 주된 표층류들이 한 곳으로 모여드는 그린랜드 남부지역이다. 이곳에서 온도와 염분이 높은 걸프 해류는 온도와 염분이 낮은 동그린랜드와 서그린랜드의 해류들과 합쳐진다. 이렇게 합쳐진 표층수는 침강을 하는데, 이에는 2가지 이유가 있다. 첫 번째는 '침강'이 해수가 갈 수 있는 유일한 장소이기 때문이다. 두 번째 이유는 보다 더 미묘한 것이다. 합쳐지는 두 해수의 밀도가 비슷할지라도 온도와 염분이 다르면 섞이는 해수는 원래의 해수보다 밀도가 높아진다. 밀도가 높은 해수의 혼합은 비록 그것이 수렴에 의해 강제적으로 가라앉지 않아도 침강하는 경향이 있다.

그린랜드 남쪽으로 모이는 해류에 의해 생성되는 수괴를 북대서양 심층수라 부른다. 이 심층수는 아주 많이 만들어져서 대서양의 심층을 대부분 채울 수 있다. 북대서양 심층수는 적도를 지나 남쪽으로 흘러 남극순환류까지 도달하고, 이

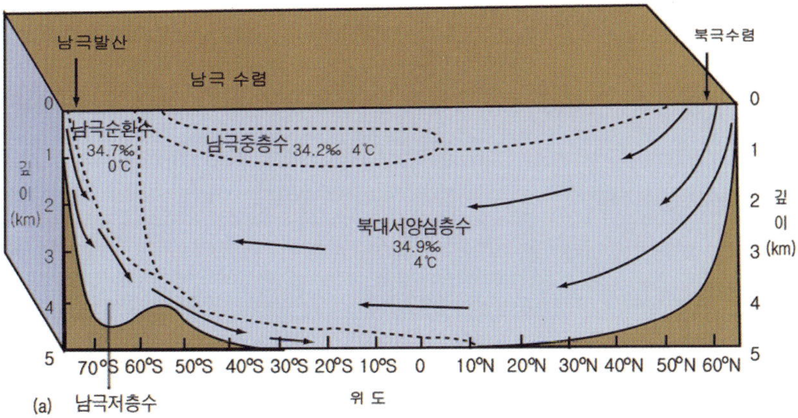

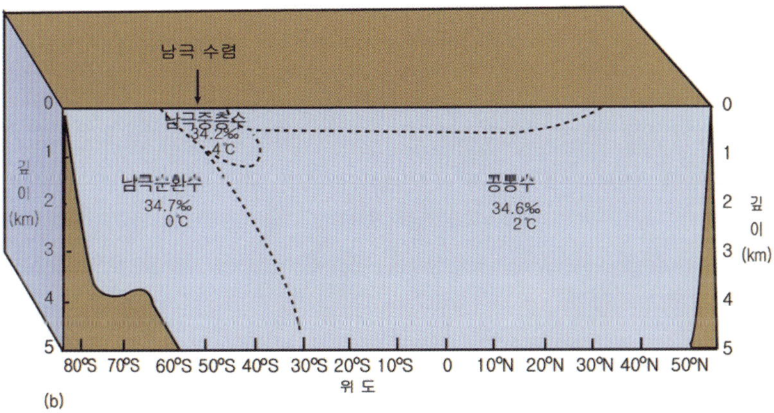

【그림 8-28】 남극 대륙에서 그린랜드까지의 대서양의 수직 단면도(a)와 남극 대륙에서 알류우션 열도까지의 동태평양의 수직 단면도(b).

들은 잘 혼합되어 심층의 공통수(common water)가 된다. 이 혼합은 태평양의 오스트레일리아와 뉴질랜드 주위의 남극순환류에 의해 이루어지며, 그 혼합수가 태평양과 대서양 심층수의 대부분을 채운다(그림 8-28).

3) 중간 수괴

남극저층수, 남극순환수, 북대서양심층수와 공통수의 4개 수괴는 심해의 수괴 중 가장 깊고 부피가 크다. 소규모의 국지적인 수괴들은 해수면 부근에서 표층류들의 수렴에 의해 형성된다.

이중의 하나가 남극 중층수이며 태평양, 대서양, 인도양에서 나타나며, 남극 수렴대에서 형성된다. 남극 순환류는 전향력 때문에 왼쪽 또는 북쪽 경계를 따라 해수의 수렴이 이뤄진다. 수렴과정에서 해수들의 혼합에 의해 남극 중층수가 만들어진다(그림 8-28).

대서양의 중층수는 온도와 염분이 높은 지중해 해수이다. 이 지중해 해수는 지브롤터해협을 넘어 대서양으로 들어가서 수심 1,000m~1,500m까지 내려간다. 염분이 높은 관측 자료를 그림 8-10의 북동대서양의 수온분포에서 볼 수 있다.

7. 조류

해파는 움직임이 주기적이고 수많은 성분의 주기를 갖는다. 또한 각 성분의 파가 지나간 후 해수는 원래의 위치로 되돌아간다. 해양에서 볼 수 있는 대부분의 표면파는 주기가 수초이며, 수십 m 아래 해수의 운동에는 영향을 주지 않는다. 그러나 주기가 매우 길고, 해저까지 도달하는 여러 종류의 파가 있다. 그 중에서 가장 뚜렷한 것이 조석이다. 조석은 대부분의 근해지역에서 주기적으로 해수면이 올라갔다 내려가게 하는 장파이다. 대양에서는 해수면의 상하운동이 1m 이내지만 수평적인 움직임은 보통 6~8km이다(그림 8-29).

즉, 보통 조석과 관련된 해수의 수평 움직임은 수직 움직임보다 수천 배 더 크고, 대양의 가장 깊은 부분에서도 나타난다. 조석의 흐름은 빠르지만 주기적이다. 조석은 약 12시간을 주기로 하루에 두 번 밀물과 썰물의 형태로 반복하므로 약 6시간 동안 해수가 밀려들어오고 또 약 6시간 동안 밀려나간다. 6시간 동안 지구는 약 1/4 자전하여 움직이는 해수에 대한 전향력의 영향은 매우 크다. 해수의 수평운동은 원형으로 북반구에서는 시계방향으로, 남반구에서는 반시계방향으로 돈다. 이러한 주기적인 조석의 흐름 속도는 심층수의 유속보다 훨씬 빠른 시간당 1~2km이다. 조석을 측정하기 위해서는 1개월 이상의 관측이 필요하다. 긴 기간 동안 전체적인 해수의 흐름은 매우 느려서 해수의 이동은 거의 없다.

【그림 8-29】 전라남도 진도의 울돌목에서 본 조류. 최대 약 12노트(약 6m/s)의 강한 조류가 흐른다.

8. 국지적인 해수의 흐름

앞에서 거대한 해류의 주요 특징들에 대하여 다루었다. 이들은 기후, 교역, 어업과 인류의 거주지를 포함한 영역에 전체적으로 영향을 미친다. 이 해류들 중에는 대규모의 영향은 미치지 않으나 국지적인 연안지역에 치명적인 영향을 미칠 수도 있는 국지적이고 일시적인 해류들이 있다.

1) 연안류

연안류의 수온과 염분은 외양의 해수에 비해 상대적으로 큰 변화를 가지는 경향이 있다. 이는 연안류가 비교적 수심이 얕고, 인접한 하천으로부터 흘러나오는 민물의 영향을 받기 때문이다. 이 하천수는 계절에 따라 변하고, 연안의 표층에 머무른다. 강과 개울로부터 유입된 민물은 전향력의 영향 때문에 북반구에서는 서해안을 따라 북쪽으로, 그리고 동해안을 따라 남쪽으로 흐른다. 때때로 바람은 이러한 흐름을 강화시키거나 저지한다.

대규모 순환에서 표층류는 전향력 때문에 해안으로부터 멀어진다. 그러면 연안 해양의 빈자리에는 밑으로부터의 용승, 또는 다른 연안해역으로부터 이동해온 해수로 채워져야 한다. 이런 모든 요소들은 연안류를 복잡하게 만든다.

2) 폭풍해일

세계에서 가장 거대한 자연 재해중 몇몇은 폭풍 해일이라 불리는 지역적인 표층류에 의해 발생하였다. 폭풍 해일은 해안에서 해수면의 높이를 이상적으로 높게 만드는 낮은 저기압과 강한 바람의 조합에 의하여 발생한다. 그 자체만으로는 해수면의 변화가 1m 이내이고, 그다지 위험하지 않다. 보다 위험한 것은 저기압과 연관된 강한 폭풍에 의해 야기된 표층류이다. 해안에 도달한 폭풍우는 표층수를 해안가로 운반하여 해수면을 수 미터(m) 상승시켜 해안가를 범람시킨다.

강한 폭풍 해일은 국지적으로 해수면을 3~4m 높일 수 있으며, 3~5시간 정도 지속시킬 수 있다. 거대하고 파괴적인 폭풍에 동반된 파랑은 상승된 해수면의 꼭대기에 올라탄다. 비록 해안의 구조물들은 범람한 해수의 흐름에는 견딜 수 있을지 모르나 폭풍 해일의 강타에는 대부분이 견디지 못한다.

어떤 해안 지역에는 거대한 조석 변화가 자주 일어난다. 이런 지역에서는 폭풍 해일이 만조시간 동안에만 발생하지 않는다면 폭풍 해일이 위험한 것은 아니다. 그러나 많은 해안 지역은 해수면의 거대한 변화를 간과하고, 바다에 가깝게 빌딩과 집을 짓는 잘못을 범한다. 이런 지역들은 폭풍 해일에 의한 피해에서 벗어날 수 없다.

1900년에 텍사스에서 미국 역사상 최악의 자연 재해로 기록된 예가 발생하였다. 폭풍 해일로 인해 멕시코만의 저지대 섬인 갤버스턴(Galveston)에서는 6,000명의 인명피해가 발생하였다. 보다 더 큰 재앙이 남아시아 벵갈만 해안가를 따라 여러 번 발생했는데, 이곳은 많은 사람들이 거주하는 저지대로 해수면의 큰 변화에 익숙하지 않아 피해가 컸다. 이 지역에서 가장 컸던 해일 피해는 1970년에 약 50만 명의 인명 피해가 난 것이다.

해안가 근처에 살고 있는 많은 사람들은 해안개발에 큰 힘을 쏟으며, 정부로

하여금 그들의 법률규제를 완화시키려는 경향이 있다. 왜냐하면 폭풍은 드물게 발생하기 때문에 사람들은 안전해 보이는 개발지에서 부동산을 구입하려는 유혹에 빠지기 쉽다.

위성 기상 추적 시스템은 위험시 해안 지역 주민들의 대피를 위해 충분한 경보를 제공한다. 그러나 1991년 방글라데시에서는 조기 경보 시스템이 작동하지 않았다. 그 위험지역에는 많은 사람들이 살고 있었으며, 통신과 수송 시스템이 적절하지 않았기 때문에 약 130,000명이 생명을 잃었다. 통신과 대피시스템의 발전과는 상관없이 이런 위험 지역에 계속 많은 사람이 살고 건물이 들어선다면 재산 피해는 더욱 증가할 것이다.

한국에서도 2003년 9월 12일 태풍 '매미'에 의한 해일 피해가 있었다. '매미'는 중심기압이 910hPa, 크기는 '중형'으로 중심 부근에서는 60m/s의 매우 강한 바람이 불었다. 또한 중심 부근의 해상에서는 10~13m의 높은 파도가 일었다. 경상남도 마산항 부근에서는 해일에 의한 큰 파도와 강한 풍랑에 의해 수십명의 사상자를 냈으며, 항만시설과 제방이 파괴되고, 선박이 부서지는 등의 피해를 입었다(그림 8-30).

【그림 8-30】 태풍 매미로 인한 파도와 해일(2003년 9월 12일)

9. 대기와 해양의 상호 작용

1) 지구의 대기와 해양

해양은 지구의 온도와 기후를 완화하는 중요한 역할을 한다. 앞에서 배웠듯이, 바다는 물이 대기로 증발하여 비나 눈으로 내리게 하는 저장고의 역할을 한다. 바닷물이 큰 열용량을 가지고 있기 때문에 지구는 천천히 데워지고, 천천히 식는다. 바닷물을 식히기 위해서는 주위로 많은 열을 전달시켜야 하며, 바닷물의 온도를 올리기 위해서는 많은 열을 흡수해야 한다. 결과적으로 바닷물의 큰 열용량이 바다와 인접한 육지의 기후를 온화하게 만들어 여름은 시원하게, 겨울은 따뜻하게 하는 역할을 한다.

2) 엘니뇨 현상과 남방진동

엘니뇨 현상은 해양과 기상의 상호작용의 대표적인 예라고 말할 수 있다. 일반적으로 적도 해양의 동쪽 경계를 따라서 상당한 용승류가 발생한다. 왜냐하면 바람에 의해 표층수가 대륙의 경계로부터 서쪽으로 멀어지기 때문이다. 따라서 표층수가 이동하여 생성된 빈자리를 심층수가 상승하여 메우게 된다. 그러나 매년 10월에 무역풍이 약해지고 용승류가 약해져 서쪽으로 흐르던 따뜻한 적도 표면의 해수는 다시 동쪽으로 흘러간다. 대양의 동쪽 경계에 도달한 해수는 해안의 동쪽 경계에서 상승하는 용승류를 억제한다.

태평양에서 가장 뚜렷하게 나타나는 이 현상을 엘니뇨 현상이라고 부른다. 엘니뇨(El Niño)의 어원은 스페인어로 "어린 예수(the Christ Child)"이다. 왜냐하면 매년 크리스마스 시기에 남아메리카 페루 연안에 적도부근으로부터 남하하는 따뜻한 표층수가 새로운 어류나 열대과일, 나무들을 가져와서 주민들에게 선물을 주기 때문이다. 일반적으로 무역풍이 초봄에 다시 강해져서 표층수가 다시 대양을 건너 서쪽으로 흘러가게 되면 모든 현상은 원상태로 되돌아간다.

그러나 가끔은 봄이 되어도 무역풍이 강해지지 않고 따뜻한 표층수가 일년

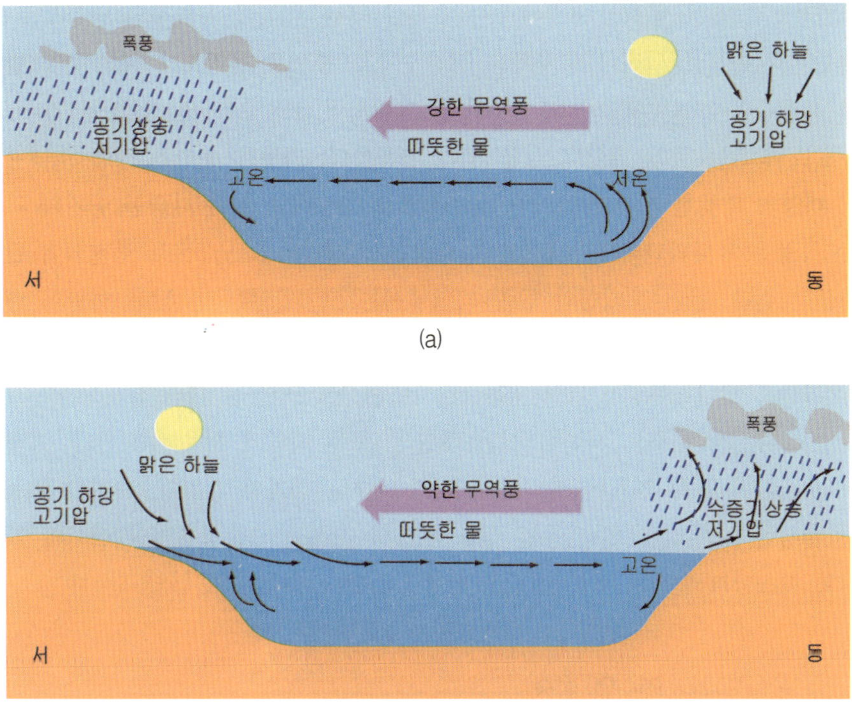

(a)

(b)

【그림 8-31】 엘니뇨 현상. (a) 일반적으로, 해수는 무역풍에 의해서 서쪽으로 흘러가고 태양에 의해 따뜻해진다. 따뜻해진 적도해류는 서쪽지역에서 고온 다습한 공기를 만들며, 이 공기는 상승하게 되고, 저기압과 폭풍우를 만든다. 그러나 동쪽 지역에는 시원한 해수면과 건조하고 하강하는 기단과 고기압이 형성되고 맑은 날씨가 된다. (b) 엘니뇨가 확장하는 기간에는 무역풍이 약해지고 따뜻한 해수는 동쪽으로 움직인다. 상승하는 고온 다습한 공기의 기단과 저기압 폭풍우는 동쪽 지역에 나타난다.

또는 더 길게 남아메리카 그리고 중앙아메리카 연안에 존재하게 된다. 많은 양의 따뜻한 표층류가 무역풍에 의해 서쪽으로 이동되지 못하여 심층수의 용승은 계속 억제된다. 이로 인한 해수면에서의 영양분 감소는 해양 동물의 삶뿐만 아니라 해양 식물의 생산성을 감소시킨다. 이 원인으로 영양분이 풍부한 용승류에 의존한 어업이 파괴된다. 비록 작은 엘니뇨는 매년 발생하지만, 특히 4~6년 주기로 나타나는 동태평양의 적도부근 해역에서의 고온현상을 엘니뇨 현상이라고 한다.

이 엘니뇨 현상은 적도 태평양에서 두 가지 방법으로 기후에 영향을 미친다.

일반적으로 대양 동쪽의 표층해수는 수온이 낮다. 이것은 무역풍의 영향으로 표층수가 서쪽으로 밀려나고 차가운 심층수가 표층으로 올라오기 때문이다. 반면에 서쪽지역에서는 표층수가 따뜻하다. 왜냐하면 표층수가 열대지방을 지나 서쪽으로 향하는 동안 태양의 열을 받기 때문이다. 따뜻한 공기는 상승하기 때문에 대양의 따뜻한 서쪽 부근에는 일반적으로 상승하는 고온 다습한 공기와 저기압, 폭풍우가 나타난다. 그 공기가 상승하면서 팽창되고 구름으로 형성되어 많은 비를 내린다. 반면에 대양의 동쪽 지역에서는 고기압 때문에 맑은 하늘이 나타나며, 시원한 건조공기가 하강한다(그림 8-31a).

그러나 엘니뇨현상이 진행되는 시기에는 그 양상은 뒤집히게 된다(그림 8-31b). 따뜻한 해수는 서쪽이 아닌 해양의 동쪽 지역에 머무르게 된다. 그래서 서쪽이 아닌 동쪽 지역에 상승하는 고온 다습한 공기와 저기압, 그리고 폭풍우가 발생한다. 엘니뇨 현상 동안 적도 해양의 서쪽지역과 동쪽지역 사이의 기압 변화 시스템과 날씨의 변화 패턴을 남방진동(ENSO)이라 부른다.

3) 온실효과와 해수면 상승

지구의 열수지는 태양으로부터 단파를 흡수하고 지구에서 장파를 재방출한다. 태양으로부터 입사하는 단파는 대기를 쉽게 통과하여 지구의 표면을 따뜻하게 하지만 지구에서 방출되는 장파는 많은 부분이 대기를 통과하지 못해 우주로 나가지 못한다(그림 7-2). 지구 대기의 가스(이산화탄소, 수증기)가 장파를 흡수하여 재방출함으로써 지구 대기의 온도는 서서히 높아진다. 만약, 지구 대기가 없어 이러한 과정이 이루어지지 않는다면 지구 대기의 온도는 영하 18℃로 매우 낮을 것이다.

그러나 현재의 지구 대기 온도는 이산화탄소 또는 대기 내에 있는 다른 가스의 증가로 더욱 높아지고 있다. 온실의 창이 장파를 잡아두는 데 이것에 의해 대기는 더 따뜻해진다. 지구 대기 하층의 기온상승을 온실효과라 하며, 이는 마치 온실의 창이 온실바닥에서 복사되는 지구 장파를 막아 온실의 온도가 높아지는 현상과 비슷한 것으로 이는 세계적인 기온상승에 중요한 역할을 하고 있다.

지구 대기 중 온실효과를 일으키는 기체를 온실기체라 하며, 온실 기체 중 지구의 열 차단에 가장 큰 역할을 하는 것은 수증기이다. 수증기처럼 이산화탄소도 지구의 온난화에 큰 영향을 미친다. 18세기 산업혁명 이후 화석 연료가 대량으로 사용됨에 따라 대기 중의 이산화탄소의 양은 끊임없이 증가해 왔으며, 그 양은 현재 산업혁명 전보다 약 두 배가 되었다. 이런 이산화탄소의 증가로 지구의 표면은 1850년 이래로 0.6℃ 정도 따뜻해졌다. 몇몇 과학자는 정책입안자들이 이산화탄소의 배출을 저지하지 않는다면 지구는 앞으로 더욱 따뜻해질 거라고 경고하고 있다. 메탄, 일산화질소, 프레온 가스 등도 온실 효과 기체로 불리고 있다.

지구의 기온이 상승하면 다양한 지구환경 변화가 일어날 수 있다. 지구의 기온이 상승하면 해수의 열팽창에 의해 부피가 증가하고 극지방의 빙하가 녹으면 해수면의 높이가 올라가고 육지의 저지대는 물에 잠기게 된다. 또한 강수량이 바뀌어 농업은 심각한 영향을 받을 것이다. 북아메리카와 아시아의 곡물지대는 북쪽으로 이동할 지도 모르며 곡식 성장 계절도 더 길어질 것이다. 그리고 육지 내륙의 많은 지역은 사막화 될 것이다. 지난 지구 역사 동안 지구가 경험한 기온상승, 빙하기 그리고 많은 멸종사건들이 세계적인 기후변화와 관련이 있을 것으로 알려지고 있다. 전세계적인 기온 상승의 원인과 그 영향을 충분히 이해하려면 더 많은 연구가 필요하다.

단 원 요 약

1. 해수의 구성 원소중에서 가장 많은 것은 염소이다.
2. 해수의 밀도는 온도와 압력, 염분에 의해 결정된다.
3. 상대적인 비교를 위해 모든 해수의 밀도는 대기압에서 측정된다.
4. 서로 다른 심층수는 그들의 특징적인 온도와 염분으로 구분된다.
5. 대기와의 상호 작용에 의하여 표면수의 온도와 염분은 다양하다.
6. 심층수는 표층에 있을 때 획득한 특성을 유지한다.
7. 고위도 지방에서 겨울 동안 생성된 얼음은 차갑고 밀도가 큰 심층수를 생성하고, 해수의 수직 혼합이 이뤄지게 한다.

8. 심층류를 이끄는 힘은 중력이다.
9. 해양의 표층해류는 바람에 의해서 움직인다.
10. 전향력에 의해 해수의 이동 방향은 표층에서 하층으로 갈수록 천천히 오른쪽으로 움직여 나선형으로 나타난다.
11. 동태평양 적도부근에서 4~6년 주기로 발생하는 이상적인 수온 상승을 엘니뇨 현상이라고 부른다.
12. 엘니뇨현상이 진행되는 시기에는 따뜻한 해수는 태평양의 서쪽이 아닌 동쪽 지역에 있게 된다. 따라서 서쪽은 건조해지고, 동쪽 지역에 고온 다습한 공기와 저기압, 그리고 폭풍우가 발생한다.
13. 온실 기체는 지구의 장파복사를 잡아두기 때문에 대기는 더 따뜻해진다. 이와 같은 대기의 기온상승을 온실효과라 부른다.

중 요 용 어

수온, 염분, 밀도, 표층수, 심층수, 표층류, 심층류, 전향력, 압력구배, 등밀도선, 서안강화류, 쿠로시오 해류(Kuroshio), 걸프해류(Gulf Stream), 해류, 지형류, 에크만 나선, 에크만 수송, 수괴, 조류, 폭풍해일, 엘니뇨 현상, 남방진동, 온실효과, 지구 온난화

연 습 문 제

가. 다음 물음에 가장 적합한 답을 고르시오.

1. 해수 중에 가장 많이 녹아있는 염류는?
① 염소 ② 나트륨 ③ 황산염 ④ 마그네슘 ⑤ 칼륨
2. 해수의 특성에 영향을 주는 요소가 아닌 것은?
①가열 ② 냉각 ③ 증발 ④ 강수 ⑤ 유성의 낙하
3. 해양의 표층에는 해수가 혼합되어 수온이 일정한 혼합층이 존재한다. 표층에서

해수를 혼합시키는 과정으로 옳은 것은?

① 중력에 의해 해수가 혼합된다.

② 빙하가 녹으면서 혼합된다.

③ 염분이 감소되면 혼합된다.

④ 강우량이 증가하면 혼합된다.

⑤ 대기로부터의 냉각과 바람에 의해 혼합된다.

4. 퇴적물과 해수의 혼합체로서 해저면을 따라 흐르는 것은?

① 용승류 ② 연안류 ③ 취송류 ④ 저탁류 ⑤ 해양선회류

5. 해양에서 대부분의 해류는 지형류이다. 지형류 평형인 상태에서 작용하는 힘으로 옳게 짝지어진 것은?

① 바람과 전향력 ② 바람과 압력경도력 ③ 중력과 전향력

④ 만류인력과 압력경도력 ⑤ 전향력과 압력경도력

6. 대양의 해류들 중에서 전 지구 주위를 완전히 순환하는 것은?

① 쿠로시오 해류 ② 멕시코만류(걸프해류) ③ 적도반류

④ 남극순환류 ⑤ 북적도해류

7. 다음의 해수중에서 밀도가 가장 큰 것은?

① 북대서양심층수 ② 남극서층수 ③ 시중해수 ④ 남극중층수 ⑤ 표층수

8. 온실가스의 증가로 인한 전지구적 기온 상승이 예상되고 있다. 그 영향으로 나타나는 현상으로 옳지 <u>않은</u> 것은?

① 해수면의 상승 ② 해안가 저지대의 침수 ③ 육지 내륙의 사막화

④ 극빙하의 확장 ⑤ 동남아시아의 쌀 생산량 감소

9. 우리나라 남해와 서해를 이루는 해저지형은?

① 조간대 ② 대륙붕 ③ 대륙사면 ④ 대륙대 ⑤ 심해저

10. 심해저 퇴적물 중 양이 가장 많은 것은?

① 심해 점토 ② 생물기원 퇴적물 ③ 망간단괴 ④ 우주기원 퇴적물

11. 심층수의 특성은 어느 곳에서 형성되는가?

① 고위도 해수면 ② 해양의 수심 1000m 부근 ③ 해저면

④ 해구 ⑤ 적도 해수면

나. 다음 설명이 옳으면 O표를, 틀리면 X를 하고 틀린 부분에 밑줄을 긋고 바르게 고치시오.

1. 적도반류는 해양의 동쪽에서 서쪽으로 흐른다. ( )
2. 심층류는 표층류에 비해 매우 빠른 해류이다. ( )
3. 엘리뇨 발생 기간 중에는 적도 부근의 동태평양의 해수면 기압이 하강한다. ( )

4. 해양지각과 대륙지각의 경계는 바다쪽의 대륙대 끝에 있다. ( )
5. 해저 선상지 퇴적물은 저탁류에 의해 운반된다. ( )
6. 해저지형 중 경사가 가장 급한 곳은 대륙붕이다. ( )
7. 취송류는 해수의 밀도 차에 의해 생성된다. ( )
8. 주로 생물 껍데기로 이루어진 심해 퇴적물을 연니라 한다. ( )
9. 지구의 물은 마그마의 가스분출에 의해 생성되었다. ( )
10. 해수의 이동방향은 바람의 방향과 같다. ( )

다. 다음 ( )안에 적당한 말을 써넣으시오.

1. 해수 1kg중에는 평균 ( )g의 물질이 녹아있다.
2. 배에서 바다 바닥에 음파를 보낸 후 4초 후에 돌아왔다면 바다의 깊이는 ( ) km이다.
3. 바다의 면적은 지구표면의 ( )%를 차지한다.
4. 바다의 평균 깊이는 ( )m이다.
5. 달이 상현이나 하현위치에 있을 때 조수의 간만의 차는 ( ).
6. 해양지각은 주로 ( )으로 이루어져 있다.
7. 해저지형 중 가장 깊은 곳은 ( )이다.
8. 해저협곡은 주로 ( )에 발달되어 있다.
9. 해수의 표면 혼합층과 심층해수 사이에는 ( )이 위치한다.
10. 해수에서 염분이 가장 높은 위도는 ( )이다.

라. 다음 물음에 답하시오.

1. 해저지형에 대하여 설명하여라.
2. 해수의 성분에 대하여 설명하라.
3. 해류의 성인에 대하여 설명하라.
4. 에크만 수송에 대하여 설명하라.
5. 저탁류에 대하여 설명하라.
6. 심해퇴적물에 대하여 설명하라.
7. 우리나라 주변의 해류에 대하여 설명하라.
8. 해양의 중요성에 대하여 설명하라.
9. 바다 오염에 대하여 설명하라.

9 태양계

달의 위상은 왜 생기는 것일까? 일식과 월식이 생기는 까닭은 무엇인가? 왜 달은 항상 같은 면만 지구를 향하고 있는가? 다른 행성들도 위성을 거느리고 있는가? 토성은 어떻게 하여 아름다운 띠를 두르고 있을까? 그리고 혜성과 유성은 어떤 차이가 있는가? 이 장에서 우리는 이러한 궁금증을 해결하기 위해 태양계와 관련된 다양한 천문 현상과 태양계의 구성 천체의 특징에 관하여 알아보고자 한다.

1. 달 - 우리의 이웃 천체

1) 달의 특징

닐 암스트롱이 달에 첫발을 디딘 후 지금까지 12명의 우주 비행사가 달을 다녀왔다(그림 9-1). 그 덕분에 오늘날 우리는 우주에서 어떤 다른 천체보다도 달에 대해서 더 많은 것을 알고 있다. 달은 지구로부터 평균 384,404.377km에 있으며, 모든 천체 중에서 가장 지구와 가까이 있다(그림 9-2). 여섯 번의 아폴로

【그림 9-1】 월면의 우주비행사

【그림 9-2】 지구와 달

달 탐사(1969~1972)를 통해 과학적인 실험과 더불어 달에 실제로 사람을 보냈고, 연구를 위해 382 kg의 월석을 가지고 돌아왔다.

달에서 채취해온 월석을 분석하여 달을 구성하고 있는 암석의 성분을 알아내고, 나아가서 달의 나이와 생성 역사에 대하여 많은 의문을 풀 수 있었다. 그러나 아직 많은 의문이 풀리지 않은 채 남아 있다. 예컨대 달은 지구가 생성될 무렵 지구로부터 떨어져 나간 것인가? 아니면, 달과 지구는 거대한 행성이 생성되는 과정에서 생겨난 조각인가? 또는 달은 다른 곳에서 생겨났으나 지구의 중력에 붙잡혀 위성이 된 것인가? 이러한 의문은 아직 좀 더 정교한 관측 자료를 요구하는 것들의 대표적인 예라고 하겠다.

달은 때때로 지구의 "쌍둥이 행성(twin planet)"이라 불린다. 그 이유는 달이 모 행성인 지구에 비해 이상하게 크기 때문이다. 달의 크기는 지구에서 떨어져 있는 거리와 달의 각 직경을 측정하여 구할 수 있다. 달까지의 거리는 레이저빔이 달에 도달하여 되돌아오는데 걸리는 시간을 측정함으로써 1000만분의 1 정도의 놀랄만한 정확도로 측정되었다. 달의 질량은 7.35 x 10^{25}g(지구 질량의 약 1/81)이다. 달의 평균밀도는 3.34g/㎤로서, 대략 지구 밀도의 3/5정도이다. 달의 표면 중력은 지구 표면 중력의 약 1/6에 불과해 지구에서 몸무게가 60kg의 우주비행사의 달 표면에서 몸무게는 단지 10kg밖에 되지 않는다. 달의 반사율(albedo) 또는 달이 우주로 반사하는 입사 태양광선의 비율은 0.07이다. 대기가 없는 달의 표면에 비치는 태양광선의 대부분은 흡수된다.

달은 지구에 매우 가까이 있기 때문에 자세하게 관찰할 수 있다. 이 때문에 달은 오랫동안 작은 망원경을 가진 관측자들이 선호하는 관측 목표가 되어왔다. 갈릴레오가 처음 그의 망원경으로 달을 관측하였을 때, 그는 잘못 판단하여 자신이 보았던 큰 어두운 색을 띤 지역이 바다라고 생각했다. 그는 이들을 바다라는 뜻의 maria(단수형은 mare)라고 칭했다. 아폴로 달 탐사선이 탐색할 때는 달에서 물이 전혀 발견되지 않았으나 최근 달의 양 극지방 탐사를 수행한 Clamentime호와 Lunar Prospect호의 탐사 결과에 의하면 극지방 어두운 곳에 얼음이 존재하는 것으로 밝혀졌다.

대체로 둥근 모습을 한 바다들은 실제로는 용암의 평원이다. 달의 바다는 화산 활동으로 분출된 용암이 냉각되면서 생성된 현무암(basalt)으로 이루어졌다. 우리가 볼 수 있는 면에 가장 큰 바다인 비의 바다(Mare Imbrium)는 직경이 약 1,100km이다. 달에서 밝은 색으로 빛나는 부분은 '고원지대'라고 불린다. 이들은 바다보다 더 높은 지대로서, 지형의 굴곡이 매우 심할 뿐 아니라, 바다에 비해 상대적으로 훨씬 나이가 많은 지역이다. 달 표면에서 움푹 들어간 충돌 구덩이(crater)를 볼 수 있다.

전형적인 충돌 구덩이들은 원형으로 움푹 패인 모습이며, 크기는 매우 작은 흠집 같은 것에서부터 직경 수백 km가 넘고 깊이가 3,000m까지 이르는 사면(walls)을 가진 거대한 분지 같은 것까지 다양하다. 그들 충돌 구덩이의 이름은 관례적으로 코페르니쿠스와 플라토와 같이 유명한 과학자나 철학자들의 이름을 따서 붙였다. 대부분의 충돌 구덩이는 빠른 속도의 운석이 달에 충돌하면서 생긴 것이다.

망원경이나 쌍안경으로 충돌 구덩이를 관측하기에 가장 좋은 시기는 관측하고자 하는 구덩이가 달의 명암 경계선(terminator) 부근에 올 때이다. 명암 경계선이란 밤과 낮을 구분하는 선을 말한다. 달 궤도 우주선에서 찍은 사진을 보면,

달의 뒷면에는, 달의 전면에서 흔히 볼 수 있는 바다가 없음을 알 수 있다. 달의 앞면과 뒷면 사이의 이러한 차이의 원인은 아직 잘 이해되지 않고 있다. 달의 전체 표면은 현무암 또는 냉각된 용암에 의해 덮여있는 것으로 보인다. 그러나 고지대 암석들은 바다에 있는 암석들보다 더 오래된 것이다. 아폴로 탐사선과 구소련의 루나 탐사선이 가져온 달의 모든 암석과 토양에서 물, 화석 또는 어떤 종류의 유기체도 발견되지 않았다.

달에는 약간의 대기도 없으므로, 파란 하늘, 흰 구름 또는 어떤 종류의 기상현상도 달에서는 발생하지 않으며, 소리를 전달하는 공기가 없기 때문에 어떠한 소리도 들을 수 없고 고요하기만 하다. 달에서는 낮과 밤이 각각 지구의 날짜로 14일씩이나 지속될 정도로 길다. 달의 표면 온도는 낮에는 태양의 고도가 가장 높은 점에 있을 때 약 130℃까지 올라가며, 밤에는 약 -170℃까지 내려간다. 달 표면에서의 침식작용 또는 풍화작용의 중요한 요인은 30km/s의 속도로 달에 충돌하는 작은 암석이나 금속 입자들인 미소운석(micrometeorites) 이다.

전형적인 미소운석(우주진)의 크기는 0.02mm에서 0.002mm 정도이며, 또한 큰 운석들도 달에 충돌한다. 미소운석들이 달의 표면을 변화(침식) 시키는 효과는, 지구에서 공기와 물에 의한 풍화와 침식의 영향에 비하면 10,000분의 1 정도에 불과하다. 이러한 미소운석에 의한 침식은 1백만 년에 단지 달표면의 약 1mm 정도를 변화시킨다. 달에서의 산맥들은 알프스 산맥과 같이, 지구에 있는 큰 산맥의 이름을 따서 명명되었다.

달에 있는 산맥들은 실제로 화학 조성과 모양에 있어서 지구에 있는 산맥들과는 다르다. 그들은 지구에서 산을 만들었던 힘과는 다른 힘에 의해 생성되었고 모양을 갖추었다. 달에 있는 가장 높은 험준한 산은 지구에서 가장 높은 산인 에베레스트와 같이 8,000m까지 이르는 것도 있다.

달을 연구하는 과학자들은 아폴로 달 탐사 자료로부터 달의 일생 이야기를 재구성하였다. 고지대에서 채취된 가장 오래된 월석은 약 43억 년 전의 것이다. 일부 조그마한 녹색의 암편은 약 46억 년 전의 암석이다. 달의 바다에서 나온 가장 젊은 암석은 약 31억 년 전에 형성되었다. 월석의 어떤 광물은 지구의 암석보다 더 조성비가 높은 반면, 일부 광물은 그 함량이 지구 암석보다 낮다. 이러한 사실은 달이 지구의 일부가 떨어져 나온 것이라는 이론에 의심을 던져준다. 달의 생성 과정과 기원은 아직 완전히 해결되지 않은 채로 남아 있다. 어쩌면 원시 태양운에서 작은 입자들이 뭉쳐서 생겨난 것이거나, 또는 미지의 충돌체와 지구가 충돌할 때 떨어져 나온 물질이 뭉친 것일지도 모른다.

달이 생긴 후 처음 10억 년 동안에, 젊은 달은 온갖 크기의 운석들에 의해 심하게 상처를 받았다. 운석들은 큰 충돌 구덩이들을 만들었고, 달의 표면을 녹여 현재 지각을 만들었다. 달은 생성된 지 약 10억 년 정도 되었을 때, 내부는 방사성 물질이 내는 열로 인해 녹았으며, 뜨거운 현무암질 용암이 흘러 표면을 덮고, 충돌 구덩이들을 메웠다. 이러한 용암이 식어서 달의 바다를 형성하였다. 약 30억 년 전에 달은 충분히 냉각되었고, 화산 활동은 대부분 멈추었다. 약간의 소규모 용암 분출이나 코페르니쿠스 충돌 구덩이 같은 일부 젊은 거대한 충돌 구덩이의 형성을 제외하고는 달에서의 모든 지각은 바뀌지 않았다. 아폴로 우주비행사에 의해 달에 설치된 지진계는 월진을 거의 탐지하지 못하였다.

지질학자들은 아폴로 탐사 자료로부터 달 내부의 모습을 추정하였다. 물질 덩어리(mascons: mass concentrations)가 함몰된 바다에서 탐지되었다. 매스콘의 존재는 큰 월진이 없다는 사실과 더불어, 달은 약 60km 두께의 두껍고 단단한 외부층 또는 지각을 가지고 있음을 암시한다. 약 1000km까지 아래로 뻗어 있는 지각 아래 부분이 맨틀이다. 중심까지 마지막 700km 부분인 핵의 물리적 특성은 아직 알려져 있지 않다. 핵의 온도는 약 1500K이고, 부분적으로 용융된 상태로 있을 것이다. 오늘날 달은 자기장을 가지고 있지 않지만, 오래된 월석은 예전에 달에도 자기장이 존재했음을 알려준다.

달에 관한 더 많은 연구가 앞으로도 필요하다. 아폴로와 루나의 탐사를 통해 확보된 많은 시료들이 아직 분석되지 않고 있다. 달의 표면에 설치된 아폴로의 관측 장비들은 1977년 NASA에 의해 계획이 취소될 때까지 계속 자료를 보내왔다. 1989년 클레멘타인 탐사선이 다시 달 탐사에 나섬으로써 우리의 가장 가까운 이웃에 대한 새로운 탐사 활동이 시작되었다. 특히 달의 극궤도를 도는 탐사선의 활동으로 지금까지는 전혀 알 수 없었던 달의 극 지역에 대한 새로운 탐사 결과들이 나오고 있다.

【그림 9-3】 다양한 달의 모습

2) 달의 위상 - 달은 왜 차고 기우는가?

달은 지구를 공전하는 지구의 유일한 위성이며, 태양 빛을 반사하여 밝게 빛난다. 달의 위상은 매달 규칙적으로 변한다. 태양으로부터 빛을 받는 달 표면의 절반은 항상 밝게 빛나며, 달이 지구를 공전하는 동안 지구에서 볼 수 있는 밝게 빛나는 면의 크기와 모양은 변한다(그림 9-3).

그믐(new moon)은 달의 어두운 쪽이 보이게 되므로 이때는 달을 볼 수 없다. 초승달은 그믐이 지난 며칠 후 볼 수 있으며, 반대편 어두운 가장자리가 지구 반사광 때문에 어렴풋이 보이는 경우가 있다. 그믐이 지난 후 7일째 상현달(first quarter)을 볼 수 있다. 이때는 태양과 달이 이루는 각이 90°이다. 차는 볼록달(waxing gibbous)은 상현과 보름 사이에 볼 수 있는 불룩해지는 달이다. 그믐에서 약 2주가 지나면 달의 전면을 모두 볼 수 있는 보름(full moon)이 된다. 보름이 지나면 달이 점차 기울기 시작하여 기우는 볼록

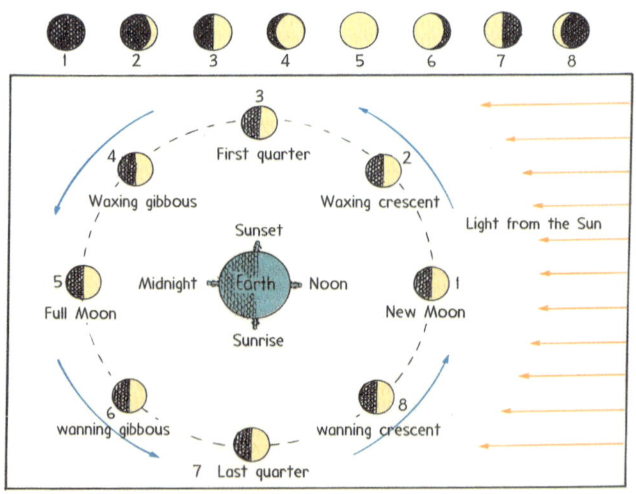

【그림 9-4】 달의 위상 변화 원리

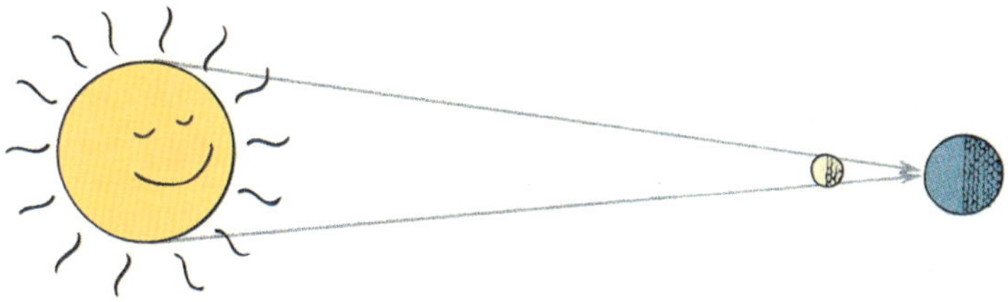

【그림 9-5】 일식이 일어날 때 달의 위치

달(wane gibbous), 하현달(third quarter), 마지막으로 그믐달로 한 주기를 마친다(그림 9-4).

이처럼 달의 위상이 반복되는 기간을 삭망월(synodic month)이라고 부르며 그 주기는 29.5일(29일 12시간 44분 2.9초)이다.

3) 일식과 월식

일식(Solar eclipse)은 지구와 달과 태양이 일직선에 놓였을 때(삭) 일어난다(그림 9-5). 달의 그림자 길이보다 더 가까이 달이 지구에 근접해 있을 때는 개기일식(total eclipse)이 일어난다. 이때는 달의 시직경이 태양보다 더 크므로 태양면을 완전히 가린다(그림 9-6). 금환 일식(annular solar eclipse)은 달의 그림자 길이보다 달이 더 멀리 있을 때 일어나며, 달의 시직경이 태양보다 더 작아서 태양면의 가장자리를 남기고 나머지 부분을 가린다. 부분 일식은 가장 흔한 경우로서, 달이 완벽하게 일직선에 놓이지 않고 조금 어긋났을 때 태양면의 일부만 가리는 현상을 말한다.

【그림 9-6】 개기일식

개기 일식을 관측하는 것은 의미 있는 경험이다. 달이 태양 앞을 통과하면, 이상한 어둠이

【그림 9-7】 월식이 일어날 때 달의 위치

하늘을 가로질러 퍼지고 기온도 조금 내려가며 낮임에도 밝은 별과 행성들을 볼 수 있다. 개기 일식은 단 몇 분에 끝나고, 지구에서 식이 통과하는 좁은 경로에서만 볼 수 있다. 개기 일식은 지구에 있는 어떤 한 위치에서 평균 약 360년에 한 번 꼴로 발생하기 때문에, 우리들이 살고 있는 곳에서 일식을 관측할 수 있는 기회는 아주 희박하다.

옛날 사람들은 태양이 사라지는 것을 무서운 재앙과 관련지었었다. 오늘날 천문학자나 아마추어 천문가들은 개기 일식을 관측하고 천문학적 자료를 모으기 위하여 세계 도처를 열심히 돌아다닌다. 어쩌면 우리들 중에서도 이러한 놀랄만한 자연 현상을 보기 위해 일식 여행에 참가할 생각을 하고 있을 지도 모른다.

월식(lunar eclipse)은 태양, 지구, 만월이 일직선에 놓일 때 일어난다(그림 9-7). 달은 지구의 그림자에 들어가면 어두워지지만, 여전히 지구를 둘러싸고 있는 지구대기에 의해 굴절된 약간의 태양 빛을 받고 있다(그림 9-9). 지구의 구름, 먼지, 그리고 오염물질은 월식 때 달의 색깔(대개 흐린 붉은색)과 밝기에 영향을 준다. 2000년 이전에, 그리스인들은 월식 중에 지구의 그림자가 달에 둥글게 생기는 것을 보았다. 아리스토텔레스는 지구가 납작하지 않고 공처럼 둥글다는 이론을 지지하는 증거로 그의 글에서 이것을 제시했었다.

【그림 9-8】 개기월식

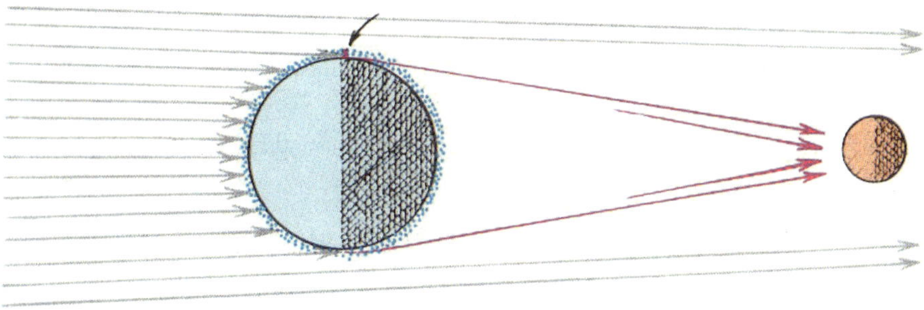

【그림 9-9】 지구 대기에 산란된 태양빛 때문에 지구 그림자 속에 있는 달이 어렴풋이 보인다.

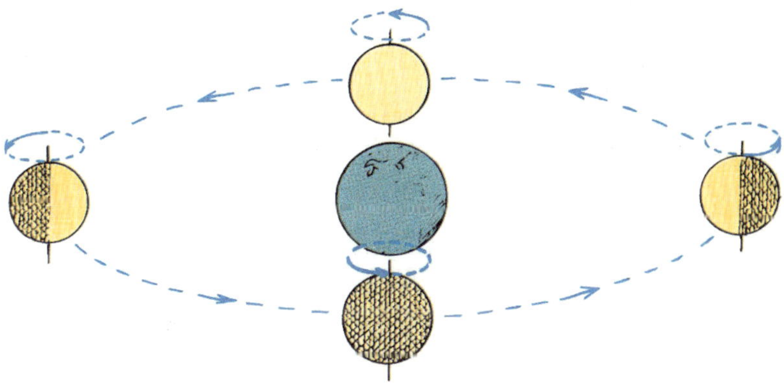

【그림 9-10】 달의 등주기 자전

개기 월식을 볼 수 있는 기회는 개기 일식을 볼 수 있는 기회에 비해서 훨씬 더 많다. 월식은 일어나기만 하면 달이 보이는 지구 어느 곳에서나 볼 수 있다. 일년에 발생할 수 있는 일식과 월식의 최대 횟수는 7번이다. 그믐과 만월 때 식이 항상 일어나는 것은 아니다. 그 이유는 달의 궤도는 지구의 궤도면과 5.2°기울어져 있기 때문이다. 대부분의 망 또는 삭에 달은 태양-지구가 이루는 직선(즉, 황도면)의 위 또는 아래에 있다. 따라서 식이 일어날 수 없다.

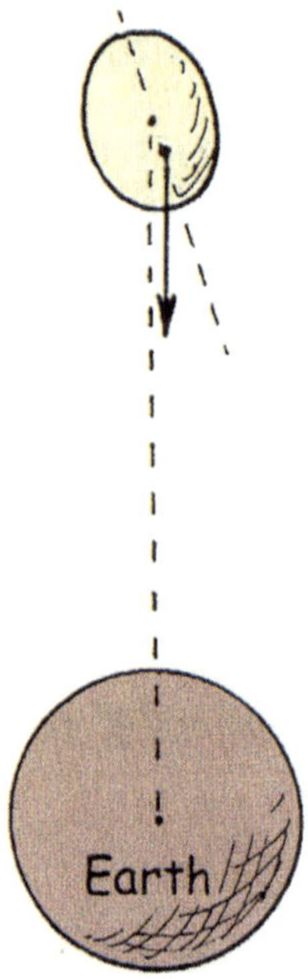

【그림 9-11】 지구쪽으로 불룩한 달의 모습

4) 달은 왜 언제나 같은 면을 지구로 향하고 있나?

우리는 항상 달의 같은 표면을 보고 있다. 달의 반대편 표면을 처음으로 본 사람은 1968년에 달 탐사 위성을 타고 달 궤도를 선회 비행한 구소련의 우주 비행사이었다. 우리가 잘 알고 있는 "떡방아를 찧고 있는 토끼"의 모습은 언제나 우리 지구 쪽을 향하고 있음을 모든 관측자는 쉽게 알 수 있다. 이 현상은 지구와는 달리 달이 자전을 하지 않고 정지되었음을 뜻하는가? 아니다. 달은 하늘에 고정된 별을 기준으로 생각한다면 지구와 마찬가지로 자전을 하고 있다.

달은 달의 공전 주기와 정확히 일치하는 주기로 자전을 한다(그림 9-10). 달은 지구의 중력 때문에 등주기 자전(synchronous rotation)을 하고 있다. 달은 자전축을 중심으로 매 27⅓일 주기로 자전하며 같은 속도로 지구 주위를 공전한다. 따라서 항상 달의 같은 면만 지구를 향한다. 이는 마치 마주보고 춤을 추는 사람들은 항상 같은 얼굴을 보고 있는 현상과 비슷하다, 이 말은 지구에서 볼 수 있는 지형은 한 달 동안 언제나 같으며, 결코 떡방아를 찧고 있는 토끼의 반대편 모습을 볼 수 없음을 의미한다.

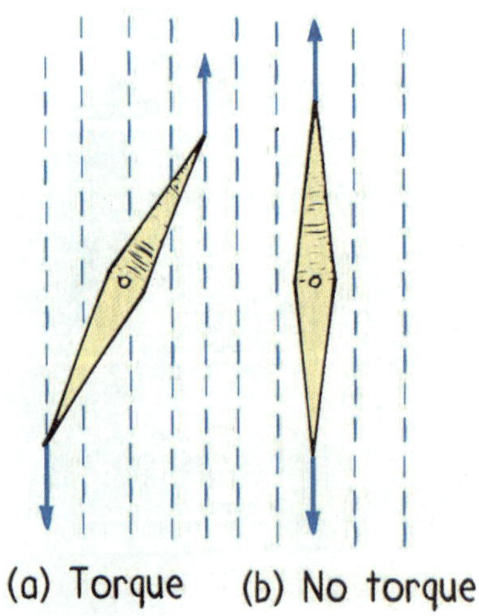

【그림 9-12】 등주기 자전의 원리

달의 자전주기와 공전주기는 단지 우연의 일치로 같은 것이 아니라 지구의 중력 작용이 달을 잡아당기기 때문에 같아진 것이다. 즉 지구와 가까운 쪽의 달 표면은 지구의 중력이 반대편 표면보다 크게 작용하기 때문에 달은 지구를 향한 쪽으로 부풀어 오른 럭비공 모양을 하게 된다(그림 9-11). 이 부분에 작용하는 중력이 달을 자유롭게 자전하기 힘들도록 만든다. 비유를 한다면 그림의 나침반의 바늘이 항상 자력의 영향으로 자력과 나란한 방향으로 놓이는 것과 같은 이치라고 할 수 있다(그림 9-12).

달뿐만 아니라 다른 행성의 주위를 공전하는 많은 위성들도 이처럼 항상 같은 면을 모행성으로 향하고 있는 등주기 자전을 하고 있다.

2. 태양 – 우리의 이웃 항성

태양은 지구에서 가장 가까이 있는 항성이다. 태양은 지구상 생명체의 생존에 필요한 빛, 열, 그리고 에너지를 제공한다. 고대인은 태양을 생명을 주는 신으로 숭배하였으며, Aton, Helios, Sol 등의 이름으로 불렸다. 태양에 관한 연구는 자세히 관찰할 수 없는 멀리 떨어진 별의 성질을 이해하는 데 매우 중요하다.

태양이 방출하는 총 에너지는 막대한 양이다. 태양이 매초 방출하는 총 에너지를 광도라고 하며, 이는 3.83×10^{26} W/s에 해당된다. 태양의 광도는 지구가 받는 태양의 에너지로부터 구해낼 수 있다. 태양 상수(solar constant)는 지구 대기권 밖에서 매초 입사되는 태양 에너지의 양으로 약 1370 W/m^{2}이다. 다시 말하면, 지구에 매장된 석유, 석탄, 천연 가스로부터 얻을 수 있는 에너지를 모두 합하여도 태양이 불과 일주일 정도 방출하는 에너지 정도밖에 되지 않는다.

【그림 9-13】 지구의 에너지원 태양

태양은 때에 따라서 대단히 활동적인 시기도 있고, 상당한 기간 비교적 조용한 시기도 있으며, 끊임없이 활동성이 변한다. 태양에서 방출되는 에너지의 변화는 전력 송전이나 통신계통뿐만 아니라 지구의 기후, 대기, 날씨에 영향을 미친다. 태양의 활동성 변화는 따라서 지구에 대한 태양의 영향을 더 자세히 이해하기 위해 계속 측정된다.

지구와 태양 사이의 평균 거리는 약 1억 5천만 km이며, 이 거리를 천문단위(AU: astronomical unit)라고 한다. 천문학자들은 레이저 측정 방법을 이용하여 얻은 행성거리 자료로부터 지구-태양간의 거리를 구하였다. 천문단위는 태양계 내에서 거리를 나타내는 기본 단위로 쓰인다.

태양은 불타는 거대한 기체 덩어리이다. 우리는 이 태양의 표면을 보고 있다. 태양의 반경은 약 69만 6천 km이다. 지구에서 보면 태양은 약 0.5°의 각 크기로 보이며, 보름달과 같은 크기로 보인다. 그러나 지구-태양간의 거리가 지구-달 사이 거리의 400배에 이르므로 실제 태양의 크기는 달 크기의 400배나 된다.

우리가 볼 수 없는 태양 내부 깊은 곳에서 일어나는 기체의 운동에 기초한 간접적인 이론적 계산과 태양 외부 층의 직접적인 관측으로부터 태양의 구조를 알 수 있다.

태양의 중심핵은 태양 에너지를 생산하는 핵융합 반응이 일어나는 곳이다. 표면의 바로 아래층은 대류 층이며 이곳에서는 기체가 순환하여 내부의 열을 광구(photosphere)라고 부르는 표면으로 전달한다. 우리가 관찰할 수 있는 태양의 표면이 광구다. 광구는 에너지가 공간으로 방출되는 약 5,800K의 뜨겁고 얇은 층으로 그 두께는 약 400 km이다. 광학 망원경으로 광구면을 관측하면 태양 대기의 대류 운동 때문에 생기는 쌀알 조직(granulation)이라 불리는 구조를 볼 수 있다.

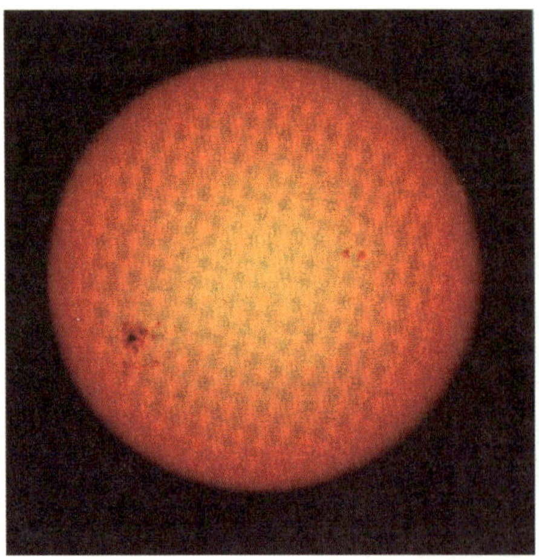

【그림 9-14】 광구면에 보이는 흑점

흑점(sunspots)은 태양 광구에서 일시적으로 나타나는 광구에 비해 상대적으로 어둡고, 온도가 낮은 반점이다(그림 9-14). 흑점은 보통 2개 혹은 그 이상 모여서 나타난다. 흑점은 몇 시간에서 혹은 몇 달 동안 지속된다. 거대한 흑점은 일출 또는 일몰시, 혹은 옅은 안개(haze)를 통해 맨눈으로도 관측된다. 흑점 관측은 B.C 800년 전에 중국에서 처음으로 기록되었다. 전형적인 흑점은 그 크기가 대략 지구 크기와 같다. 관측된 흑점 중 가장 큰 것은 지구의 10배 이상의 규모를 가진다. 때에 따라 100개 이상의 흑점이 나타나기도 하지만 전혀 보이지 않을 때도 있다. 흑점의 수는 어느 정도로 규칙적인 주기를 가지고 급격히 증가했다가 감소한다. 흑점의 주기는 흑점수의 변화의 주기로서 대략 11년이다.

흑점주기는 태양의 활동과 관계가 있다. 흑점수가 가장 많을 때에 태양은 가장 큰 에너지와 복사를 방출하는 등 매우 활동적이다. 반면에 가장 적을 때에도 활동적이다. 갈릴레오가 최초로 망원경으로 흑점을 관측한 이래로 1980년의 태양 흑점 극대기에 가장 세밀하고 폭넓게 흑점을 관측하였다.

태양은 자전축을 중심으로 지구와 마찬가지로 서에서 동으로 자전한다. 지구와 태양의 사전에는 차이기 있는데 지구는 모든 부분이 하루에 완전히 한 바퀴를 돌지만 태양은 전체가 똑같은 속도로 자전하지는 않는다. 태양의 자전시간 즉 한바퀴 도는 데 걸리는 시간은 적도에서 가장 빠르며(약 25일), 위도가 낮아실수록 느려지다기 양 극에서 가장 느리다. (약 35일) 이처럼 위도에 따른 자전 속도의 차이가 격심한 태양 활동에 상당히 기여하고 있다.

대양의 광구면 바로 위에 있는 얇은 대기층을 채층(chromosphere)이라 부른다. 채층은 약 10,000km의 두께를 가지고 있으며 전체적으로 붉은색을 띠고 있으므로 "색을 띠고 있는 대기층"이라는 의미의 채층이라는 이름을 가지게 되었다. 채층의 위쪽으로는 코로나(corona)라고 부르는 넓고 매우 희박한 대기층이 퍼져 있다. 코로나는 태양에서 방출되는 전자, 양성자, 중성자 등 많은 대전 입자들의 플라즈마로서 자기장의 영향으로 필라멘트 구조나 유선 구조를 가지기도 한다. 이 코로나의 고에너지 플라즈마 입자들은 태양의 중력을 이기고 행성간 공간으로 빠른 속도로 빠져나가게 되는데, 이 입자의 흐름을 태양풍(solar wind)이라고 한다.

태양풍은 활동적인 하전 입자의 흐름이며 항상 코로나에서 시작하여 태양계 끝까지 불어간다. 지구 근방에서 태양풍의 평균 속도는 약 400km/sec이다. 지구 대기와 자기장은 태양풍의 해로운 영향을 막아주는 역할을 한다. 태양풍은 지구 대기권 밖의 우주선에서 관측을 한다. 태양풍의 온도는 수천 도이며 속도는 시간당 수백만 km이다. 태양풍은 태양의 활동에 따라 변화가 심하다. 태양풍의 돌풍은 플레어가 일어나는 동안에 발생한다. 태양풍은 흑점이 많이 나타나고 태양의 활동이 활발할 때에 가장 강하다. 또한 강한 태양풍의 돌풍은 특히 찬란한 오로라를 만들 수 있다. 태양풍은 다른 지역보다 저온이고 희박한 코로나의 구멍(coronal hole)에서 생기는 것으로 추측된다. 코로나 구멍은 자기장이 비교적 약하고 넓게 퍼져 있어서 고속도의 태양풍이 빠져나가기 쉽다.

3. 태양계의 특징

크기 순으로 볼 때 태양 다음으로 큰 태양계의 구성 천체는 바로 행성이다. 행성은 모두 9개로서 태양에서 가까운 순서로 수성, 금성, 지구, 화성의 4개를 지구형 행성(地球型 行星)이라 하는데, 이들은 비교적 밀도가 큰 암석질로 구성되어 있으며, 느리게 자전하여 그 주기가 1일 이상이며, 거느리고 있는 위성의 수가 적다. 반면에 목성, 토성, 천왕성, 해왕성을 목성형 행성(木星型 行星)이라 부르는데, 이들은 질량이 크고, 밀도가 낮으며, 자전속도가 빠르며, 많은 위성을 거느리고 있다. 이 두 구분에 속하지 않는 명왕성은 행성 가운데 최 외곽에서 공전하고 있다. 이들의 기본적인 특성을 표 9-1에 수록하였다. 행성의 크기는 지구형 행성의 경우 대략 수천 km, 목성형 행성의 경우 수만 km이며, 가장 큰 목성의 경우라도 태양 크기의 1/10도 되지 않는다(그림 9-15).

【그림 9-15】 행성의 상대적인 크기 비교

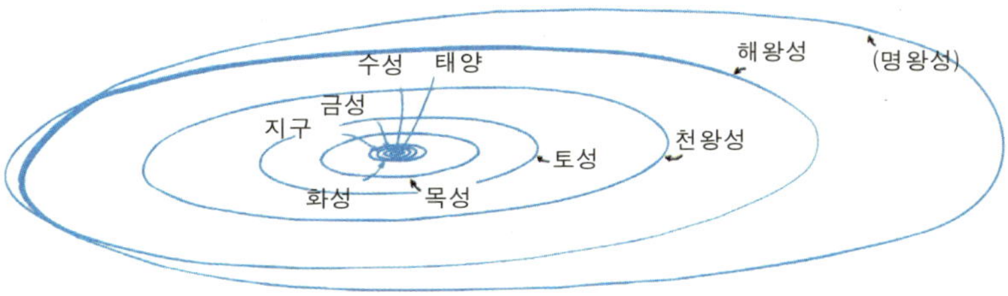

【그림 9-16】 행성의 공전 궤도

각 행성의 물리적 성질은 상당한 차이를 보이는 반면, 이들의 운동학적 특성은 놀라울 만큼 공통점이 많다. 즉, 모든 행성은 태양을 초점으로 거의 원에 가까운 타원궤도를 그리며 동일한 방향으로 공전을 하고 있으며, 금성과 천왕성을 제외한 나머지 행성의 자전 방향도 공전 방향과 같은 방향이다. 또한 공전 궤도면도 지구의 공전면과 거의 동일한 평면 (대부분 5도 이하의 경사) 상에 놓여 있다. 행성이 거느리고 있는 위성도 거의 모두 같은 방향의 공전을 보이고 있다 (그림 9-16).

지구형 행성과 목성형 행성의 가장 큰 차이점은 화학적 조성 및 밀도라고 볼

〈표 9-1〉 행성의 기본 자료

태양계 행성	평균거리 (km)	변경 (km)	질량 (지구=1)	밀도 (g/㎤)	자전주기 (일)	공전주기 (년)	평균온도 (K)	궤도경사각	
								적도	황도
(태양)	-	696000	343000	1.4	27	-	5800	-	-
수성	5.79(7)	2439	0.0553	5.43	58.65	0.24	100-700	2°	7.00°
금성	1.08(8)	6051	0.8149	5.25	-243.01	0.62	700	177.3°	3.39°
지구	1.50(8)	6378	1.0000	5.52	1.00	1.00	250-300	23.45°	0.00°
화성	2.28(8)	3393	0.1074	3.95	1.03	1.88	120-390	25.19°	1.85°
목성	7.78(8)	71492	317.938	1.33	0.41	11.86	110-150	3.12°	1.31°
토성	1.43(9)	60268	95.181	0.69	0.43	29.46	95	26.73°	2.49°
천왕성	2.87(9)	25559	14.531	1.29	-0.73	84.01	58	97.86°	0.77°
해왕성	4.50(9)	24764	17.135	1.64	0.80	164.79	56	29.6°	1.77°
명왕성	5.90(9)	1150	0.0022	2.03	6.39	248.54	40	122.46°	17.15°

* 평균거리에서 괄호 안의 숫자는 10의 거듭제곱을 나타낸다. 즉 5.79(7) = 5.79 × 107.
* 자전주기에서 음의 값은 공전과 반대 방향의 자전을 의미한다.

수 있다. 지구형 행성의 경우는 밀도가 물의 밀도의 5배에 해당되는 반면 목성형 행성은 물의 밀도와 비슷하거나 낮다. 특히, 토성의 밀도는 0.7에 불과하다. 따라서 목성형 행성은 그 구성 물질이 수소나 헬륨 등 비교적 가벼운 원소로 이루어져 있으며, 표면 역시 단단한 고체가 아니라 액체 상태의 덩어리라고 믿어진다.

행성의 내부구조는 화학적 조성, 밀도, 온도, 그리고 압력의 분포에 의하여 결정된다. 일반적으로 행성의 내부구조는 지구의 경우와 같이 층상구조를 가지고 있으리라 생각되지만, 지구와 동일한 구조는 아니다. 수성, 화성 그리고 명왕성의 질량은 중심부에서 물질을 녹일 수 있을 정도의 높은 온도에 도달하기 충분하다고 할 수 있다. 또한 이들은 거의 균일한 화학조성을 가지고 있거나, 매우 단순한 층상 구조를 하고 있으리라고 믿어진다. 한편 지구와 비슷한 질량을 가진 금성은 지구와 흡사한 층상구조를 가지고 있다.

목성형 행성은 주로 수소와 헬륨으로 구성된 매우 두꺼운 내부를 가지고 있으며, 중심부에는 암석질의 핵이 존재할지도 모른다. 목성형 행성을 구성하는 수소와 헬륨은 액체 상태로 내부에 존재하며, 목성과 토성의 깊은 내부에는 금속 수소층이 존재할 수 있음이 예측되었다. 금속 수소라 함은 매우 고압 (3백만 기압) 상태에 놓인 수소분자가 전자와 양성자로 분리되어 자유롭게 흘러 다닐 수 있는 상태가 되어서 마치 전기를 통하는 금속과 같은 성질을 보이게 되는 상태를 일컫는다. 이론적 계산에 의하면 목성의 중심에서 약 14,000km부터 46,000km까지는 금속수소 상태에 있을 것으로 믿어진다.

목성에 비하여 질량이 작은 토성은 중심에 가까운 부분에만 금속 수소층이 있을 것으로 추측된다. 천왕성과 해왕성은 쌍둥이라고 불릴 만큼 유사한 특징을 가지고 있다. 따라서 내부 구조도 매우 흡사할 것으로 예상된다. 두 행성 모두 중심에 암석질의 핵이 있고 그 밖을 얼음이 두껍게 감싸고 있으며 최외곽에 액체 상태의 수소 분자층이 덮고 있다. 최외곽의 행성인 명왕성의 내부는 중심부에 수분을 함유한 암석질의 핵이 두껍게 자리를 잡고 있으며 그 외부를 얼음층이 덮고 있으며 맨 위층은 메탄 성분의 얼음층이 얇게 덮고 있을 것으로 추측된다. 분광관측을 한 결과 명왕성에는 기체상태의 물질은 전혀 존재하지 않음이 확실하다.

4. 내부 행성 -수성, 금성, 지구, 화성

태양에 가까이 있는 4개의 행성은 크기가 작고 밀도가 높으며, 서로 매우 가까이 있다. 표면은 암석질의 단단한 고체로 이루어지며 지구와 비슷한 구조를 가진다. 따라서 이들 내부 행성을 지구형 행성이라고 부른다.

수성(Mercury) 수성은 태양에 가장 가까운 행성이지만 사람들의 입에 자주 오르내리지 못하였다. 수성은 고대 로마의 전령의 신에서 그 이름을 따서 명명되었다. 수성은 태양계 행성 중에서 가장 빠른 47.9km/s의 속도로 태양 주위를 공전하고 있다. 수성의 자세한 모습은 1974년과 1975년에 울퉁불퉁한 수성의 표면 약 700km 상공의 궤도를 선회하던 마리너 10호의 무인조정 카메라를 통해 처음으로 접하게 되었다.

표면에 많은 유석 구덩이, 고산 지대, 그리고 분지 지역 등 다양한 지형을 가지고 있는 수성은 달과 흡사한 모습이다. 온도는 낮에는 매우 높아 430℃를 웃돌고, 야간에는 반대로 온도가 -170℃까지 내려가는 극심한 변화를 보인다. 수성에는 미량의 대기가 존재한다. 헬륨, 수소, 나트륨과 아마도 산소가 검출된 바 있으나, 대기압은 우리 지구의 해면 기압의 2조 분의 1(<2×10^{-9}mb)에 불과하다. 수성에는 또한 매우 약한 자기장이 있어서 태양풍의 대전 입자의 움직임을 변화시키는데 영향을 준다.

수성의 운석 구덩이들은 내행성들의 표면에서 보이는 운석 구덩이들이 행성 형성의 마지막 단계에 주로 만들어졌음을 추측하게 해준다. 가장 큰 카로리스 분지(Caloris Basin)는 직경이 1,300km에 이른다. 마치 달의 바다를 닮은 넓고 완만한 평원은 과거에 대규모의 용암 분출이 있었음을 말해준다.

지난 8월 3일 미국에서 발사된 수성탐사선 메신저호는 무려 6년 반에 걸친 긴 여정 끝에 2011년 3월 수성궤도에 진입, 약 1년간 수성을 공전하며 정밀한 표면탐사 등 활동을 하게 될 것이다. 수성에 대한 우주선의 탐사활동은 마리너 10호 이후 실로 30년 만에 이루어지는 것으로, 탐사선이 보내올 새로운 자료에 대한 기대가 매우 높다고 할 수 있다.

금성(Venus) 금성이 밝게 빛나는 것은 두꺼운 구름이 많은 햇빛을 반사하기 때문이다. 금성은 두꺼운 구름 때문에 표면의 모습을 볼 수 없다. 레이더나 원격 탐사선에 의해 조금씩 구름을 뚫고 표면 모습을 보게 되었다. 미국의 금성 탐사선 파이오니아 비너스 1호는 1978년 12월에 금성의 표면 지형을 레이더로 탐지하고, 적외선 및 자외선으로 구름을 탐사하였다. 구소련의 베네라 탐사선은 1975년 금성 표면에 착륙하여 표면의 모습을 최초로 촬영하여 전송하였으며, 그 후 다른 탐사선들도 사진을 보내왔다. 그러나 모든 탐사선은 금성의 극한적인 환경 때문에 표면에서 불과 2시간밖에 활동하지 못했다.

레이더 사진을 통해 본 금성 표면은 건조하고 표면의 약 60%는 운석 구덩이를 가진 평탄한 지형이며, 16%는 건조한 분지, 웅덩이 그리고 계곡으로 평균 반경(6,050km)보다 낮은 지대이다. 대륙처럼 보이는 고원 지대는 평지보다 약 7% 정도 솟아올라 있다. 아프로디테 고원은 아프리카 대륙의 절반 크기 정도로 금성에서는 가장 큰 규모이다. 이보다 작은 이스타 고원은 미국의 크기이다. 멕스웰 산의 고도는 약 11km로 금성에서 가장 높다. 많은 단층과 화산이 있으며, 일부는 비교적 최근에 활동한 흔적이 있다.

대기는 97%가 이산화탄소, 1% 정도의 질소, 그리고 수증기, 헬륨, 네온, 아르곤, 황화합물, 산소 등이 미량 존재한다. 이들은 대규모 운동에 따라 순환한다. 대기 맨 상층의 온도는 250K 정도이다. 이들은 부식성이 강한 황산에 의해 노

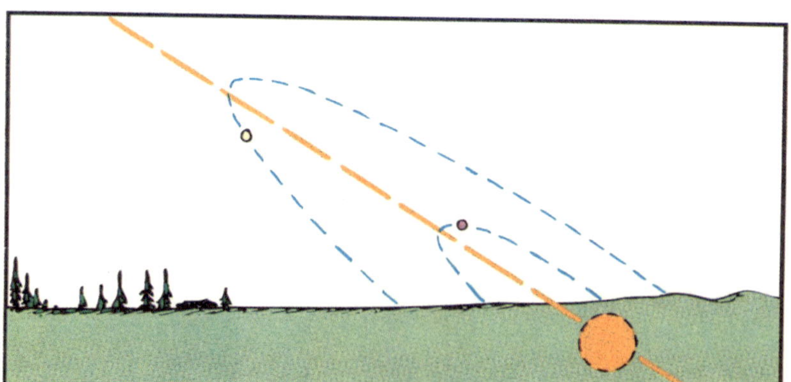

【그림 9-17】 내행성의 운동

란색을 띠고 있다. 구름층의 두께는 19km이며 표면에서 약 50-70km 사이에 자리 잡고 있다. 베네라 탐사선은 금성이 매우 가혹한 조건임을 알아냈다. 표면의 온도는 이산화탄소와 수증기에 의해 표면의 열이 흡수되어 무려 755K에 이른다. 이러한 현상을 온실 효과라 부른다. 대기압은 90기압 이상에 이르며, 천둥 번개가 자주 발생한다.

찬란한 금성은 사랑과 미의 로마 신화 여신에서 그 이름을 따서 명명했다. 밤하늘에서 금성은 어떤 별보다도 밝게 빛나므로 사람들의 눈에 잘 띈다. 따라서 간혹 미확인 비행 물체(U.F.O)로 종종 오인되기도 한다.

금성은 수성처럼 지구궤도 안쪽에서 태양을 중심으로 타원 궤도 운동을 한다. 따라서 수성이나 금성과 같은 내행성은 달과 마찬가지로 위상을 가지고 있으며 이는 소형 망원경으로도 확인할 수 있다. 금성은 공전방향과 반대방향으로 자전한다.

금성과 수성은, 태양의 동방에 있을 때는, 해가 진 직후 서쪽 하늘에서 빛난다. 이 때는 마치 태양을 뒤따라가는 것처럼 움직인다. 이러한 시기의 금성을 태백성(evening star)이라고 부른다. 샛별(morning star)은 금성이 태양의 서방에 있어서, 해뜨기 직전 새벽녘에 동쪽 하늘에서 보이는 경우를 말한다. 이때는 태양을 이끌고 가는 것처럼 보인다(그림 9-17).

일반적으로 금성과 수성은 합의 위치에서 태양의 위 혹은 아래를 통과한다. 그러나 수성은 겨우 1세기에 약 13번 정도, 금성의 경우 이보다 훨씬 드물게 이들 내행성이 합의 위치에서 태양면을 통과하는 현상이 일어난다. 이러한 현상은 수성의 경우 1993년 11월 6일, 1999년 11월 15일, 2003년 3월 7일에 일어났으며, 앞으로 2006년 11월 8일에 있게 된다. 2004년 7월 8일, 2012년 7월 5일에는 태양의 밝은 표면을 지나가는 금성의 모습을 볼 수 있을 것이다. 그림

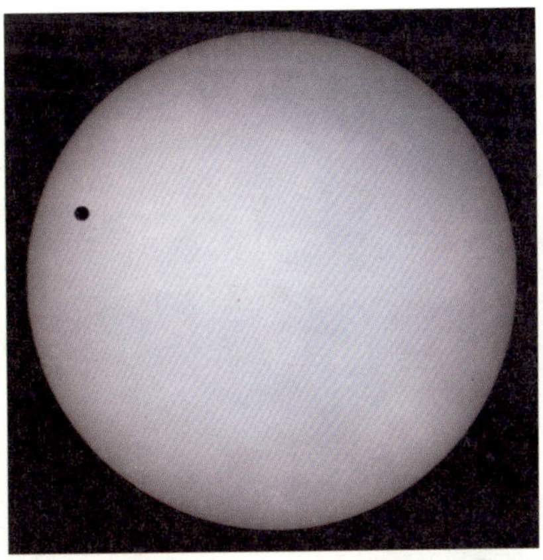

【그림 9-18】 태양면을 통과하는 금성의 모습 (2004년 7월 영월 별마로 천문대에서 촬영)

9-18은 2004년 7월에 일어난 금성의 태양면 통과 사진이다. 금성은 584일에 한 번씩 내합의 위치에 놓인다. 이 때 금성은 다른 어떤 행성보다 지구에 가까이 (약 4,200만 km) 오게 된다.

지구(Earth) 우리 지구는 천체들 가운데, 드물게 푸른색을 띠고 있으며, 구름으로 인해 흰색으로 빛나기도 한다. 태양으로부터 3번째인 지구는 우리의 생활 터전이다. 지구의 표면적은 5.1×10^8 km^2이다. 우리 지구는 태양계에서 유일하게 70% 이상이 물로 덮여져 있는 행성이다. 지구에서 가장 높은 산은 에베레스트 산으로 8,800m이며, 가장 깊은 곳은 태평양의 마리아나 해구로 11,000m에 이른다. 지구의 질량은 약 6×10^{23}kg이다. 이 질량에 의해 우리가 생활하는데 필요한 표면 중력이 만들어지고 있다. 지구는 적도 쪽이 불룩한 타원체 모양을 하고 있다. 지구에 대한 자세한 사항은 이 책의 전반부에 많이 다루고 있으므로 참고하기 바란다.

화성(Mars) 붉은 색의 화성(Mars)은 전쟁의 신에서 유래된 이름으로 불이나 피를 상징한다. 화성은 포보스와 데이모스라는 두 개의 작은 위성을 거느리고 있으나 소형 망원경으로는 관측할 수 없다. 화성 같은 외행성은 지구를 사이에 두고 태양 반대편, 즉 충(opposition)의 위치에 왔을 때가 가장 밝게 보인다. 그 때는 전체 모습을 볼 수 있다. 화성의 경우 780일을 주기로 충의 위치에 온다. 외행성이 태양을 사이에 두고 지구 반대쪽에 올 때를 ·합(conjunction)이라고 하며, 관측하기가 가장 힘든 위치이다.

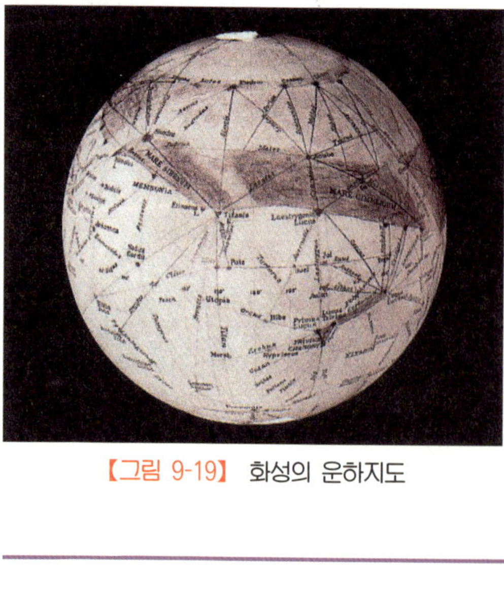

【그림 9-19】 화성의 운하지도

화성의 궤도가 타원이기 때문에 충의 위치 중에서도 특별히 가까이 지구에 접근하는 경우가 있다. 이 때는 화성의 시직경이 더욱 크게 보이고, 표면의 모습을 더욱 자세히 볼 수 있어서 관측의 최적기라 할 수 있다. 가장 좋은 조건은 화성이 근일점에 있을 때 충이 일어나는 경우로서, 이때는 지구에서 5,600

만 km 떨어진 거리에 화성이 있게 된다. 이러한 화성의 대접근은 15년에서 17년 주기로 늦은 여름철에 일어난다. 최근에는 2003년 8월 27일에 대접근이 있었다.

화성이 대접근 시기에 가까울 때, 우리는 망원경으로 많은 영감과 상상력을 불러일으켰던 화성 표면의 모습을 좀더 자세히 볼 수 있다. 화성의 남반구와 북반구 양쪽에 하절기에는 줄어들고 동절기에는 확장되는 하얀 극관을 볼 수 있고, 먼지 바람과 한 때 바다나 초원이라고 믿었던 검은색의 지형을 볼 수 있다. 검은색의 지형은 먼지 바람에 의해 드러난 화성 표면으로 생각된다(그림 9-19).

아폴로 우주 비행사들이 최초로 달에 착륙하고 정확히 7년 후 1976년 7월 20일에 화성에 착륙한 바이킹 1호의 로봇 눈을 통해 또 다른 행성의 표면을 처음으로 잘 살펴볼 수 있었다. 바이킹 1호가 황금 평원이라 불리는 평원의 먼지 가루 속에 착륙하자 흩어져 있는 바위 덩어리, 모래 언덕 그리고 멀리 떨어진 나지막한 언덕들이 시야에 들어왔다. 그곳은 화성의 북위 22.46도, 서경 48.01 도에 위치해 있었으며, 여름철 화성의 기온은 동튼 직후 -86℃ 이고 오후에는 최고 -30℃ 에까지 이르렀으며, 기압은 겨우 7~8밀리바 정도에 불과하였다.

2개월 후 바이킹 2호가 황금평원에서 북서쪽으로 약 7,500km 떨어진 북위 47.89도 서경 225.86도에 위치한 유토피아 평원에 착륙했다. 그곳에는 지구상의 가스기 포함된 화산에서 분출된 용암과 유사한 기포가 있는 바위들이 있었다. 바이킹 착륙선들은 화성 표면 사진을 4,500장 이상이나 찍었으며, 300만이 넘는 기상보고와 생물 화학적인 테스트에서 얻은 자료들을 지구로 보내왔다. 착륙선 1호로 1982년11월 13일까지 매주 사진과 기상 보고서를 보내왔다. 이 역사적인 로봇의 소유권은 1984년에 국립 항공 우주 박물관으로 이전되었으며, 이로써 미국 국립 우주항공 박물관은 외계에 있는 물체를 최초로 소유하게 되었다. 이후

【그림 9-20】 소져너와 화성 표면

1997년 패스파인더 호가 소저너라는 소형 로봇 자동차를 싣고 화성의 비교적 넓은 지역을 탐사하여 많은 사진과 자료를 보내왔다(그림 9-20).

화성 표면에서 볼 수 있는 붉은색 먼지는 철이 풍부한 점토로 보인다. 바위의 화학적 풍화작용과 침식작용이 일어났던 흔적을 볼 수 있다. 바위는 산화철 합성물이 풍부한 고운 붉은색 물질로 덮여있다. 하늘은 스모그처럼 붉은 먼지에 의해 낮에는 핑크 빛으로 빛난다. 일몰은 옅은 푸른빛이다. 동절기에는 기온은 -123℃ 이하로 내려가고 서리 층이 나타난다.

탐사선의 두 착륙 지점 어느 쪽에도 큰 유기체의 징후는 명백하지 않았고 흐르는 물도 없었다. 두 착륙선 모두 발사 전에 지구의 유기체로 오염되지 않도록 완벽하게 소독을 하였다. 토양 속의 미생물에 대한 실험의 결과들은 여전히 수수께끼로 남아있다.

화성은 거대한 화산들이 많으며, 일부는 아직 활동 중인 것으로 보인다. 올림푸스 화산은 이 중 가장 큰 것으로 높이가 무려 24km에 달한다. 깊은 협곡들도 있다. 마리너 계곡은 길이가 무려 5,000km에 이른다. 수십 억 년 전에 운석들이 화성에 구덩이를 만들었을 것으로 보인다. 유티 운석 구덩이는 폭이 18km나 되는데 마치 물과 부서진 바위들이 충돌 후에 쏟아져 나온 것처럼 보인다.

대기는 태양에서 나오는 치명적인 자외선을 차단하기에는 너무 희박하다. 조성은 약 95%의 이산화탄소와 2~3%의 질소 1~2%의 아르곤 0.1~0.4%의 산소 그리고 약간의 수증기와 다른 기체로 이루어져 있다. 하절기에는 남반구에 거친 먼지 폭풍이 분다. 간혹 그 폭풍은 행성 표면 전체를 휘몰아치기도 한다. 시속 130km에 달하는 바람이 엷은 색의 먼지를 날리며 불며, 바위 표면을 감돌아 검은색의 바위가 드러나게 된다.

현재 화성에는 지표수가 없다. 그러나 고대에는 대규모 홍수가 있었다는 간접적인 증거를 볼 수 있다. 화성의 수로들은 지류를 가진 하천 모습을 닮아있다. 이들은 큰 강에 의해 오래 전에 패인 것처럼 보인다. 물은 오늘날 지하의 만년설이나 영구 동토에 얼어 있을 것으로 여겨진다. 기후 변화가 물이 흐르던 온화한 환경을 오늘날의 춥고 메마른 화성으로 바꾸어 놓았을 것이다.

바이킹 궤도 위성 1, 2호가 고체나 수증기 형태로 되어있는 물의 직접적인 증거를 발견했다. 북극의 영구 만년설은 얼어붙은 물로 이루어져 있으며 남극의 만년설 또한 약간의 드라이아이스를 포함한 결빙된 물이다. 겨울철의 서리는 얼어붙은 물과 먼지임이 틀림없을 것이다. 더욱이 이따금 안개와 엷은 구름도 관측된다. 물은 생명체 존재와 매우 긴밀한 관계가 있다. 아마 화성에도 과거 온화한 시기에 생명체가 존재했을 것이다. 어쩌면 이들 생명체는 아직 살아 있을지도 모른다.

화성에 대한 탐사선의 활동은 계속해서 이어지고 있다. 화성에 물의 존재 여부를 조사하기 위한 목적으로 지난 2003년 7월 7일과 10일 각각 발사되어 2004년 1월 화성에 도착한 미항공우주국(NASA)의 탐사로봇 스피릿과 오퍼튜니티호는 화성의 세밀한 지형 사진을 지구로 보내주고 있다. 이 탐사 로봇은 NASA의 장기 화성 탐사 계획의 일부로 주된 목적은 화성에서 물의 작용에 관한 정밀한 조사와 표면에서 발견되는 암석 종류에 대한 다양성을 연구하기 위한 것이다.

남반구와 북반구에서 각각 활동하고 있는 오퍼튜니티와 스피릿 탐사로봇들은 하루에 약 40m 정도 움직이며 총 1km의 거리에 걸친 영역의 지형에 대한 정밀한 탐사를 실시한다. 마치 지질학자가 표면을 걸어가면서 찍는 것과 같은 사진을 얻기 위해 1.5m 정도의 높이에 카메라를 설치하여 사람의 눈을 통해 보는 것과 같은 입체 사진을 360도에 걸쳐 촬영하도록 설계되었다.

NASA의 연구팀은 이 탐사로봇의 활동을 통해 화성에 대한 오랜 수수께끼였던 과거 화성에서의 생명체 탄생 여부를 결정하게 될 것이며, 화성 기후의 특성과 지질학적 특성에 대하여 보다 확고한 이해를 도모하게 될 것으로 본다. 그리고 나아가 화성에 대한 유인 탐사선 계획에 대한 준비 단계의 일부로 탐사로봇이 보내온 자료가 활용될 것이다.

포보스와 데이모스는 각각 길이가 약 21km와 15km에 불과한 작고 못생긴 바위 덩어리이다. 포보스는 7시간 39분마다 화성 주위를 한바퀴 돌고, 그에 반해 데이모스는 약 30시간에 1회 공전을 한다. 두 위성 모두 오래된 많은 충돌 구덩이를 갖고 있으며, 포보스에는 줄무늬와 소형 분화구들이 보인다. 1877년 미국 천문학자 할에 의해 위성이 발견되기 훨씬 전인, 1727년 스위프트(Jonathan Swift)는 화성이 거느리고 있는 두 개의 달에 대한 글을 쓴바 있다.

【그림 9-21】 내행성과 외행성의 구분

5. 외부 행성 - 목성, 토성, 천왕성, 해왕성

소행성대를 경계로 이보다 외부에 있는 행성들은 그 성질이 위에서 살펴본 지구형 행성과는 매우 다르다. 이들 외부행성 목성, 토성, 천왕성 및 해왕성은 목성과 그 성질이 유사하여 목성형 행성(Jovian planets)이라 부른다. 이들 목성형 행성은 지구형 행성에 비해 크기가 매우 크고 화학 조성, 밀도 등 여러 가지 면에서 지구형 행성과 큰 차이를 보인다(그림 9-21). 한편, 비록 외부행성이 분포하는 영역에 놓여 있으나, 목성형 행성으로 분류하지 않는 명왕성이 있다. 여기서는 명왕성을 제외한 목성형 행성의 성질에 대하여 자세히 알아본다.

목성(Jupiter) 거대한 목성은 로마 신화에서 신의 우두머리이며 우주의 통치자의 이름에서 따왔다. 모든 행성 가운데 가장 큰 목성은 금성을 제외한 어떤 별이나 행성보다 더 밝게 빛난다. 목성은 표면에 색색의 줄무늬와 대적점(great red spot)이 특징적이다. 네 개의 밝은 위성(이오, 유로파, 가니메데, 칼리스토: 갈릴레오가 발견하여 통칭 갈릴레오 위성이라고 부른다.)은 목성 주변을 공전하므로 그 위치 변화를 관측할 수 있다. 보이저 1, 2호 탐사선이 1979년 목성을 지나갔을 때 목성을 세밀히 관찰할 수 있었다(그림 9-22).

목성은 다른 모든 행성들과 그들의 위성들을 합한 것보다 더 무겁다. 만약 목성이 지금보다 8배 정도 더 무거웠다면 핵융합 반응이 일어날 수 있었을 것이다. 목성은 대부분이 수소와 헬륨으로 이루어져 있으며, 두꺼운 대기를 가진 빠르게 회전하는 거대한 액상의 구체이다. 목성은 비교적 작은 철과 암석으로 된 핵을 가지고 있는 것 같다. 어둡고 엷은 입자(미세 입자에서 수 m 크기의 입자)의 고리가 목성을 둘러싸고 있다. 가장 밖의 고사머 고리는 목성 중심에서 210,000km 떨어져서 돌고 있다.

【그림 9-22】 보이저 탐사선이 촬영한 목성

화려한 구름 모습과 이와 연계된 기후 형태가 역동적인 대기에서 순환된다. 번개가 치는 것도 볼 수 있다. 움직이는 어두운 색의 띠와 밝은 색을 띤 영역 사이에 복잡한 패턴이 보인다. 수소 헬륨, 그리고 소량의 메탄, 암모니아, 수증기 등은 모두 무색이다. 밝은 홍색, 오렌지색, 갈색 구름들은 다양한 깊이에서 각기 다른 화학 물질에 의해 생겨난 것이다.

유명한 대적점은 거대한 대기 폭풍이다. 과거 300년 동안 크기의 변화, 밝기, 그리고 색을 관측해왔다. 대적점은 반시계 방향으로 돌며 또한 목성 표면을 떠돌기도 한다. 대적점의 폭은 14,000km, 길이는 40,000km로서 지구보다 크다. 주변의 구름보다 온도가 낮은 대적점은 구름 위로 24km까지 솟아 있다. 기온은 구름 상층에서 160K이고 대기는 약 21,000km 아래까지 뻗어 있다. 수소 밀도는 위에서부터 액체 수소 상태로 바뀔 때까지 지속적으로 증가한다. 중심부의 압력과 온도는 매우 높아서 수소는 금속 수소(metallic hydrogen) 상태로 존재할 것으로 생각된다. 중심 온도가 30,000K에 이르기 때문에 목성은 태양에서 입사 된 복사 에너지의 2배에 해당되는 열을 방출한다.

목성은 강력한 자기장을 가지고 있으며 지구의 반알렌대와 같은 대규모의 강력한 복사 방출 띠가 복잡한 체계를 이루고 있다. 이러한 것들이 전파를 방출하는 원인 중 하나라고 본다. 자기장은 기본적으로 쌍극성이지만 방향은 지구 자기장과 반대이다. 액체 상태의 금속 수소 층의 전류가 그 원천으로 여겨진다. 구름 꼭대기에서 목성의 자기장은 지구의 것보다 1.5배에서 7배나 더 강하다. 목성의 자기권은 그 크기가 변화하는데, 그것은 아마도 태양풍 압력의 변화 때문으로 생각된다. 목성의 자기권은 태양쪽으로 1,500만 km, 반대쪽으로는 무려 6억 9000만 km(가끔 토성 궤도를 넘어서)까지 뻗쳐 있다.

목성의 궤도를 도는 위성은 16개가 알려져 있다. 대부분의 위성은 크기가 작다. 보이저 1, 2호는 가장 안쪽의 아말테아(Amalthea)와 네 개의 커다란 갈릴레오 위성들을 주로 관측했다. 작은 아말테아는 짙은 적색의 럭비공처럼 생겼으며, 그 표면은 운석충돌의 흔적을 볼 수 있다. 색이 화려한 이오(Io)가 지구 이외에 지질학적으로 가장 활발하고, 현재 활동중인 화산들을 가지고 있다. 아마도 화산들에서 분출된 황이 많이 함유된 물질들이 이오의 붉은색, 오렌지색, 갈색 검정 그리고 흰색으로 다양하게 표면을 물들이는 것으로 보인다. 주로 황과 산소의 이온의 거대한 하전 입자 구름이 이오의 궤도를 따라 목성 주위를 돌고 있다. 그 입자들은 이오의 화산에서 분출된 물질인 것으로 보인다. 구름 속의 하전 입자들은 자기장을 따라 양 극 지방으로 움직여 상층 대기와 충돌하여, 보이저 1, 2호에 의해 관측된 것 같은, 현란한 목성의 오로라를 만든다.

유로파, 가니메데, 그리고 칼리스토의 표면에는 물의 얼음으로 덮여 있다는 증거가 있다. 달과 비슷한 크기와 밀도를 가진 유로파는 갈릴레오 위성 가운데 가장 밝다. 이 위성의 표면에는 많은 줄무늬와 얼음의 균열 흔적 같은 무늬가 보인다. 가니메데와 칼리스토는 암석과 얼음이 섞여져 있는데 약 50%까지 물로 구성되어 있을 것으로 생각한다. 가니메데는 태양계 내에서 가장 큰 위성이며, 그 직경은 5,260km나 된다. 이 위성의 표면은 어두운 부분과 밝은 부분의 지형이 크게 다르다. 즉, 오래된 어두운 지형은 많은 충돌 구덩이가 발견되지만, 젊은 밝은 고원 지대는, 판구조 활동을 연상케 하는, 단층과 균열이 많이 발견된다. 칼리스토의 표면은 40억 년의 나이를 가진 충돌 구덩이들로 덮여 있다. 넓은 분지의 흔적과 같은 지형의 모습은 과거에 이 위성이 거대한 금속과 암석의 천체와 충돌한 기록이 있었음을 암시한다.

토성(Saturn) 밝은 행성 중에서 가장 멀리 떨어져 있는 토성은 고대 로마의 농업의 신에서 이름을 따왔다. 목성과 마찬가지로 주로 수소와 헬륨으로 이뤄진 다양한 기체층을 가진 거대한 유체의 행성이다. 목성보다 작은 철-암석으로 된 핵을 가지고 있을 것이다. 토성의 대기 역시 표면의 줄무늬를 가지고 있다. 눈으로 볼 때 보이는 구름 상층에 목성보다 더 두꺼운 연무층 때문에 표면의 줄무늬의 색이나 자세한 구조는 목성처럼 또렷하지 않다. 토성도 역시 빠른 자전 때문에 적도쪽이 부푼 타원체이다. 목성과 마찬가지로 전파를 방출한다. 시속 1,600km가 넘는 초고속의 바람이 적도지역에서 일고 있으며, 구름 꼭대기 근방의 온도는 적도 지역의 중심에서 86K에서 92K이며, 오로라와 번개 등도 관측된다(그림 9-23).

아름다운 고리들이 토성을 둘러싸고 있다. 그 고리들이 비록 65,000km가 넘게 펼쳐져 있지만 두께는 겨우 수십~수백 m에 지나지 않는다. 고리 사이로 뒤에 있는 별이 보일 정도로 얇다. 고리의 구성 성분은 토성 주위를 돌고 있는 미세한 얼음 알갱이나 얼음으로 코팅된 암석들이고, 미세한 크기에서 m 정도의 크기의 입자로 이루어졌다. 이 입자들이 태양빛을 반사하여 밝게 빛나며, 지구와 토성의 공전 때문에 보는 방향에 따라 다양한 모습의 고리를 볼 수 있다.

토성의 위성은 최근에 4개가 더 확인되어 최소한 22개인 것으로 생각된다. 안쪽에 있는 위성들 [미마스(Mimas), 엔셀라두(Enceladus), 테씨스(Tethys), 디오네(Dione), 그리고 레아(Rhea)]은 바깥쪽에서 돌고 있는 위성들 보다 작다. 이들은 주로 물의 어름으로 구성되었고, 엔셀라두를 제외하고는 많은 충돌 구덩이가 보인다. 타이탄(Titan)은 상당량의 대기를 가진 것으로 알려진 위성이다. 그 대기는 대부분은 질소와 메탄, 에탄, 아세틸렌, 에틸렌, 그리고 시안화수소와 같은 탄화수소로 이루어졌다. 짙은 안개가 타이탄의 표면을 가리고 있으나 표면은 암석과 얼음으로 이루어져 있을 것으로 추측된다. 바깥에 있는 위성 히페리온(Hyperion)과 이야페투스(Iapetus)는 대부분 얼음이며, 포에베(Phoebe)는 역방향으로 공전한다.

【그림 9-23】 아름다운 고리를 두른 토성

보이저호 탐사에 의해 새로 발견된 위성들은 잠정적인 이름이 붙어져 있으나, 국제 천문 연맹에서 영구한 이름을 최종적으로 결정하게 된다. 이러한 작은 위성들에 대해서는 궤도 밖에는 알려진 것이 없는 상태이지만, 지속적인 분석을 통해 많은 것이 알려질 것이다. 조성이나 위성과 고리의 상호 중력 작용 등에 대한 연구는 계속 진행될 것이다.

최근에 탐사선 카시니호는 7년 동안 무려 35억 km의 긴 여정 끝에 토성에 도착하여 4년간의 탐사활동을 시작하였다. 이 탐사선은 지난 1997년 10월15일 타이탄4 로켓에 실려 발사되어 2004년 7월 1일 무사히 토성의 궤도에 진입하여 토성의 자기장, 고리와 위성에 대한 탐사활동을 벌이고 있다. 카시니 호는 높이 6.7m 너비 4m 정도로 30인승 버스만한 크기다. 이 탐사선의 무게는 약 5천 7백 kg 정도이며, 이 중에서 타이탄 탐사구인 호이겐스와 연료를 제외하면 약 2,500 kg 정도의 탐사선이다.

한편 카시니호에는 특별히 토성의 위성인 타이탄을 탐사할 목적으로 호이겐스 탐사구를 탑재하고 있다. 호이겐스 탐사구는 2005년 1월에 타이탄 상공에 낙하되어 대기로 진입할 예정이다. 이 과정에서 타이탄의 대기에 관한 다양한 탐사를 벌이게 될 뿐만 아니라, 표면의 상태도 생생하게 조사하여 자료를 보내올 것이다.

잘 알려진 것처럼, 타이탄은 대기를 가지고 있는 위성으로 표면에는 액체 상태의 메탄이 출렁이는 바다를 이루고 있으며, 대기에는 메탄의 구름과 어쩌면 메탄의 폭풍우가 몰아치고 있는 극적인 모습을 보여줄지 모른다. 이러한 탐사를 통해 생명체의 기원에 관한 미스터리를 풀어줄 실마리를 찾게 될 것으로 과학자들은 기대하고 있다.

천왕성(Uranus) 천왕성은 망원경을 사용해 발견된 첫번째 행성이다. 영국의 허셀(Herschel)이 1781년 발견했다. 조지왕 3세라는 이름이 붙을 뻔했지만 전통적인 관례에 따라 그리스 신화에 나오는 신의 이름을 붙이게 되었다. 천왕성은 5.7등급으로 망원경으로 보면 옅은 청색의 작은 원반으로 보인다. 만약 정확한 위치를 안다면 맨눈이나 쌍안경으로도 관측이 가능하다. 천왕성은 1986년 보이저 2호가 81,500km 상공을 날아가며 탐사를 하기 전에는 완전히 미지의 행성이었다.

가는 고리계로 둘러싸인 천왕성은 거대한 황소의 눈과 같은 형상이다. 공전면과 자전면이 98도를 이루고 있기 때문에 북극과 남극이 공전에 따라 번갈아가며 태양빛을 받게 된다. 자전은 역방향으로 한다. 아마도 천왕성 탄생 초기에서 거대한 충돌이 있어서 자전축이 누운 것으로 생각된다.

천왕성의 대기는 수소와 15%의 헬륨이며, 약간의 메탄과 기타 탄화수소가 있다. 이 행성이 푸르게 보이는 이유는 메탄이 태양의 붉은색 빛을 흡수해 버리기 때문이다. 목성이나 토성처럼 표면에 수평으로 줄무늬의 구름띠를 보인다. 바람은 자전과 같은 방향으로 40에서 160m/s의 속도로 분다. 평균온도는 60K이고 매우 강한 복사대가 있으며 전파를 방출한다.

보이저 2호의 탐사에서 해가 비치는 남극에서 전자광(electroglow)이라고 부르는 다량의 적외선을 방출하는 연무를 검출하였다. 자전축과 60도 경사를 이루고 있는 자기극과 강한 자기장이 있으며, 전기를 통하는 고압력 상태의 물과 메탄의 바다에 의해 발생되는 것으로 추측한다. 회전하는 실린더 모양의 자기권 꼬리가 1000만 km 뒤까지 뻗어 있다.

목성이나 토성의 고리와는 완전히 다른 매우 가는 고리가 있는데, 이들 고리는 주로 커다란 얼음 덩어리로 이루어져 있으며 어두운 색을 띠고 있다. 이 덩어리들은 서로 충돌하여 미세한 입자로 부서져 고리에서 밖으로 퍼져나가 있는 것처럼 보인다. 완전한 고리를 갖추지 못한 것이나, 고리의 굵기나 밀도가 다른 것으로 미루어보아 고리는 천왕성이 생긴 후에 만들어진 것으로 생각할 수 있다. 고리 물질은 고속으로 충돌한 위성의 파편이나 차등 중력에 의해 쪼개진 위성의 잔해로 생각된다.

천왕성은 다섯 개의 큰 위성과 최소한 12개의 작은 위성을 가지고 있다. 다섯 개의 큰 위성[티타니아(Titana)]는 1787에 첫째로 발견되었고 1948년에 마지막으로 미란다(Miranda)가 발견되었다.)은 대형 망원경으로 관찰할 때 빛나는 작은 점으로 보인다. 이들은 어두운 회색의 얼음-암석의 혼합체로서 50%의 얼음, 20%의 탄소 질소 화합물, 30%의 암석으로 이루어졌다. 두 개의 큰 위성 티타니아와 오베론(Oberon)은 달의 절반 크기 이다.

아리엘(Ariel)은 가장 밝게 빛나는 위성이며, 아마도 표면이 가장 젊을 것으로 생각된다. 티타니아의 표면에 많은 단층과 계곡, 그리고 아리엘의 표면에 보이는 얼음이 흐른 흔적 등은 빙하 활동의 증거이다. 가장 어두운 색의 움브리엘과 오베론의 표면은 많은 운석구덩이로 뒤덮여 있는 매우 오래도니 지형으로 보인다. 이러한 사실은 지질학적 활동이 거의 없었음을 암시한다.

가장 작고 늙은 미란다는 직경이 약 500km이며 표면온도는 -187℃로 온도가 매우 낮다. 표면에는 깊이가 20km가 넘는 거대한 단층 계곡, 계단형 단구, 갈매

【그림 9-24】 해왕성 표면에 보이는 검은 반점

기 모양으로 패인 지형, 거대한 습곡 산맥 등으로 매우 복잡한 모습을 하고 있다. 이처럼 오래된 지형과 젊은 지형이 함께 나타나는 표면의 모습은 이 위성이 판구조 활동, 격렬한 운석 충돌, 그리고 천왕성의 조석력에 의한 내부 가열 등 다양한 지질학적 활동을 겪었다는 것을 암시하고 있다.

보이저 2호가 10개의 작은 위성을 발견하였다. 이 중 가장 큰 1985U1은 직경이 170km이며, 절반 이상이 암석으로 구성되었고, 얼음이 있으며, 특히 우라늄을 함유하고 있어서 내부를 가열하고, 지질학적인 운동을 일으킨다. 1986 U7과 1986 U8 위성은 천왕성의 입실론 고리의 양쪽에서 고리를 안정(고리가 흩어지는 것을 방지한다.)시키는 역할을 하는 양치기 위성(shepherd satellite)이다.

해왕성(Neptune) 해왕성은 천왕성과 쌍둥이 행성 같다. 둘 행성 모두 수소와 메탄 구름의 줄무늬 표면을 가지고 있다. 매우 멀리 떨어져 있기 때문에 아직까지 이 행성에 대해 아는 것은 매우 적다(그림 9-24).

해왕성의 발견은 이론 천문학의 개가였다. 천왕성이 예상된 궤도를 돌지 않는다는 사실을 이상히 여긴 천문학자들은 다른 행성에 의한 중력 섭동이 있을 것이라는 추론을 하게 된다. 이러한 추론 결과 알려지지 않은 행성의 위치가 계산을 통해 예측할 수 있었다. 1846년 베를린 천문대의 갈레는 그 예측된 위치에서 새로운 행성 해왕성을 발견하였다.

해왕성은 바다의 신에서 이름을 따왔다. 해왕성에는 나이어드(Naiad), 탈라싸(Thalassa), 데스피나(Despina), 갈라티어(Galatea), 라리싸(Larissa), 프로우투스(Proteus), 트라이튼(Triton), 니리드(Nereid) 8개의 위성이 있다. 해왕성의 고리는 별의 엄폐현상을 통해 이미 1985년에 보고된바 있다. 1989년 보이저 2호가 해왕성을 탐사하여 많은 것을 알게 되었다.

명왕성(Pluto) 천왕성과 해왕성의 불규칙한 궤도에 근거하여 1930년 톰보우

(Tombough)가 발견한 명왕성은 2006년 국제천문연맹(IAU)이 행성에 대한 정의를 공식적으로 채택하기 이전까지는 태양으로부터 가장 멀리 떨어져 있는 행성으로 분류되었다. 하지만 1990년대부터 명왕성과 비슷한 TNO(Trans-Neptune Object)들이 많이 발견되면서 명왕성의 행성 지위에 대한 논란이 불거졌다. TNO란 해왕성 궤도 너머에 존재하는 소천체들로, 카이퍼대천체(KBO: Kuiper Belt Objects) 및 오오트 구름의 천체들이 여기에 포함된다. 명왕성과 비슷한 TNO를 행성으로 볼 것인지, 아니면 명왕성을 행성이 아닌 TNO로 볼 것인지에 대한 문제는 이 시기부터 천문학계뿐만 아니라 일반인들까지 주목하는 논쟁거리가 되었다. 대부분의 천문학자들은 명왕성이 1992년 이후에 발견되었다면 행성이 되지 못했을 것이라는 의견에 동의한다. 하지만 반세기가 넘도록 명왕성이 행성의 지위를 누려왔기 때문에, 함부로 명왕성을 행성에서 제외할 수도 없는 노릇이었다. 그러나 2006년 체코 프라하에서 열린 IAU총회에서는 다음과 같이 행성의 정의를 명확히 내리게 되었고, 이 정의에 따라서 명왕성은 행성으로서의 지위를 박탈당했다. IAU가 내린 행성의 정의에 따르면, 행성은 첫째, 태양을 중심으로 공전하며, 둘째 자체 중력이 강체력을 극복함으로써 유체정역학적 평형의 모양(거의 둥근 모양)을 가질 정도로 충분한 질량을 가지며, 셋째 그 공전 궤도 주변의 물질을 휩쓸어 없애버릴 수 있는 지배적인 영향력을 가진 천체이다.

이러한 행성의 정의에 의하면, 명왕성은 마지막 조건인 그 공전 주변에 큰 영향력을 미치는 지배적인 천체가 될 수 없다. 왜냐하면 명왕성의 궤도는 이심률이 매우 크며, 해왕성궤도와 겹치는 부분이 있기 때문에 그 공전궤도의 지배적인 천체는 해왕성이 그 역할을 하고 있기 때문이다.

반면에 명왕성은 "왜소행성(dwarf planet)"이라는 새로운 범주에 속하게 되었다. 왜소행성은 (a) 태양을 중심으로 공전하며, (b) 자체 중력이 강체력을 극복함으로써 유체정역학적 평형의 모양(거의 둥근 모양)을 가질 정도로 충분한 질량을 가지지만, (c) 그 공전 궤도 주변의 물질을 깨끗이 청소하지 않으며 (d) 위성이 아닌 천체로 정의를 내리고 있다.

왜소행성인 명왕성은 모든 것이 거의 의문인 천체이다. 따라서 그 이름도 지하 세계를 관장하는 신의 이름에서 따왔다. 명왕성은 표면에 있는 얼음이 빛을 반사하므로 밝게 빛나고 있는 것으로 추측된다. 이 얼음은 아마도 물, 메탄, 암모니아 같은 것으로 이루어졌을 것이다. 만약 그렇다면 명왕성은 우리가 생각하는 것보다 더 작을 수 있다.

명왕성은 달보다 크기가 작다. 명왕성의 질량은 지구 질량의 0.2%에 불과하다. 그리고 극지방에서는 메탄의 얼음으로 생각되는 극관이 관측된다. 명왕성에는 카론(Charon)이라는 위성이 있으며 이 위성의 공전주기는 명왕성의 자전주기인 6.4일과 같아, 만약 명왕성의 표면에서 카론을 관찰한다면, 카론은 정지된 것처럼 보일 것이다.

천문학자들은 다른 항성에 행성이 존재하는지 오랫동안 궁금해 하였다. 1995년 이래로 지금까지 태양 이외에 200여 개의 항성에서 행성이 존재함이 알려졌다. 비록 아직까지 이들을 직접 관찰할 수는 없지만, 대부분 목성형 행성일 것으로 추측된다. 새로운 고성능의 망원경을 건설하여 다른 항성 주변에서 지구형 행성을 발견하려고 노력하고 있다.

6. 소행성, 유성, 그리고 혜성

대부분의 소행성 궤도는 소행성대(asteroidal belt)라고 불리는 화성과 목성 궤도 사이에 있다. 소행성은 너무 작아서 망원경 없이는 볼 수 없다. 따라서 최초의 발견은 성능이 좋은 망원경이 개발된 19세기가 지나서야 이루어졌다. 그 당시 천문학자들은 화성과 목성 궤도 사이에 또 다른 행성이 존재해야만 한다고 생각하였고, 이 행성을 찾는데 많은 노력을 기울였다. 1801년 이탈리아의 천문학자 피아지(Piazzi)는 그가 발견한 최초의 소행성이 바로 실종된 행성일 것으로 믿었는데, 이 소행성은 '세레스(Ceres)'라는 것으로 태양으로부터 2.8 AU 떨어진 궤도를 그린다. 그러나 그 이듬해 또 다른 조그마한 천체가 비슷한 궤도에서 발견이 되었

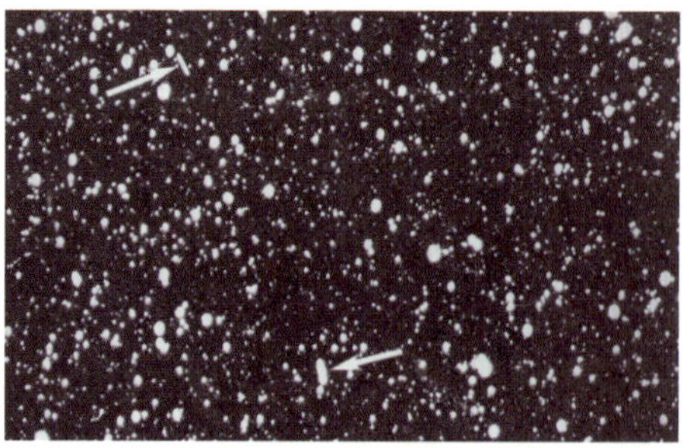

【그림 9-25】 별들 사이를 움직이는 소행성

고, 1804년과 1807년에 두 개가 더 발견되었다. 화성과 목성 사이에는 단일 행성이 없다는 것은 확실히 밝혀진 반면, 직경이 1,000km가 안 되는 작은 천체들의 집단이 존재한다는 것을 새롭게 알게 되었다. 현재는 10,000개 이상의 소행성이 알려져 있다. 연구에 따르면 직경 1km 이상의 소행성은 대략 100만 개 정도로 여겨진다(그림 9-25).

【그림 9-26】 유성우

가장 큰 소행성은 직경이 약 1,000km인 가진 세레스이다. 팔라스와 베스타의 직경은 약 500km이며, 약 15개 정도의 소행성의 직경은 250km 이상이다. 크기가 작아질수록 소행성의 개수는 급격히 증가한다. 즉, 직경 10km의 소행성은 직경 100km 소행성의 수에 비해 10배나 많다. 총 소행성의 질량은 달의 질량보다 작다.

모든 소행성은 다른 행성과 마찬가지로 서에서 동으로 태양 주위를 공전한다. 그리고 공전 궤도면은 지구나 다른 행성과 비슷한 평면에 놓여 있다. 태양으로부터 2.2에서 3.3 AU 거리에 소행성들이 많이 퍼져 있는 지역이 있는데, 이 지역을 소행성대라고 부른다. 이 지역에 분포하고 있는 소행성들의 공전 주기는 3.3에서 6년 사이에 있다. 비록 75% 이상의 소행성이 이 소행성대에 속해 있지만 그들은 빽빽하게 모여 있는 것은 아니다. 실제로 소행성대의 체적은 매우 크고, 일반적인 소행성 사이의 거리는 수백만 km이다. 이것은 소행성대를 충돌없이 무사히 통과해야 하는 갈릴레오나 카시니 같은 행성 탐사선의 입장에서 본다면 매우 다행스러운 것이다.

소행성의 성분은 흑과 백처럼 뚜렷한 차이가 있다. 대부분의 소행성은 석탄덩어리처럼 반사율이 3-4% 정도로 어둡다. 다른 일부의 소행성들은 반사율이 달보다 조금 큰 15-20%에 달하는 것들이 있으며, 어떤 것들은 무려 60%의 반사율을 가진 것도 있다. 어두운 색의 소행성은 분광 연구에 의하면 규소와 유기탄소 화합물이 혼합된 원시 소행성 (태양계가 생성될 때부터 화학적으로 변화하

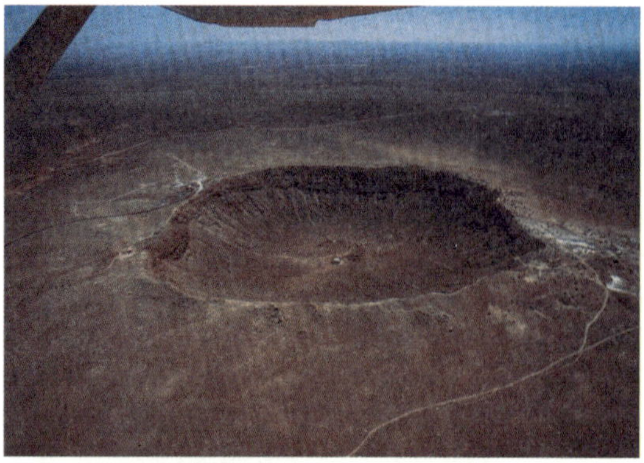

【그림 9-27】 미국 애리조나주의 베링거 운석 구덩이

지 않은 소행성)으로 판명되었다. 가장 큰 두 개의 소행성 세레스와 팔라스는 소행성대의 바깥쪽에 분포하고 있는 대부분의 것들과 마찬가지로 원시 소행성이다. 대부분의 원시 소행성들은 C-형 소행성으로 구분되는데, 여기서 C라는 것은 탄소 성분이 많이 함유되어있기 때문에 붙여진 이름이며, 원시 소행성 가운데 몇몇 개는 다른 광물질을 포함하고 있는 것이 확인되었다.

두 번째로 많은 소행성 집단은 S-형 소행성이라 불리는데, 여기서 S는 석질 성분을 의미한다. 이러한 소행성에는 탄소 성분의 물질이 결여되어 있고, 대신에 규소의 스펙트럼 특성이 잘 나타나며 표면 반사율도 상당히 높게 나타난다. 세 번째 소행성 집단은 앞의 두 집단에 비해 그 수가 매우 적으며, 주로 금속 성분을 많이 함유하고 있는 M-형 소행성이다. 금속성의 소행성은, 마치 항공기처럼, 석질 소행성에 비해 전파를 잘 반사시키므로, 레이더를 이용하면 그 존재를 쉽게 확인할 수 있다. 만약 우리가 이러한 금속성 소행성을 안전한 방법으로 가져올 수만 있다면 철을 비롯한 다양한 산업용 금속을 전세계에 공급할 수 있다. 캐나다의 서드베리에 있는 세계 최대 광산의 철과 니켈은 10억 년 전에 충돌한 소행성에서부터 나오는 것이다.

떨어지는 별똥별을 보고 소원을 빌어본 적이 있는가? 그것은 빛나는 별이 아니고 유성(meteors)이라고 부르는 것이다. 유성은 약 72km/s의 속도로 지구의 대기권을 뚫고 들어와서 대기와의 마찰로 연소하며 밝은 빛줄기를 내며 타는 유성체를 일컫는다. 대기와의 마찰로 타기 시작하는 높이는 지표에서 약 80에서 100km 상공이다. 맑은 날 밤 시간당 평균 5개의 유성을 하늘의 어느 곳에선가 볼 수 있다. 물론 낮에도 유성이 떨어지지만 하늘이 너무 밝기 때문에 볼 수가 없다. 예외적으로 밝게 빛나는 유성을 화구(fireball)이라고 부른다.

일년 중에 몇몇 예측 가능한 유성 현상을 하늘의 특정한 부분에서 관측할 수 있는 때가 있다. 이러한 예측이 가능한 유성 현상을 유성우(meteor shower)라고 한다(그림 9-26). 유성우 현상은 혜성과 연관되어 있다. 이 현상은 혜성이 지나간 궤도상에 남겨진 혜성의 먼지, 티끌 등의 잔해가 밀집되어 있는 구역을 지구가 통과하게 될 때 나타난다.

유성우 현상이 있을 때 모든 유성들이 방사점(radiant)이라고 하는 한 점에서 모두 오는 것처럼 보인다. 유성우의 이름은 이 방사점이 위치한 별자리의 이름을 붙인다. 일반적으로 유성은 자정을 지난 새벽에 많이 관측된다. 그 이유는 새벽의 동쪽 하늘은 지구가 공전하는 방향을 향하는 쪽이므로 유성이 흩어져 있는 공간을 뚫고 들어가기 때문에 유성과 만날 확률이 매우 크다. 유성우의 관측은 달이 밝지 않은 날 밤에 맨 눈으로 하는 것이 가장 좋다. 보름달일 때에는 유성우의 관측이 어렵다.

행성간 공간에서 지구로 떨어져 지표에서 발견된 암석이나 금속 성분의 물체를 운석(meteorites)이라고 부른다. 과거 수십 년간의 기간을 돌이켜 볼 때 떨어지는 운석에 맞아서 목숨을 잃은 사건은 없었다. 아마 매년 수백 톤 이상의 운석이 지표에 떨어지고 있지만 10년에 2개나 3개 정도만 사람이 거주하는 지역에서 발견되며, 그 가운데 사람이나 동물에게 부상을 입히는 경우는 매우 드물게 보고 된다.

1976년 3월 8일 보름달만한 크기의 붉은 화구가 중국의 북동 지역 흑룡강성 주민 수십 명에 의해 목격되었다. 이 화구는 길림시의 약 17km 상공에서 격렬히 연소하며 여러 조각으로 쪼개져 흩어졌다. 광범위한 지역에 걸쳐 수만 명의 사람들이 이 유성이 지구 대기권에 진입하여 빛을 내며 연소하다가 급기야 여러 개의 작은 조각으로 쪼개져서 지표와 격렬하게 충돌하는 생생한 모습을 목격하였다. 이 때 회수된 크고 작은 운석들이 연구를 위해 과학자들의 손에 넘겨지게 되었다.

만약 돈벌이를 하고 싶다면 운석을 찾으려고 애써라. 과학자들은 외계에서 날아온 미량의 희귀한 운석에 많은 돈을 지불할 것이다. 아폴로 우주선이나 소련의 루나 우주선이 가져온 월석을 제외한다면 현재 과학자들이 분석할 수 있는 외계에서 온 물질로는 운석이 유일하다.

운석은 기본적으로 3 종류로 구분된다. (1) 철질 운석은 물보다 8배 정도 무거운 밀도를 가지며 대부분이 철(약 90%)과 니켈 성분으로 구성되어 있다. (2) 석-철질 운석은 밀도가 약 6정도 이며 암석의 연령은 대략 46억 년 정도로 우리 태양계의 나이와 비슷하다. 이 종류의 운석은 철, 니켈, 그리고 규산염 광물을 함유하고 있다. (3) 석질 운석의 밀도는 가작 작아서 6g/cm^3 정도이며 규소 성분을 많이 포함한 암석을 주성분으로 구성되어 있다. 그리고 약 10% 정도만 철과 니켈의 금속 성분이다.

석질 운석은 일반적인 지구의 암석과 생김새가 비슷하다. 따라서 이들은 떨어지는 것을 직접 확인하지 않고는 구별해 내기 매우 어렵다. 1969년 탄화 콘드라이트(carbonaceous chonddrite)라고 불리는 탄소 성분이 많이 함유된 46억 년의 나이를 가진 운석이 호주 빅토리아의 머치슨이라는 곳에 떨어졌다. 이 운석에서는 단순한 형태의 암모니아산이 발견되었는데, 이 암모니아산은 핵산과 단백질을 만드는 기본 물질이다. (핵산은 유전 정보를 전달하고 복제하는 기능을 가지고 있다.) 최근에는 지방산(lipids)과 유사한 유기물질이 역시 동일한 운석의 내부에서 발견되었다. 이 지방산은 살아있는 세포를 구성하는 성분이며, 자체 결합으로 액체를 둘러쌀 수 있는 세포막과 같은 막을 형성할 수 있는 물질이다.

오염되지 않은 45억 년 된 운석이 남극 대륙에서 대량으로 발견되었는데 이들 가운데는 아미노산을 함유한 탄화 콘트라이트의 운석도 몇 개 포함되어 있다. 이러한 발견은 지구 이외 장소에서의 생명 탄생의 전 단계에 대한 증거를 제시하는 것이므로 외계 생명체 탐사에 활력을 불어 넣어주고 있다. 지금까지 발견된 운석 가운데 가장 큰 것은 호바 웨스트(Hoba West)라는 이름의 66톤짜리 운석이다. 이 운석은 지금도 충돌한 장소인 서남 아프리카에 그대로 놓여있다. 운석의 이름은 운석이 처음 떨어진 장소로부터 가장 가까운 곳에 위치한 우체국의 이름을 따서 붙인 것이다.

운석은 지표에 충돌하여 부서지면서 커다란 구덩이를 남긴다. 미국 애리조나주 윌슨이라는 곳에 있는 베링거 운석 구덩이는 매우 유명한 충돌 흔적 중의 하나다. 이 운석 구덩이는 직경이 1.5km이고 깊이가 180m의 크기이다(그림 9-27).

밝은 혜성은 언제나 사람들의 마음을 매료시킨다. 일반적인 항성과는 달리 이 신비의 천체는 신비롭게 나타났다가 사라지곤 한다. 역사를 통해보면 (밝은 혜성의 기록은 기원전 4세기로 거슬러 올라간다.) 혜성은 인류에게 불운을 갖다 주는 재앙과 굶주림의 징조로 여겼었다. 오늘날 혜성은 태양계를 구성하는 천체의 한 종류로 알려지고 있다. 이들은 태양계를 지배하는 기본 물리법칙에 따라 태양의 주위를 긴 타원 궤도를 그리며 돌고 있다. 결코 그들은 초자연적인 어떤 것이 아니다.

수십억 개 이상의 혜성이 태양에서 멀리 떨어진 태양계 외곽 지역에서 궤도운동을 하고 있지만, 이들을 지구에서 관측할 수는 없다. 혜성은 오직 태양 근방에 접근했을 때만 밝게 빛난다. 혜성의 정체에 관하여 가장 널리 받아들여지고 있는 생각은 1950년에 위플(Fred Whipple)이 제안한 '더러운 눈뭉치' 모형이다. 태양으로부터 멀리 떨어진 곳에 있을 동안에는 혜성은 오직 핵만으로 구성된 덩어리다. 혜성의 핵은 얼음과 여러 종류의 기체에 여러 가지 고체 입자(불순물)들이 섞여서 얼어붙은 덩어리(눈송이)로 이루어져있다. 혜성의 표면은 매우 울퉁불퉁하며 모양도 매우 불규칙하게 생겼다. 표면 중력은 매우 작다. 얼어붙어 있는 가스의 종류는 이산화탄소, 일산화탄소, 메탄, 암모니아 등이고, 불순물로 첨가된 고체 입자의 일부는 수소, 질소, 산소, 그리고 탄소를 함유한 유기물 입자들이며 나머지 대부분은 석질 또는 철질 입자들이 차지하고 있다.

혜성이라는 이름은 영어로 comet이라 하는데 이러한 이름은 혜성의 모습에서 유래된 것이다. 그리스어로 kometes 그리고 라틴어로 cometa라는 뜻은 '긴 머리카락'이라는 의미의 단어이다. 밤하늘에서 밝게 빛나는 혜성은 코마라고 부르는 희미한 빛으로 쌓인 별처럼 빛나는 핵이 있고, 코마와 연결된 매우 투명하고 희미한 꼬리를 가지고 있다. 핵의 크기는 약 10km 정도이다. 그러나 코마는 100,000km 이상 퍼져 있다. 그리고 꼬리는 수백만 km까지 행성간 공간에 뻗쳐져 있다. 인공위성에서 수행된 자외선 관측에 의하면 혜성은 빛을 내는 수소 구름으로 둘러 싸여 있음을 알 수 있는데 이것은 지상 관측으로는 보이지 않는다.

혜성이 태양계의 변두리로부터 태양에서 수억 km 이내의 거리로 접근해 옴에 따라 혜성은 서서히 가열되기 시작하며, 얼어있던 가스가 증발하여 고체 입자와 함께 혜성의 표면에서 방출된다. 방출된 가스와 먼지 입자는 혜성의 핵 주변을 수천 km 두께로 밖으로 퍼져 나가며 코마를 형성하게 된다. 태양빛을 받아 형성된 분출 가스가 스스로 빛을 내고, 분출된 먼지 입자가 태양빛을 산란시켜 빛을 발하게 되므로 혜성은 밝게 빛나게 된다. 천문학자들은 대형 망원경으로 일년에 약 25개 정도의 새로운 혜성을 발견하고 관측한다.

혜성이 태양 가까이 통과할 때, 강한 태양 자외선은 핵에서 분출된 가스를 자유기(free radicals)와 이온으로 해리시킨다. 이온은 태양풍과 상호작용을 일으키고 궁국에는 수백만 km나 뒤로 뻗쳐진 가스 혹은 이온 꼬리를 형성한다. 강한 태양빛이 분출된 먼지 입자에 입사되면 이들은 복사압에 의하여 태양의 반대 방향으로 밀려나간다. 혜성의 꼬리는 매우 엷어서 꼬리를 통해 뒤편에 있는 별을 뚜렷이 볼 수 있을 만큼 투명하다.

중성 상태의 원자나 분자는 이온화 될 때까지 밖으로 팽창을 계속한다. 가장 흔한 원소인 수소가 거대한 수소 구름을 혜성의 코마 주위에 형성하게 된다. 만약 혜성이 무사히 태양 주위를 돌아 나오면 자신의 궤도를 따라 다시 차가운 태양계 외곽으로의 여행을 계속하게 된다. 그러면 모든 것은 다시 얼어붙고, 꼬리와 코마는 사라지게 된다. 어떤 혜성은 불덩어리 태양에 너무 가까이 접근해 매우 격렬하게 물질들이 타버리거나 해체되어 버리기도 한다. 가끔 태양에 직접 빨려 들어가 태양과 충돌해 종말을 맞이하는 혜성도 있다.

천문학자들은 태양 주위를 공전하는 주기가 비교적 짧은 약 100개의 혜성의 목록을 만들었다. 이 혜성들은 주기적으로 태양에 접근해 올 때마다 밤하늘을 밝게 수놓는다. 가장 밝을 뿐 아니라 가장 유명한 핼리 혜성은 기원전 240년부터 관측되었다.

현재 가장 널리 받아들여지고 있는 혜성의 기원에 관한 이론은 1950년 네덜란드의 천문학자 오트(Jan Oort)에 의해 제안된 것이다. 그의 이론에 따르면, 혜성은 지구-태양 간 거리의 5만 - 10만 배의 거리에 존재하는 거대한 혜성운에서 온다고 보고 있다. 오트의 구름이라고 부르는 이 혜성운은 태양에 근접한 항성까지 거리의 절반 되는 곳에 분포하며 약 천억 개의 아직 성장하지 못한 혜성의 핵으로 구성되어 있을 것으로 생각한다.

간간이 혜성은 근방을 지나가는 항성의 중력에 의해 이들 가운데 한 개의 혜성이 궤도 속도가 감소하게 되면 태양의 중력에 이끌려 서서히 태양계 내부로 빨려 들어오기 시작한다. 이렇게 빨려 들어온 혜성은 목성 근방을 통과하지 않는다면 목성의 영향을 받지 않아 대부분 태양을 초점으로 한 긴 타원궤도를 그리는 장주기 혜성이 된다. 만약 목성의 강한 중력의 영향을 받게 되면, 혜성은 새로운 궤도를 가지게 된다.

비록 혜성이 매우 밝게 빛나는 천체가 아니라고 할지라도 하늘에 나타나는 혜성은 매우 중요하다. 그들은 지금으로부터 약 45억 년 전에 태양계를 형성한 물질과 동일한 재료로 만들어진 것으로 현재까지 남아 있는 유일한 천체일지도 모른다. 지구, 달, 그 밖의 모든 다른 천체들은 생성된 후 지금까지 수많은 화산 활동 및 운석의 충돌 등의 요인에 의하여 생성 당시의 상태에서 크게 변화되었다. 단지 혜성만이 기본적으로 초기의 상태를 유지하고 남아 있을 것으로 믿어진다.

핼리 혜성은 지금까지 가장 많은 연구가 이루어진 혜성이다. 지난 1986년 이 혜성이 근일점을 통과할 동안 세계 50여 나라의 천문학자들이 현대적인 정밀한 관측 장비를 활용하여 국제 핼리 관찰(International Halley Watch) 프로젝트에 참여하였다. 사상 처음으로 핼리 혜성의 코마를 향해 우주선을 발사하여 혜성의 핵에 분출된 먼지와 가스를 채취하여 지구로 전송하였다. 유럽에서 발사한 지오토(Giotto) 탐사선은 자전하는 거대한 얼음 덩어리인 핼리의 핵으로부터 약 540km의 거리까지 침투해 들어갔다. 사진에 찍힌 핼리 혜성의 핵은 어둡고 검은색을 띠고 있으며 크기는 약 8 x 15km이었다. 핼리 혜성의 자전주기가 2.2일 이거나 7.4일 임을 밝히기 위해 많은 사진 관측이 수행되었다.

【그림 9-28】 핼리 혜성

【그림 9-29】 헤일-봅 혜성

핼리혜성의 표면의 모습은 갈라진 틈, 절벽 등이 있어 매우 불규칙적이며, 충돌 화구로 보이는 지형도 존재함을 알았다. 표면의 약 10% 정도는 먼지와 가스를 분출하는 깊은 골짜기로 이루어져있는데, 여기에서 분출되는 가스의 주성분은 수증기이며 태양을 향해 분출되고 있다. 표면의 나머지 부분은 약 1cm 두께로 먼지 층을 차단하고 있는 검은색의 층이 덮고 있는데, 이 층은 혜성이 여러 번에 걸쳐 태양을 공전하는 동안 휘발성 성분이 날아가 버린 후 남은 것으로 추측된다.

혜성의 핵에서 분출되는 가스의 성분은 수증기가 체적으로 약 80%를 차지하고 있고, 이산화탄소, 암모니아, 그리고 메탄 등의 성분이 나머지를 차지한다. 먼지로 방출되는 것들은 주로 규소 성분의 광물질이 대부분이고, 그 외에는 탄소, 수소, 산소, 그리고 질소 원소들로 구성된 물질들이다.

혜성의 꼬리에서 방출된 수소 이온이 핵에서 약 3,500만 km 떨어진 곳에서의 태양풍에까지도 영향이 미치는 것으로 검출되었다. 태양에서 방출된 입자를 가로막고 태양풍의 속도를 감속시키는 역할을 하는 활꼴의 충격파가 핵의 전면 약 40만 km까지 진출해 있음을 알게 되었다. 천문학자들은 이러한 자료를 계속 분석하고 있다.

수 개의 새로운 혜성이 매년 발견된다. 천문학자들은 천문대에서 촬영한 사진

건판을 분석하는 과정에서 간간이 새로운 혜성을 발견하기도 하지만 많은 혜성은 아마추어 천문가들에 의해서 주로 발견된다. 혜성의 이름은 발견자의 이름이 붙는데, 처음으로 관측하여 보고한 세 명의 이름이 영구히 그 혜성에 붙이게 된다. 새로운 혜성의 발견은 그야말로 아마추어 천문학자들 사이에서는 국제적인 활동이 현저한 분야이기도 하다.

7. 태양계는 어떻게 생성되었는가?

태양계 기원에 대한 이론을 통해 알 수 있는 것은 태양과 행성들은 약 50억 년 전 가스와 먼지 구름에서 같이 태어났다는 것이다. 지금은 찾아볼 수 없지만, 태양과 행성 등 태양계의 모든 천체들을 탄생시킨 성간 구름은 우리 은하의 나선팔에 존재하던 거대 성간운이 초신성 폭발에 의하여 압축되고 중력 수축되면서 분열된 작은 성간운 중의 하나일 것으로 생각된다. 그 증거로 지구에서 우라늄과 같은 원소가 발견되는 것을 들 수 있다. 이러한 중원소는 우주에서 초신성 폭발이 있을 때만 만들어진다. 이렇게 분열된 성간운은 수소가 약 73.6%, 헬륨이 24.8%, 기타의 원소가 1.6% 정도로 이루어져 있었다. 이 성간운을 원시 태양운이라고 한다.

서서히 회전하고 있던 원시 태양운을 구성하고 있던 기체의 대부분은 중심을 향하여 응축하여 태양을 형성하였다. 태양의 질량은 태양계 질량의 99% 이상으로 행성을 비롯한 모든 태양계 구성 천체들이 태양 주위를 도는데 필요한 중력을 제공한다.

지금까지 60가지 이상의 화학 원소 성분이 태양 스펙트럼의 분석을 통해 확인되었다. 태양의 외부 층은 초기 태양과 똑같은 화학 성분으로 이루어졌음이 알려져 있다. 태양의 핵은 과거 45억 년 동안의 핵융합 반응에서 약 38% 헬륨으로 변했다고 추측된다.

오늘날의 천문학에서는 과거 라플라스나 칸트가 주장했던 이론을 새롭게 수정, 보완한 이론이 태양계의 생성을 밝혀 주는 이론으로서 정립되고 있다. 이 이론을 미행성 응집설(accumulation theory)이라 부르는데 이에 의하면 태양계를 이루고 있는 태양과 행성들은 가스와 티끌로 이루어진 성간운으로부터 형성되었다는 것이다.

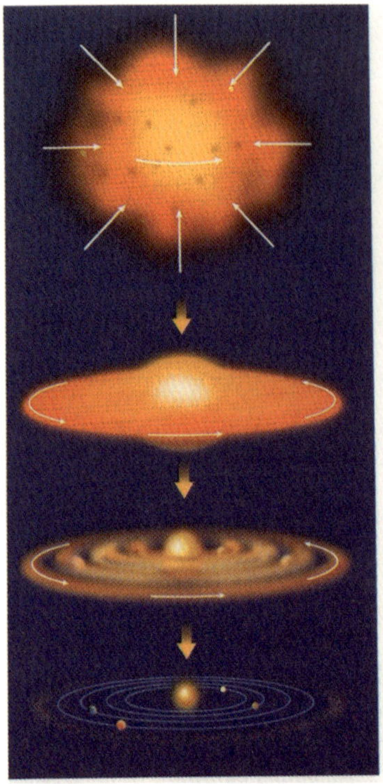

【그림 9-30】 태양계의 생성 과정

현대 천문학에서 가장 타당성 있게 받아들이고 있는 태양계의 탄생 시나리오를 간략히 요약하면 다음과 같다. 은하 내에서 초신성 폭발은 별 생성의 기폭제 역할을 한다. 아마도 태양계의 탄생에도 이러한 방아쇠 역할을 하는 초신성의 폭발이 있었으리라 생각된다. 초신성 폭발로부터 발생한 충격파에 의해 성운이 압축되며, 압축된 성운은 자체 중력에 의해 수축하기 시작한다.

수축하는 성운은 서서히 회전을 하며, 회전축의 수직방향으로 작용하는 원심력에 의해 원반형의 원시 태양운을 형성한다. 원시 태양운 중심에서는 원시 태양이 빛을 내기 시작하며, 원반의 가스와 티끌들은 결합하여 미행성으로 성장한다. 미행성은 태양 주위를 공전하면서 서로 충돌하여 결합되기도 하고, 큰 미행성이 작은 미행성을 포획하기도 하며 성장한다. 이렇게 성장한 미행성들이 역학적으로 안정한 위치에 놓이게 되면, 마침내 원시 행성이 탄생하게 된다(그림 9-30).

단 원 요 약

1. 달의 위상은 달의 공전 때문에 태양에 대하여 달의 위치가 변하기 때문에 생기며, 위상 변화의 주기는 29.5일 정도이고 삭망월이라고 부른다.
2. 월식과 일식은 달이 지구-태양과 일직선상에 놓일 때 발생하며, 달이 지구와 태양 사이에 올 때는 일식이, 반대로 태양의 반대편에 놓일 때는 월식이 발생한다. 달의 공전면이 황도면에 대하여 5도 정도 경사져 있기 때문에 일직선상에서 항상 식이 일어나지는 않는다.

3. 달은 자전주기가 공전주기와 같은 등주기자전 운동을 하기 때문에 항상 같은 면을 지구로 향하고 있다.
4. 태양은 상세한 관측이 가능한 유일한 항성이기에 모든 별의 기준이 되며, 지구에 막대한 에너지를 공급하는 중요한 역할을 한다. 태양의 내부에서 생성된 에너지는 광구로 방출되며, 채층과 코로나를 거쳐 행성간 공간으로 방출된다.
5. 태양계는 약 50억 년 전, 서서히 회전하는 거대한 원시 태양운이 중력수축을 하여 형성되었다.
6. 태양계는 9개의 행성과 화성과 목성 궤도 사이에 존재하는 많은 소행성, 그리고 혜성과 유성들로 구성되어 있다.
7. 행성들은 지구형 행성과 목성형 행성으로 나누는데, 지구형 행성은 소행성대를 기준으로 태양의 가까운 영역에 분포하고 있어 내부행성, 그리고 목성형 행성은 외부행성으로 부르기도 한다.
8. 소행성과 혜성 그리고 이들의 파편으로 구성된 유성은 태양계의 생성과 진화를 연구하는데 중요한 대상이다.

중 요 용 어

반사율, 충돌 구덩이, 명암 경계선, 미소운석, 그믐, 상현달, 차는 볼록달, 일식 금환일식, 개기일식, 월식, 등주기, 자전, 태양 상수, 광구, 쌀알 조직, 흑점, 채층, 코로나, 태양풍, 지구형 행성, 목성형 행성, 수성, 금성, 태백성, 샛별, 대적점, 갈릴레오 위성, 천왕성, 해왕성, 명왕성, 유성, 화구, 탄화 콘드라이트, 혜성, 오트의 구름, 미행성, 응집설

연 습 문 제

가. 다음 물음에 가장 적합한 답을 고르시오.

1. 천문학자들은 어두운 천체를 관찰하기 위해 달이 없는 밤을 선호한다. 이처럼 밤새도록 달을 볼 수 없는 날은 얼마나 자주 발생하는가?
   ① 15일 ② 30일 ③ 60일 ④ 7~8일
2. 만약 여러분이 동쪽 지평선 부근에서 보름달을 볼 때, 태양은 어디에 위치하고 있는가?
   ① 남쪽 하늘 ② 서쪽 지평선
   ③ 서쪽 지평선 아래 약 60도 ④ 동쪽 지평선
3. 일식은 언제 일어나는가?
   ① 그믐 ② 보름 ③ 상현 ④ 하현
4. 월식은 언제 일어나는가?
   ① 그믐 ② 보름 ③ 상현 ④ 하현
5. 수성의 낮과 밤의 온도차가 극심한 이유는 무엇인가?
   ① 궤도 이심율이 커서, 태양으로부터의 거리가 멀어졌다 가까워졌다하기 때문
   ② 대기가 없어서 태양 에너지의 전달이 원활히 이루어지지 않아서
   ③ 강한 자기장이 열의 대류를 방해하기 때문
   ④ 수성의 지각 성분이 열전도율이 특별히 낮은 물질로 되어 있기 때문
6. 화성 대기의 구성 성분 중 가장 많은 것은 무엇인가?
   ① 산소 ② 수소 ③ 질소 ④ 이산화탄소
7. 목성의 적도부분이 불룩한 까닭은 무엇인가?
   ① 태양의 강한 중력의 영향으로 적도쪽이 부풀어 올랐기 때문
   ② 목성의 자기장이 강한 적도쪽에 많은 물질이 몰리기 때문
   ③ 빠른 자전에 기인한 원심력 때문에 적도쪽이 부풀어 올랐기 때문
   ④ 4개의 갈릴레오 위성의 차등 중력 때문에 적도쪽이 부풀어 올랐기 때문
8. 회전하는 성간운이 수축하게 되면 회전 속도는 어떻게 변하는가?
   ① 느려진다. ② 변함없다. ③ 빨라진다. ④ 밀도에 따라 다르다.
9. 수소나 헬륨보다 무거운 원소들은 어디서 생성되었는가?
   ① 우주 대폭발 시 ② 별의 내부 ③ 성간운 내부 ④ 행성의 내부

나. 다음 설명이 옳으면 ○표를, 틀리면 ×를 하고 틀린 부분에 밑줄을 긋고 바르게 고치시오.

1. 보름달을 정오에 볼 수 있다. ( )
2. 그믐날 한밤중에 달을 볼 수 있다. ( )
3. 달의 같은 면만 항상 본다는 것은 자전을 하지 않는다는 것을 의미한다. ( )
4. 일식이 일어날 때, 지구, 달 그리고 태양의 순서로 일직선상에 위치한다. ( )
5. 월식이 일어날 때, 지구, 달 그리고 태양의 순서로 일직선상에 위치한다. ( )
6. 화성의 대기는 금성의 대기와 구성 성분이 유사하다. ( )
7. 토성의 안쪽 고리는 바깥쪽 고리보다 더 빠른 공전을 한다. ( )
8. 만약 혜성의 꼬리가 지구를 스치고 지나가더라도 특별한 피해는 없다. ( )
9. 지구와 태양거리가 가장 가까울 때는 여름이다. ( )
10. 지구형 행성들은 많은 수의 위성을 갖는다. ( )
11. 지구와 태양거리를 1파세크라 한다. ( )

다. 다음 ( )속에 적당한 말을 써넣으시오.

1. 해수면이 가장 높은 사리는 ( ) 때 일어난다.
2. 지구에 가장 가까운 행성은 ( )이다.
3. 과거에 물이 흘렀던 것으로 여겨지는 행성은 ( ) 이다.
4. 태양계 행성 중 질량이 가장 큰 것은 ( )이다.
5. 태양 중 우리가 관측할 수 있는 부분은 ( )이다.
6. 태양 흑점의 주기는 약 ( )이다.
7. 흑점 활동이 활발하면 식물이 ( ).
8. 혜성은 주로 ( ) (으)로 이루어져 있다.
9. 지구형 행성은 밀도가 ( ) (으)로 이루어져 있다.
10. 달의 바다 부분은 주로 ( ) (으)로 이루어져 있다.
11. 태양의 에너지는 ( )에 의하여 생성된다.
12. 금성의 공전 방향은 태양의 자전방향과 ( ).

라. 다음 질문에 대하여 답하시오.

1. 태양의 반경과, 지구-달 사이의 거리 중 어느 쪽이 더 큰가?
2. 달에 대기가 없는 이유를 설명하라.
3. 달에 망원경을 설치하면 지구에 설치하는 것에 비해 어떤 측면에서 더 좋은가?
4. 달의 같은 면만 항상 본다는 것은 자전을 하지 않는다는 것을 의미하는가?

5. 왜 일식이 매달 일어나지 않는가?
6. 지구의 표면보다 달 표면에 충돌 구덩이가 훨씬 많은 이유는 무엇인가?
7. 개기일식이 일어난 곳에서도 한밤처럼 깜깜하지 않은 까닭은 무엇인가?
8. 지구의 그림자 때문에 월식이 일어나 가려진 달은 마치 한 입 깨물어 먹은 둥근 과자 조각처럼 보인다. 깨물어 먹은 부분의 곡률은 지구의 크기와 관련이 있다. 지구와 달의 크기 그리고 지구-달-태양의 거리 관계를 고려하여, 빼물어 먹은 부분의 곡률을 올바른 비율로 그려라.
9. 어떤 과정으로 태양은 에너지를 생성하는가?
10. 수소나 헬륨보다 무거운 원소들은 어디서 생성되었는가?
11. 화성 표면에서 부는 바람은 어떤 원인에 기인하는가?
12. 천왕성의 계절이 다른 행성의 계절과 어떻게 다른지 설명하라.
13. 어떤 가설을 바탕으로 명왕성이 발견되었는지 설명하라.
14. 왜 운석이 다른 대륙에 비해 남극대륙에서 많이 발견되는가?
15. 만약 혜성의 꼬리가 지구를 스치고 지나간다면 어떤 일이 생길까?
16. 에너지 보존의 관점에서 혜성이 언젠가는 모두 타서 없어질 것이라는 것을 설명하라.
17. 별똥별이란 무엇인가?
18. 지표에 떨어진 거대한 유성이 어떻게 지구 생명체의 대량 멸종을 유발시킬 수 있는가?
19. 태양이 우주 초기에 생성된 별이 아니고 제2 또는 제3 세대 항성임을 알 수 있는 증거는 무엇인가?

10 별과 은하

태양을 별이라고 부르는 까닭은 무엇인가? 별이 태어나서 죽을 때까지의 일생은 어떠한가? 블랙홀이란 무엇인가? 그리고 블랙홀이 보이지 않는다면, 천문학자들은 그들의 존재를 어떻게 알아내었을까? 우주에는 우리 은하에 있는 별의 수보다 더 많은 은하가 존재할까? 은하의 형태는 어떻게 다르고, 왜 그러한 차이를 보이는 것일까? 이러한 질문에 대한 초보적인 답변으로 이 장을 마무리하고자 한다. 여기서 우리는 태양계를 넘어서 무한히 넓은 우주에 유구한 세월을 존재해온 별과 은하들의 특성에 대하여 알아보려고 한다.

1. 별자리

맑고 깜깜한 밤하늘은 둥근 사발을 뒤집어 놓은 듯한 무한히 넓은 공간에 수많은 별들을 뿌려 놓은 것처럼 보인다. 이러한 모습은 우리로 하여금 왜 고대인들이 지구를 둘러싸고 있는 거대한 구형의 공간에 별들이 움직이고 있다고 생각하게 되었는지 쉽게 짐작할 수 있게 한다. 오늘날 우리는 이러한 별들이 지구로부터 매우 멀리 떨어진 곳에서 서로 다른 방향과 속도로 움직이며 빛을 내는

【그림 10-1】 별자리 모습이 잘 나타난 성도

태양과 같은 것임을 알고 있다. 지구는 자전축(북극과 남극을 연결한 가상의 선)을 중심으로 하루에 한바퀴씩 자전하고 있다.

그러나 오목하고 거대한 구형의 하늘의 안쪽 표면에 별들이 분포하고 있으며, 지구를 중심으로 자전하고 있다고 생각하는 것이 매우 효과적이다. 천문학자들은 이러한 가상의 하늘을 천구(celestial sphere; celestial은 하늘을 의미하는 라틴어에서 유래함)라고 부른다. 천문학자들은 별과 은하의 위치와 분포를 파악하고, 태양, 달은 물론 일년 동안 행성들의 움직임을 표시하는데 천구를 이용한다. 우리가 하늘을 쳐다볼 때 항상 자신이 천구의 중심에서 밖을 내다보고 있다는 상상을 해야 한다.

어떤 별들은 천구상에서 독특한 형상을 연상하게끔 배치된 경우가 종종 있다.

이처럼 어떤 형태로 모여 있는 별들의 집단을 별자리라고 부른다. 대표적인 별자리를 하늘에서 찾을 수 있으면 그 별자리에 속한 낱별을 쉽게 찾아낼 수 있다. 천문학자들이 공식적으로 명명한 별자리는 모두 88개이다. 이 가운데 잘 관찰되는 대표적인 별자리는 부록의 성도에 표시하였다. 수천 년 전에 고대인들은 사자나 물고기처럼 동물이나 오리온이나 헤라클레스와 같은 신화에 등장하는 인물의 이름을 별자리에 붙였다. 고대 그리스인들은 2000여 년 전에 48개의 별자리를 명명하고 사용하였다(그림 10-1). 현대적 의미의 별자리는 전 하늘을 88개의 구역으로 나누고, 각 영역에 고대로부터 사용해 오던 별자리 이름을 붙인 것이며, 신화나 전설과 관련은 없다. 별자리는 어떤 천체를 찾기 쉽도록 영역을 구분해주는 역할을 한다. 예를 들면, 화성이 사자자리에 있다고 말하는 것은 마치 춘천시가 강원도에 있다고 말하는 것처럼 대상의 대략적인 위치를 표현하는 의미만 부여할 수 있다.

부록 6의 성도를 한 번 살펴보기 바란다. 점선으로 표시된 선이 황도(ecliptic)로서 멀리 있는 별에 대한 태양의 상대적인 겉보기 운동 경로를 나타낸다. 황도를 따라 놓여있는 12개의 별자리는 특별히 황도 12 궁이라고 불리며, 여러분들이 알고 있는 별점을 볼 때 쓰이는 것이다. 만약 낮에도 별을 볼 수 있다면 태양이 매일 조금씩 별들 사이를 동쪽으로 움직이고 있다는 사실을 쉽게 알 수 있을 것이다. 천구상에서 배경의 별들에 대한 태양의 상대적인 겉보기 운동 경로를 황도라고 하며, 천구의나 성도에 일반적으로 그 경로가 그려져 있다. 황도가 지나가는 별자리는 모두 12개이며, 약 16°의 폭을 가진 띠 모양으로 천구를 감고 있다.

황도대는 달이나 행성의 운동을 파악하는데 매우 유용하게 이용되는데, 그 이유는 달과 모든 행성이 황도대 내에서 황도와 거의 같은 길을 따라 움직이기 때문이다. 배경에 있는 별에 대하여 태양이 동쪽으로 조금씩 움직이는 겉보기 운동은 실제로는 지구가 태양 주변을 공전하기 때문에 생기는 것이다. 태양은 일년 동안에 마치 전 천구를 한번 도는 것처럼 보인다(그림 10-2).

【그림 10-2】 지구의 공전과 황도대

2. 별의 탄생

영원히 빛나는 별은 없다. 별의 진화는 별이 나이를 먹음에 따라 나타나는 변화-별의 일생-라고 할 수 있다. 별의 진화는 보통 수십 억 년 이상 걸려 일어나므로 이런 변화를 직접 관찰할 수는 없다. 천문학자들은 물리학의 법칙에 따라 별의 진화 이론을 분석한다. 그리고 하늘에서 빛을 내고 있는 실제의 별을 관측하여 그들의 이론을 검증한다.

별은 우주 공간에 존재하는 물질로부터 만들어진다. 가스와 먼지로 이루어진 성간(별들 사이)운이 별의 탄생지임에 틀림없다. 여러분은 지금도 새로운 별이 탄생되고 있는 성간 공간의 구름을 볼 수 있다. 우리로부터 약 1500광년 떨어진 오리온자리의 오리온 성운은 별의 생성이 매우 활발히 일어나는 지역이다. 겨울철에 오리온 성운을 찾아보라. 성도에는 사냥꾼 오리온의 벨트 아래 위치한 칼자루 부분에 표시되어 있다. 오리온 성운은 육안으로 볼 때 희미하고 뿌연 점으

【그림 10-3】 오리온 성운 영역의 원시 항성

로 보인다. 망원경을 통해 보면 초록빛을 띠며 빛나는 모습을 볼 수 있다. 천문학자들은 이 곳에서 새로 탄생한 뜨거운 별들에 의해 기체가 빛을 내고 있다고 생각한다(그림 10-3).

원시항성(protostar)은 수축하고 있는 거대한 소용돌이의 가스 구름에서 생겨나고 있는 천체를 말한다. 성간운의 어떤 한 부분이 외부의 요인에 의해 밀도가 높아지면 이 지역의 중력이 주변보다 커지게 되고, 주변의 물질들이 이곳으로 모이게 된다. 이처럼 중력은 원시항성의 중심부로 물질을 끌어당겨 수축시킨다. 중력 수축은 가스 내부의 온도와 압력을 크게 증가시킨다. 열은 고온의 중심부에서 저온의 표면으로 빠져 나온다. 원시항성은 이 에너지를 외부로 방출하며, 짙은 붉은 색으로 빛난다. 이처럼 원시항성은 성간 공간에 있는 회전하는 기체운(주로 수소) 내부에서 우연히 형성된다.

중력에 의해 뭉쳐진 원시항성의 중심부 온도가 절대 온도 1000만 K에 이르면 열핵융합 반응이 시작된다. 이 핵반응으로 막대한 에너지가 방출된다. 외부로 방출되는 만큼의 에너지가 중심부에서 빠르게 생성된다. 따라서 매우 높은 온도와 압력이 계속 유지된다. 이처럼 안정적인 열핵융합 반응을 하고 있는 항성을 주계열성이라고 부르고, 이 때가 비로소 진정한 별이 되었다고 볼 수 있는 단계이다. 원시항성이 형성되는 각 성운의 질량이나 화학 성분은 동일하지 않다. 별의 일생 즉 진화의 속도와 양상은 별의 질량과 화학 성분에 따라 달라진다. 같은 질량과 화학 성분을 갖고 탄생한 별들은 거의 같은 기간 동안 같은 진화 단계를 거치게 된다. 비슷한 화학 성분을 가진 별의 경우, 질량이 큰 별들은 진화가 빠르며, 반면에 질량이 작은 별들은 진화하는데 오랜 시간이 걸린다.

3. 별의 진화

H-R도는 많은 별에 대한 광도-표면온도의 관계를 보여주는 중요한 그래프이다. 천문학자들은 별의 진화 이론과 별의 내부 구조를 검증하기 위해 H-R도를 사용한다. H-R도 상의 모든 점은 별의 온도(분광형)를 수평축 값으로, 광도(절대등급)를 수직축 값으로 하여 나타낸다.

수천 개의 별을 임의로 선택하여 온도와 광도를 H-R도 상에 표시하면, 뚜렷한 경로를 따라 분포하게 된다. 이것은 유의미한 관계가 광도와 온도 사이에 존재한다는 것을 의미한다. 그렇지 않다면 점들을 그래프 전체에 아무렇게나 흩어져 있어야 할 것이다.

약 90%의 별들은 주계열(main sequence)이라 불리는 경로를 따라 분포한다.

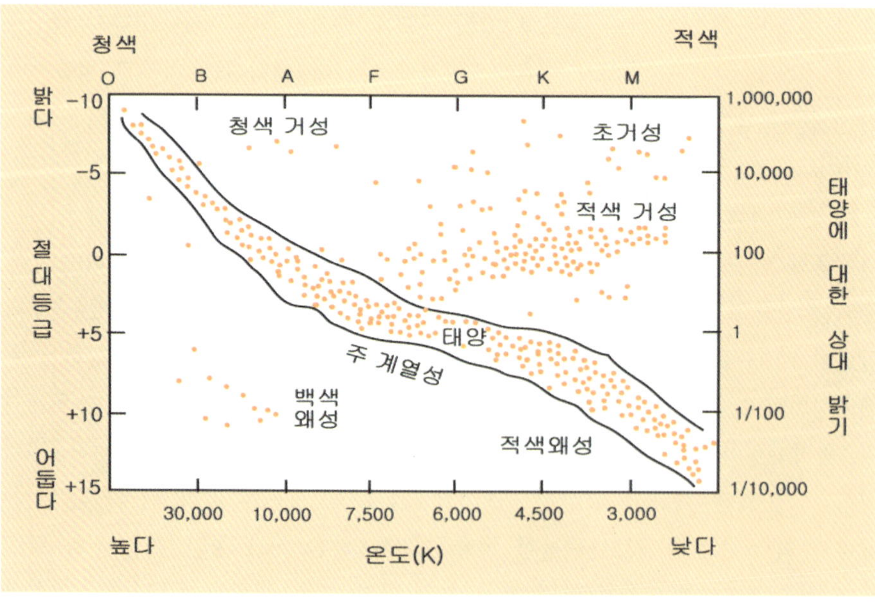

【그림 10-4】 H-R 도와 별의 분포 계열

주계열은 좌측상단(온도가 높고 광도가 큰 청색거성)에서 H-R도를 대각선으로 가로질러 우측하단(온도가 낮고 광도가 작은 적색 왜성)으로 이어진다. 적색 왜성은 태양 주변에서 가장 흔한 형태이다. 나머지 10%의 대부분 별들은 우측 상단 지역(저온의 밝은 거성과 초거성) 또는 좌측 하단 구석(고온의 어두운 백색왜성)에 분포한다(그림 10-4).

주계열성은 성장한 장년기의 별로 생각될 수 있다. 원시항성의 변화와 비교해 보면, 주계열성의 진화는 매우 느리다. 별은 그 별의 질량에 따라 적절한 광도와 온도를 가지고 끊임없이 빛을 내며 일생의 대부분을 보낸다. 주계열성은 별의 중심부에 있는 수소가 헬륨으로 전환되는 핵융합 반응을 통해 에너지를 얻는다. 네 개의 수소핵은 한 개의 헬륨 핵으로 융합된다. 이 과정에서 줄어든 질량은 에너지로 바뀌어 방출된다. (같은 과정으로 수소 폭탄의 에너지가 생성된다.)

별의 중심에서 핵융합 반응으로부터 생성된 에너지는 마침내 별의 표면에 도달한다. 그러면 별은 빛을 발하여 에너지를 외부로 방출한다. 가상 실험에서 융합 전의 수소 핵과 융합 후의 헬륨 핵의 질량을 잴 수 있다면, 여러분은 헬륨 핵이 더 가볍다는 것을 알게 될 것이다. 핵융합 반응에서 방출된 에너지량은 알버트 아인슈타인의 유명한 질량에너지 방정식 $E=mc^2$으로부터 계산된다. 여기서 E=에너지, m=질량 결손량, c=빛의 속도이다.

아인슈타인의 방정식에 따르면, 태양이 지금과 같은 광도를 유지하기 위해서는 수소 약 5백만 톤이 매초 헬륨으로 전환되어야 한다. 그러나 핵융합 반응에서 방출되는 에너지량은 너무 막대하여 10억 년 동안 태양이 방출하는 빛은 태양 전체 질량의 0.01%도 안 되는 수소가 헬륨으로 변해서 나오는 것이다. 별은 핵에 있는 사용 가능한 수소가 모두 헬륨으로 바뀔 때까지 주계열성으로서 끊임없이 빛을 낸다. 그리고 나서 별은 죽어가기 시작한다. 우리의 태양은 평균적인 중간 크기의 별이다. 태양은 약 50억 년 동안 안정된 주계열성으로 빛을 내고 있으며, 앞으로 50억 년 동안 계속해서 끊임없이 빛날 것이다.

질량이 크고 고온의 밝은 별은 수소를 빨리 소모하므로 빨리 죽는다. 질량이 큰 푸른색의 항성은 단지 몇 백만 년 동안만 안정된 주계열성으로 빛을 낸다. 질량이 작고 저온의 어두운 별은 수소 연료를 가장 느리게 소모하므로 가장 오랫동안 주계열에 머무르게 된다. 질량이 작은 적색 왜성은 가장 나이가 많은 주계열성이며, 그 수도 가장 많다. 그들은 수십 억 년의 긴 일생을 주계열에서 보낸다.

중심핵 속에 있는 수소 연료를 다 써버리고 나면 별은 더 이상 중심부에 에너지원을 갖지 않는다. 그러면 헬륨으로 이루어진 핵은 중력에 의해 수축하기 시작한다. 헬륨 핵과 바깥쪽의 수소 껍질 사이의 경계에서 수소의 핵융합 반응이 계속 일어난다. 헬륨 핵이 중력 수축하게 되면 별의 온도는 올라간다. 온도가 높아지면 핵과 껍질 경계의 수소가 더 빨리 연소하고, 별의 광도는 증가한다. 수소가 연소하면 막대한 에너지가 방출되며, 중심핵은 수축하지만, 전체적으로 별은 거대한 크기로 팽창되게 한다. 결과적으로 핵을 제외한 모든 곳은 밀도가 매우 낮다.

별이 팽창됨에 따라 표면 온도는 낮아지고 색은 붉게 변한다. 따라서 별은 밝고 큰 붉은 색의 늙은 별(적색 거성)로 변해간다. 적색 거성은 표면적이 크기 때문에 밝지만 온도는 낮다. 여러분은 하늘에서 빛나는 몇몇 적색 거성을 볼 수 있다. 오리온자리의 베텔기우스와 전갈자리의 안타레스가 좋은 예인데, 둘 다 태

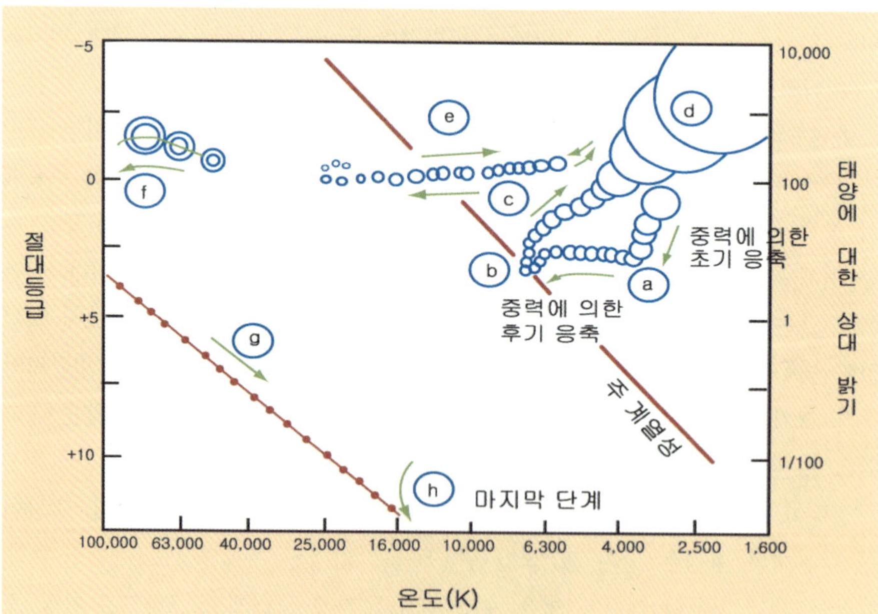

【그림 10-5】 태양 질량을 가진 별의 진화 경로

양 직경의 400배 이상이다. 모든 별처럼 태양도 죽을 때는 커다란 적색 거성으로 변해 갈 것으로 예상된다. 적색 거성의 거대한 태양은 너무 밝아서 지구의 암석은 녹아 버리고, 바닷물을 증발시켜 지구상의 생명체는 모두 죽을 것이다.

그림 10-5는 태양과 같은 별의 일생의 각 단계를 구분한 것이다. 그림에서 (a)는 원시별 단계로서, 성간 기체운의 중력수축 단계에 해당된다. 별은 비로서 (b) 단계에 와서 핵융합(수소가 헬륨으로 바뀜)에 의해 빛을 내는 안정된 주계열성이 된다. (c)는 헬륨핵이 형성되어 적색거성으로 진화하는 단계를 나타내며, (d)는 헬륨의 연소에 의해 빛을 내는 적색거성 단계, 내부의 불안정 때문에 변광성 단계(e)를 거치게 된다. 그 이후 수소 외피를 외부로 내보내는 행성상 성운 단계(f)를 거치게 된다. (g)단계는 외피를 벗겨낸 별의 중심핵은 강하게 수축하여 지구 크기 정도의 백색왜성이 된다. 백색왜성은 서서히 식으며 빛을 읽게 되어, (h) 단계에 위치하는 흑색왜성이 되어 우리 눈에서 사라지게 된다.

4. 별의 죽음

별의 핵이 거의 탄소로 변환될 때까지 걸리는 시간은 차이가 있으나, 모든 별들은 거의 같은 방법으로 진화한다. 별의 진화의 마지막 단계, 또는 마침내 별이 죽어 가는 방식은 질량에 의해 대부분 좌우된다.

태양 질량의 약 1.4배까지 되는 작은 별은 큰 소동 없이 우주의 암흑 속으로 조용히 사라져간다. 맹렬한 폭발을 일으키는 질량이 큰 별, 또는 초신성은 죽기 전에 밝게 타오른다.

태양 정도의 질량을 가진 별은 연소 가능한 헬륨 연료를 모두 쓰고 나면, 최후를 맞이하기 위해 적색의 거성으로 부풀어 오른다. (이 최후의 단계에서 태양은 수성, 금성, 지구, 화성을 삼켜버릴 정도로 부풀어 오르게 될 것이다.)

별의 가장 바깥쪽을 감싸고 있는 수소 외피는 우주 공간으로 날아가 버린다. 대전된 입자는 항성풍(stellar wind)이라 불리는 흐름이 되어 불려 나간다. 최외각 수소 껍질보다 더 깊은 층은 소리 없이 부풀어 올라 행성상 성운(planetary nebula)

【그림 10-6】 행성상 성운

이라 불리는 팽창된 기체층을 형성하며 별을 떠난다. 이렇게 되면 별의 질량은 상당히 줄어든다. 이 행성상 성운의 직경은 대략 1/2에서 1광년 정도이며, 핵을 떠나 시속 72,000~100,000km의 속도로 계속해서 퍼져 나간다(그림 10-6).

지금까지 약 천 개의 행성상 성운이 발견되었다. 이 행성상 성운의 나이는 아마도 5만년 이하인 것으로 보이는데, 그 이유는 성운 속의 기체 원자들이 매우 빠른 속도로 흩어져가기 때문이다. 약 10만년 후에는 아마 껍질이 너무 멀리 퍼져 나가서 보이지 않을 정도로 희박한 상태가 될 것이다. 가스의 외피층이 날아가 버리고 나면, 별은 연소하는 헬륨의 껍질로 둘러싸인 탄소 중심핵만 남는다.

핵연료를 전부 써버린 별은 더 이상 중력의 끌리는 힘에 대해 견디지 못한다. 별의 중심 쪽으로 물질을 끌어당기는 중력에 의해 다시 수축한다. 중력 수축으로 별의 온도와 압력이 매우 높아지면 원자의 전자는 궤도를 이탈하여 원자에서 떨어져 나온다. 이러한 단계의 작고 뜨거운 별을 백색왜성(white dwarf)이라고 부른다. 백색왜성은 거의 전자와 핵으로 되어있다. 이러한 아원자 입자는 완전한 원자보다 훨씬 더 가깝고 단단하게 결합될 수 있다.

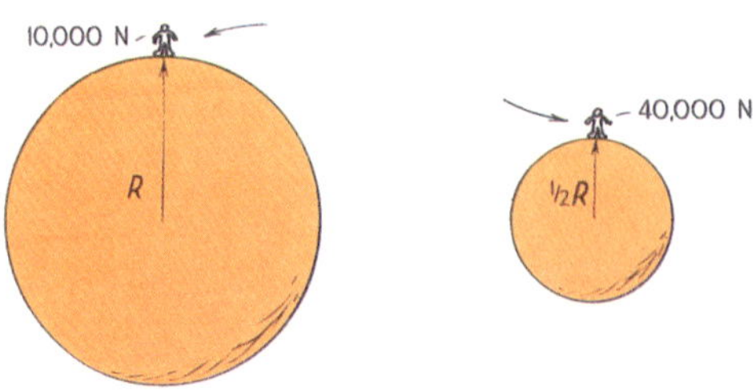

【그림 10-7】 백색왜성의 밀도 비교

태양이 수축하여 백색왜성이 된다면, 지구만한 크기가 된다. 이 백색왜성은 적당한 크기가 되면 더 이상 수축할 수 없게 된다. 중력으로 인해 지구 정도 크기의 부피에 별의 모든 질량이 모아지기 때문에 백색왜성은 매우 밀도가 높다. 그러한 백색왜성의 중력은 지구 중력보다 약 35만 배 크다. 만약 여러분이 백색왜성에 서있을 수 있다면, 지구에 있을 때 무게의 35만 배가 될 것이다(그림 10-7).

만약 백색왜성이 쌍성계에 속한다면, 짝을 이루어 돌고 있는 동반성에서 유입된 물질이 백색왜성 위에 떨어져 잠시 밝게 타오르는 연료를 공급한다. 가끔 이 단계에서 밝게 타오르는 별인 신성(nova)이 생긴다. 점차 백색 왜성은 식어 가서 탁한 붉은 색으로 변하고 마지막 에너지를 우주 공간으로 방출하며 빛난다. 그리고 나서 백색왜성은 우주의 묘지에서 죽은 흑색왜성이 된다.

5. 초신성과 별의 종말

태양 질량의 약 4배 이상의 질량이 큰 별은 태양 같은 질량의 별보다 훨씬 장렬한 최후를 맞이한다. 초신성(supernova)은 별이 엄청나게 큰 폭발을 일으키는 것이다. 질량이 큰 별의 탄소 중심핵은 질량이 작은 별의 핵과 같은 방법으로 중력 때문에 수축한다. 그러나 질량이 큰 별에서는 핵의 온도가 계속 올라가 6억 K에 이른다. 그 시점에서 탄소 중심핵은 타기 시작한다. 핵융합 반응에서 탄소가 마그네슘으로 바뀔 때 이 중력 붕괴는 멈춘다.

탄소가 소모되면 새로운 순환이 시작된다. 즉, 중력수축, 온도 상승, 새로운 핵반응의 시작, 새로운 원소 생성, 붕괴 중단, 산소나 규소와 같이 탄소보다 무거운 원소가 주로 철이 생성될 때까지 별의 내부에서 융합된다. 철은 핵융합 반응이 일어날 때 열을 방출하지 않고 오히려 열을 필요로 하기 때문에, 철은 더 이상 융합하지 않으며, 핵융합과 중력 붕괴의 반복 순환을 끝낸다. 운명의 마지막 수축과정이 더 이상 압축될 수 없을 정도가 될 때까지 일어난다. 그리고 맹렬하게 팽창하여 폭발한다. 그 초신성에서 나오는 빛은 태양 광도의 십억 배에 이른다.

1504년 중국인과 미국의 인디언들은 낮임에도 불구하고 하늘에서 빛나는 새

【그림 10-8】 황소자리 게 성운

로운 별, 초신성이 빛나고 있는 것을 보았다고 기록하고 있다. 황소자리의 게 성운(그림 10-8)은 옛날 동양과 서양의 선조들이 보았던 그 초신성의 잔해이다. 지금은 직경이 약 10광년(3 pc)이며, 중심부에는 아직도 폭발한 별의 남은 중심핵이 있다. 게 성운은 매초 약 1,600km의 속도로 팽창하고 있다.

우리들의 몸은 바로 이처럼 폭발하여 가스 상태로 우주에 퍼진 별의 잔해에서 온 물질로 이루어졌다고 말할 수 있다. 수소와 헬륨은 우주가 탄생될 때부터 존재한 원소로 알려져 있다. 그러나 생명에 필수적인 탄소, 산소, 질소와 같은 원소는 진화한 별의 불타는 핵에서 만들어진다. 금이나 납과 같은 모든 무거운 원소는 초신성의 폭발에 의한 극도로 높은 온도와 강렬한 중성자 파에서 생성되었다.

초신성 폭발은 이런 모든 새로운 원소들을 우주 공간으로 내뿜는다. 그러한 원소들은 수소, 헬륨, 그리고 기존의 티끌이나 기체와 섞인다. 별이 장렬하게 폭발함으로써 우주로 흩어진 모든 물질은 새로운 별과 행성을 만드는데 다시 유용하게 쓰인다. 우리의 태양과 지구는 이렇게 풍부해진 수소와 헬륨의 성간 구름으로부터 약 50억 년 전에 형성되었다.

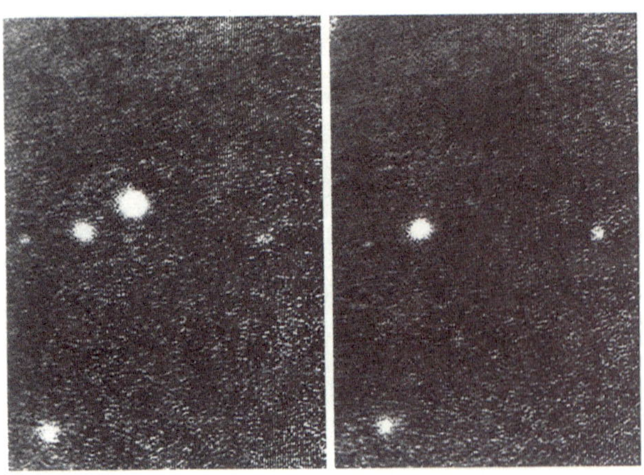

(a) (b)

【그림 10-9】 펄사의 광도 변화

펄서(pulsars), 또는

맥동하는 전파성은 1967년 처음 발견되었다. 펄서는 1/30 내지 3초의 간격으로 정확하게, 예리하고 강한 전파를 방출한다. 지금까지 수백 개의 이런 특별한 천체가 발견되었다(그림 10-9). 이론에 의하면, 매우 질량이 큰 별이 폭발할 때는 중심부에 태양보다 더 큰 질량이 압축되어 직경이 약 10여 km 정도밖에 안 되는 초고밀도의 상태로 남는다. 이 고밀도의 별은 중심부가 주로 핵자(중성자라 부름)로 이루어졌을 것으로 추측되어 약 50년 전 이론 천문학자들에 의해 중성자별(neutron star)이라는 이름이 붙었다. 이론에 따르면, 게 성운의 중심에 중성자별이 존재해야 한다고 예측했고, 펄서가 1968년 그곳에서 발견되었다. 그 이후 전파부터 감마선까지 모든 전자기파 영역에서 방출이 일어나고 있음이 관찰되었다.

6. 블랙홀 – 초거성의 최후

질량이 매우 큰 별은 펄서 단계 후에도 붕괴를 계속하여 블랙홀(black hole)이라 불리는 특별한 천체로 된다. 만약 블랙홀이 존재한다면, 그것은 절대 구멍이 아니라 반대로 크기가 아주 작고 엄청난 밀도로 수축되어 질량이 큰 천체가 존재하는 곳이다. 아인슈타인의 상대성 이론에 의하면 그런 물체에서의 중력은 너무나 커서 가까이 있는 모든 것, 빛조차 빨아들인다. 블랙홀은 빛이 없고 중력으로부터 빠져 나올 수 있는 물질이나 어떤 종류의 신호도 없고 볼 수 없기 때문에 그런 이름을 가지게 되었다(그림 10-10).

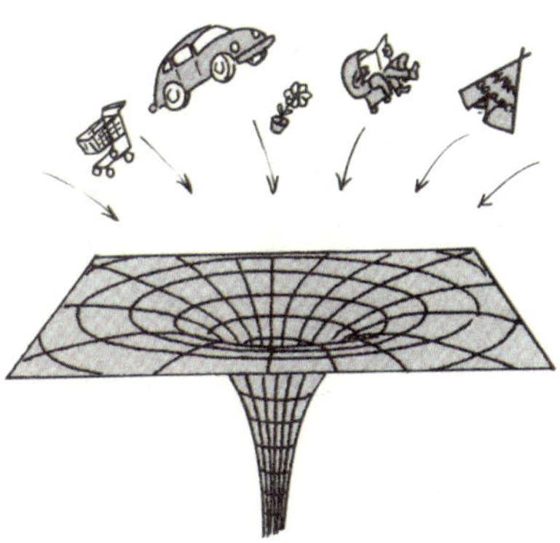

【그림 10-10】 블랙홀의 모식도

백조자리에 약 8,000광년 떨어진 X선 방출 천체 Cygnus X-1은 블랙홀로 추측되는 천체이다. Cygnus X-1은 주기적으로 다른 별을 가리며 서로 공전

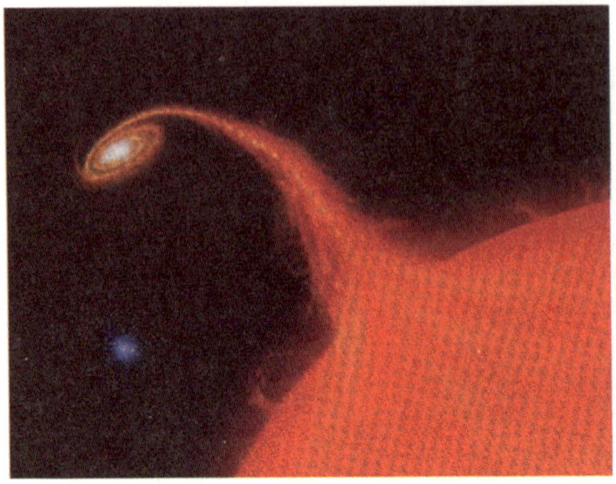

【그림 10-11】 Cygnus X-1의 모식도

하고 있는 쌍성계의 동반성이며(주기는 5.6일), 이것과 짝을 이루는 별은 스펙트럼이 불규칙적으로 변하는 푸른색의 초거성이다. Cygnus X-1이 짝을 이루고 돌고 있는 초거성으로부터 자신의 회전 원판으로 물질을 빨아들일 때 X-선이 방출되리라고 천문학자들이 생각하고 있다(그림 10-11).

7. 은하

은하(galaxy)는 수백만 또는 수십 억 개의 별, 가스, 티끌 입자들이 중력에 잡혀 함께 엉켜 있는 거대한 집합체이다. 태양과 하늘에 보이는 밝은 별들은 모두 우리 은하(The Milky Way)에 속해있다. 우리는 맑고 캄캄한 밤하늘에서 천체를 가로질러 나타나는 뿌연 구름 같은 빛의 흐름을 볼 수 있다. 고대인들은 이것을 여신이 그의 아기를 돌보기 위해 하늘에 우유를 길게 뿌려 놓은 것처럼 보였기 때문에 우유빛길(은하수)이라고 하였다. 그 뿌연 빛의 흐름이 광활한 우리 은하의 일부이다. 여름 또는 겨울철에 하늘 높이 있는 은하수의 위치를 찾아보자. 가능하면 쌍안경이나 망원경으로 그것이 정말로 많은 개개의 밝은 별들로 이루어져 있는지 확인해 보기 바란다(그림 10-12).

은하 전체에는 1000억 개 이상의 별들이 있다. 이 별들은 공간상에서 서로 매우 멀리 떨어져 있으며, 가장 가깝게 인접한 별까지의 거리는 평균 5광년 떨어져 있다. 태양계는 거대한 은하 안에 자리 잡고 있기 때문에 은하 밖에서 우리 은하를 볼 수 없다. (이는 마치 경복궁 근정전 앞에서 서울 시내 전경을 내려다보려고 애쓰는 것과 비슷하다.) 그 대신에 우리 은하가 외부에서

【그림 10-12】 우리 은하의 중심 지역

어떻게 보이는가에 대한 도움을 얻기 위해 먼 외부 은하의 사진들을 이용한다.

만약 우주 공간으로 나가서 우리 은하를 내려다본다면 약 10만 광년의 직경을 가진 밝게 빛나는 바람개비 모양의 나선 구조를 볼 수 있을 것이다. 지구는 나선팔 위의 한 곳에 위치한 태양 주위를 운동한다. 만약 은하를 옆에서 본나면 가운데가 부풀어 오른 둥근 원반처럼 보일 것이다. 볼록한 중심부의 두께는 약 1만 광년 정도이다. 원반의 두께는 약 5천 광년이다. 태양은 은하 중심에서 약 3만 광년 떨어진 곳에 있다.

우리 은하는 은하 중심에 대하여 회전하고 있다. 이런 사실은 나선 팔에서 방출되는 빛의 도플러 효과를 측정하여 추정한 것이다. 행성 등 태양계 식구를 거느린 태양은 은하 중심 주위를 약 250km/s의 속도로 돌고 있다. 이런 빠른 속도에도 불구하고 태양이 거대한 우리 은하 중심을 완전히 한바퀴 도는데 대략 2억년 정도 걸린다.

우리 은하는 분류 형태에 따르면 나선 은하(spiral galaxy)에 속한다. 나선은하에서 대부분의 별들은 중심의 핵 부분과 중심에서 방사상으로 펴져나간 나선팔(spiral arm) 상에 집중되어있다. 어떤 별들은 독립적으로 은하 내를 운동하지만

【그림 10-13】 대 · 소 마젤란 은하

대부분의 별들은 산개 성단(open cluster), 또는 은하성단(galactic cluster)으로 부르는 별의 집단을 이루어 원반상에서 함께 운동한다. 우리 은하 내에서 수십 내지 수천 개의 항성을 포함하는 산개 성단이 1000개 이상 관측되었다. 산개 성단들은 특히 나선 팔에 집중되어 있다.

은하를 구성하는 별의 일부는 은하무리(halo)라고 불리는 지역에 구형으로 흩어져 있는 대략 500개의 구상성단(globular clusters)에 존재할 것으로 추정된다. 각각 1만~100만 개의 별로 이루어진 구상성단은 지금까지 약 125개 발견되었다.

최근까지도 우리 은하와 같은 정상 나선은하의 질량과 광도의 대부분이 태양과 같은 별에 의한 것이라고 믿어 왔었다. 최근의 관측에 의하면 눈으로 관측 가능한 은하는 사실상 이보다 훨씬 크고 무거운 눈에 보이지 않는 헤일로의 중심부에 불과하다는 것이 제시되었다. 분명히 은하 질량의 대부분은 이런 헤일로 속에서 아직도 알려져 있지 않은 형태로 존재하는 것처럼 보인다. 우리 은하는 약 150억 년 전에 우주가 시작될 때 존재했던 수소와 헬륨으로 이루어진 질량 2×10^{30}kg의 불안정한 거대 기체운으로부터 형성되었을 것으로 생각된다. 오늘날 은하의 대부분은 관측되지 않는 암흑물질로 채워져 있다고 보고 있다. 반세기 전까지만 해도 우리 은하는 유일한 것으로 믿어졌다. 그 후 허블이 1924년에 이미 흐릿한 "성운"들이 사실은 멀리 떨어진 은하들이라는 것을 입증하였다. 두 개의 작고 불규칙한 모양의 마젤란 성운은 우리 은하에 가장 가까운 위성 은하인데, 약 15만 광년의 거리에 있다. 이들 은하는 남반구에서 육안으로 볼 수 있고, 16세기에 세계일주 여행 중인 탐험가 마젤란에 의해서 최초로 목격되었다(그림 10-13).

안드로메다 은하(M31, NGC224)는 모양에 있어서 우리 은하와 비슷하고, 가장 가까운 거리에 있는 은하이다. 이 은하는 약 200만 광년 떨어져 있으며, 육안으로 우주에서 볼 수 있는 가장 멀리 있는 천체이고 작은 망원경으로도 매우 잘 보인다. 가을에 안드로메다자리에서 뿌옇고 희미하게 빛을 발하는 부분을 찾아보라. 안드로메다 은하는 우리 은하보다 훨씬 크고, 훨씬 많은 별들을 포함하고 있다. 큰 망원경으로는 그 아름다움과 자세한 모습을 더욱 뚜렷이 볼 수 있을 것이다(그림 10-14).

【그림 10-14】 안드로메다 은하

외부 은하는 크기와 형태가 다양하다. 에드윈 허블은 1926년에 구조에 따라 은하를 몇 개의 집단으로 처음 분류하였다(그림 10-15).

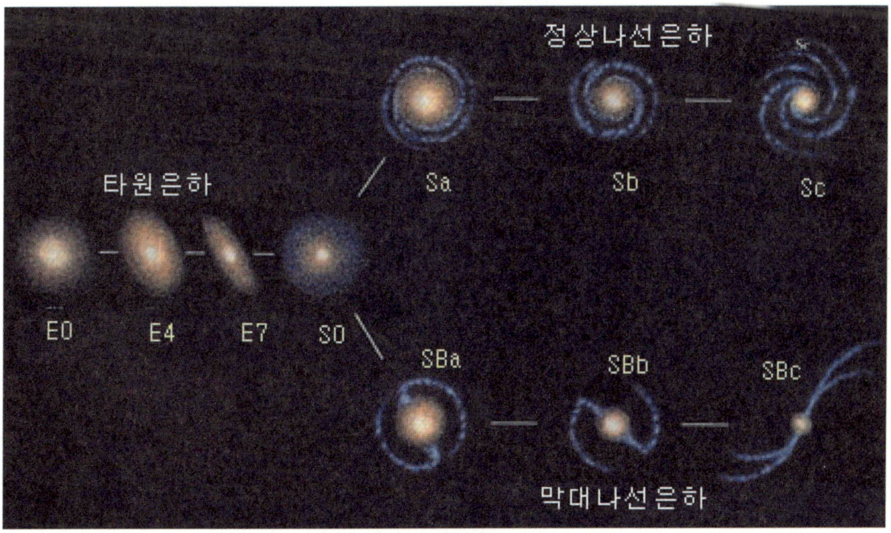

【그림 10-15】 허블의 은하분류

타원 은하(elliptical galaxies; E)는 계란형 구조를 가지고 있다. 이들은 거의 완벽한 구형인 E0부터 가장 납작한 E7까지 8단계로 나눈다. 타원 은하 내에는 새로운 별을 만들 수 있는 성간물질이 없다. 그들은 단지 나이가 많은 별만을 포함하고 있는 것처럼 보인다.

불규칙 은하(irregular galaxies; Ir)는 일정한 기하학적 형태가 없다. 이들은 가스와 티끌 및 대부분 밝은 젊은 별과 약간의 나이든 별을 포함하고 있다. 현재 다른 은하의 하부 계열로 분류되는 것도 있다. 밝고 납작한 은하면은 있지만, 나선팔이 없는 은하들은 SO라고 명명한다.

나선은하(spiral galaxies)는 두 가지 형태로 다시 나뉜다. 우리 은하와 같은 정상 나선은하(normal sipral galaxies)와 중심부에 막대모양의 구조를 가진 막대 나선은하(barred spiral galaxies)가 그것이다.

정상 나선은하(normal spiral galaxies; S)는 밝고 납작한 은하원반, 부푼 중심부, 중심에서 뻗어나온 나선팔을 가지고 있다. 정상 나선은하는 다시 핵의 크기와 나선팔의 밀집도에 따라 Sa, Sb, Sc로 구분된다.

막대 나선은하(barred spiral galaxies; SB)는 중심부에 막대 모양의 구조가 있고, 나선팔이 이 막대의 끝에서 시작된다는 점을 제외하고는 정상 나선은하와 같다. 나선은하는 은하면에 다량의 가스와 티끌이 있으며 다양한 연령의 별들이 공존하고 있다.

어떤 은하는 특이한 형태와 성질을 보인다. 활동 은하(active galaxies)는 중심부에 활동 은하핵(active galactic nuclei; AGNs)이라는 맹렬한 활동 영역이 있다. 활동 은하핵은 엄청난 수소가스를 아주 빠른 속도로 중심에서 밖으로 분출시킨다. 이런 은하들은 예외적으로 강한 전파, 적외선, 고에너지 입자를 방출한다. 이런 에너지는 정상 은하 속에서 별의 정상적인 핵융합으로부터는 생성될 수 없다.

천문학자들은 이 엄청난 양의 에너지가 어디서 나오는지 밝히려고 노력하고 있다. 아마 이 에너지는 은하 중심부의 블랙홀과 같은 초중량 천체에서 방출되는 것으로 추측되고 있다. 이 천체의 거대한 중력에 의해 물질이 빨려 들어갈 때 전자기파가 방출된다. 이들은 예외적으로 강한(때때로 백만 개의 초신성이 한꺼번에 폭발할 때와 같은) 전파를 방출한다. 전파 에너지는 대개 전자가 강한 자기장을 광속에 가까운 속도로 나선운동을 할 때 방출하는 싱크로트론 복사처럼 방출된다. 아마도 이 강한 전자기파는 블랙홀로 빨려드는 전자 등의 대전 입자가 강한 자기장에 의해 가속되면서 방출되는 것으로 보인다. 천문학자들은 이런 막대한 에너지의 원인과 중심으로 빨려 들어가는 물질을 찾고 있다. 은하끼리의 근접 충돌이 가장 그럴듯한 후보로 보고 있다.

은하간의 충돌과 은하들이 서로 가까이 지나치는 현상이 대형 망원경으로 찍은 사진을 통해 확인되었다. 두 은하가 충돌할 때 그 은하에 포함된 별들은 특별한 충돌이 없이 서로를 관통한다. 충돌하는 은하의 가스와 티끌의 밀도는 훨씬 높아진다. 또한, 은하간의 포획 현상도 관측된다. 이는 아주 거대한 은하가 작은 은하 옆을 지나가면서 그것을 "잡아먹는" 현상을 말한다. 이처럼 거대한 은하는, 우주의 포식자로서, 조석력을 작용하여 작은 은하로부터 가스, 티끌, 별들을 포획한다. 더 작아진 작은 은하의 핵은 큰 은하의 중심부로 빨려 들어가 수백만 년 동안 큰 은하의 에너지원이 된다.

사진을 이용하여 조사해 보면 대부분의 은하들은 은하단(cluster of galaxies)이라 불리는 집단에 속해 있음을 알 수 있나. 이런 은하단은 중력으로 묶여 있으며, 공통 질량 중심에 대해 운동하고 있는 몇 개에서 수천 개의 은하들로 이루어져 있다. 우리 은하는 국부 은하단(local group)이라 불리는 20개 이상의 은하로 구성된 전형적인 작은 은하단에 속해 있다. "국부"라는 말은 우리 은하에서 300만 광년 안에 있다는 것을 의미한다. 국부 은하단에서 우리 은하, 안드로메다(M31), 그리고 삼각형자리의 M33이 나선형이다. 나머지는 타원 은하(M31의 밝은 동반자인 NGC205와 M32를 포함한)이거나 불규칙 은하(마제란 은하를 포함한)이다.

은하단의 집단은 초은하단(superclusters)이라 불린다. 우리 은하는 처녀자리 초은하단의 일부이다. 초은하단은 지금까지 우주에서 발견된 것 중 가장 큰 중력적으로 결합된 구조이다. 초은하단은 10억 광년의 크기로 약 1억 개의 은하를 포함하고 있다.

8. 대폭발

【그림 10-16】 우주 팽창의 원리

사람들은 세상이 어떻게 시작되었는지, 그리고 세상이 끝나면 어떻게 될지 항상 의문을 가져왔다. 우주론(cosmology)은 우주의 기원과 현재의 구조, 진화, 우주의 마지막 운명과 관련된 과학의 한 분야이다. 천문학자들은 우주가 어떻게 시작되었고 시간이 지나감에 따라 어떻게 변했는지, 미래에 어떤 일이 발생할까라는 의문에 대해 설명하려는 시도로서 우주론적 모형이란 가설을 세운다. 이 우주론 모형은 우리가 관측 가능한 별과 은하에 대한 관측 자료를 모순 없이 설명해 줄 수 있어야 한다.

우주론 모형의 두 가지 기본적인 형태는 지난 50년간 꾸준히 거론되어온 대폭발(Big Bang) 우주론 모형과 정상(Steady State) 우주론 모형이다. 지금까지의 관측 증거는 대폭발 우주론 모형을 더욱 강력하게 지지한다. 어떤 종류의 우주론 모형이라고 하더라도 멀리 있는 은하로부터 오는 빛의 스펙트럼의 형태가 실제보다 붉은색(긴 파장) 쪽으로 편이되어 나타나는 관측 사실에 대하여 설명할 수 있어야 한다. 이런 현상을 우주론적인 적색 편이(cosmological red shift)라 부른다.

현대 물리 이론에서는 이러한 적색 편이 현상을 도플러 효과라 부르며, 이것은 바로 다른 은하들이 우리로부터 멀어지고 있다는 사실을 보여주는 증거이다. 우리가 관측할 수 있는 가장 먼 은하는 가장 큰 적색 편이를 나타낸다. 그러한 은하는 역시 모든 은하 중에서 가장 빠른 속도로 우리에게서 멀어진다.

우주를 이해하기 위해 필요한 기본 가정을 우주론 원리(cosmological principle)라고 한다. 우주론 원리는 우주 크기의 대규모 스케일에서 우주는 주어진 시간에 어느 곳이든 상관없이 동일한 성질을 가진다는 것을 말한다. 이러한 원리를 따르면, 우주 어느 곳에 있는 어떠한 관측자라도 대규모 스케일에서는 우리가 보는 것과 같은 현상을 경험하게 된다는 것이다. 우주에서 우리가 있는 주변이

결코 특별한 위치가 아니다.

우주론의 원칙이 의미하는 중요한 사실은 우리가 관측할 수 있는 우주의 좁은 영역이 우리가 감지하지 못하고 있는 나머지 대부분의 영역을 대표할 수 있다는 것이다. 이것은 우리가 얻은 이론들이 관측 불가능한 영역에도 같은 양상으로 적용될 수 있음을 의미한다. 은하를 관측하면 사방으로 거의 동일한 수의 은하가 모두 우리로부터 멀어지고 있음을 알 수 있다. 이것은 우리가 우주의 중심에 있기 때문이 아니다. 우주론 원리에 의하면, 다른 은하로 가서 우주 공간을 관찰한다고 해도 거의 같은 수의 서로 멀어지는 은하들을 보게 될 것이다.

우리는 이러한 원칙을 설명할 수 있는 간단한 실험을 할 수 있다. 풍선을 구해 풍선에다 은하를 표현하기 위해 임의로 점을 그린다. 우리 은하에 해당하는 점을 다른 색으로 표시하고 풍선을 분다. 점(은하)들이 어떻게 멀어지는지 살펴본다(그림 10-16). 팽창하는 우주에서는 어느 점(은하)도 서로 가까워지지 않고 멀어지기만 할뿐이다.

최근의 관측 증거에 따르면, 우주의 팽창 속도는 점점 증가하고 있다고 한다. 그러나 아직 이에 대해 명확히 설명이 되지 못하고 있다. 결국 우주론과 관련된 여러 가지 문제들은 획기적인 새 관측 자료와 이론이 나와야만 해결될 수 있을 것이다. 신기술 개발에 의한 관측 한계의 확장과 이론 천문학에 대한 이해가 깊어지고 있으므로, 우주의 모습과 기원, 그리고 미래에 대한 다양한 생각을 구체화하고 새로운 방향으로 이끌어줄 우주론의 비약적인 발전을 기대해 볼만하다.

우주의 물질 밀도와 퀘이사의 밀도에 대한 관측은 또 다른 측면에서 우주론 모형의 타당성을 검증하는 관측 사실로 사용된다. 진동 모형에 따르면 우주 팽창이 멈추기 위해서 필요한 중력을 만들려면 우주의 물질 밀도가 최소한 5×10^{-30} g/cm^3가 되어야 한다. 오늘날 우주 전반에 걸쳐 관측된 평균적인 은하 물질의 밀도는 팽창을 멈추게 할 수 있는 물질 밀도의 절반에 미치지 못하는 값이다. 어떤 천문학자들은 수십 년간 '보이지 않는 질량'으로 불리는 것을 찾고 있다. 관측되지 않는 암흑 물질(dark matter)의 후보 천체로는 중성미자, 블랙홀, 빛을 내지 않는 어둡고 질량이 작은 별, 기타의 형태 등이 거론되고 있다.

만약 퀘이사가 적색 편이에 해당되는 만큼 실제로 멀리 떨어져 있다면 이들은 과거에 지금보다 훨씬 많이 존재했다고 볼 수 있다. 만약 이러한 퀘이사의 생성 이벤트가 아주 초기 우주에서 일어나고 지금은 거의 일어나고 있지 않는다고 한다면, 역시 완전 우주론 원리와 정상 우주론 모형은 받아들이기 어려워진다.

단 원 요 약

1. 하늘을 여러 조각으로 나누고 그 영역을 대표하는 이름을 붙여 천체의 위치를 표시하기 용이하도록 만든 것이 별자리이다. 현재 총 88개의 별자리로 구분되어 있다.
2. 태양은 지구의 공전운동이 반영되어 황도를 따라 1년을 주기로 이동한다. 따라서 계절에 따라 볼 수 있는 별자리가 다르다. 이처럼 황도에 놓인 12개의 별자리를 황도 12궁이라고 부른다.
3. 별은 태양과 마찬가지로 회전하는 성간운의 중력 수축으로 만들어진다. 이 과정에서 중심부에 생긴 원시항성의 내부에서 수소 열핵융합 반응이 일어나 안정된 에너지를 생성하게 되면 비로소 별로 탄생한다.
4. 별은 수소 열핵융합 반응을 통해 안정된 에너지를 방출하는 주계열 상태로 일생의 대부분을 보낸다. 별이 나이가 들면 중심부의 수소가 고갈되어 열핵융합 반응은 표피부로 이동하게 되며, 별은 부풀어 올라 거성이 되고, 궁극에는 불안정해져 외피를 날려 보내 행성상 성운을 만들고, 백색 왜성을 거쳐 흑색 왜성으로 일생을 마감한다.
5. 질량이 큰 별은 더욱 격렬한 최후를 맞이한다. 질량이 큰 별은 초신성 단계를 거처 중성자별로 일생을 마감하고, 더욱 질량이 큰 별은 블랙홀로 일생을 마친다.
6. 우리 은하는 1천 억 개 이상의 별로 구성된 거대한 별의 집단이며, 우리 은하는 보다 큰 규모의 은하단을 구성하는 은하 중의 하나이다. 은하는 나선은하, 타원은하, 불규칙은하로 분류하며, 이들 은하는 은하단, 초은하단을 구성한다.
7. 현대 우주론은 대폭발 우주론에 바탕을 두고 있다.

중 요 용 어

천구, 황도, 원시항성, 열핵융합 반응, H-R, 주계열, 적색 거성, 변광선 단계, 백색왜성, 흑색왜성, 항성풍, 행성상 성운, 신성, 초신성, 펄서, 중성자별, 블랙홀, 은하, 나선 은하, 나선팔, 은하성단, 은하무리, 구상성단, 타원 은하, 나선은하, 국부 은하단, 우주론, 대폭발 우주론, 정상우주론, 적색편이, 암흑물질

연 습 문 제

가. 다음 물음에 가장 적합한 답을 고르시오.

1. 낮에는 왜 별을 볼 수 없는가?
   ① 별이 지평선 위로 떠오르지 않기 때문에
   ② 지구 대기에 의한 태양의 산란광이 너무 밝기 때문에
   ③ 지구의 공전 효과 때문에
   ④ 대기에 의한 별빛의 흡수 효과가 심하기 때문에
2. 개기 일식 때 보이는 별자리는 언제 한밤중에 볼 수 있는가?
   ① 3개월 후　② 6개월 후　③ 9개월 후　④ 12개월 후
3. 여름철에 볼 수 있는 별자리와 겨울철에 볼 수 있는 별자리가 다른 까닭은 무엇인가?
   ① 별의 공간 운동 때문에 별들의 위치가 서로 바뀌기 때문
   ② 지구 자전축이 공전 궤도면에 대하여 경사져 있기 때문
   ③ 지구의 공전 때문에 태양의 천구상의 위치가 이동했기 때문
   ④ 지구 궤도가 타원이라 겨울과 여름의 궤도 반경이 차이가 나기 때문
4. 별의 탄생을 나타내는 대표적인 증거는 무엇인가?
   ① 초신성 폭발　② 행성상 성운　③ 맥동 변광성　④ 발광 성운
5. 별의 죽음을 암시하는 대표적인 증거는 무엇인가?
   ① 백색왜성　② Tauri형 항성　③ 식변광성　④ 발광 성운
6. 태양은 언제쯤 적색거성 단계에 접어드는가?
   ① 중심핵 속에 있는 수소 연료를 모두 써버리고 난 후

② 중력 수축이 일어나 중심에서 수소 연소가 시작된 후
③ 격렬한 초신성 폭발 현상이 일어난 후
④ 표피 부분을 날려 보내고, 중심핵이 수축한 후

7. 왜 별의 표면 근방에서는 열핵융합 반응이 일어나지 않는가?
① 핵융합 반응을 일으킬 수소가 없기 때문
② 수소와 헬륨의 혼합비율이 핵융합 반응을 일으키기 적당하지 않기 때문
③ 표면에서는 핵융합 반응을 일으킬 수 있는 온도에 도달하지 못하기 때문
④ 별의 외부에서 작용하는 압력이 핵융합 반응을 방해하기 때문

8. 일반적으로 어떤 별이 태양보다 적은 양의 중원소를 함유하고 있다면, 이 별의 나이는 태양의 나이와 비교할 때 어떠한가?
① 많다 ② 적다 ③ 같다 ④ 알 수 없다.

9. 붉은 별, 황색 별, 청색 별 가운데 온도가 가장 높은 별은?
① 붉은 별 ② 황색 별 ③ 청색 별 ④ 온도가 모두 같다.

10. 대폭발 우주론을 지지하는 관측 증거를 모두 고르면?
① 외부은하의 적색 편이 ② 퀘이사와 블랙홀의 존재
③ 균질한 우주 배경복사의 존재 ④ 초은하단의 존재

나. 다음 설명이 옳으면 ○표를, 틀리면 ×를 하고 틀린 부분에 밑줄을 긋고 바르게 고치시오.

1. 별자리는 독특한 모양을 가진 몇 개의 별로 구성된다. 이 모양이 지구에서 매우 멀리 떨어진 다른 별에서는 보면 다른 모양으로 보일 것이다. ( )
2. 만약 태양이 어떤 원인에 의해 갑자기 수축하여 블랙홀이 되었다고 하면, 지구의 공전 속도는 변함이 없을 것이다. ( )
3. 어떤 면에서 우리 몸은 별을 구성하고 있던 원소로 만들어졌다고 할 수 있다. ( )
4. 나이가 많은 별과 방금 태어난 별 중 나이가 많은 쪽에 더 많은 철 원소가 있다. ( )
5. 태양은 중심에서 탄소를 연소시킬 수 없다. ( )
6. 행성상 성운은 백색왜성의 표피 부분이 팽창하는 것이다. ( )
7. 은하끼리 충돌하더라도 은하의 별들이 서로 충돌하는 일은 생기지 않는다. ( )
8. 어떤 방향으로 보더라도 은하가 후퇴하므로 지구가 우주의 중심에 있다. ( )
9. 우주 공간에는 보이지 않는 물질이 더 많이 존재한다. ( )
10. 별의 수명은 질량이 클수록 길다. ( )

다. 다음 ( )에 적당한 말을 써넣으시오.

1. H-R도에서 태양은 ( )에 속한다.
2. 별의 성분은 ( )을(를) 통해 알 수 있다.
3. 관측 가능한 우주 공간에서 쌍성의 빈도는 ( )% 정도 된다.
4. SETI 계획의 목표는 ( )이다.
5. 별의 중심 방향에서 밖으로 작용하는 힘은 ( )이다.
6. 별의 외부에서 중심 방향으로 작용하는 힘은 ( )이다.
7. 별이 그 형태를 유지하는 까닭은 ( )과 ( )의 평형 때문이다.
8. 별의 질량에 하한 값이 존재하는 이유는 핵융합이 일어나기 위한 ( ) 때문이다.
9. 별의 종말이 백색왜성, 중성자성, 또는 블랙홀로 나눠지는 것은 ( ) 때문이다.
10. 열핵융합과 중력수축이 별의 ( )를 결정한다.
11. 우리 은하는 허블 분류에 따르면 ( )은하이다.

라. 다음 질문에 대하여 답하시오.

1. 별자리란 무엇인가?
2. 국자 모양의 북두칠성은 어떤 때는 물을 담을 수 있는 모습을 하고 있는 반면, 어떤 때에는 뒤집힌 모양을 하고 있다. 그 까닭은 무엇이며, 얼마나 자주 모양이 바뀌는지 설명하라.
3. 원시항성과 항성의 차이점은 무엇인가?
4. 원시항성이 안정된 별로 바뀌는 과정을 설명하라.
5. 원시항성의 에너지원과 일반 항성의 에너지원은 어떤 차이가 있는가?
6. 결혼 금반지에 포함된 금은 어떤 과정을 거쳐 금반지까지 오게 되었는지 설명하라.
7. 질량이 큰 별과 질량이 작은 별의 일생을 비교하여 설명하라.
8. 백색왜성과 흑색왜성의 차이는 무엇인가?
9. 백색왜성과 신성은 어떤 관계가 있는가?
10. 지구에 존재하는 많은 중원소들과 초신성의 중원소들 사이에 어떤 관계가 있는가?
11. 일반 항성과 블랙홀과의 차이점을 설명하라.
12. 블랙홀로 수축되기 전의 별의 질량과 블랙홀이 된 뒤의 별의 질량은 어떤 차이가 있는가?

13. 블랙홀이 보이지 않는다면 그 존재 사실은 어떻게 알 수 있는가?
14. 어떤 이유로 블랙홀이 검은색 잉크보다 더 검다고 말할 수 있는가?
15. 은하가 포식성이 있다고 말하는 이유는 무엇인가?
16. 표준 우주 모형에서 말하는 우주의 특징은 무엇인가?

부록 1. 광물의 특성

<부록 표 1> 중요 조암 광물의 특성

광물	화학성분	결정형	벽개/깨짐	색/광택	조흔색	굳기
정장석	$KAlSi_3O_8$	주상, 입상	2방향, 완전 직각	백색-회색, 분홍/진주광택	백색	6
사장석	아노르사이트 $Ca_2Al_2Si_3O_8$	불규칙 입상, 판상의 결정	2방향, 완전 직각	백색-회색, 녹색, 노랑	백색	6
	앨바이트 $NaAlSi_3O_8$					
석영	SiO_2	육면체 결정,입상	없음, 패각상 깨짐	무색, 백색, 회색/유리광택	백색	7
흑운모	$K(Mg,Fe)_3 AlSi_3O_{10}(OH)_2$	불규칙 조각	1방향 완전	흑색, 갈색, 녹색/유리광택	백색,회색	21/2-3
백운모	$(KAl_3Si_3)O_{10}(OH)_2$	얇은 조각	1방향 완전	무색, 연한 회색	백색	2-21/2
녹니석	$(Mg,Fe)_5(Al,Fe)_2 Si_3O_{10}(OH)_8$	작은 비늘모양의 조각	1방향 완전	노랑, 갈색, 녹색	백색 또는 무색	2-21/2
각섬석	$(Ca,Na)_{2\text{-}3}(Mg,Fe,Al)_5 Si_6(Si,Al)_2O_{22}(OH)_2$	길다란 육가기둥, 섬유상, 불규칙 입상	2방향	담녹색 내지 암녹색, 흑색	담녹색 또는 백색	5-6
휘석	$Ca(Mg,Fe,Al)(Al,Si)O_6$	4-6 면체의 결정,입상	2방향, 완전(거의직각)	담녹색 내지 암녹색/유리광택	담녹색	5-6
감람석	$(Mg,Fe)_2SiO_4$	세립상	없음/패각상 깨짐	회녹색 또는 갈색/유리광택	백색	61/2-7
석류석	$(Ca_3,Mg_3,Fe_3,Al_2)n (SiO_4)_3$	12-24 면체	없음/ 패각상 깨짐	진한적색/유리광택	백색	61/2-7 1/2
방해석	$CaCO_3$	세립-조립의 결정	3방향 완전, 능면체	백색 내지 회색/진주광택	백색	3
돌로마이트	$CaMg(CO_3)_2$	세립-조립의 결정	3방향 완전, 능면체	무색, 백색, 분홍/진주광택	백색,담회색	31/2-4
고령석	$Al_2Si_2O_5(OH)_4$	극세립	1방향 완전, 토상의 깨짐	백색-담황색	백색	11/2-2 1/2
규선석	Al_2SiO_5	긴 침상 결정, 섬유상	불규칙한 깨짐	백색-회색/유리광택	백색	6-7
흑연	C	비늘 모양	1방향	철회색-흑색/유리-진주 광택	회색 또는 흑색	1-2
활석	$Mg_3Si_4O_{10}(OH)_2$	작은 비늘 모양	1방향 완전	백색-담녹색, 진주광택	백색	1
인회석	$Ca_5(PO_4)_3(OH,F,Cl)$	입상		녹색, 갈색, 적색/금강석광택	백색	5

부록 2. 태풍의 이름

태풍의 이름은 14개 국가가 10개씩 제출한 총 140개(28개X5조)로 구성되고 1조부터 5조까지 돌아가면서 사용한다. 태풍의 이름과 호수는 발생 순서에 따라 일본 도쿄에 있는 태풍센터에서 부여한다.

<부록 표 2> 태풍 이름

국가	1조	2조	3조	4조	5조
캄보디아	돔레이(Damrey)	콩레이(Kongrey)	나크리(Nakri)	크로반(Krovanh)	사리카(Sarika)
중국	룽왕(LOngwang)	위투(Yutu)	펑셴(Fengshen)	두지앤(Dujuan)	하이마(Haima)
북한	기러기(Kirogi)	도라지(Toraji)	갈매기(Kalmaegi)	매미(Maemi)	메아리(Meari)
홍콩	카이탁(Kaitak)	마니(Manyi)	풍웡(Fungwong)	초이완(Choiwan)	망온(Maon)
일본	텐빈(Tenbin)	우사기(Usagi)	간무리(Kanmuri)	곳푸(Koppu)	도가게(Tokage)
라오스	볼라벤(Bolaven)	파북(Pabuk)	판폰(Phanfone)	켓사나(Ketsana)	녹텐(Nockten)
마카오	잔쯔(Chanchu)	우딥(Wutip)	봉퐁(Vongfong)	파마(Parma)	무이파(Muifa)
말레이시아	절라왓(Jelawat)	서팟(Sepat)	루사(Rusa)	멀로(Melor)	머르복(Merbok)
미크로네시아	이위냐(Ewiniar)	피토(Fitow)	신라쿠(Sinlaku)	니파탁(Nepartak)	난마돌(Nanmadol)
필리핀	빌리스(Bilis)	다나스(Danas)	하구핏(Hagupit)	루핏(Lupit)	탈라스(Talas)
한국	개미(Kaemi)	나리(Nari)	장미(Changmi)	수달(Sudal)	노루(Noru)
태국	프라피룬(Prapiroon)	비파(Wipha)	멕클라(Mekkhala)	니다(Nida)	쿨라브(Kulap)
미국	마리아(Maria)	프란시스코(Francisco)	히고스(Higos)	오마이스(Omais)	로키(Roke)

〈부록 표 2〉 태풍 이름(계속)

국가	1조	2조	3조	4조	5조
베트남	사오마이(Saomai)	레기마(Lekima)	바비(Bavi)	콘손(Conson)	손카(Sonka)
캄보디아	보파(Bopha)	크로사(Crosa)	마이삭(Maysak)	찬투(Chanthu)	네삿(Nesat)
중국	우콩(Wukong)	하이옌(Haiyan)	하이셴(Haishen)	디앤무(Dianmu)	하이탕(Haitang)
북한	소나무(Sonamu)	버들(Podul)	봉선화(Pongsona)	민들레(Mindulle)	날개(Nalgae)
홍콩	산산(Shanshan)	링링(Lingling)	야냔(Yanyan)	팅팅(Tingting)	바냔(Banyan)
일본	야기(Yagi)	가지키(Kajiki)	구지라(Kujira)	곤파스(Kompasu)	와시(Washi)
라오스	샹산(Xangsane)	파사이(Faxai)	찬홈(Chanhom)	남테우른(Namtheurn)	맛사(Matsa)
마카오	버빈카(Bebinca)	봐메이(Vamei)	린파(Linfa)	말로우(Malou)	산우(Sanvu)
말레이시아	룸비아(Rumbia)	타파(Tapah)	낭카(Nangka)	머란티(Meranti)	마와(Mawar)
미크로네시아	솔릭(Soulik)	미톡(Mitak)	소델로(Soudelor)	라나님(Rananim)	구촐(Guchol)
필리핀	시마론(Cimaron)	하기비스(Hagibis)	임부도(Imbudo)	말라카스(Malakas)	탈림(Talim)
한국	제비(Chebi)	너구리(Noguri)	고니(Koni)	메기(Megi)	나비(Nabi)
태국	투리안(Durian)	라마순(Rammasun)	모라콧(Morakot)	차바(Chaba)	카눈(Khanun)
미국	우토(Utor)	차타안(Chataan)	아타우(Etau)	아이에라이(Aere)	비센티(Vicente)
베트남	차미(Tami)	할롱(Halong)	밤코(Vamco)	송다(Songda)	사올라(Saola)

부록 3. 별자리

〈부록 표 3〉 별자리표

학 명	한국어 이름	약 자	적 경		적 위
			시	분	°
*Andromeda	안드로메다	And	0	40	38
Antlia	펌프	Ant	10	0	-35
*Apus	극낙조	Aps	16	0	-76
Aquarius	물병	Aqr	22	20	-13
Aquila	독수리	Aql	19	30	2
*Ara	제단	Ara	17	10	-55
Aries	양	Ari	2	30	20
Auriga	마차부	Aur	6	0	42
Bootes	목동	Boo	14	35	30
Caelum	조각구	Cae	4	50	-38
Camelopardalis	기린	Cam	5	40	70
Cancer	게	Cnc	8	30	20
Canes Venatici	사냥개	CVn	13	0	40
Canis Major	큰개	CMa	6	40	-24
Canis Minor	작은개	CMi	7	30	6
Capricornus	염소	Cap	20	50	-20
*Carina	용골	Car	8	40	-62
Cassiopeia	카시오페아	Cas	1	00	60
Centaurus	센타우르스	Cen	13	20	-47
Cepheus	세페우스	Cep	22	0	70
Cetus	고래	Cet	1	45	-12
*Chamaeleon	카멜레온	Cha	10	40	-78
*Circinus	콤파스	Cir	14	50	-63
Columba	비둘기	Col	5	40	-34
Coma Berenices	머리털	Com	12	40	23
Corona Australi	남쪽왕관	CrA	18	30	-41
Corona Borealis	왕관	CrB	15	40	30
Corvus	까마귀	Crv	12	20	-18
Crater	컵	Crt	11	20	-15
*Crux	남십자가	Cru	12	20	-60
Cygnus	백조	Cyg	20	30	43
Delphinus	돌고래	Del	20	35	12
*Dorado	황새치	Dor	5	0	-60
Draco	용	Dra	17	0	60
Equuleus	조랑말	Equ	21	10	6
Eridanus	에리다누스	Eri	3	50	-30
Fornax	화로	For	2	25	-33
Gemini	쌍둥이	Gem	7	0	22
Grus	두루미	Gru	22	20	-47
Hercules	헤르쿨레스	Her	17	10	27
*Horologium	시계	Hor	3	20	-52
Hydra	바다뱀	Hya	10	30	-20
*Hydrus	물뱀	Hyi	2	40	-72
*Indus	인도인	Ind	21	20	-58
Lacerta	도마뱀	Lac	22	25	43

별자리의 위치(적경과 적위)는 별자리 중심부분의 값이다.
*남쪽 하늘의 별자리로서 우리나라에서는 볼 수 없는 별자리이다.

〈부록 표 3〉 별자리표(계속)

학 명	한국어 이름	약 자	적 경		적 위
			시	분	°
Leo	사자	Leo	10	30	15
Leo Minor	작은사자	LMi	10	20	33
Lepus	토끼	Lep	5	25	-20
LIbra	저울	Lib	15	10	-14
Lupus	이리	Lup	15	0	-40
Lynx	삵괭이	Lyn	7	50	45
Lyra	거문고	Lyr	18	45	36
*Mensa	테이블산	Men	5	40	-77
Microscopium	현미경	Mic	20	50	-37
Monoceros	외뿔소	Mon	7	0	-3
*Musca	파리	Mus	12	30	-70
*Norma	직각자	Nor	16	0	-50
*Octans	팔분의	Oct	21	0	-87
Ophiuchus	땅꾼	Oph	17	10	-4
Orion	오리온	Ori	5	20	3
*Pavo	공작	Pav	19	10	-65
Pegasus	페가수스	Peg	22	30	17
Perseus	페르세우스	Per	3	20	42
Phoenix	봉황새	Phe	1	0	-48
*Pictor	이젤	Pic	5	30	-52
Pisces	물고기	Psc	0	20	10
Piscis Austrinu	남쪽물고기	PsA	22	0	-30
Puppis	고물	Pup	7	40	-32
Pyxis(=Malus)	나침핀	Pyx	8	50	-32
*Reticulum	그물	Ret	3	50	-63
Sagitta	화살	Sge	19	40	18
Sagittarius	궁수	Sgr	19	0	-25
Scorpius	전갈	Sco	16	20	-26
Sculptor	조각실	Scl	0	30	-35
Scutum	방패	Sct	18	0	-10
Serpens	뱀	Ser	15	35	8
Sextans	육분의	Sex	10	10	-1
Taurus	황소	Tau	4	30	18
*Telescopium	망원경	Tel	19	0	-52
Triangulum	삼각형	Tri	2	0	32
*Triangulum Austra	남쪽삼각형	TrA	15	35	-65
*Tucana	큰부리새	Tuc	23	45	-68
Ursa Major	큰곰	UMa	11	0	58
Ursa Minor	작은곰	UMi	15	40	78
Vela	돛	Vel	9	30	-45
Virgo	처녀	Vir	13	20	-2
*Volans	날치	Vol	7	40	-69
Vulpecula	여우	Vul	20	10	25

* 남쪽 하늘의 별자리로서 우리나라에서는 볼 수 없는 별자리이다.

부록 4. 지구에서 거리가 12광년 이내인 별

〈부록 표 4〉 지구에서 가까운 별들

별	거리(광년)	별자리	분광형	광도($L/L_{\odot}$)
태양	0.000016	-	G2	1.0
Proxima Centauri	4.2	센타우르스자리	M5.5	0.0006
α Centauri A	4.4	센타우르스자리	G2	1.6
α Centauri B	4.4	센타우르스자리	K0	0.53
Barnard's Star	6.0	뱀주인자리	M4	0.005
Wolf 359	7.8	사자자리	M6	0.0008
Lalande 21185	8.3	큰곰자리	M2	0.03
Sirius A	8.6	큰개자리	A1	26.0
Sirius B	8.6	큰개자리	DA2	0.002
Luyten 726-8A	8.7	고래자리	M5.5	0.0009
Luyten 726-8B	8.7	고래자리	M6	0.0006
Ross 154	9.7	궁수자리	M3.5	0.004
Ross 248	10.3	안드로메다자리	M5.5	0.001
ε Eridani	10.5	에리다누스자리	K2	0.37
Lacaille 9352	10.7	남쪽물고기자리	M1.5	0.05
Ross 128	10.9	처녀자리	M4	0.003
EZ Aquarii A	11.3	물병자리	M5	0.0006
EZ Aquarii B	11.3	물병자리	M6	0.0004
EZ Aquarii C	11.3	물병자리	M6.5	0.0003
61 Cygni A	11.4	백조자리	K5	0.15
61 Cygni B	11.4	백조자리	K7	0.09
Procyon A	11.4	작은개자리	F5	7.4
Procyon B	11.4	작은개자리	DA	0.0005
Gliese 725 A	11.4	용자리	M3	0.02
Gliese 725 B	11.4	용자리	M3.5	0.01
Gliese 15 A	11.6	안드로메다자리	M1.5	0.03
Gliese 15 B	11.6	안드로메다자리	M3.5	0.003
DX Caneri	11.8	용골자리	M6.5	0.0003
ε Indi	11.8	인도인자리	K5	0.26
τ Ceti	11.9	고래자리	G8	0.59
GJ 1061	11.9	조각도자리	M5.5	0.0009

부록 5. 가장 밝은 별 20개

<부록 표 5> 가장 밝은 별 20개

별	별자리	거리(광년)	분광형	실시등급	밝기(L/Lsun)
Sirius	큰개자리	8.6	A1	-1.46	26
Canopus	용골자리	313	F0	-0.72	13,000
α Centauri	센타우르스	4.4	G2 K0	-0.01 1.3	1.6 0.53
Arcturus	목동자리	37	K2	-0.06	170
Vega	거문고자리	25	A0	0.04	60
Capella	마차꾼자리	42	G0 G8	0.75 0.85	70 77
Rigel	오리온자리	772	B8	0.14	70,000
Procyon	작은개자리	11.4	F5	0.37	7.4
Betelgeuse	오리온자리	427	M2	0.41	38,000
Achernar	에리다누스자리	144	B5	0.51	3,600
Hadar	센타우루스자리	525	B1	0.63	100,000
Altair	독수리자리	17	A7	0.77	10.5
Acrux	남십자성자리	321	B1 B3	1.39 1.9	22,000 7,500
Aldebaran	황소자리	65	K5	0.86	350
Spica	처녀자리	260	B1	0.91	23,000
Antares	전갈자리	604	M1	0.92	38,000
Pollux	쌍둥이자리	34	K0	1.16	45
Fomalhaut	물고기자리	25	A3	1.19	18
Deneb	백조자리	2,500	A2	1.26	170,000
β Crucis	남십자자리	352	B0.5	1.28	37,000

부록 6. 성도

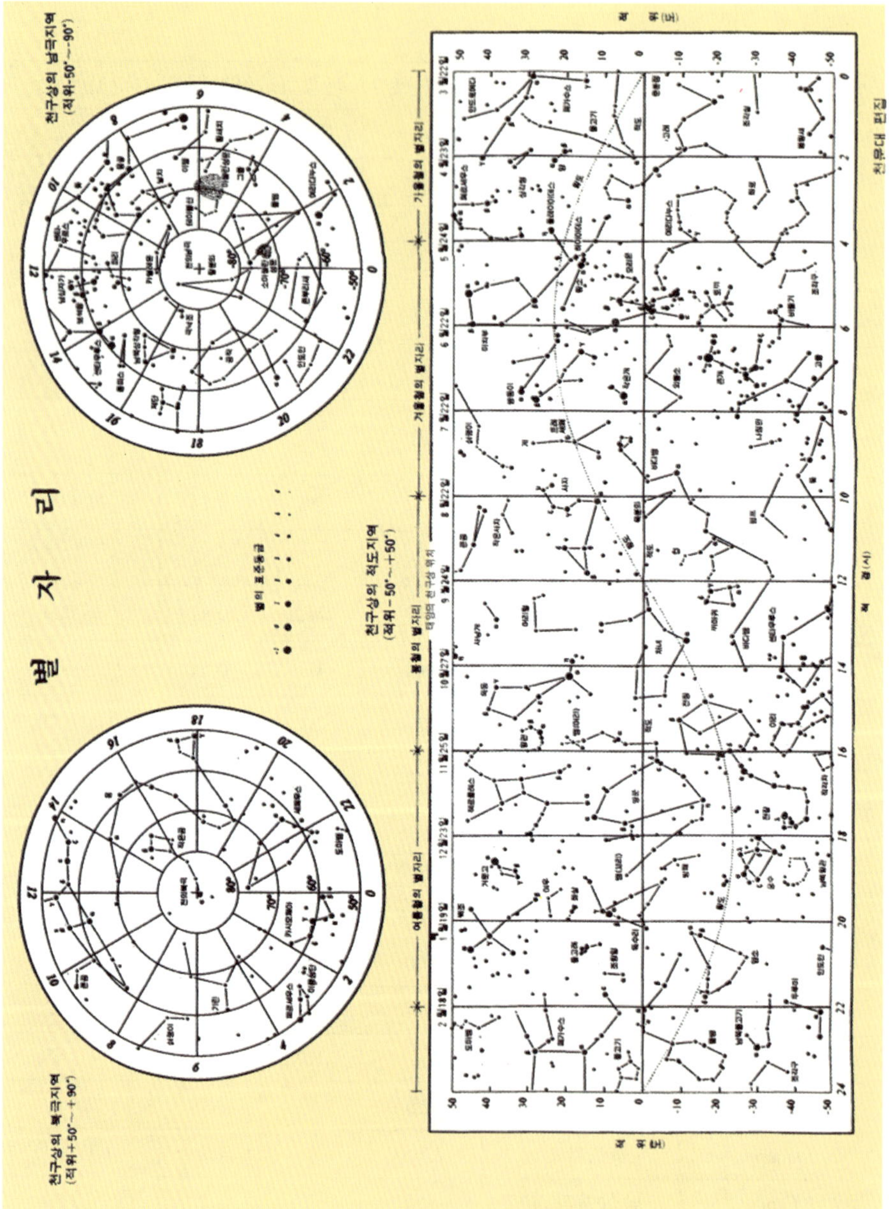
별 자 리
천구상의 북극지역
(적위+50°~+90°)
천구상의 남극지역
(적위-50°~-90°)
천구상의 적도지역
(적위-50°~+50°)
별의 표준등급
천문대 편집

찾아보기

ㄱ

ㄴ

ㅇ

ㅈ

ㅊ

ㅋ

ㅌ

저자소개

- **박수인** : 강원대학교 자연과학대학 지질학과 교수
- **권석민** : 강원대학교 사범대학 과학교육학부 교수
- **김인수** : 부산대학교 자연과학대학 지질학과 교수
- **신홍렬** : 공주대학교 자연과학대학 대기과학과 교수
- **안건상** : 조선대학교 사범대학 지구과학교육과 교수

개정판 **지구시스템과학**

2004년 8월 30일 1판 1쇄 발행
2008년 8월 25일 개정판 1쇄 발행
2012년 2월 25일 개정판 2쇄 발행

저 자 : 박수인 · 권석민
김인수 · 신홍렬
안건상
발행자 : 김 동 규
발행처 : 교 육 과 학 사

경기도 파주시 교하읍 문발리
파주출판문화정보산업단지 514-5
전화 (031) 955-6956~8 / FAX (031) 955-6037
Home-page : www.kyoyookbook.co.kr
등록 : 1970년 5월 18일 제2-73호

잘못된 책은 바꾸어 드립니다.
Printed in Korea.

정가 21,000 원
ISBN 978-89-254-0174-4